国家科学技术学术著作出版基金资助出版

热电材料物理化学

Physics and Chemistry Aspects of Thermoelectric Materials

唐新峰　柳　伟　谭刚健　张清杰　著

科学出版社

北　京

内 容 简 介

本书是作者团队在热电材料的物理化学基础研究方面近 20 年来成果的系统总结，主要围绕热电材料性能优化的物理和化学基础，系统介绍了热电材料的晶体结构和化学键、点缺陷和掺杂、电子能带结构、异质结和超晶格等对载流子和声子输运影响的新效应、新规律和新机制，以及协同调控电热输运与优化热电性能的策略，同时也介绍了热电材料中载流子和声子的动力学过程与电热输运方面的最新研究进展。

本书可供从事热电材料研究的科研人员、研究生和工程技术人员参考，也可作为大专院校材料科学与工程、半导体、新能源材料与器件等专业的教学参考用书。

图书在版编目(CIP)数据

热电材料物理化学 / 唐新峰等著. -- 北京 ：科学出版社, 2024. 6.

ISBN 978-7-03-078785-9

Ⅰ. TB34

中国国家版本馆CIP数据核字第202400AA43号

责任编辑：范运年　王楠楠 / 责任校对：王萌萌

责任印制：师艳茹 / 封面设计：陈　敬

科学出版社 出版

北京东黄城根北街 16 号

邮政编码：100717

http://www.sciencep.com

北京建宏印刷有限公司印刷

科学出版社发行　各地新华书店经销

*

2024 年 6 月第 一 版　开本：720 × 1000 1/16

2024 年 7 月第二次印刷　印张：14 1/4

字数：287 000

定价：268.00 元

（如有印装质量问题，我社负责调换）

前　言

半导体热电材料是利用材料的泽贝克(Seebeck)效应或佩尔捷(Peltier)效应在固体状态下实现热能-电能直接转换的重要清洁能源材料，是我国和国际上高度重视发展的工业余热热电发电、深空深海特种电源、智能物联网传感器和可穿戴电子产品自供能、5G/6G 光通信模块精确温度控制等前瞻性、战略性新能源技术的关键材料。2018 年，高性能热电材料的研究被中国科学技术协会列为“重大科学问题和工程技术难题”中先进材料领域 5 大难题之一。

热电材料中载流子和声子输运的协同调控，是热电性能优化和提升的重要途径，也是国际热电材料科学领域追求的重要目标和面临的重要科学难题。实现载流子和声子输运的协同调控和热电性能的突破，需要在热电材料的物理化学基础研究方面发现新效应、探索新规律、揭示新机制，在此基础上发展高性能新型热电材料。

本书是作者团队近 20 年来在两期 973 计划项目“高效热电转换材料及器件的基础研究”(2007～2011年)、“面向规模化应用的高性能热电材料及器件的基础研究”(2013～2017 年)、国家自然科学基金重点国际(地区)合作研究项目“纳米和梯度热电材料与太阳能光电•热电•风力发电系统”(2004～2007 年)和国家自然科学基金重点项目“复合热电材料中的界面调控和电热输运”(2017～2021 年)等的支持下撰写的。我们在电子结构层次、原子结构层次、晶体结构和化学键层次及微结构层次等方面，对一些重要热电材料体系在载流子输运、声子输运及电子-声子相互作用的物理和化学性质方面，对新效应、新规律和新机制以及新型热电材料体系探索进行系统总结，实现了一些重要热电材料体系电热输运特性的协同调控和优化及热电性能的显著提升，同时对比分析了国内外同行的相关最新研究进展，并进行了展望。

第 1 章论述了热电材料电热输运的物理和化学基础。第 2 章归纳了晶体结构和化学键调控电热输运方面的工作。第 3 章总结了点缺陷和掺杂调控电热输运方面的工作，包括点缺陷和掺杂元素设计、本征点缺陷和掺杂。第 4 章介绍了电子能带结构调控电热输运方面的工作，包括能带结构设计和计算、导带结构调控与电热输运、价带结构调控与电热输运。第 5 章阐述了界面结构调控电热输运方面的工作，包括块体材料中的同质和异质界面、薄膜材料中的异质结和超晶格界面及表面结构与电热输运。第 6 章概述了热电材料载流子和声子的动力学特点、辐射脉冲作用下的响应规律及机制以及一些重要热电材料体系载流子和声子的动力学过程与电热输运最新研究进展。第 7 章是全书的总结和对热电材料物理化学研究方面未来的展望。

本书素材主要取自作者团队的研究成果，在撰写过程中得到许多国内外同行和物理与化学领域专家的鼓励和大力支持。在本书成稿之际，衷心感谢各位同行专家和本团队所有研究生、博士后及老师对研究工作作出的贡献。特别感谢苏贤礼、李涵、谢文杰、尹康、谢鸿耀、杨东旺、张程、张敏、李智、曹宇、由永慧、舒月娇、郑铮、史艺璇、华富强、王伟、胡威威、李彦雨等对本书的辛勤付出。感谢桑昊、刘可可、唐颖菲、崔晶晶、李松霖、彭曦、梅期才、范玉婷、杨新茹、孙进昌、张加旭、徐威斌、万京伟、李貌、郜顺奇、钟文龙、韩淑君、藏武警、吴明轩、朱良宇、苏婷婷、欧阳雨洁等同学在本书撰写过程中所做的大量资料收集整理、图片处理和文字校对等工作。本书的完成得到了清华大学南策文院士、复旦大学赵东元院士、中国科学院上海硅酸盐研究所陈立东院士等的大力支持，在此表示诚挚的谢意。同时，科学出版社编辑对本书的出版做了大量的编辑和文字校正工作，在此，对他们的支持和辛勤工作表示感谢。最后，特别感谢国家科学技术学术著作出版基金的资助。

限于作者水平和能力，书中难免有不足之处，恳切希望广大读者和同行专家提出宝贵意见和批评指正。

作　者

2023 年 6 月

目　　录

第 1 章　绪　　论

半导体热电材料是一类利用材料的 Seebeck 效应和 Peltier 效应在固体状态下实现热能与电能之间直接相互转换的重要新能源材料，具有温差发电和热电制冷的双重功能[1]。热电转换材料和技术具有全固态、体积小、无运动部件、无噪声、高可靠性、长寿命等特点，在 5G/6G 光通信领域、无人驾驶领域中的激光测距和激光雷达等的精确温度控制，移动终端和集成电路芯片的高效散热，高端医疗健康设备的精确温控，物联网节点传感器、可穿戴电子产品和单兵作战电子产品等的微功耗自供能系统，深空深海放射性同位素热电发电器（RTG）和大规模工业余热热电发电等国家战略性新兴产业、航空航天和重要国防武器装备等方面，具有广泛和不可替代的应用[2,3]。2018 年，高性能热电材料和器件的开发被中国科学技术协会列为我国“重大科学问题和工程技术难题”中先进材料领域 5 大难题之一，其研究具有重要科学意义和应用价值。

要实现热电发电和热电制冷技术的广泛应用，其核心首先是研究半导体热电材料中载流子、声子的输运性质和输运规律，实现电热输运性质的有效调控和协同优化，特别是探索和发现可实现电输运和热输运大幅优化的新物理效应和新调控机制，指导开发出高性能新型半导体热电材料，而热电材料的物理化学是实现这一核心的重要理论基础。

1.1　热电材料电热输运的物理基础

1.1.1　热电基本物理效应

热电转换涉及三个重要物理效应，包括 Seebeck 效应、Peltier 效应和汤姆孙（Thomson）效应，下面分别予以介绍。

1821 年，德国科学家 Seebeck 发现在两种不同导体构成的回路中两个金属连接点与其他区域存在温差时，回路附近的指南针会发生偏转。随后的研究发现，这一现象是由于温差在回路中产生了电势差，回路中电流的磁效应导致指南针偏转。此后，该效应便被命名为 Seebeck 效应，其示意图如图 1-1 所示。表征该效应强弱的物理量称为 Seebeck 系数（α），其物理定义为单位温差（$\Delta T = T_1 - T_2$）下材料两端的热电动势（ΔV）：

$$\alpha = \frac{\Delta V}{\Delta T} \tag{1-1}$$

Seebeck 系数的单位通常为 μV/K，它是有方向性的：规定当热电效应产生的电流在材料内从高温端(T_1)向低温端(T_2)流动时，α 为正，否则为负。

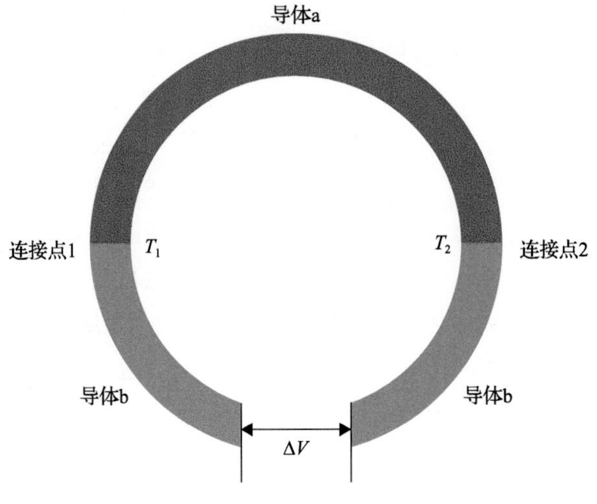

图 1-1　Seebeck 效应示意图

Peltier 效应是 Seebeck 效应的逆效应，是法国科学家 Peltier 在 1834 年发现的。它是指当有电流通过不同的导体组成的回路时，除产生不可逆的焦耳热外，在不同导体的接头处随着电流方向的不同会分别出现吸热、放热现象(图 1-2)。实验表明，单位时间吸收或放出的热量($\mathrm{d}Q/\mathrm{d}t$)与电流(I)成正比，该比例系数即 Peltier 系数(π_P)：

$$\pi_\mathrm{P} = \frac{\mathrm{d}Q}{\mathrm{d}t} \times \frac{1}{I} \tag{1-2}$$

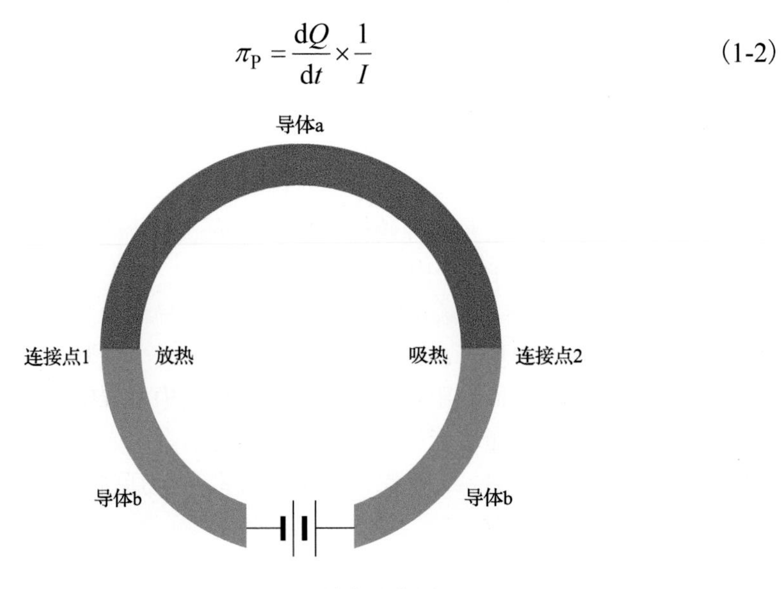

图 1-2　Peltier 效应示意图

该效应的物理本质是：由于电荷载体在不同的材料中处于不同的能级，当它从高能级向低能级运动时，便释放出多余的能量；相反，从低能级向高能级运动时，从外界吸收能量。能量在两种材料的交界处以热的形式吸收或放出。这一效应是可逆的，如果电流方向反过来，吸热便转变成放热。

1856年，英国科学家Thomson利用他所创立的热力学原理对Seebeck效应和Peltier效应进行了全面分析，并将本来互不相干的Seebeck系数和Peltier系数建立了联系。Thomson认为，在0K时，Peltier系数与Seebeck系数之间存在简单的倍数关系。在此基础上，他又从理论上预言了一种新的温差电效应，即当电流在温度不均匀的导体中流过时，导体除产生不可逆的焦耳热之外，还要吸收或放出一定的热量(称为Thomson热)。或者反过来，当一根金属棒的两端温度不同时，金属棒两端会形成电势差。这一现象后称Thomson效应(图1-3)，成为继Seebeck效应和Peltier效应之后的第三个热电效应。

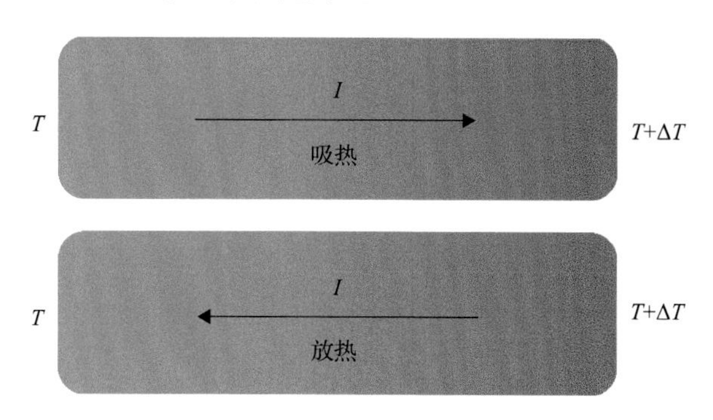

图1-3 Thomson效应示意图

研究发现，当沿电流方向上导体的温差为ΔT时，在这段导体上单位时间释放(或吸收)的热量($\mathrm{d}Q/\mathrm{d}t$)可表示为

$$\frac{\mathrm{d}Q}{\mathrm{d}t}=\beta\times\Delta T\times I \tag{1-3}$$

式中，β为Thomson系数，单位通常为V/K。

当电流方向与温度梯度方向一致时，若导体吸热，则Thomson系数为正，反之为负。与前两种效应相比，Thomson效应在热电转换过程中产生的贡献很微小，因此在热电器件设计及能量转换分析中常常被忽略。

实际上，热电三大基本物理效应是相互关联的。通过热力学分析，Thomson推导出了这三个物理参数(α、π_{P}、β)之间的关系：

$$\pi_{\mathrm{P}}=\alpha\times T \tag{1-4}$$

$$\beta = T \times \frac{\mathrm{d}\alpha}{\mathrm{d}T} \tag{1-5}$$

若换成积分形式，式(1-5)可改写为

$$\alpha = \int_0^T \frac{\beta}{T}\,\mathrm{d}T \tag{1-6}$$

显而易见，Thomson 效应实质上是材料内部的自发 Seebeck 效应。虽然宏观上该效应表现在接头处，但整个效应的作用过程却贯穿材料本身。因此，Thomson 效应不是表面或界面效应，而是体效应。

1.1.2 关键热电参数

热电材料的性能优劣通常用无量纲的热电优值(ZT)来衡量，其表达式为

$$ZT = \frac{\alpha^2\sigma}{\kappa}T = \frac{\alpha^2\sigma}{\kappa_{\mathrm{E}} + \kappa_{\mathrm{L}} + \kappa_{\mathrm{B}}}T \tag{1-7}$$

式中，σ 和 κ 分别为材料的电导率和热导率；$\alpha^2\sigma$ 称为材料的功率因子(PF)。

在固体材料中，材料导热主要来自三方面的贡献：一是载流子导热，与电导率近似呈正比关系；二是晶格载热部分，主要受材料微观结构和晶体结构无序度的影响[4]；三是在部分能隙(E_{g})较窄、载流子浓度低的材料体系中，尤其是在较高温度下，由于电子的热激发，很容易产生电子和空穴混合导电行为，称之为本征激发，而在电子和空穴复合的过程中，会释放出相当一部分的热量，这种由本征激发产生的热量传递被称作双极热导[5]，它不仅会增加总热导率，也会因为电子和空穴的 Seebeck 系数符号相反，二者的正负补偿会显著劣化材料总的 Seebeck 系数，使 PF 大幅度降低。因此，在实际应用过程中应尽量避免热电材料的本征激发行为。

从式(1-7)可以发现，优异的热电材料需要同时具有大的 Seebeck 系数、高的电导率以及低的热导率，这给性能优化带来了极大挑战。原因在于在固体材料中，这些物理参数之间存在强烈的耦合[6]。图 1-4 给出了影响材料热电性能的主要参数随载流子浓度(n)的变化关系示意图。随着 n 的增加，材料的电导率(σ)和载流子热导率($\kappa_{\mathrm{E}} = L\sigma T$，$L$ 为洛伦兹系数)逐渐增加，但 Seebeck 系数(α)逐渐降低，而晶格热导率(κ_{L})受 n 影响较小，双极热导率(κ_{B})在本征激发后随电子、空穴浓度的增加而增大。金属虽具有十分优异的电导率，但其 Seebeck 系数过低；相反地，绝缘体虽然具有较大的 Seebeck 系数，但其导电性很差。理想热电材料的最佳 n 绝大部分处于 $10^{19}\sim10^{20}\mathrm{cm}^{-3}$，通常为重掺杂的简并半导体。

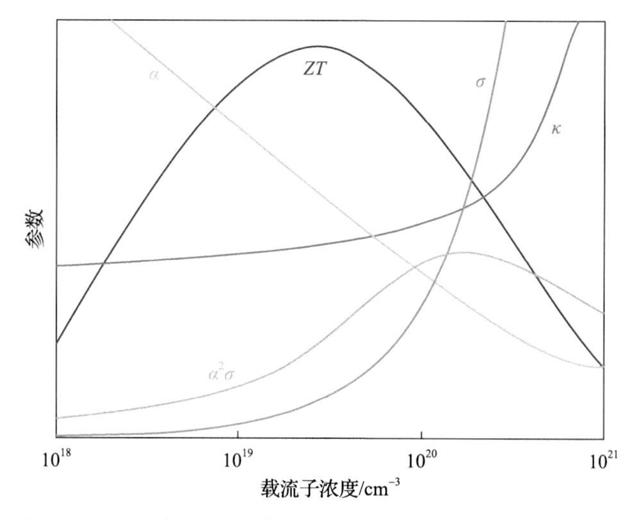

图 1-4 热电性能的主要参数随载流子浓度的变化关系示意图

半导体热电材料的电热输运行为与其能带结构和声子谱特征密切相关，下面将对二者以及若干重要物理概念进行简要介绍。

1. 电子能带结构

在形成分子时，原子轨道构成具有分立能级的分子轨道。晶体是由大量的原子有序堆积而成的。由原子轨道所构成的分子轨道的数量非常之大，以至于可以将所形成的分子轨道的能级看成是准连续的，即形成了能带，它是能量 E 与波矢 k 的函数。图 1-5 所示为半导体材料的典型能带结构。它描述了禁止或允许电子所具有的能量，并且决定了半导体材料的多种特性，特别是电学和光学性质。

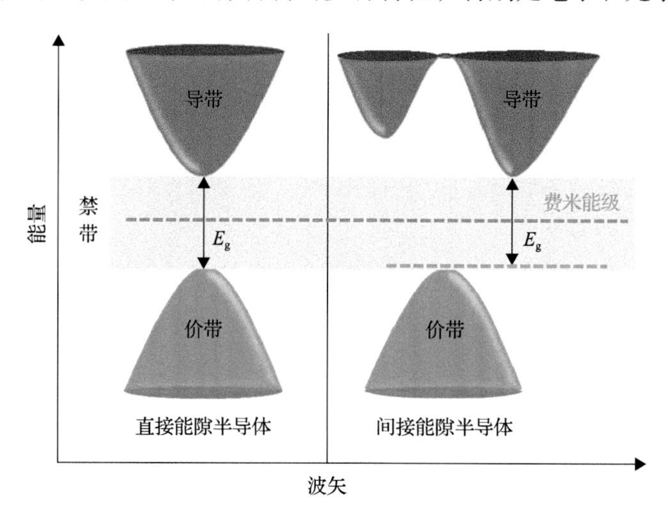

图 1-5 半导体材料的典型能带结构示意图

在固体物理学中，固体材料的能带结构(电子能带结构)由多条能带组成，能带分为价带、禁带和导带等。价带和导带的导电载流子分别是空穴和电子。价带通常指 0K 时，固体材料里电子具有的最高能量。导带中电子的能量范围高于价带，电子进入导带后才能在固体材料内自由移动，形成电流。费米能级(Fermi level，E_F)的物理意义之一是，该能级上的一个状态被电子占据的概率是 1/2。费米能级在半导体物理中是一个很重要的物理参数，只要知道了它的数值，在一定温度下，电子在各量子态上的统计分布就能完全确定。它和温度、半导体材料的导电类型、杂质的含量以及能量零点的选取有关。导带和价带之间的空隙称为禁带，导带最低点与价带最高点之间的能量差称作能隙(E_g)。

半导体材料的导带底与价带顶处于同一 k 点时，称为直接能隙半导体，否则为间接能隙半导体。导带底附近或价带顶附近的能带有效质量(m_b^*)由 $E(k)$ 函数的泰勒展开式描述：

$$m_b^* = \frac{1}{\hbar^2}\left[\frac{d^2E(k)}{dk^2}\right]^{-1}\Bigg| k = k_0 \tag{1-8}$$

式中，$\hbar$ 为约化普朗克常数。

由式(1-8)可知，极值 k_0 点附近能带曲率越小，即能带越平坦，则带边的有效质量越大，反之有效质量越小。一般而言，m_b^* 与 E_g 近似满足如下关系：

$$\frac{\hbar^2 k_B^2}{2m_b^*} = E\left(1 + \frac{E}{E_g}\right) \tag{1-9}$$

式中，k_B 为玻尔兹曼常数。显然，E_g 越大，则 m_b^* 越大。因此，针对某一特定热电材料体系，可通过调控其能隙大小来优化能带的有效质量。

2. *声子谱*

在固体理论中，声子是晶格振动的简正模能量量子，声子用来描述晶格的简谐振动。声子谱是指声子能量与动量的关系，即晶格点阵振动的色散关系，它是材料热力学性质的一个重要研究手段。如图 1-6 所示，声子谱分为光学支和声学支两大部分。如果材料的原胞包含 n 个原子，那么声子谱总共有 $3n$ 支，包括 3 条声学支和 $3(n-1)$ 条光学支。声学支表示原胞的整体振动，由中心对称点 Γ 出发；光学支则表示原胞内原子间的相对振动，不经过 Γ 点。

声子谱中曲线的斜率一般反映声子群速度(υ_{ph})的大小。相对于声学支而言，光学支都很平坦，υ_{ph} 很小，一般认为对导热贡献不大。声学支与光学支相交点对应的频率称为截止频率(cut-off frequency)ω_c，一般认为，其值越小，材料的晶格热导率越低。光学支虽然一般不直接参与导热过程，但其与声学支之间的相互作

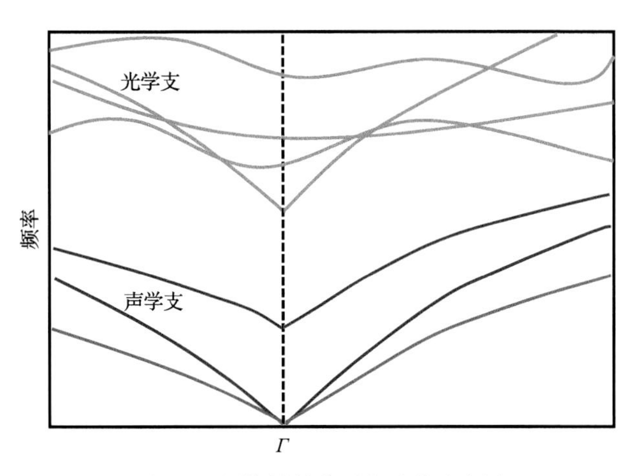

图 1-6　固体材料典型声子谱示意图

用可能会对热输运过程造成强烈影响。比如，在一些极性材料体系中，光学支与声学支产生强烈耦合，从而降低 ω_c，抑制热传导。此外，声子谱还可作为判断一种材料结构是否稳定的重要方法：如果声子谱全部在 0 点以上，即声子谱没有出现虚频，则表明具有该结构的材料是相对稳定存在的。

1.1.3　热电输运参数的物理模型

由于热电输运参数之间的相互耦合，单独关注某个参数的优化有可能导致其他参数的非协同性变化，这是热电优值 ZT 难以持续提高的重要原因。实现对电、热输运的独立或协同调控，是热电材料研究亟须解决的关键科学问题。下面对热电材料的三个关键物理参量(Seebeck 系数、电导率和热导率)及其物理模型进行重点阐述。

1. Seebeck 系数

由于 ZT 值与 Seebeck 系数的平方成正比，提高 Seebeck 系数对提升材料热电性能具有重要意义。在半导体热电材料中，Seebeck 系数主要受能带结构(能带有效质量 m_b^*、能带各向异性、能带简并度 N_v 等)、载流子散射机制(声学波散射、光学波散射、电离杂质散射、合金化散射等)以及掺杂水平(费米能级 E_F)等因素的影响。

1) 单抛物带模型

单载流子半导体的能带有效质量 m_b^* 为定值，m_b^* 与能量 E 的分布关系满足[7]

$$E = \frac{\hbar^2 k_B^2}{2m_b^*} \tag{1-10}$$

其能带结构可用单抛物带模型近似，α 可表示为

$$\alpha = \mp \frac{k_B}{e}\left[\eta - \frac{(\lambda+2)F_{\lambda+1}(\eta)}{(\lambda+1)F_{\lambda}(\eta)}\right] \tag{1-11}$$

式中，e 为电子电荷量；$\eta = E_F/(k_B T)$ 为约化费米能级；λ 为载流子散射因子，用以衡量载流子弛豫时间(τ)与载流子能量(E)之间的关系：

$$\tau = \tau_0 E^{\lambda - 1/2} \tag{1-12}$$

式中，τ_0 为与散射过程和材料性质相关的常数。

表 1-1 列出了在不同散射机制下，载流子散射因子(λ)的取值以及载流子弛豫时间(τ)和载流子迁移率(μ)随载流子能量和温度变化的关系。

表 1-1　在不同散射机制下，λ 的取值以及载流子弛豫时间和迁移率随能量和温度变化的关系

散射机制	λ	弛豫时间		迁移率	
				非简并	简并
声学波散射	0	$E^{-1/2}$	T^{-1}	$T^{-3/2}$	T^{-1}
光学波散射	1	$E^{1/2}$	T^{-1}	$T^{-3/2}$	T^{-1}
电离杂质散射	2	$E^{3/2}$	T^{0}	$T^{3/2}$	T^{0}
合金化散射	0	$E^{1/2}$	T^{0}	$T^{-1/2}$	T^{0}

此外，在式(1-11)中，$F_n(\eta)$ 为费米积分，其数学表达式为

$$F_n(\eta) = \int_0^{\infty} \frac{\varepsilon^n \mathrm{d}\varepsilon}{1+\exp(\varepsilon - \eta)} \tag{1-13}$$

式中，n 可取整数或半整数。

当声学波散射为主要载流子散射机制时(λ=0，适用于大部分热电材料体系)，式(1-11)可进一步简化为

$$\alpha = \frac{8\pi^2 k_B^2}{3eh^2} m^* \left(\frac{\pi}{3n}\right)^{2/3} T \tag{1-14}$$

式中，h 为普朗克常数；m^*为载流子有效质量，它是 N_v 与 m_b^* 的函数：

$$m^* = (N_v)^{2/3} m_b^* \tag{1-15}$$

可见，若要在相同载流子浓度情况下获得更高的 Seebeck 系数，材料需具有更大的能带有效质量 m_b^* 和更高的能带简并度 N_v。

如图 1-7 所示，提升热电材料载流子有效质量的方法主要有两种：一是通过增加能隙，即能带扁平化(band flattening)的策略，使 m_b^* 提高[8,9]；二是通过在基体材料中引入某些特定掺杂元素，引入共振能级，产生费米能级附近态密度的巨

变[10,11]，使得 m_b^* 获得显著提高。

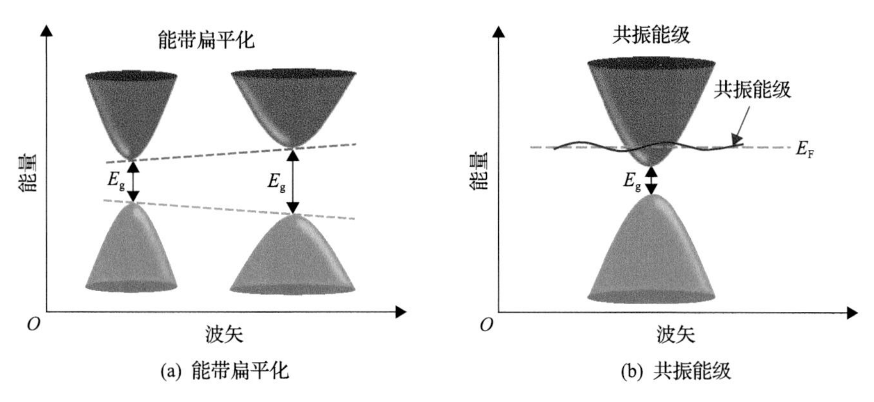

图 1-7　能带扁平化与共振能级示意图

N_v 则主要与晶体的结构对称性相关。一般情况下，具有高晶体对称性的材料其 N_v 也大；但对某一固定的材料体系，其 N_v 基本是不变的，除非利用元素掺杂或者固溶改变其晶体结构。例如，在具有四方结构的黄铜矿 $ABTe_2$(A=Cu, Ag；B=Ga, In) 化合物中，通过元素种类和含量的优化，可在较宽范围内调节其 c 轴与 a 轴的相对长度。研究发现，当 $c/2a$ 的值接近 1 的时候，材料接近赝立方结构(图 1-8)，使得晶体对称性提高，Γ_{4v} 和 Γ_{5v} 能带在能量上对齐，N_v 显著增加，从而获得高的 Seebeck 系数和功率因子[12]。

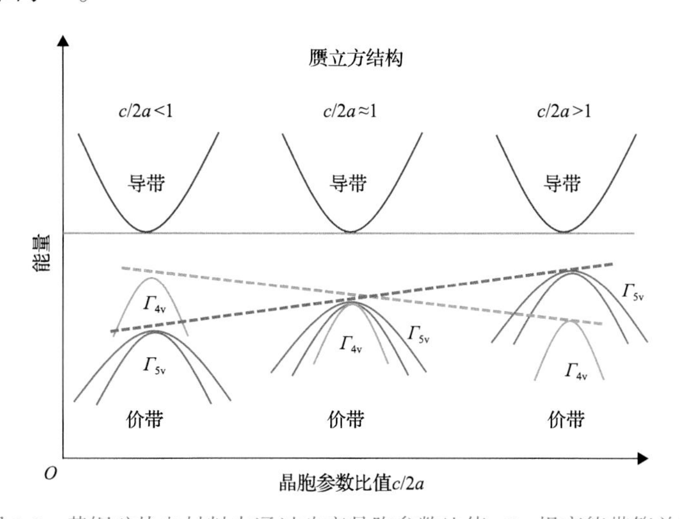

图 1-8　黄铜矿热电材料中通过改变晶胞参数比值 $c/2a$ 提高能带简并度

此外，在不改变材料晶体结构对称性的情况下，可通过某些元素的固溶，降低不同能带之间的能量差异，实现多能带收敛[13,14](图 1-9)，使得更多能带参与电输运，从而有效提高 N_v 和 Seebeck 系数，其具体机理将在后面多能带模型部分进行介绍。

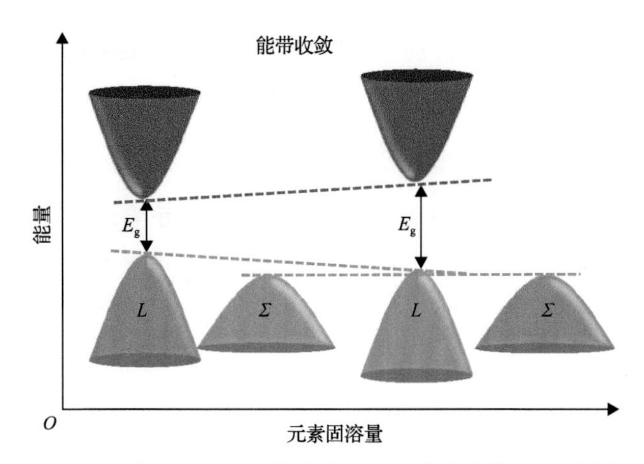

图 1-9　元素固溶实现多能带收敛，提高能带简并度示意图

2) 单带 Kane 模型

对于能带结构不符合抛物线型特点的半导体，此时 m_b^* 不再为定值，而是 E 和 E_g 的函数，满足式(1-9)。在这种情况下，由于能带的非抛物线型，需要引入相比于单抛物带模型更为复杂的费米积分函数[15]：

$$^{n}F_{k}^{m}(\eta,g)=\int_{0}^{\infty}\left(-\frac{\partial f}{\partial\varepsilon}\right)\varepsilon^{n}\left(\varepsilon+g\varepsilon^{2}\right)^{m}\left[\left(1+2g\varepsilon\right)^{2}+2\right]^{k/2}\mathrm{d}\varepsilon \tag{1-16}$$

式中，n、m 和 k 分别为与材料输运性质和载流子散射机制等相关的积分因子；f 为费米分布函数；g 为能带的非抛物线型系数，它与 E_g 满足如下函数关系：

$$g=\frac{k_{\mathrm{B}}T}{E_{\mathrm{g}}} \tag{1-17}$$

在声学波散射为主要载流子散射机制的情形下，材料的 Seebeck 系数可用式(1-18)进行描述，通常称之为凯恩(Kane)模型：

$$\alpha=\mp\frac{k_{\mathrm{B}}}{e}\left[\eta-\frac{^{1}F_{-2}^{1}(\eta,g)}{^{0}F_{-2}^{1}(\eta,g)}\right] \tag{1-18}$$

它与单抛物带模型的主要区别在于需要输入 g 因子，即要同时考虑温度以及能隙的影响。

3) 多能带模型

对于某些特殊的热电材料体系，其能带结构由多个能量相隔很近(几个 $k_{\mathrm{B}}T$)的能谷组成。在合适的掺杂浓度下，费米能级可能跨越多个能谷。此时，会有多个能带同时参与电输运，对 Seebeck 系数产生贡献。为此，需要分别考虑各能谷对 Seebeck 系数的影响，再通过加权平均获得材料总的 Seebeck 系数：

$$\alpha = \sum_{i=1}^{n_0} \alpha_i \sigma_i \Big/ \sum_{i=1}^{n_0} \sigma_i \tag{1-19}$$

式中，α_i 和 σ_i 分别为第 i 个能带的 Seebeck 系数和电导率；n_0 为参与电输运的能谷总数。显然，在有较多能谷参与电输运的情形下，能够获得比单一能带主导情形下更高的 Seebeck 系数，这也是热电材料研究的一个重要突破和进展，即通过多能谷收敛效应可有效提升材料的功率因子和热电性能。

2. 电导率

电导率衡量热电材料对电的传导能力，其物理单位为 S/m。优良的电导率能够保障热电材料产生的电能尽可能不被自身所消耗(焦耳定律，通电导体自身会发热)。其物理表达式为

$$\sigma = ne\mu \tag{1-20}$$

高的载流子浓度(n)和载流子迁移率(μ)是热电材料获得高电导率的先决条件。

半导体中有电子和空穴两种主要载流子，在热电研究领域通常用 cm^{-3} 作为载流子浓度的度量单位。对于绝大部分本征半导体而言，其费米能级位于禁带中央，载流子浓度非常低。然而，在部分半导体化合物中，如 SnTe、Sb_2Te_3 等[16,17]，由于存在丰富的本征点缺陷，如空位、间隙原子、反位缺陷等，其本征载流子浓度却能达到较高水平，室温下为 10^{20}～$10^{21}cm^{-3}$，呈现简并半导体传导特征。虽然如此，但一般情况下，需要引入异质元素掺杂，利用掺杂元素和基体元素在化合价或者电负性方面的差异以产生额外的载流子。此外，通过偏离化学计量比或者填充结构间隙也可达到优化载流子的目的。

如前所述，半导体热电材料存在最优载流子浓度(n_{opt})。需要强调的是，对于大部分热电材料，n_{opt} 并不是固定不变的，而是随温度的增加近似表现为与 $T^{3/2}$ 成正比的变化关系[18]，如图 1-10 所示。大部分掺杂元素均为浅能级杂质，在较低温度下就已完全电离，在室温以上载流子浓度基本不再发生变化。为得到随温度而增加的 n，通常采用以下两种策略。①引入动态掺杂(dynamic doping)[19,20]元素。这种元素的特点是其在基体材料中的溶解度随温度的增加而提高，从而可获得动态增加的载流子浓度，比如，Cu 在 PbSe 中表现出典型的动态掺杂行为[20]。②引入深能级杂质[21]。相比于浅能级杂质，深能级杂质可在更高温度下发生电离，以达到“低温钝化、高温活化”的目的，从而实现载流子浓度在高温段的增加。例如，In 在 PbTe 中即为深能级杂质[22]。

半导体热电材料中的载流子在迁移过程中会受到各种形式的散射，包括晶格(声学波)散射、电离杂质散射、合金化散射、载流子之间的散射、中性杂质散射、

晶界散射等，从而对 μ 产生显著影响。通常，材料中不仅存在一种散射机制，载流子总弛豫时间（τ）的倒数应为各个独立散射机制下弛豫时间倒数的总和：

$$\frac{1}{\tau}=\sum_{i=1}^{n}\frac{1}{\tau_i} \tag{1-21}$$

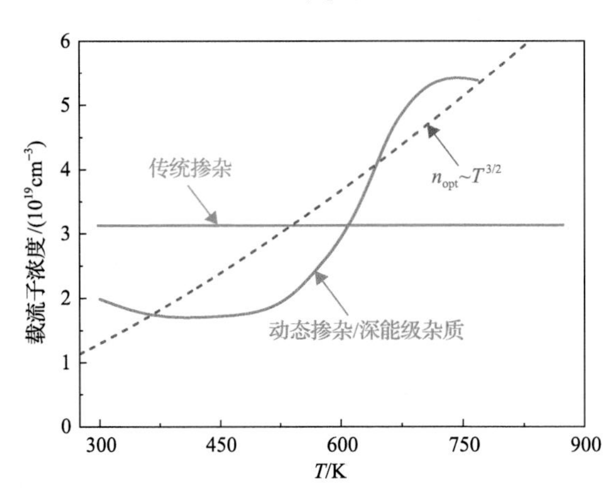

图 1-10　不同掺杂方式下载流子浓度与温度的依赖关系

此时，材料的载流子迁移率可表示为

$$\mu=\frac{2e}{3m^*}\tau(\lambda+1)(k_\mathrm{B}T)^{\lambda-1/2}\frac{F_\lambda(\eta)}{F_{1/2}(\eta)} \tag{1-22}$$

下面将对半导体热电材料中两种常见的载流子散射机制进行重点介绍。

1）晶格散射

根据量子力学理论，在 0K 时，完整晶格中运动的载流子不会受到任何来自晶体本身的散射。然而，在 0K 以上，任何晶体都存在晶格本身的热振动，在此情况下，载流子在晶体中的运动将会偏离晶格的周期性，导致被散射，称为晶格对载流子的散射过程。在声波的各种分支中，低频率的长声学波对载流子的散射最强，它引起的载流子散射的弛豫时间（τ_p）可表示为[23]

$$\tau_\mathrm{p}=\frac{h^4\upsilon\rho}{8\pi k_\mathrm{B}T\psi^2(2m^*)^{3/2}}E^{-1/2} \tag{1-23}$$

式中，ψ 为反映长声学波引起晶格常数的压缩或扩张程度的形变势系数；ρ 为材料密度；υ 为声子传播速度。

2）电离杂质散射

在半导体热电材料中，通常利用异质元素掺杂来对载流子浓度进行调控，或对能带结构进行优化。它们电离之后，会成为带正电或负电的电荷中心。当载流子运动到这些电荷中心时，会受到库仑力的作用，被吸引或者排斥，从而引起载流子的散射。电离杂质散射引起的弛豫时间（τ_c）可表示为[24]

$$\tau_c = \frac{\xi^2 (2m^*)^{1/2} E^{3/2}}{ze^4 N_c \pi} \left[\ln\left(1 + \frac{\xi E}{ze^2 N_c^{1/2}}\right)^2 \right] \tag{1-24}$$

式中，ξ 为材料的介电常数；z 为离化介数；N_c 为离化杂质浓度。

3. 热导率

热导率是物质导热能力的量度，其单位是 W/(m·K)。低的热导率是维持热电材料两端温差、保证其高效工作的前提。如前所述，在热导率的三个主要组成部分中，仅有晶格热导率（κ_L）为相对独立的参数，对其进行调控也是降低总热导率、优化热电性能的重要手段。在固体材料中，晶格热导率与声子群速度（υ_{ph}）和声子平均自由程（$l_{ph} = \upsilon_{ph}\tau_{ph}$，$\tau_{ph}$ 为声子弛豫时间）成正比：

$$\kappa_L = \frac{1}{3} l_{ph} C_V \upsilon_{ph} = \frac{1}{3} C_V \upsilon_{ph}^2 \tau_{ph} \tag{1-25}$$

式中，C_V 为材料的定容比热容。降低材料的晶格热导率可通过降低声子群速度（υ_{ph}）或减小声子弛豫时间（τ_{ph}）来实现。

在实际研究中，为便于测量，通常用固体声速（υ）来近似代替声子群速度（υ_{ph}）。声子的传播速度与其频率密切相关，而频率主要取决于组成元素的质量和原子间的结合力(化学键的强弱)。因此，具有重组成元素以及弱化学键的材料通常具有较低声速，从而有助于获得低的晶格热导率。

和载流子运动类似，声子在传输过程中也会受到各种形式的散射，包括晶界散射(grain boundary scattering)、声子-声子散射(phonon-phonon scattering)、点缺陷散射(point defect scattering)等，而声子弛豫时间（τ_{ph}）的倒数应为各个独立散射机制下弛豫时间倒数的总和：

$$\frac{1}{\tau_{ph}} = \sum_{i=1}^{n} \frac{1}{\tau_i} \tag{1-26}$$

具体而言，晶界散射过程中的声子弛豫时间（τ_g）仅与 υ_{ph} 和晶粒的平均尺寸(L)相关：

$$\frac{1}{\tau_g} = \frac{\upsilon_{ph}}{L} \tag{1-27}$$

声子-声子散射包括两种模式：一种是N过程(normal process，正常过程)，在两个声子碰撞而产生第三个声子的过程中，只改变动量的分布，而不影响热流的方向，故对导热没有直接贡献；另一种是U过程(umklapp process，倒逆过程)，该过程中，每一次碰撞都伴随着声子净动量的显著改变，多次碰撞使得声子净动量迅速衰减为零，因而对降低热导率具有重要作用。U过程的声子弛豫时间(τ_u)可表示为

$$\frac{1}{\tau_u}=\frac{\gamma^2}{\overline{M}\upsilon_{ph}^2\theta_D}\omega^2 T\exp\left(-\frac{\theta_D}{T}\right) \tag{1-28}$$

式中，$\overline{M}$为材料的平均原子质量；γ为格林艾森(Grüneisen)常数；θ_D为德拜温度。

点缺陷散射是热电材料中一种重要的声子散射机制，它主要是由异质元素掺杂或者固溶所导致的质量或者尺寸波动所引起的，该散射机制下的声子弛豫时间(τ_{pd})可表示为

$$\frac{1}{\tau_{pd}}=\frac{V}{4\pi\upsilon_{ph}^3}\omega^4\sum f_i\left(\frac{\overline{M}-M_i}{\overline{M}}\right)^2 \tag{1-29}$$

式中，V和$\overline{M}$分别为化合物中原子的平均体积和平均质量；f_i为质量为M_i的原子所占的比例。

值得注意的是，上述各种散射机制的作用温度范围是不一样的。在热电材料性能的优化过程中，需要考虑实际因素，同时引入多种散射机制，以在更宽的温度和频率范围内散射声子，获得最低的晶格热导率，通常称之为全尺度分级结构(all-scale hierarchical architecturing)策略[25]，如图1-11所示。

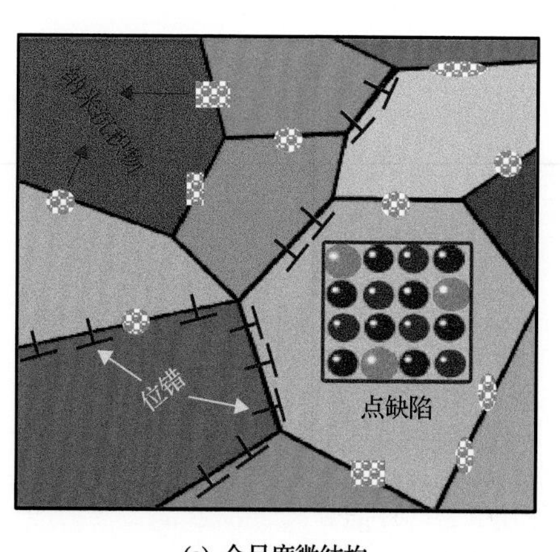

(a) 全尺度微结构

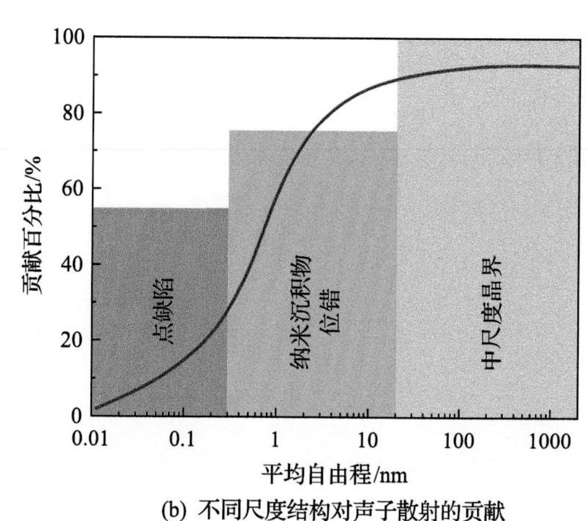

(b) 不同尺度结构对声子散射的贡献

图1-11 构建全尺度分级结构实现对声子的宽频散射示意图

1.2 热电材料电热输运的化学基础

前面简要介绍了热电材料电热输运的物理基础及相关物理模型，下面将主要从化学键和晶体结构方面介绍热电材料的电热输运行为。

1.2.1 化学键和晶体结构与电输运

1. 能隙与带宽

分子轨道理论(molecular orbital theory)是研究分子间成键相互作用的重要工具。简便起见，以化学组成为 XY(X 为阳离子，Y 为阴离子)的二元极性共价半导体为例。根据分子轨道理论，当 X 与 Y 两个原子相互靠近时，它们的原子轨道发生重叠并产生交互作用，形成 XY 成键态与 XY^*的反键态。如图 1-12 所示，XY 成键态能量较低，构成价带；XY^*反键态能量较高，构成导带。成键态与反键态的能量差异即构成了能隙 E_g。E_g 实际上是由 X 与 Y 元素原子轨道的能量差值 A，以及二者的键合强度(结合能) B 所共同决定的：

$$E_g = 2A + 2B \tag{1-30}$$

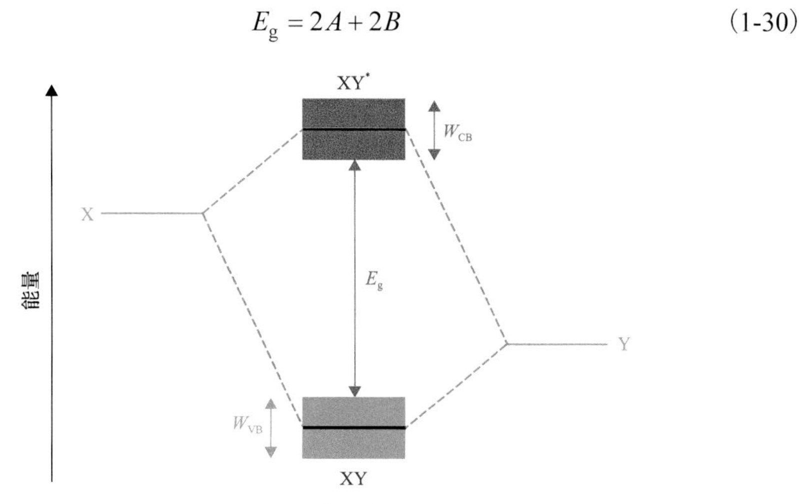

图 1-12 化学键与固体能带结构关系示意图

另外一个重要参数是带宽(band width，符号为 W)，包括价带带宽 W_{VB} 和导带带宽 W_{CB}，它是由相互作用轨道之间的重叠程度来决定的，因而，相邻的轨道之间重叠越大，带宽就越大。带宽是描述半导体电学性能的关键参数之一。例如，如图 1-12 所示，W_{VB} 和 W_{CB} 的增加会使得 E_g 减小；当 $W_{CB}+W_{VB}>A+B$ 时，XY 成键态和 XY^*反键态会发生交叠，此时体系不再是半导体，而变成金属或者半金属。

根据库普曼斯(Koopmans)理论[26]，如果一个元素的电离能越大(或者说，电负性越强)，则其原子轨道能量越低。在图 1-12 中，X 元素电负性较 Y 元素弱，因此其轨道能级位于更高能量位置。X 与 Y 之间的电负性差异越大，相应地，A 值也会越大，通常有利于材料获得更大的 E_g。元素的电负性同样也会影响到能带的轨道成分特征。例如，组成元素电负性差异越大，XY^* 反键态更多地包含 X 元素的轨道特征，而 XY 成键态更多地包含 Y 元素的轨道特征，特别是当 X—Y 之间化学键的极性(α_p)越强：

$$\alpha_p = \frac{A}{A+B} \tag{1-31}$$

即 A 越大的时候，这种效应越显著。反之，当 A 减小时，体系的共价性增强，这时导带和价带会同时具有相当成分的 X 元素和 Y 元素轨道特征。

需要注意的是，E_g 同时受到参数 B 的影响，而 B 反映的是成键态或反键态与各自原子轨道能量之间的差值。在紧束缚(tight bonding)近似的理论框架下，B 可以表示为[27,28]

$$B = \sqrt{N^2 + A^2} - A \tag{1-32}$$

式中，N 为近邻耦合强度。众所周知，原子态之间的交互和混合通常都会增加形成的分子轨道之间的能量差，或者说提高 B 值。此外，由式(1-32)可知，在 X 与 Y 元素原子轨道的能量差值 A 越大的情况下，B 往往越小。

近邻耦合强度 N 实际上包含了所有近邻轨道的交互作用，而出于对称性方面的考虑，σ键的轨道交叠程度一般情况下要强于 π 键的轨道交叠程度。此外，不论何种形式的键合，其 N 值均随键长 d 的增加而逐渐减小，并满足如下关系式[28]：

$$N \sim \frac{1}{d^2} \tag{1-33}$$

对于 $A \neq 0$ 的极性化合物而言，通常随着 A 的增加，W 值逐渐降低。这是因为，随着近邻轨道能量差值的增加，轨道的重叠作用变得越来越弱。因此，离子化合物往往具有更大的能隙 E_g 和更窄的带宽 W，其载流子迁移速度很低，呈现出局域化的特征。相反地，共价化合物的能隙较小，带宽较大，其载流子更多表现为离域化的特点。

2. 能带有效质量

热电材料的能带有效质量(m_b^*)与其化学键的离子性(极性)密切相关。图 1-13 以具有闪锌矿结构的二元化合物为例，直观阐明了元素间电负性的差异(Δ_{EN})对

m_b^*的影响[29]。随着 Δ_{EN} 的增加（或者说 A 值的增加），载流子更多地在离子之间往返穿梭，也就是说，载流子被局域在晶格周围，宏观上表现为载流子变得很重，迁移缓慢。因此，不论是 p 型还是 n 型二元闪锌矿化合物，其 m_b^* 均随 Δ_{EN} 的增加而近似线性增加。

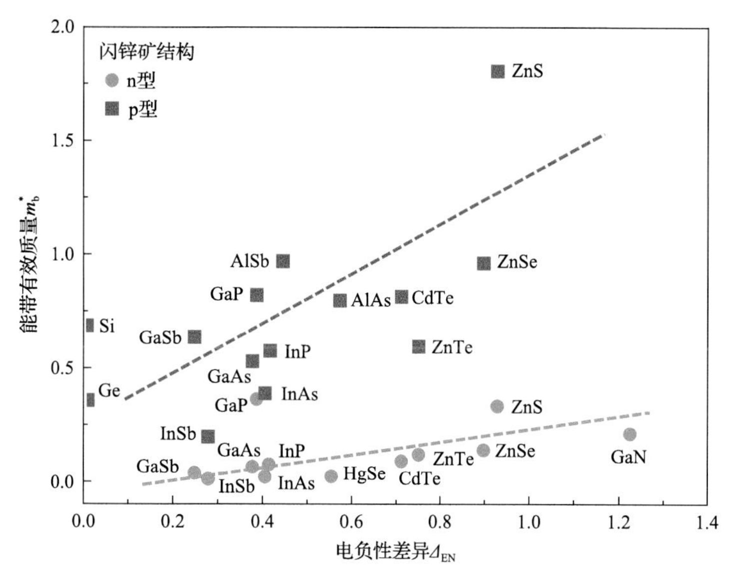

图 1-13　元素间电负性差异与能带有效质量的关系

当然，当材料变成三元或者多元化合物以后，由于化学键体系的复杂化，如聚阴离子基团的存在，或者阳离子配位环境的变化，或者具有 d、f 外层电子元素的引入与杂化等，会使实际的 m_b^* 与 Δ_{EN} 的关系并不像上面描绘的那样简单直接。即便如此，图 1-13 给出的 m_b^*-Δ_{EN} 物理图像对于设计优化大部分热电材料的能带有效质量仍然具有十分重要的参考和借鉴意义。

通常在热电材料研究中，可以利用固溶体理论，有策略地选择合适的目标元素来替代基体元素，根据它们电负性的差异，调整体系总的 Δ_{EN}，从而对 m_b^* 进行合理调控。比如，在 p 型铅的硫族化合物 PbQ（Q=S, Se, Te）中[30-32]，可以通过不同阴离子元素种类和含量的组合，以调整阴离子与 Pb 离子之间的 Δ_{EN}，从而实现价带带宽、空穴有效质量和迁移率等参数优化的目的。

相反地，如果不希望对材料的有效质量造成影响，需要在合理的晶体学位置进行掺杂或者固溶[33]。具体来说，对 p 型热电材料而言，由于其价带顶一般由阴离子轨道所贡献，此时可选择在阳离子位进行掺杂或固溶，不会给价带结构带来太大变化。反之，对于 n 型热电材料而言，通常会在阴离子位置进行掺杂或固溶。

3. 能带收敛效应

如前所述，大的能谷简并度 N_v 是热电材料具有优异 Seebeck 系数和良好热电性能的关键，这就要求材料的费米面不应处于布里渊区的中心 Γ 点，而应位于具有较低对称度的路径点上[34]。这是因为位于中心对称点 Γ 的能带极值的 N_v 在布里渊区的所有路径点中最小。但实际情况是，在前面讨论的离子键化合物的框架背景下，具有阳离子 s 轨道特征的导带底和具有阴离子 p 轨道特征的价带顶大多都位于 Γ 点，如图 1-14(a)所示。该规则对于所有Ⅱ-Ⅵ族岩盐结构化合物都是适用的，如 MgO，其价带顶主要由 O 2p 轨道构成，导带底主要由 Mg 3s 轨道组成，该化合物是位于 Γ 点的直接能隙半导体。

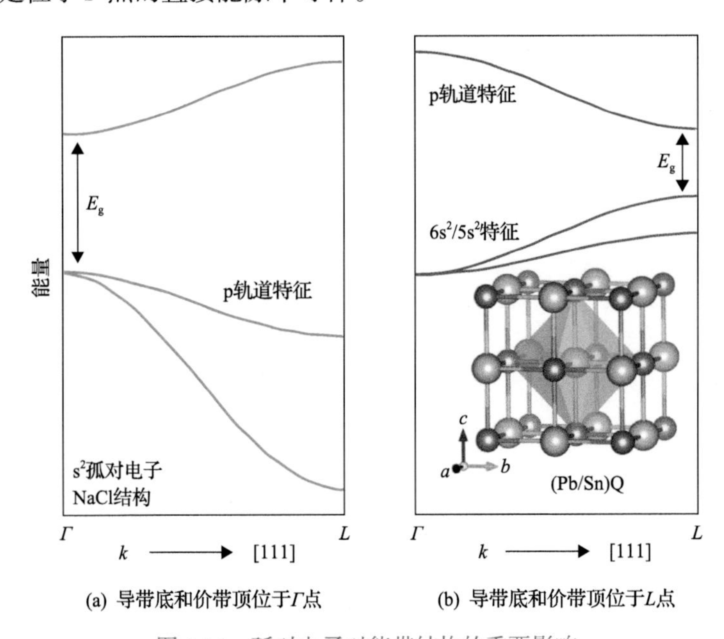

(a) 导带底和价带顶位于Γ点　　(b) 导带底和价带顶位于L点

图 1-14　孤对电子对能带结构的重要影响

最近的研究表明，在某些Ⅳ-Ⅵ族岩盐结构化合物中，特别是当阳离子为 Pb^{2+} 或 Sn^{2+} 时，它们表现出与Ⅱ-Ⅵ族化合物显著不同的能带结构特征，这主要是 Pb(Sn) 的 s^2 孤对电子所导致的[35]。如图 1-14(b)所示，被填充的阳离子 s^2 孤对电子在能量上位于价带顶的位置：其成键态位于布里渊区 Γ 点，反键态位于具有更高能量的 L 点上。也就是说，在具有孤对电子配置的Ⅳ-Ⅵ族化合物中，价带顶是由阳离子的 s 轨道所构成的，位于较低对称度的 L 点。然而，Ⅳ-Ⅵ族化合物同时具有主要含阴离子 p 轨道特征的价带，其位于布里渊区 Σ 点。因此，Ⅳ-Ⅵ族化合物多具有独特的双价带结构。当然，L、Σ 价带之间的能量差因材料组成不同也会有差异。

Ⅳ-Ⅵ族化合物的双价带结构是其具有优异 p 型热电性能的重要前提，而通过化学元素轨道作用，可调配 L、Σ 价带的能级位置，实现能带收敛，有效提高 N_v，从而大幅度优化其电性能。例如，在 PbTe 中用ⅡA 族元素 Sr 取代 Pb，可使体系总的 Δ_{EN}(A 值)提高，能隙 E_g 增加；同时，体系化合键的离子性成分增加，孤对电子作用减弱，相对应地，由阳离子最外层 s^2 电子所主导的 L 价带被抑制，在能量上降低，并和 Σ 价带逐渐靠近，即实现了价带收敛效应[36]。

1.2.2 化学键和晶体结构与热输运

化学键和晶体结构不仅决定了热电材料的电性能，也对其热输运性质产生显著影响。除了通过影响电导率来影响载流子热导率（κ_E）外，它还关联晶格(声子)，从而对 κ_L 产生直接作用。

一系列理论与实验研究表明，在固体材料中，κ_L 主要受体系平均摩尔质量(M_m)、平均声速（υ_m）、Grüneisen 常数（γ）、平均原子体积(V_m)以及单位原胞内的原子数量(N_m)等因素的共同影响，可用式(1-34)表述[37]：

$$\kappa_L = \frac{M_m \upsilon_m^3}{T V_m^{2/3} \gamma^2} \left(\frac{1}{N_m^{1/3}} \right) \tag{1-34}$$

N_m 的增加意味着声子的输运通道增加，从而提高了声子间的散射概率，有效抑制短波声子的输运。当 N_m 足够大时，可近似将体系看成非晶系统，这时 υ_m 成为 κ_L 的主导因素，κ_L 趋近于定值。一般地，将此时的晶格热导率定义为该材料体系的理论最低晶格热导率（$\kappa_{L,min}$）[38]，由式(1-35)表述：

$$\kappa_{L,min} = 1.2 \times \frac{k_B \upsilon_m}{V_m^{2/3}} \tag{1-35}$$

M_m 和 V_m 是两个相对比较直观的物理参量，查阅元素周期表和晶体学数据库即可获得相关数据。重的组成元素以及大的晶胞体积通常有助于材料获得低的晶格热导率。υ_m 和 γ 相对比较抽象，需要进行进一步分析。

υ_m 反映了声子在晶格中的传播速度。如果把晶格简化看成通过某种键合连接而成的原子，则 υ_m 可表示为

$$\upsilon_m \sim \sqrt{\frac{k}{M}} \tag{1-36}$$

式中，k 为原子间的键合常数；M 为原子质量。可以看出，若键合越弱，原子越重，则材料的 υ_m 越低。虽然不能对 k 进行直接测量，但通常可通过一些宏观弹性常数(如体积模量 G)的测试来对其进行间接评估。一般而言，低的体积模量表明材料的键合也较弱。此外，研究发现，键长和配位环境对键合强度有重要影响。

键长越长、配位数越高，则原子间的结合力越弱，化学键的软化作用越显著，这有助于获得低 υ_m 和低 κ_L 。

Grüneisen 常数 γ 反映了材料晶格振动的非简谐程度，其表达式为[39]

$$\gamma = \frac{\alpha_T GV}{C_V} \tag{1-37}$$

式中，α_T 为材料的热膨胀系数；V 为晶胞体积。简单来说，非简谐性实质上体现了原子振动的非对称性，也就是说，原子在振动过程中能够沿某些特定方向有较大振幅而不会使材料的结构发生破坏或者变得不稳定。从这个层面上来讲，强的非简谐性要求材料体系具有某些结构特点，比如，原子间的键合较弱(软化学键)或者本身具有一些独特空洞结构能够较好地容纳原子的非对称振动。此外，研究表明，由较高配位数和较重元素组成的固体材料往往具有更大的 γ 和更低的 κ_L 。图 1-15 所示为具有闪锌矿结构和岩盐相结构的热电化合物 κ_L 与 γ 之间的关系曲线。可以发现，二者近似满足 $\kappa_L \sim \gamma^{-2}$ 的依赖关系[40]。

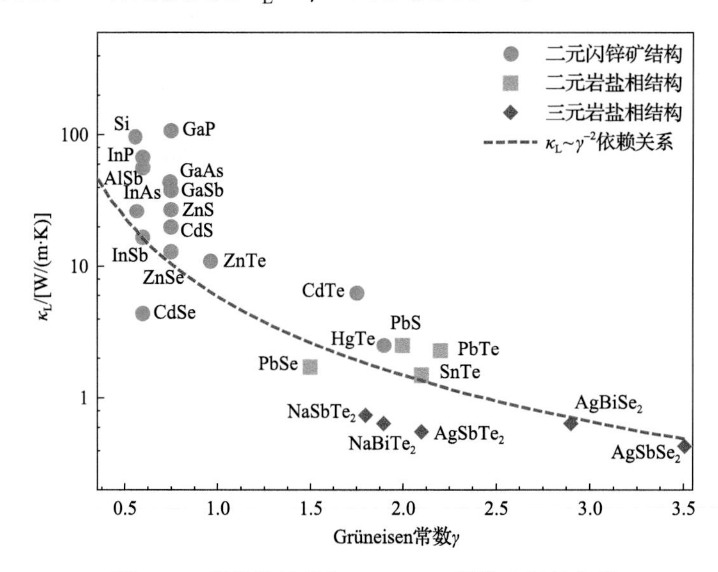

图 1-15　晶格热导率与 Grüneisen 常数之间的关系

参 考 文 献

[1] He J, Tritt T M. Advances in thermoelectric materials research: Looking back and moving forward[J]. Science, 2017, 357(6358): 1369.

[2] 陈立东, 刘睿恒, 史迅. 热电材料与器件[M]. 北京: 科学出版社, 2018.

[3] 张建中. 温差电技术[M]. 天津: 天津科学技术出版社, 2013.

[4] Callaway J. Model for lattice thermal conductivity at low temperatures[J]. Physical Review, 1959, 113(4):

1046-1051.

[5] Gallo C F, Miller R C, Sutter P H, et al. Bipolar electronic thermal conductivity in semimetals[J]. Journal of Applied Physics, 2004, 33 (10) : 3144-3145.

[6] Tan G J, Zhao L D, Kanatzidis M G. Rationally designing high-performance bulk thermoelectric materials[J]. Chemical Reviews, 2016, 116 (19) : 12123-12149.

[7] Goldsmid H J. Introduction to Thermoelectricity[M]. Berlin: Springer, 2016.

[8] Qian X, Wu H, Wang D, et al. Synergistically optimizing interdependent thermoelectric parameters of n-type PbSe through alloying CdSe[J]. Energy & Environmental Science, 2019, 12 (6) : 1969-1978.

[9] Tan G J, Zhang X, Hao S, et al. Enhanced density-of-states effective mass and strained endotaxial nanostructures in Sb-doped $Pb_{0.97}Cd_{0.03}Te$ thermoelectric alloys[J]. ACS Applied Materials & Interfaces, 2019, 11 (9) : 9197-9204.

[10] Heremans J P, Jovovic V, Toberer E S, et al. Enhancement of thermoelectric efficiency in PbTe by distortion of the electronic density of states[J]. Science, 2008, 321 (5888) : 554-557.

[11] Heremans J P, Wiendlocha B, Chamoire A M. Resonant levels in bulk thermoelectric semiconductors[J]. Energy & Environmental Science, 2012, 5 (2) : 5510-5530.

[12] Zhang J, Liu R, Cheng N, et al. High-Performance pseudocubic thermoelectric materials from non-cubic chalcopyrite compounds[J]. Advanced Materials, 2014, 26 (23) : 3848-3853.

[13] Liu W, Tan X J, Yin K, et al. Convergence of conduction bands as a means of enhancing thermoelectric performance of n-type $Mg_2Si_{1-x}Sn_x$ solid solutions[J]. Physical Review Letters, 2012, 108 (16) : 166601.

[14] Pei Y Z, Shi X, Lalonde A, et al. Convergence of electronic bands for high performance bulk thermoelectrics[J]. Nature, 2011, 473 (7345) : 66-69.

[15] Ravich Y I, Efimova B A, Smirnov I A. Semiconducting Lead Chalcogenides[M]. New York: Plenum, 1970.

[16] Kafalas J A, Brebrick R F, FStrauss A J. Evidence that SnTe is a semiconductor[J]. Applied Physics Letters, 2004, 4 (5) : 93-94.

[17] Horák J, Karamazov S, Nesládek P, et al. Point defects in $Sb_2Te_{3-x}Se_x$ crystals[J]. Journal of Solid State Chemistry, 1997, 129 (1) : 92-97.

[18] Pei Y Z, Gibbs Z M, Gloskovskii A, et al. Optimum carrier concentration in n-type PbTe thermoelectrics[J]. Advanced Energy Materials, 2014, 4 (13) : 1400486.

[19] Pei Y Z, May A F, Snyder G J. Self-tuning the carrier concentration of PbTe/Ag_2Te composites with excess Ag for high thermoelectric performance[J]. Advanced Energy Materials, 2011, 1 (2) : 291-296.

[20] You L, Liu Y F, Li X, et al. Boosting the thermoelectric performance of PbSe through dynamic doping and hierarchical phonon scattering[J]. Energy & Environmental Science, 2018, 11 (7) : 1848-1858.

[21] Song Q C, Zhou J W, Meroueh L, et al. The effect of shallow vs. deep level doping on the performance of thermoelectric materials[J]. Applied Physics Letters, 2016, 109 (26) : 263902.

[22] Zhang Q, Chere E K, Wang Y M, et al. High thermoelectric performance of n-type $PbTe_{1-y}S_y$ due to deep lying states induced by indium doping and spinodal decomposition[J]. Nano Energy, 2016, 22: 572-582.

[23] Bardeen J, Shockley W. Deformation potentials and mobilities in non-polar crystals[J]. Physical Review, 1950, 80 (1) : 72-80.

[24] Conwell E, Weisskopf V F. Theory of impurity scattering in semiconductors[J]. Physical Review, 1950, 77 (3) : 388-390.

[25] Biswas K, He J, Blum I D, et al. High-performance bulk thermoelectrics with all-scale hierarchical architectures[J]. Nature, 2012, 489 (7416) : 414-418.

[26] Koopmans T. Über die zuordnung von wellenfunktionen und eigenwerten zu den einzelnen elektronen eines atoms[J]. Physica, 1934, 1 (1): 104-113.

[27] Rohrer G S. Structure and Bonding in Crystalline Materials[M]. Cambridge: Cambridge University Press, 2001.

[28] Harrison W A. Tight-binding theory of molecules and solids[J]. Pure and Applied Chemistry, 1989, 61 (12): 2161-2169.

[29] Zeier W G, Zevalkink A, Gibbs Z M, et al. Thinking like a chemist: Intuition in thermoelectric materials[J]. Angewandte Chemie International Edition, 2016, 55 (24): 6826-6841.

[30] Korkosz R J, Chasapis T C, Lo S H, et al. High *ZT* in p-type $(PbTe)_{1-2x}(PbSe)_x(PbS)_x$ thermoelectric materials[J]. Journal of the American Chemical Society, 2014, 136 (8): 3225-3237.

[31] Androulakis J, Todorov I, He J, et al. Thermoelectrics from abundant chemical elements: High-performance nanostructured PbSe-PbS[J]. Journal of the American Chemical Society, 2011, 133 (28): 10920-10927.

[32] Yamini S A, Wang H, Gibbs Z M, et al. Chemical composition tuning in quaternary p-type Pb-chalcogenides—A promising strategy for enhanced thermoelectric performance[J]. Physical Chemistry Chemical Physics, 2014, 16 (5): 1835-1840.

[33] Wang H, Cao X, Takagiwa Y, et al. Higher mobility in bulk semiconductors by separating the dopants from the charge-conducting band—A case study of thermoelectric PbSe[J]. Materials Horizons, 2015, 2 (3): 323-329.

[34] Tritt T. Recent Trends in Thermoelectric Materials Research: Part Three[M]. San Diego: Elsevier, 2001.

[35] Waghmare U V, Spaldin N A, Kandpal H C, et al. First-principles indicators of metallicity and cation off-centricity in the Ⅳ-Ⅵ rocksalt chalcogenides of divalent Ge, Sn, and Pb[J]. Physical Review B, 2003, 67 (12): 125111.

[36] Tan G J, Shi F Y, Hao S Q, et al. Non-equilibrium processing leads to record high thermoelectric figure of merit in PbTe-SrTe[J]. Nature Communications, 2016, 7 (1): 12167.

[37] Toberer E S, Zevalkink A, Snyder G J. Phonon engineering through crystal chemistry[J]. Journal of Materials Chemistry, 2011, 21 (40): 15843-15852.

[38] Lukyanova L, Kutasov V, Konstantinov P, et al. Thermoelectrics Handbook Thermoelectrics and its Energy Harvesting. Modules, Systems, and Applications in Thermoelectrics[M]. Boca Ration: CRC Press, 2012.

[39] Macdonald D K C, Roy S K. Vibrational anharmonicity and lattice thermal properties. Ⅱ[J]. Physical Review, 1955, 97 (3): 673-676.

[40] Yan J, Gorai P, Ortiz B, et al. Material descriptors for predicting thermoelectric performance[J]. Energy & Environmental Science, 2015, 8 (3): 983-994.

第 2 章　晶体结构和化学键调控电热输运

2.1　引　　言

如第 1 章所述，材料的晶体结构和化学键对于其电、热输运性质均具有十分重要的影响。基于功能材料构效关系这一关键科学问题，近年来，开发具有特殊晶体结构、化学键构型的新型热电材料，或对现有热电材料体系进行晶体结构、化学键调控，已成为优化材料热电性能的重要途径。在此方面，国内外热电研究学者开展了大量理论与实验研究，并取得了一系列原创性成果，为高效热电材料的研发奠定了重要基础。

在国际上，Slack[1]提出了“电子晶体-声子玻璃”的理想热电材料的设计准则，即高性能热电材料应具有类似于晶体的优异电传输特性，同时应具有和玻璃接近的热导率。在此基础上，研究者开发出了填充式方钴矿[2]、笼合物[3]等具有此晶体结构特征的若干类新型热电材料体系。此外，Snyder 等[4]发现 Zintl 相化合物具有复杂的晶体结构和化学键构成：由于聚阴离子基团、间隙原子等的存在，可能实现离子键、共价键甚至金属键等在同一材料体系的共存，这为热电性能的优化提供了巨大空间和自由度。

在国内，中国科学院上海硅酸盐研究所陈立东教授等[5]在 Cu_2Se 材料体系中证实了“类液态离子”这一特殊输运行为，即在高温下，Se^{2-}离子保持刚性的晶体骨架，而 Cu^+离子则具有准液态流动的特点，即“半晶态”结构，这是其具有极低晶格热导率的晶体学起源。北京航空航天大学赵立东教授等[6]发现，在 SnSe 等二维层状材料体系中，通过在阴离子位置用卤族元素进行掺杂，可促进层间电子云的重叠，为电子输运构建快速通道，但同时也保留了对声子输运的屏障作用。这种“三维电子-二维声子”的晶体结构特征有效实现了电声解耦，大幅度提高了热电性能。

在晶体结构和化学键调控优化热电性能方面，本书作者团队也做了大量的探索和研究，包括晶体结构对称性改造、多键合类型化学键构建等，下面分别予以介绍。

2.2　晶体结构调控

2.2.1　理想热电材料对晶体结构的要求

获得高热电性能的关键是实现材料的电声输运解耦。因此，理想的热电材料应具有一些特殊的晶体结构特征。

首先，性能优异的热电材料大多由重元素组成(包括 Pb、Bi、Te 等)，且单胞体积大、原子数目多，这有助于降低声子频率、增加声子间的散射概率，这是材料具有低热导率的重要前提。

其次，高效热电材料应具有相对较高的晶体对称性。虽然低对称性热电材料通常具有很低的晶格热导率，但载流子迁移率往往也较差，导致其电导率不高。另外，低对称性材料的能谷简并度也显著低于高对称性材料，导致 Seebeck 系数低。

最后，具有良好热电性能的热电材料应具有较为复杂的晶体结构和包含多键合类型化学键。复杂的晶体结构一是指化合物本身构型复杂，二是指其局部的化学环境发生畸变，主要通过孤对电子、偏心原子等实现；多键合类型化学键则是指材料并不由单一的化学键构成。目前性能优异的热电材料化学键本身同时具有离子性和共价性，但可通过选择性固溶手段，利用组成元素电负性差异($\varDelta_{EN}$)，调节化学键中离子性和共价性的比例，从而达到电声解耦的目的。

2.2.2 Cu-Fe-S 体系的晶体结构调控与电热输运

近年来，随着廉价环保的新热电材料体系的探索，一系列新型硫属化合物开始进入人们的视野。具有黄铜矿(chalcopyrite)结构的 $CuFeS_2$ 化合物，由于组成元素储量丰富、环境友好、无毒、价格低廉，被认为是一种具有发展和应用前景的新型热电材料。$CuFeS_2$ 化合物晶胞结构如图 2-1 所示，属于四方晶系，空间群为 $I\bar{4}2d$，晶胞参数为 a=b=5.285Å、c=10.415Å、$\alpha=\beta=\gamma$=90°。由于该结构可以近似看成两个金刚石晶胞沿 c 轴方向叠加组合而成，因此通常也称该结构为类金刚石结构，把具有这一类结构的化合物统称为类金刚石化合物[7]。

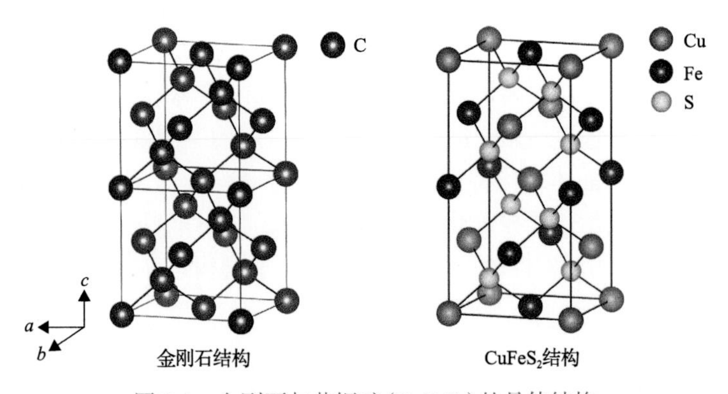

图 2-1 金刚石与黄铜矿($CuFeS_2$)的晶体结构

通常具有金刚石结构的化合物由于其化学键单一，大多都具有非常高的热导率，如纯金刚石，其室温热导率高达 2000W/(m·K)，而同样具有金刚石结构的

Si，其室温热导率也达到 130W/(m·K)[8]。与之相比，具有类金刚石结构的 $CuFeS_2$ 化合物的热导率远低于以上材料，在室温附近其热导率约为 8.50W/(m·K)。这主要是黄铜矿结构中特殊的阴阳离子配位方式导致的：在 $CuFeS_2$ 中，S 原子处于由 Fe 原子及 Cu 原子组成的四面体间隙中，该配位四面体结构中同时具有 Fe-S 键与 Cu-S 键，由于 Fe 原子与 Cu 原子电负性及原子半径不同，Fe-S 键与 Cu-S 键的键合强度存在差异。因此，与金刚石结构相比，黄铜矿材料中虽然具有相同的化学键排布方式，但其中的化学键存在周期性分布的强键及弱键，导致材料中声子输运受阻，从而使黄铜矿化合物相对于金刚石材料而言具有相对较低的热导率。这种强弱化学键交替排布的晶体结构也使黄铜矿材料具有独特的电热输运性质，使其成为一类具有发展前景的新型热电材料。

除了黄铜矿化合物之外，研究者还发现了由其衍生的另外一类新型的立方类金刚石材料——硫铜铁矿(talnakhite) $Cu_{17.6}Fe_{17.6}S_{32}$，其属于立方晶系，空间群为 $I\bar{4}3m$，晶胞参数为 $a=b=c=10.597Å$，$\alpha=\beta=\gamma=90°$[7]。硫铜铁矿 $Cu_{17.6}Fe_{17.6}S_{32}$ 与黄铜矿 $CuFeS_2$ 的晶体结构如图 2-2 所示，从中可以看到两者的晶体结构非常相似，$Cu_{17.6}Fe_{17.6}S_{32}$ 实际上是由 $CuFeS_2$ 结构演化而来的。在 $CuFeS_2$ 的晶体结构中可以看到两个由 S 原子组成的四面体间隙，如图 2-2(a) 中灰色区域所示。而 $Cu_{17.6}Fe_{17.6}S_{32}$ 的晶体结构可以看作将 $CuFeS_2$ 中的 S 四面体间隙填充进阳离子，并把晶胞扩大四倍获得，其化学表达式可以写为 $Cu_{17.6}Fe_{17.6}S_{32}$══$16CuFeS_2+1.6Cu+1.6Fe$。相比于 $CuFeS_2$ 材料，$Cu_{17.6}Fe_{17.6}S_{32}$ 材料由于存在填充原子，其具有更加复杂的原子占位形式：S 原子占据两种不同的阴离子格点，分别为 8c 和 24g。而对于 Cu、Fe 原

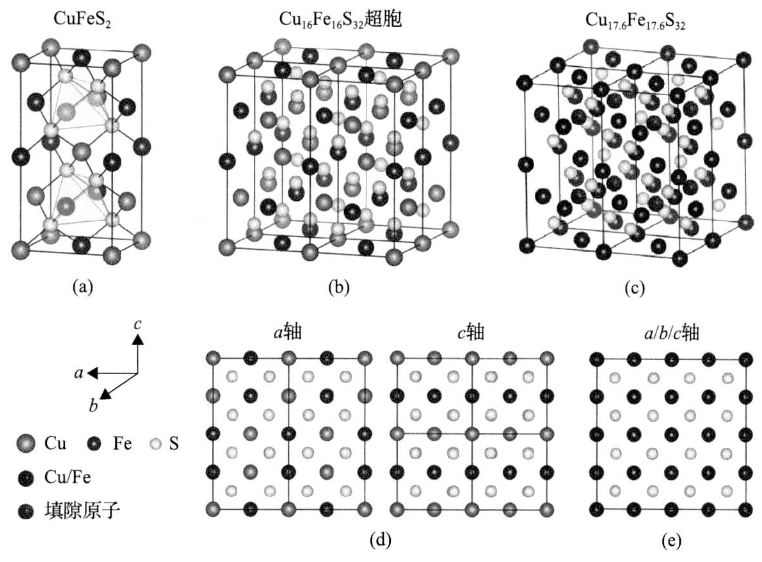

图 2-2　黄铜矿 $CuFeS_2$ 与硫铜铁矿 $Cu_{17.6}Fe_{17.6}S_{32}$ 的晶体结构

(d) 和 (e) 分别为 (b) 和 (c) 的晶体结构俯视图

子而言，其在晶体中共享四种不同的阳离子格点(2a, 6b, 8c, 24g)。Cu、Fe 原子在这些阳离子格点上的占据概率相同，此外作为间隙格点的 8c 只有 30%的位置被阳离子填充，而未被占据的格点上存在着大量的空位[7]。$Cu_{17.6}Fe_{17.6}S_{32}$ 材料中这种阳离子无序占位的短程复杂结构，使其化学键的结合状态相比于 $CuFeS_2$ 更加复杂。

对于 $CuFeS_2$ 而言，其阴阳离子之间构成四面体配位形式，当中仅存在 Fe-S 键及 Cu-S 键两种化学键，键长分别为 2.255Å 和 2.300Å。而 $Cu_{17.6}Fe_{17.6}S_{32}$ 材料中阴阳离子同样具有四面体配位形式，但由于填充原子的存在及阳离子的无序占位，材料中的 Fe-S 键及 Cu-S 键分化为 14 种结合强度不同的键合，其键长分布为 2.160～2.410Å，平均键长为 2.297Å。而 $CuFeS_2$ 材料中的平均键长为 2.277Å，所以 $Cu_{17.6}Fe_{17.6}S_{32}$ 材料中的化学键弱于 $CuFeS_2$，这种化学键的差异也反映在两者不同的热输运性质上。

图 2-3 是 $CuFeS_2$ 与 $Cu_{17.6}Fe_{17.6}S_{32}$ 材料以及一些典型热电材料的晶格热导率随温度的变化关系。从图中可见，由于 $CuFeS_2$ 材料本身具有的类金刚石结构及其较轻的组成元素，因此材料具有相对较高的晶格热导率(κ_L)，其在室温下可达 8.42W/(m·K)。而随着温度升高，其 κ_L 明显下降，这是由于温度升高，材料中声子-声子散射的 U 过程加剧，导致载热声子被大量散射。但该材料的 κ_L 在整个温度区间仍然高于目前大多数典型热电材料的 κ_L。相比 $CuFeS_2$，虽然 $Cu_{17.6}Fe_{17.6}S_{32}$ 材料具有相同的组成元素以及相似的晶体结构，但其 κ_L 在整个温度区间远低于 $CuFeS_2$ 材料以及其他典型的热电材料。在室温附近，$Cu_{17.6}Fe_{17.6}S_{32}$ 的 κ_L 仅为 $CuFeS_2$ 的 1/6，且在 625K 时，$Cu_{17.6}Fe_{17.6}S_{32}$ 化合物的 κ_L 低至 0.6W/(m·K)，接近该材料非晶状态时的最低 κ_L[7]。

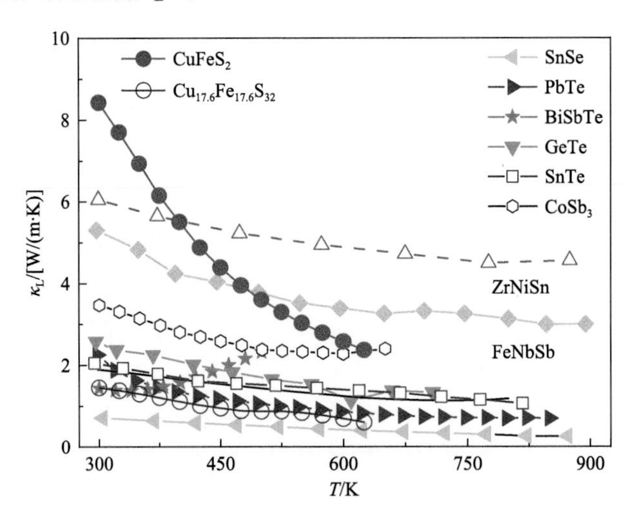

图 2-3 $CuFeS_2$ 与 $Cu_{17.6}Fe_{17.6}S_{32}$ 以及一些典型热电材料的晶格热导率随温度的变化关系

表 2-1 所示为 $CuFeS_2$ 和 $Cu_{17.6}Fe_{17.6}S_{32}$ 的室温热输运参数。可以看到，由于 $Cu_{17.6}Fe_{17.6}S_{32}$ 晶体结构中的阴阳离子之间存在分化的弱化学键，这种本征弱化学键导致 $Cu_{17.6}Fe_{17.6}S_{32}$ 材料具有相对较低的德拜温度(θ_D)及声子速度(υ)。并且，$Cu_{17.6}Fe_{17.6}S_{32}$ 材料中的弱化学键也使其具有较强的非简谐振动，该特征反映在其较高的 Grüneisen 常数上。更重要的是，$Cu_{17.6}Fe_{17.6}S_{32}$ 晶格中具有一些部分填充的阳离子格点，这些阳离子格点被 Cu 原子或 Fe 原子部分填充，并与邻近的 S 原子形成局域的化学键。这些随机分布的局域键合及 $Cu_{17.6}Fe_{17.6}S_{32}$ 本身化学键的多样性在材料中引入了局域低频扰动，并形成声子散射中心，有效地散射载热声子，使材料具有较低的声子平均自由程(l_{ph})。以上的一系列作用导致 $Cu_{17.6}Fe_{17.6}S_{32}$ 化合物具有非常低的本征 κ_L。

表 2-1　$CuFeS_2$ 和 $Cu_{17.6}Fe_{17.6}S_{32}$ 的室温热输运参数

材料	κ_L/[W/(m·K)]	θ_D/K	υ/(m/s)	l_{ph}/Å	Grüneisen 常数
$CuFeS_2$	8.42	294	2938	44.20	0.98
$Cu_{17.6}Fe_{17.6}S_{32}$	1.45	230	2036	10.80	1.60

由上述类金刚石结构演化过程及热输运性质的变化可以看到，虽然金刚石、黄铜矿及硫铜铁矿都具有相同的四面体配位结构，但三种结构中化学键种类存在差异，使其表现出完全不同的热输运性质。对于金刚石结构，仅存在一种化学键，单一的化学键使晶体高度有序，材料具有非常高的热导率。与金刚石结构相比，黄铜矿结构中虽然具有相同的化学键排布方式，但其中交替排列着两种键合强度不同的化学键，这种化学键的周期性波动，会使材料中载热声子输运受阻，从而使黄铜矿材料具有更低的热导率。而在硫铜铁矿结构中，黄铜矿晶胞内的两种化学键进一步分化为 14 种强弱不同的化学键，并且化学键的强弱交替由周期性分布变为无序分布。这种更加复杂及多样化的键合结构进一步地散射材料中的载热声子，从而使硫铜铁矿化合物具有非常低的 κ_L。

2.2.3　$Ge_{1-x}Mn_xTe$ 化合物的晶体结构调控与电热输运

自 20 世纪 60 年代起，GeTe 化合物因其优异的热电性能受到研究者的广泛关注。根据 Ge-Te 二元相图，GeTe 化合物中存在高温相 β-GeTe 和低温相 α-GeTe。在 720℃时，通过熔融法可以得到 NaCl 型岩盐晶体结构(空间群：$Fm\overline{3}m$)的 β-GeTe。随着温度的下降，在 430℃时，由于热应力的作用，位于 Te 原子形成的八面体间隙中心的 Ge 原子会逐渐沿着体对角线移动，Ge 原子从晶格位点(1/2, 1/2, 1/2)重排至($1/2-x$, $1/2-x$, $1/2-x$)，β-GeTe 转变为菱方相结构的 α-GeTe。在立方相 β-GeTe 向菱方相α-GeTe 转变过程中，6 个等长的 Ge-Te 键劈裂成三个短键和三个长键，引起结构对称性下降，并且这种结构对称性差异会导致热电性能的显著差异。因此，固溶过程中的结构转变及其电热输运性能，是 GeTe 材料体系的重要研究内容。本节主要介绍 MnTe 固溶对 $Ge_{1-x}Mn_xTe$ 化合物的结构及电热输运性能的影响规律。

1. $Ge_{1-x}Mn_xTe$ 化合物的相组成与晶体结构

图 2-4 为 $Ge_{1-x}Mn_xTe$ 样品在烧结前后的粉末 X 射线衍射（XRD）图谱。物相分析结果表明，当 $x \leqslant 0.18$ 时，样品为菱方相 GeTe；当 $x > 0.18$ 时，样品为立方相 GeTe，同时出现了少量第二相 $MnTe_2$。另外，根据 XRD 图谱，当 2θ=23°～27°和 2θ=41°～45°时出现双峰，这是菱方相的特征峰。随着 Mn 含量的增加，双峰逐渐靠近变为单峰，说明物相逐渐向立方相演变。这表明在菱方相的八面体中，Ge^{2+}为了降低 $4s^2$ 轨道孤对电子的能量而逐渐偏离八面体的中心，而 Mn^{2+}没有未配对的孤对电子，在占据 Ge 位后逐渐移动至八面体中心，使得样品转变为立方相。

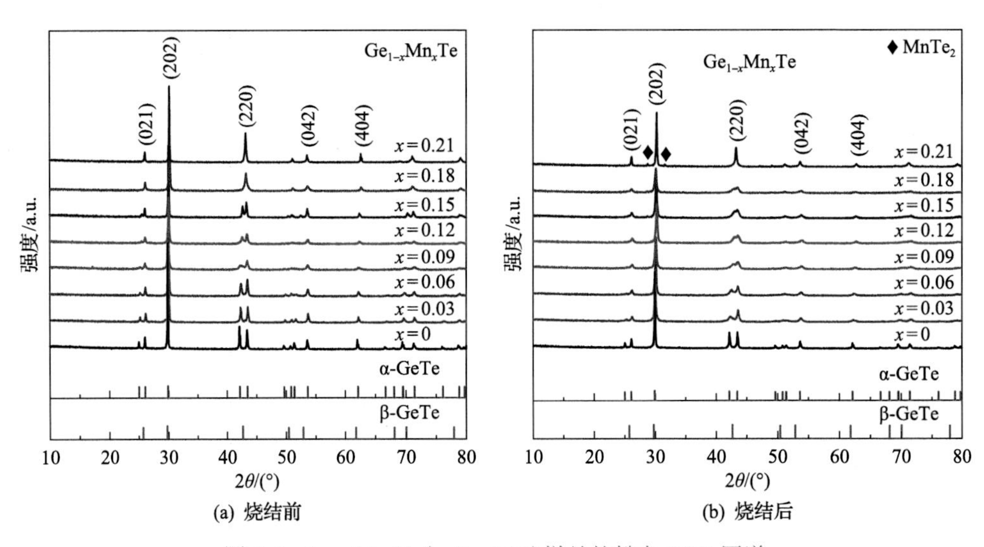

图 2-4　$Ge_{1-x}Mn_xTe$（x=0～0.21）样品的粉末 XRD 图谱

采用差示扫描量热分析（DSC）研究了 $Ge_{1-x}Mn_xTe$（x=0～0.45）化合物的相转变温度随 MnTe 固溶量的变化，结果如图 2-5 所示。$Ge_{1-x}Mn_xTe$（x=0～0.45）化合物从菱方相到立方相的相转变温度随着 Mn 含量的增加逐渐降低，从 665K 降低到 338K。因此，随着 Mn 含量的增加，结构中 Ge-Te 长键和短键的差异变小，导致八面体的晶格畸变逐渐减弱。

图 2-6 是 GeTe 化合物菱方相与立方相的晶体结构示意图。在菱方相 GeTe 中，Ge 原子偏离 Te 原子组成的八面体中心，八面体结构是非对称的，6 个 Ge-Te 键分裂成三个长键（绿色虚线，键长为 3.156Å）和三个短键（黄色实线，键长为 2.844Å）。

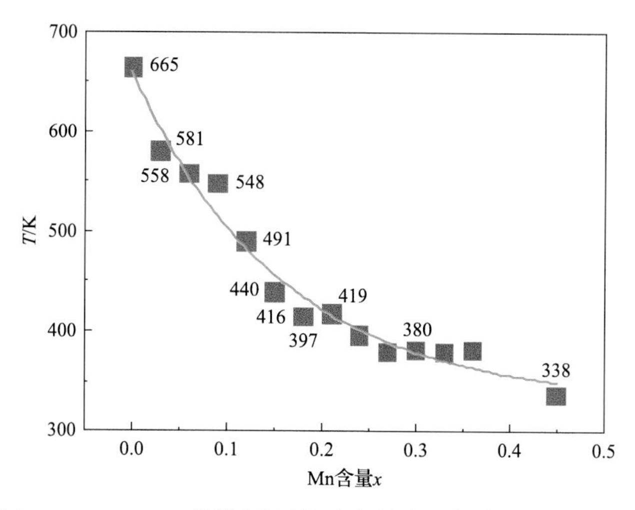

图 2-5　$Ge_{1-x}Mn_xTe$ 的菱方相到立方相转变温度随 Mn 含量变化图

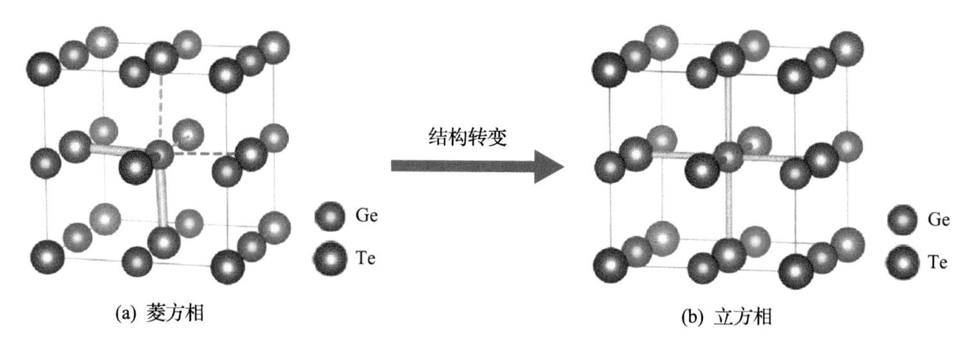

图 2-6　GeTe 化合物菱方相和立方相的晶体结构示意图

而在立方相中，Ge 原子位于 Te 原子组成的正八面体中心，6 个 Ge-Te 键长度相同。在菱方相中，Ge 原子与 Te 原子形成非对称的八面体($GeTe_6$)，由于键长的差异，因此 Ge-Te 长键与短键之间的键角偏离 90°或者是 180°。在热应力的作用下菱方相中的 Ge 原子从($1/2-x$, $1/2-x$, $1/2-x$)重排至(1/2, 1/2, 1/2)，使得 Ge-Te 的 6 个键长逐渐趋于一致，键角变为 90°或者 180°，样品转变为立方相。

为了说明MnTe固溶后的结构变化，采用JANA程序对$Ge_{1-x}Mn_xTe$(x=0～0.18)样品进行了晶体结构解析。图 2-7(a)为$Ge_{1-x}Mn_xTe$(x=0～0.18)样品的晶胞参数与体积随 Mn 含量变化关系图。解析结果表明，c 轴的晶胞参数从 10.670Å(GeTe)减小到 10.310Å($Ge_{0.82}Mn_{0.18}Te$)，相反地，a 轴和 b 轴的晶胞参数逐渐增大。这是因为菱方相 GeTe 的 a=b=4.170Å，c=10.710Å，立方相 GeTe 的 a=b=c=6.000Å，晶体结构向立方相演变导致了 a 轴的晶胞参数增大；由于 c 轴的晶胞参数减小幅度较大，所以晶胞体积逐渐减小。图 2-7(b)为 $Ge_{1-x}Mn_xTe$(x=0～0.18)样品的键长、键角随着 Mn 含量变化关系图。Ge 和 Te 之间的长键长度逐渐减小而短键长度逐渐增大，θ 逐渐增大到接近 180°，这些变化表明样品由菱方相向对称性高、结构稳定的立方相转变。

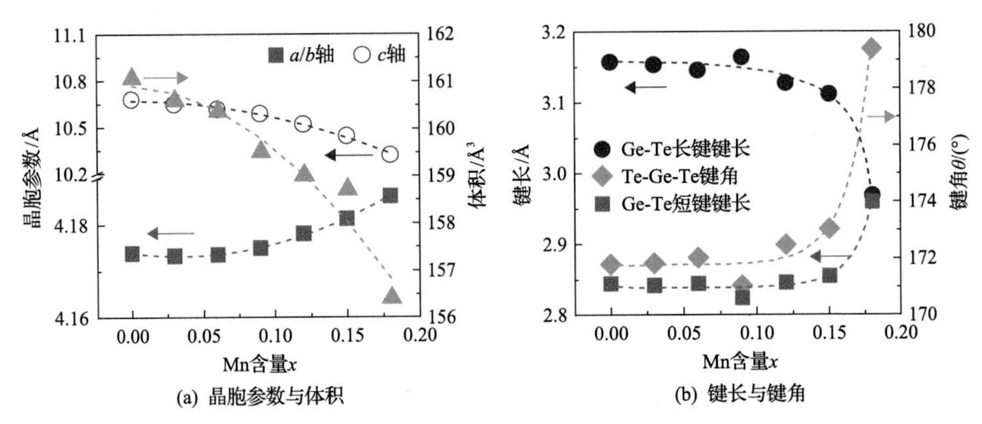

图 2-7 $Ge_{1-x}Mn_xTe$ 化合物的晶胞参数与体积、键长与键角随 Mn 含量变化关系图

2. $Ge_{1-x}Mn_xTe$ 化合物的电输运性能

$Ge_{1-x}Mn_xTe$ (x=0～0.18) 样品的室温物性参数如表 2-2 所示。为了深入理解能带结构的变化与电输运性能之间的关系，计算并绘制了室温下 Seebeck 系数与载流子浓度的变化关系 (Pisarenko 曲线)，如图 2-8 (a) 所示。实线是用单带模型计算的结果。在单抛物带近似并且以声学声子散射为主导散射机制的情况下，可以利用式 (1-14) 来描述材料的 Seebeck 系数，通过式 (1-14) 结合实测数据，直接推导得到载流子有效质量。随着 Mn 含量的增加，材料的空穴浓度 (n) 增加，载流子有效质量 (m^*) 逐渐增大。GeTe 的价带中包含轻重两个价带，随着 Mn 含量的增加，材料的费米能级位置逐渐下移，与重价带的能量差逐渐减小，重价带对材料的电传输的贡献增加，故 m^* 增大。

表 2-2 $Ge_{1-x}Mn_xTe$ (x=0～0.18) 样品的室温物性参数

样品	κ_L/[W/(m·K)]	σ/(10^4 S/m)	α/(μV/K)	n/10^{20} cm^{-3}	μ/[cm^2/(V·s)]	m^*/m_0
x=0	3.37	60.42	34.09	7.84	54.17	1.44
x=0.03	2.03	46.38	40.34	10.23	28.19	2.04
x=0.06	2.05	36.55	46.63	18.30	12.25	3.47
x=0.09	1.80	33.55	38.69	38.03	3.71	4.69
x=0.12	1.70	28.61	42.10	45.15	3.84	5.73
x=0.15	1.64	29.02	43.54	47.82	4.41	6.15
x=0.18	1.75	25.09	40.64	27.95	4.69	4.01

注：m_0 为自由电子质量。

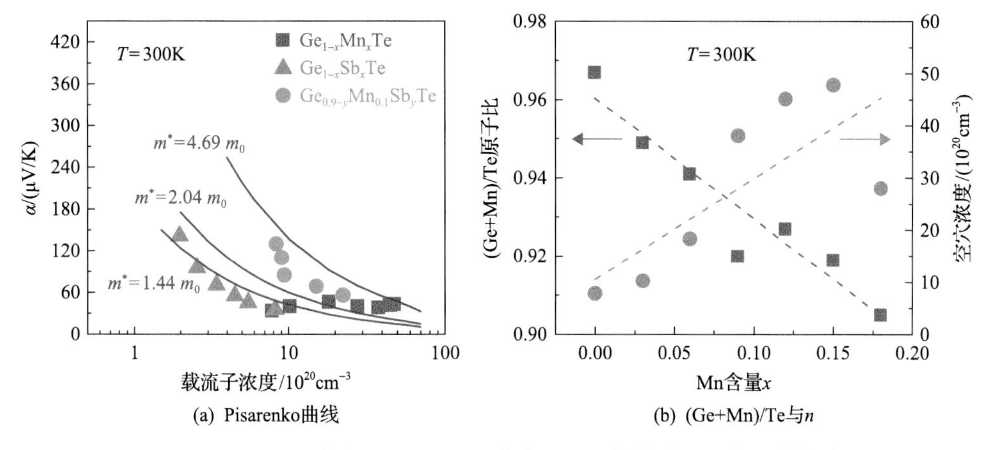

图 2-8　$Ge_{1-x}Mn_xTe$ 的室温 Pisarenko 曲线及室温物性随 Mn 含量变化关系图

图 2-8(b)为(Ge+Mn)/Te 原子比和空穴浓度随 Mn 含量变化关系图。(Ge+Mn)/Te 原子比随着 Mn 含量的增加逐渐减小，意味着样品中 Ge 空位增加，同时室温下样品的 n 随着 Mn 含量的增加逐渐增大，从 $7.84\times10^{20}cm^{-3}$ 增大到 $4.78\times10^{21}cm^{-3}$，其空穴浓度增大主要来源于 Ge 空位的增加。

3. $Ge_{1-x}Mn_xTe$ 化合物的热输运性能

如表 2-3 所示，本征 GeTe 的室温κ_L较高，为 3.37W/(m·K)。而 MnTe 固溶样品的κ_L大幅度下降，x=0.18 组分样品在室温下获得最低的κ_L为 1.22W/(m·K)。κ_L的降低起因于 MnTe 固溶引起的晶体结构变化和合金化散射的增强。

表 2-3　Callaway 模型计算 $Ge_{1-x}Mn_xTe$(x=0～0.18)样品的散射参数和晶格热导率

样品	$\Gamma/10^{-3}$	$\Gamma_M/10^{-3}$	Γ_S (实验值)/10^{-3}	Γ_S (计算值)/10^{-3}	ε_1	u	κ_L(计算值) /[W/(m·K)]
GeTe	—	—	—	—	—	—	3.37
$Ge_{0.97}Mn_{0.03}Te$	55.46	0.46	55.00	60.86	505	1.74	2.03
$Ge_{0.94}Mn_{0.06}Te$	54.20	0.89	53.30	104.84	505	2.28	1.71
$Ge_{0.91}Mn_{0.09}Te$	109.96	1.30	108.66	149.72	505	2.73	1.51
$Ge_{0.88}Mn_{0.12}Te$	117.26	1.69	115.57	189.84	505	3.08	1.38
$Ge_{0.85}Mn_{0.15}Te$	154.06	2.05	152.02	225.39	505	3.35	1.29
$Ge_{0.82}Mn_{0.18}Te$	121.94	2.38	119.55	256.55	505	3.58	1.22

注：ε_1 为材料相关力学参数。

本节利用 Callaway 模型[9,10]计算了材料的κ_L随 Mn 含量的变化关系。假设所有样品中晶界对κ_L 的作用相近，只考虑 U 散射及点缺陷散射对κ_L 的影响，由 Callaway 模型可知掺杂之后样品的κ_L与本征未掺杂样品的κ_L^P 的比值可以表示为

$$\frac{\kappa_L}{\kappa_L^P}=\frac{\arctan u}{u} \tag{2-1}$$

$$u^2=\frac{\pi^2\theta_D\Omega}{h\upsilon^2}\kappa_L^P\Gamma \tag{2-2}$$

式中，u 为无序散射参数；θ_D 为德拜温度（取 244K）；Ω 为平均原子体积；h 为普朗克常数；υ 为声速（取 2452m/s）；Γ 为声子散射因子。

可以通过 Slack 及 Abeles 提出的模型来计算散射因子，$\Gamma_{计算值}=\Gamma_M+\Gamma_S$，其中 Γ_M 和 Γ_S 分别表示由质量波动及应力场波动引起的散射，其计算公式可以表示为

$$\Gamma_M=\frac{\sum_{i=1}^{n}c_i\left(\frac{\bar{M}_i}{\bar{\bar{M}}}\right)^2 f_i^1 f_i^2\left(\frac{M_i^1-M_i^2}{\bar{M}_i}\right)^2}{\sum_{i=1}^{n}c_i} \tag{2-3}$$

$$\Gamma_S=\frac{\sum_{i=1}^{n}c_i\left(\frac{\bar{M}_i}{\bar{\bar{M}}}\right)^2 f_i^1 f_i^2\varepsilon_i\left(\frac{r_i^1-r_i^2}{\bar{r}_i}\right)^2}{\sum_{i=1}^{n}c_i} \tag{2-4}$$

式中，n 为晶格中原子占位的种数；c_i 为第 i 种原子占位的简并度，对于 GeTe，其有两种不同种类的原子格点即 n=2，两种原子分别为 Ge 和 Te，每种原子的占位数目为 $c_1=c_2=1$；$\bar{\bar{M}}$ 为化合物的平均相对原子质量；$\bar{M}_i$ 和 $\bar{r}_i$ 分别为第 i 种格点上的原子平均质量及其平均半径；f_i^k 为第 k 种原子在 i 格点上的占据分数（$k=1,2,\cdots$），M_i^k 及 r_i^k 分别为其原子质量及半径。以上关系可表示为

$$\bar{M}_i=\sum_k f_i^k M_i^k \tag{2-5}$$

$$\bar{r}_i=\sum_k f_i^k r_i^k \tag{2-6}$$

$$\bar{\bar{M}}=\frac{\sum_{i=1}^{n}c_i\bar{M}_i}{\sum_{i=1}^{n}c_i} \tag{2-7}$$

根据式(2-5)～式(2-7)进行计算，预测 Mn 原子按照名义配比完全进入 Ge 位格点时材料的κ_L随 Mn 含量的变化趋势，结果如表 2-3 所示。

图 2-9(a)给出了样品中的应力波动与质量波动散射因子随 Mn 含量的变化关系。Ge、Mn 原子半径差异导致应力波动散射随着 Mn 含量的增加而增加。此外，Mn 的固溶使得体系中 Ge 空位增加，引起质量波动散射逐渐增强，因此 GeTe 中固溶 MnTe 时，散射因子增加，声子散射增强。此外，需要考虑到固溶能使化学键软化从而进一步降低热导率，这是 Callaway 模型未考虑到的，固溶对晶格软化的影响可以通过声子传播速度来反映。图 2-9(b)所示为样品的室温晶格声速随着 Mn 含量变化关系图。结果表明，随着 Mn 含量的增加，样品的纵波声速(υ_l)、横波声速(υ_s)、平均声速(υ_a)和体积声速(υ_b)均有所降低，这也是样品κ_L降低的另外一个原因。

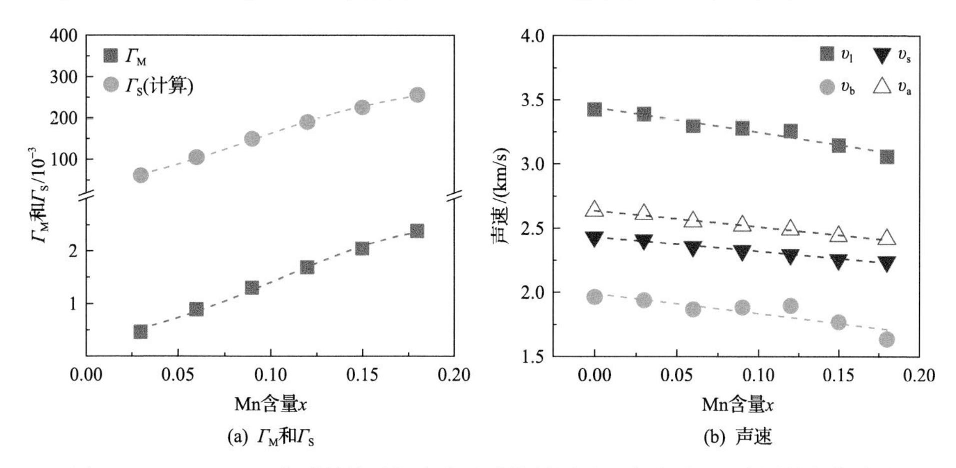

图 2-9　$Ge_{1-x}Mn_xTe$ 的质量波动与应力波动散射因子及声速随 Mn 含量的变化关系

2.2.4　$GeSe_{1-x}Te_x$ 化合物的晶体结构调控与电热输运

GeSe 是一种典型的二维层状结构化合物，其晶体结构如图 2-10(a)所示。理论预测[11]表明，在优化的空穴掺杂浓度下，沿晶体学 b 轴方向，该化合物在 300K 和 800K 的最大热电优值 ZT 分别可达到 0.8 和 2.5，是一种非常有潜力的中低温热电材料体系。然而，沿晶体学其他方向，特别是 a 轴方向(层间方向)，其热电性能很差，这主要是因为层间的范德瓦耳斯间隙严重阻碍了载流子的迁移。这导致 GeSe 在多晶化以后，整体热电性能远不如理论预期[12]。另外，GeSe 的能隙过大(E_g约为 1.2eV)，掺杂困难，掺杂效率不高。实验研究中，不论是常见的施主还是受主掺杂元素，都仅能将其载流子浓度调整到 $10^{18}cm^{-3}$ 数量级，离其最优载流子浓度($10^{20}cm^{-3}$)尚有不小差距，这也是其实验 ZT 值低于理论值的另外一个重要原因[13]。通过在 GeSe 中固溶部分 GeTe，可使其晶体结构从二维层状(正交相)逐渐向三维立体(菱方相)发生转变，如图 2-10(b)所示。在此过程中，GeSe 的能隙、载流子浓度、载流子迁移率和晶格热导率等都得到了全面优化，热电性能显著提高[14]。

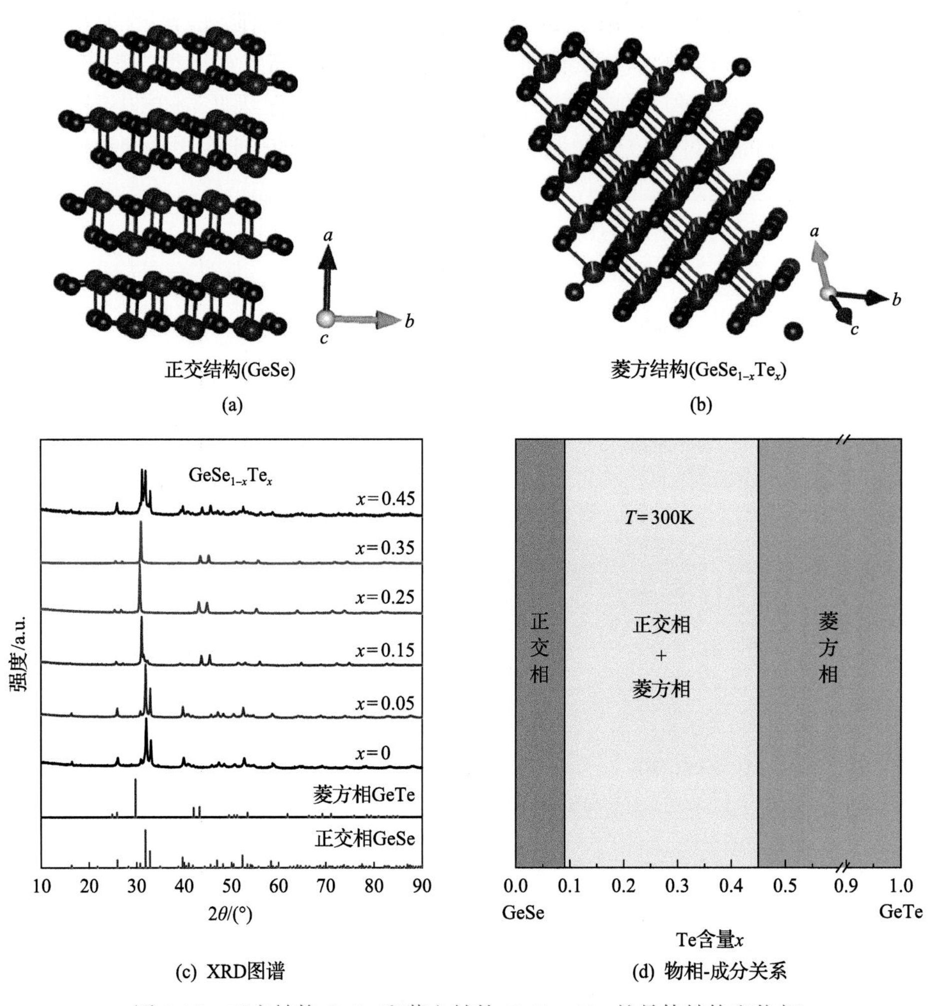

图 2-10　正交结构 GeSe 和菱方结构 $GeSe_{1-x}Te_x$ 的晶体结构和物相

图 2-10(c)所示为 $GeSe_{1-x}Te_x$ 化合物的 XRD 图谱。x 约为 0 时，样品 GeSe 为纯正交相；x=0.45 时，样品为纯菱方相；当 x 介于二者之间时，样品为正交相和菱方相的混合相。值得注意的是，在 $x \geqslant 0.25$ 时，样品的主相已经变成菱方相，仅含少量正交结构的第二相，且随着 x 增加，第二相含量逐渐降低。基于上述 XRD 图谱结果，可以绘制出如图 2-10(d)所示的室温下物相-成分图。这表明，可以在 GeSe 中固溶少量 GeTe，实现晶体结构的调控，从二维层状结构转变为三维立体结构，而这种晶体结构的转变对材料的电和热输运性质均有非常显著的影响。

图 2-11(a)和(b)分别为 $GeSe_{1-x}Te_x$ 化合物在室温下载流子浓度和迁移率随组

分 x 的变化关系。可以发现，Te 增加时，在 GeSe 晶体结构从正交相到菱方相转变的过程中，材料的载流子浓度和迁移率同时提高，这是不寻常的实验现象。分析认为，相比于正交相，菱方相 $GeSe_{1-x}Te_x$ 化合物的能隙显著降低（E_g 约为 0.7eV），更容易自发形成高含量的本征阳离子空位，这是其具有高的室温空穴载流子浓度（$>10^{20}cm^{-3}$）的一个重要原因。另外，相比正交结构，菱方结构晶体维度更高，消除了范德瓦耳斯间隙对载流子的散射作用，从而整体载流子迁移率显著提升。

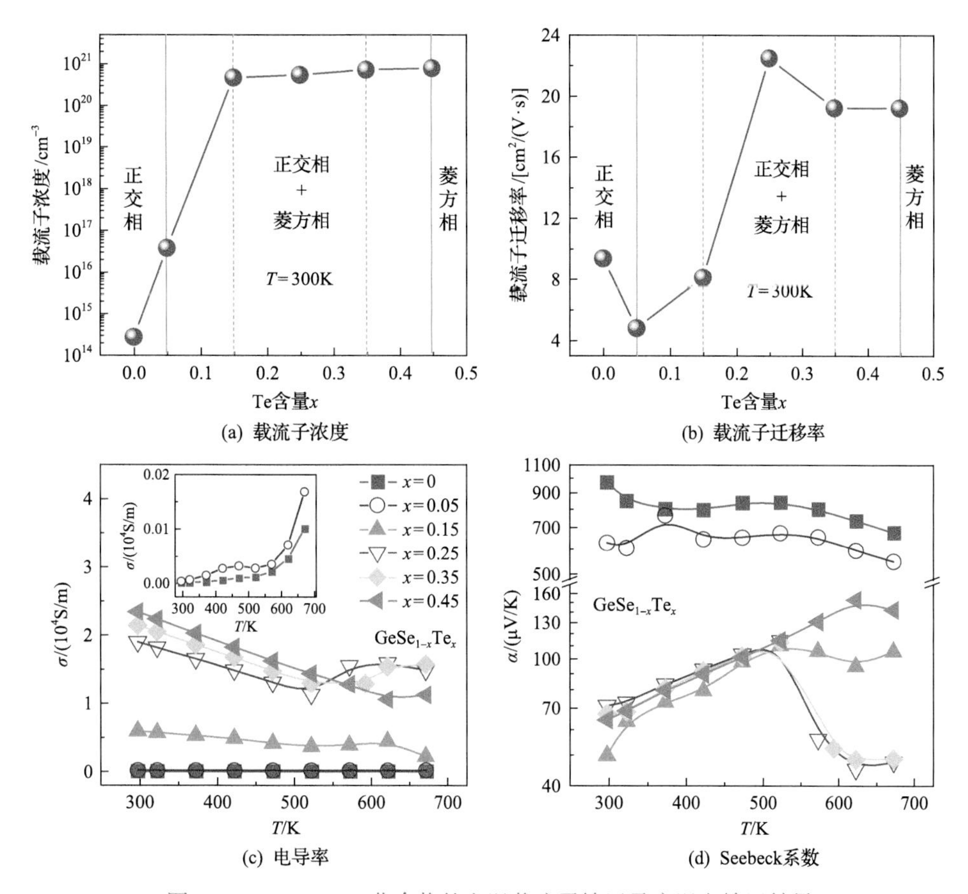

图 2-11　$GeSe_{1-x}Te_x$ 化合物的室温载流子输运及变温电输运结果

(d)的图例与(c)相同

如图 2-11(c)所示，由于空穴浓度(n)和迁移率(μ)的同步增加，GeTe 固溶后，GeSe 的电导率大幅度增加：室温下，从 x=0 时的 2.5×10^{-2}S/m 提高到 x=0.45 时的 2.3×10^4S/m，增幅达 6 个数量级。n 的增加使 GeSe 的 Seebeck 系数降低，室温下，从 x=0 时的 966μV/K 降低到 x=0.45 时的 64μV/K，后者约为前者的 1/15，如图 2-11(d)所示。综合来看，GeTe 的固溶使 GeSe 的功率因子提高了 2～3 个数量级。

图2-12(a)所示为$GeSe_{1-x}Te_x$化合物的晶格热导率随温度的变化关系。由图可知，随着 GeTe 含量增加，GeSe 的κ_L大体呈现逐渐降低的趋势，且当$x \geqslant 0.25$时，在高温段(>550K)，其κ_L已接近理论最小值，即非晶状态的热导率，约 0.4W/(m·K)。出现这种现象，一方面是因为 GeTe 的固溶在 GeSe 体系里面引入了更多的质量波动和应力波动散射；另一方面则归因于 GeSe 从正交相到菱方相的转变过程中，完成了从非铁电相到铁电相的过渡，而铁电相中光学声子和声学声子的强烈耦合极大地压低了声子群速度，软化了声子，从而进一步降低了κ_L。因此，在 GeSe 中固溶 GeTe 进行晶体结构调控，可在提高载流子迁移率的同时，抑制热传导，从而实现电声解耦，这利于其热电性能的优化。

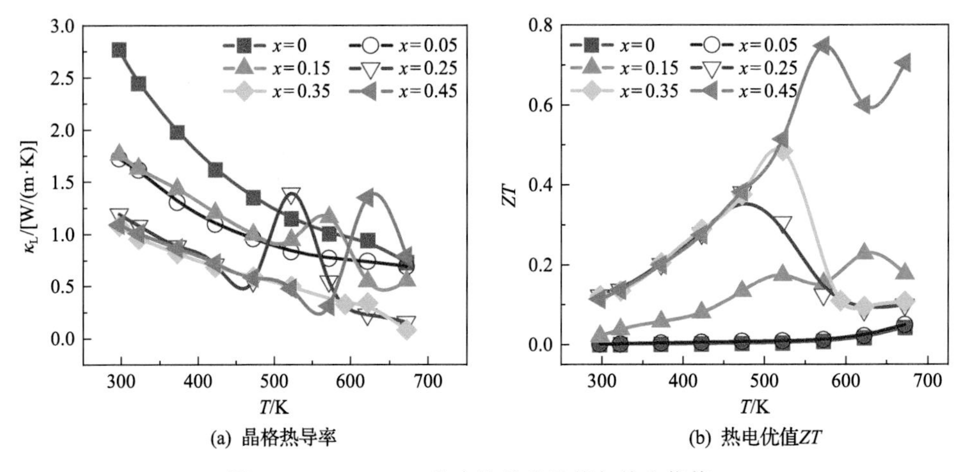

图 2-12 $GeSe_{1-x}Te_x$化合物的热性能与热电优值 ZT

由于 GeTe 的固溶对 GeSe 晶体结构的调控，并由此带来电性能的大幅度增加和晶格热导率的显著降低，$GeSe_{1-x}Te_x$ 化合物的热电性能获得巨大提升。如图 2-12(b)所示，当x=0.45 时，材料的最大 ZT 值在 550K 附近达到 0.75，相比于本征 GeSe 样品(最大 ZT 值为 0.04，在 673K 时取得)提高了约 18 倍。该工作表明，调控晶体结构是优化 GeSe 化合物热电性能的重要途径。

2.3 化学键调控

2.3.1 化学键设计准则

热电材料的电、热输运性质在很大程度上受其化学键种类以及结构构型的影响。从性能优化的角度考虑，理想热电材料的化学键应在保证优异电输运的同时，尽可能抑制其热传输。而如前所述，载流子和声子输运对化学键的要求是不同的。因此，高效热电材料不可能仅由一种化学键构成，也就是说，多种类型化学键的构建是热电材料性能优化的基础。

具体来说，优异热电材料应同时具有强、弱两类化学键：强化学键保证体系的结构稳定性，并为载流子输运提供良好通道；弱化学键则使原子间的结合力较弱，原子振动的非简谐性增强，从而对声子造成强烈散射，降低材料的晶格热导率。化学键的强弱受多种因素的影响，如键合类型(金属键、离子键、共价键等)，原子(离子)半径、质量、电荷以及电负性等。对于简单结构化合物而言，其化学键构成往往也单一。为此，我们提出热电材料中多种类型化学键的构建及其设计准则。

(1) 在复杂晶体结构化合物中发现多种类型化学键。典型例子包括 Zn_4Sb_3 等 Zintl 相化合物、笼合物、填充式方钴矿等。在这些化合物中，在基体本身构成的刚性骨架中，存在着自填充或外来原子填充的弱键合亚结构。

(2) 在简单结构化合物中，利用掺杂元素孤对电子的不饱和性、原子尺寸/电负性失配等，在局域引入弱的化学键。比如，In 掺杂的 $CuFeS_2$ 化合物中[15]，进入四面体结构中的 In 原子偏离中心位置，与周围原子之间存在较弱的结合力。

下面介绍本书作者团队在一些典型热电材料体系中进行化学键调控和性能优化的研究工作。

2.3.2　$CoSb_3$ 化合物的化学键调控与电热输运

方钴矿化合物的声子谱计算结果表明，低频载热声子的热振动主要与 Sb 的振动模有关，目前降低材料热导率的方法主要是在 Sb 原子构成的正二十面体空洞位置进行填充。研究表明填充式方钴矿化合物之所以具有低的热导率，主要是因为填充原子进入 Sb 四元环形成的二十面体空洞中，会导致空洞尺寸的变化，改变四元环的结构，使材料的声子谱发生改变，进而降低材料的热导率。通过四元环上 Sb 原子的直接置换改变四元环结构，可能对热导率的降低更加直接有效。因此在本节中，采用熔融-退火-放电等离子烧结工艺制备不同 Ge、Te 完全补偿的 $CoSb_{3-3x}Ge_{1.5x}Te_{1.5x}$ (x=0～1) 方钴矿化合物，研究 Ge、Te 完全补偿 Sb 四元环的结构对电热传输性能的影响规律。

1. $CoSb_{3-3x}Ge_{1.5x}Te_{1.5x}$ 化合物的晶体结构

图 2-13(a) 所示为 Ge、Te 完全补偿的 $CoSb_{3-3x}Ge_{1.5x}Te_{1.5x}$ 样品的 XRD 图谱。当 $0 \leqslant x \leqslant 0.5$ 时，掺杂样品的 XRD 谱线与方钴矿的 XRD 谱线一致，XRD 的峰位向高角度偏移。当 $0.5 < x < 1$ 时，不能得到单相，获得的是方钴矿、GeTe、$CoTe_2$ 和 $CoSb_2$ 等相。当 x=1 时，XRD 谱峰中出现了很多小峰，可能与四元环结构中 Ge、Te 原子的有序排列有关，四元环结构有序排列使材料的对称性减弱，产生一些新的衍射峰。

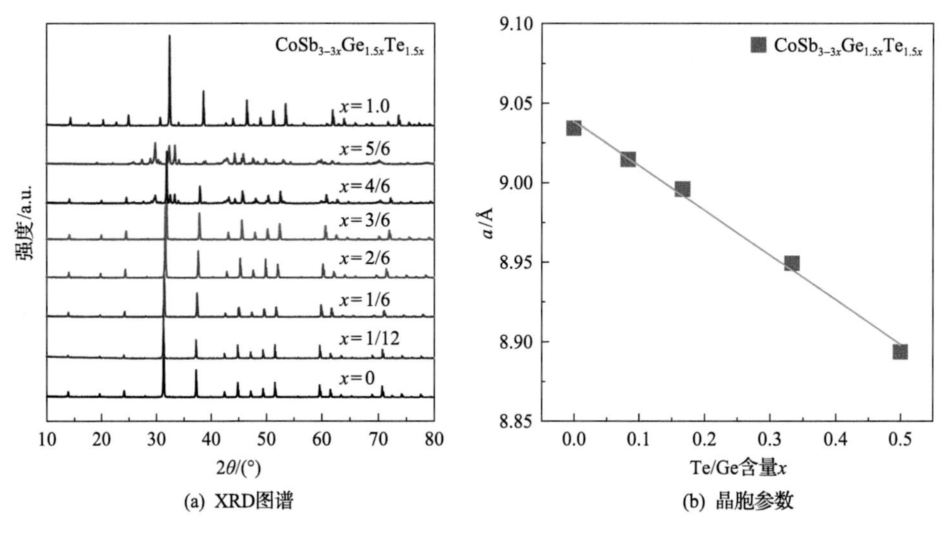

图 2-13 $CoSb_{3-3x}Ge_{1.5x}Te_{1.5x}$ 化合物的物相随组分变化图

为了进一步表征材料的结构，根据 $CoSb_{3-3x}Ge_{1.5x}Te_{1.5x}$ 样品的 XRD 图谱，对不同 Ge、Te 掺杂量样品的晶体结构进行了解析。在 $CoSb_{2.5}Ge_{0.25}Te_{0.25}$、$CoSb_{2.0}Ge_{0.5}Te_{0.5}$、$CoSb_{1.5}Ge_{0.75}Te_{0.75}$ 组分的结构解析过程中，限定了 24g 位的 Sb、Te、Ge 原子的总占位率为 1。从结构解析的数据可知，$CoSb_{3-3x}Ge_{1.5x}Te_{1.5x}$（$x$=0～0.5）的晶胞参数随 Ge、Te 相对含量的增加呈线性减小，如图 2-13（b）所示。$CoSb_3$ 的晶胞参数为 9.034Å，而 $CoSb_{1.5}Ge_{0.75}Te_{0.75}$ 的晶胞参数为 8.894Å，Ge、Te 的共同掺杂使晶胞收缩。这主要是因为 Ge（0.53Å）的离子半径明显小于 Sb（0.76Å）的离子半径，尽管 Te（0.97Å）的离子半径比 Sb（0.76Å）大。这种晶胞尺寸的变化主要是由四元环结构尺寸的变化导致的，Co 的子框架随着四元环的结构变化作相应改变，而对于 $CoGe_{1.5}Te_{1.5}$ 化合物，四元环结构由原来的无序结构向 Ge、Te 共同存在的有序结构转变，使对称性降低，空间群从方钴矿的 $Im\overline{3}$ 转变为 $R\overline{3}$。根据 $R\overline{3}$ 空间群计算了 $CoGe_{1.5}Te_{1.5}$ 的晶胞参数为 $a=b$=12.329Å、c=15.100Å，$\alpha=\beta$=90°、γ =120°，由于晶体结构的对称性变差，晶体的原胞尺寸变大。

根据化合物中原子占位情况得到框架元素的键长键角关系，键长随 Ge、Te 含量的变化关系如图 2-14 所示，方钴矿中 Sb 与 Sb 之间存在长键和短键，其随着 Ge、Te 含量的增加而单调减小。对于晶体学 24g 位以 Sb 为主的 x=0～0.5 组分，其 Sb 四元环结构仍然为矩形结构，键角为 90°，如图 2-15（a）所示。但对于 Sb 位置完全被 Ge、Te 置换的 $CoGe_{1.5}Te_{1.5}$ 化合物（x=1.0），其含有两种四元环，为 Ge-Te-Ge-Te 的结构，如图 2-15（b）和（c）所示。它们的键长和键角不同，为平行四边形结构，Ge、Te 在四元环上按 Ge-Te-Ge-Te 有序排列，导致在 XRD 图谱中出现一些额外的小峰。而 x=0～0.5 组分中，Ge、Te 在四元环上随机分布。因此，四元环结构随 Ge、Te 含量的演变，将会对材料的热电性能产生显著影响。

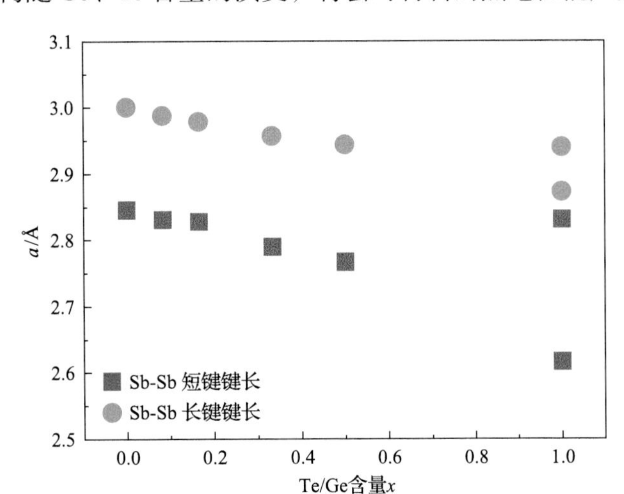

图 2-14　$CoSb_{3-3x}Ge_{1.5x}Te_{1.5x}$ 化合物的四元环键长

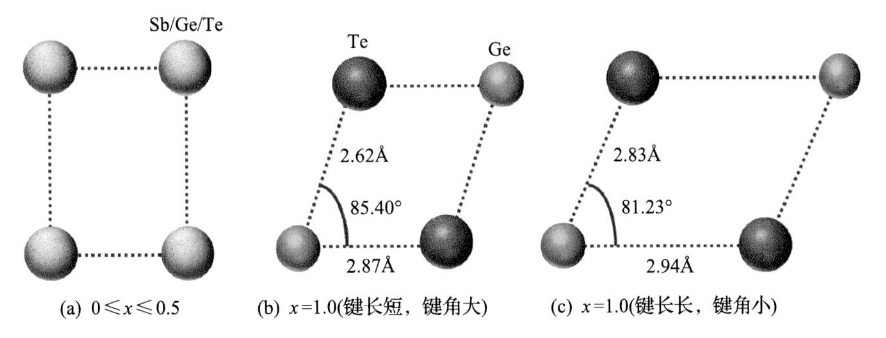

图 2-15　$CoSb_{3-3x}Ge_{1.5x}Te_{1.5x}$ 化合物的四元环结构

(b) 和 (c) 为两种四元环结构

2. $CoSb_{3-3x}Ge_{1.5x}Te_{1.5x}$ 化合物的电传输性能

表 2-4 给出了样品的名义组成、室温霍尔 (Hall) 系数 (R_H)、载流子浓度 (n) 及迁移率 (μ)。结果表明，室温下所有样品的 Hall 系数均为负值，表现为 n 型传导。随着 Ge、Te 含量的增加，$CoSb_{3-3x}Ge_{1.5x}Te_{1.5x}$ 化合物的电子浓度逐渐增加，当 x =0.5 时样品的 n 达 $1.25\times10^{20}cm^{-3}$。材料 n 的增加可能与 Ge、Te 的相对含量在制备过程中适当偏离有关。$CoGe_{1.5}Te_{1.5}$ 样品在磁场作用下没有信号反馈，可能是因为其 μ 太低，未能得到材料的 n。同时，样品的 μ 随着 Ge、Te 置换量的增加而减小。一方面，这是因为 n 增加，载流子之间散射增强，μ 降低；另一方面，Ge、Te 含量增加之后，Ge 形成的正电中心会增强对传输过程中电子的库仑作用力，导致 μ 的下降。此外 Ge、Te 含量增加之后，合金化散射增强，也会增强对载流子的散

射，且四元环结构由无序变为有序排列之后，样品的μ大幅度下降。

表 2-4　$CoSb_{3-3x}Ge_{1.5x}Te_{1.5x}$ 化合物的室温物性

名义组成	R_H/(cm³/C)	$n/10^{19}cm^{-3}$	σ/(S/m)	μ/[cm²/(V·s)]	m^*/m_0	E_g/eV	μ/κ
$CoSb_3$	−1.25	0.5	1657	20.7	12.10	0.296	2.50
$CoSb_{2.75}Ge_{0.125}Te_{0.125}$	−0.205	3.05	7538	15.5	4.33	0.312	3.27
$CoSb_{2.5}Ge_{0.25}Te_{0.25}$	−0.155	4.02	7382	11.44	2.35	0.309	2.38
$CoSb_{2.0}Ge_{0.5}Te_{0.5}$	−0.06	10.4	14297	8.58	1.95	0.236	1.81
$CoSb_{1.5}Ge_{0.75}Te_{0.75}$	−0.05	12.5	16361	8.18	1.41	0.239	2.09
$CoGe_{1.5}Te_{1.5}$	—	—	328	—	—	0.162	—

文献[16]和[17]表明方钴矿中的导带结构主要由 Sb 来决定，在 Sb 位进行置换，材料的迁移率大幅度降低。图 2-16(a)为 $CoSb_{3-3x}Ge_{1.5x}Te_{1.5x}$ 化合物的电导率随温度的变化关系。结果表明，随着 Ge、Te 置换量增加电导率先增大后减小，$CoSb_{1.5}Ge_{0.75}Te_{0.75}$ 样品具有最高的电导率，室温下为 1.6×10^4S/m。虽然样品的μ降低，但是 n 的增幅比μ的降幅大，导致电导率随着 Ge、Te 置换量的增加有增大的趋势。同时，根据公式 $E_g=2e\alpha_{max}T_{max}$($\alpha_{max}$与 T_{max}分别代表获得的最高 Seebeck 系数及对应温度)近似计算了 $CoSb_{3-3x}Ge_{1.5x}Te_{1.5x}$ 化合物的能隙，见表 2-4，其随 Ge、Te 含量的增加而减小。$CoSb_3$ 的能隙为 0.296eV，而 $CoGe_{1.5}Te_{1.5}$ 为 0.162eV。

图 2-16(b)为 $CoSb_{3-3x}Ge_{1.5x}Te_{1.5x}$ 化合物的 Seebeck 系数随温度的变化关系。除 x=0 外，所有样品的 Seebeck 系数在整个温度范围内均为负，表现为 n 型传导，与 Hall 系数测试结果一致。随着 Ge、Te 置换量的增加样品的 Seebeck 系数绝对值有减小的趋势，与电导率的变化趋势基本一致，且均随温度的增加有先增大后减小的趋势。

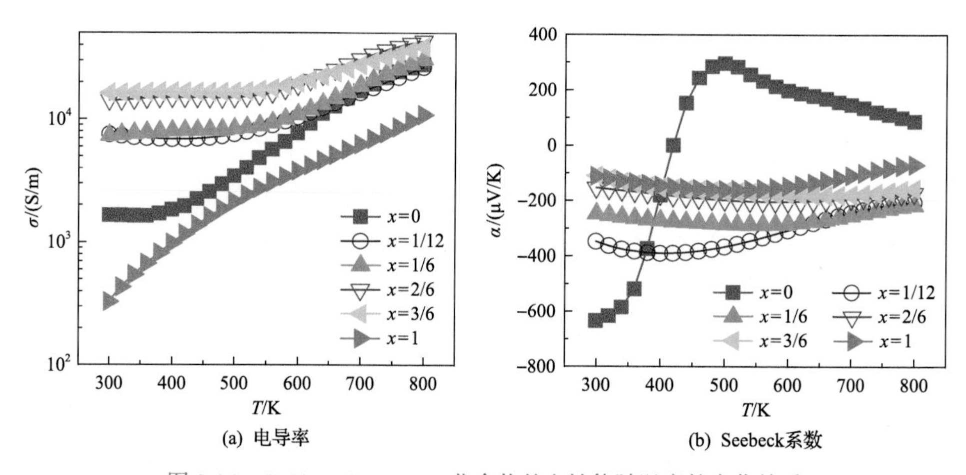

图 2-16　$CoSb_{3-3x}Ge_{1.5x}Te_{1.5x}$ 化合物的电性能随温度的变化关系

本节根据单抛物带模型计算了 $CoSb_{3-3x}Ge_{1.5x}Te_{1.5x}$ 化合物的载流子有效质量

(m^*)，其随着 Ge、Te 含量的增加而减小。$CoSb_3$ 样品的载流子有效质量为 $12.10m_0$，而 $CoSb_{1.5}Ge_{0.75}Te_{0.75}$ 样品的载流子有效质量为 $1.41m_0$，载流子有效质量显著减小。这可能与 $CoSb_{3-3x}Ge_{1.5x}Te_{1.5x}$ 化合物能带结构的变化有关，随着 Ge、Te 的增加导带变得更加尖锐；另外，方钴矿的导带结构也不是完全的抛物线构型，故随着 Ge、Te 含量的变化 m^* 发生了变化。根据实测的电导率和 Seebeck 系数计算了材料的功率因子，如图 2-17 所示，$CoSb_{2.5}Ge_{0.25}Te_{0.25}$ 具有最高的功率因子(PF)，在 800K 下为 $1.47mW/(m\cdot K^2)$。

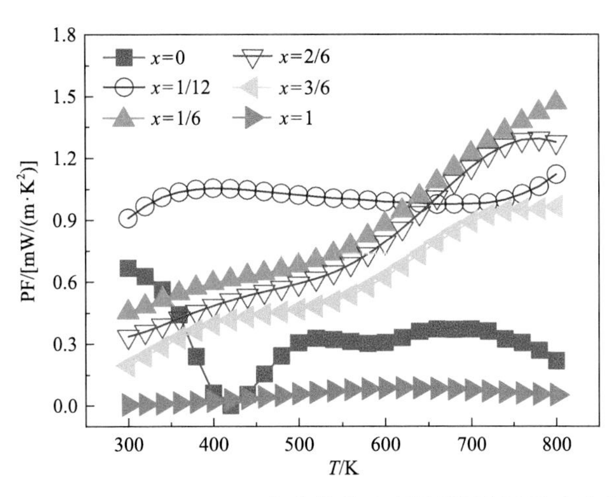

图 2-17　$CoSb_{3-3x}Ge_{1.5x}Te_{1.5x}$ 化合物的功率因子随温度的变化关系

3. $CoSb_{3-3x}Ge_{1.5x}Te_{1.5x}$ 化合物的晶格热导率和热电优值 ZT

如图 2-18(a)所示，$CoSb_{3-3x}Ge_{1.5x}Te_{1.5x}$ 化合物的 κ_L 随 Ge、Te 含量的增加而先减小后增大，$CoSb_{1.5}Ge_{0.75}Te_{0.75}$ 具有最低的 κ_L，其室温下 κ_L 为 $3.82W/(m\cdot K)$。这主要是因为在 $0\leqslant x\leqslant 0.5$ 时，Ge、Te 进入了方钴矿的晶格，形成了连续固溶体，固溶增强了合金化散射；而当 $0.5<x<1$ 时，Ge、Te 无法固溶进入方钴矿的晶格；当 $x=1$ 时，$CoGe_{1.5}Te_{1.5}$ 四元环结构由原来的无序结构变为有序结构导致热导率增大，室温下晶格热导率为 $5.25W/(m\cdot K)$。此外，从图 2-18(a)中可以看出，$CoSb_{3-3x}Ge_{1.5x}Te_{1.5x}$ 化合物的 κ_L 随着温度的升高先减小后增大，在高温下 κ_L 的降低主要由 U 散射过程主导，κ_L 与 $1/T$ 呈正比例。而 κ_L 随温度增加而增大主要是因为本征激发后，传输过程中的电子和空穴双极扩散导热增强。

图 2-18(b)所示为 Ge、Te 完全电价补偿 $CoSb_{3-3x}Ge_{1.5x}Te_{1.5x}$ 化合物的热电优值 ZT。随着 Ge、Te 含量的增加，ZT 值整体先增加，$CoSb_{2.5}Ge_{0.25}Te_{0.25}$ 组分在 800K 下具有最大的 ZT 值(为 0.37)。这取决于随着 Ge、Te 置换量增加，载流子浓度增加，电导率增大，功率因子增大，而总热导率降低。$CoSb_{3-3x}Ge_{1.5x}Te_{1.5x}$ 化合物与

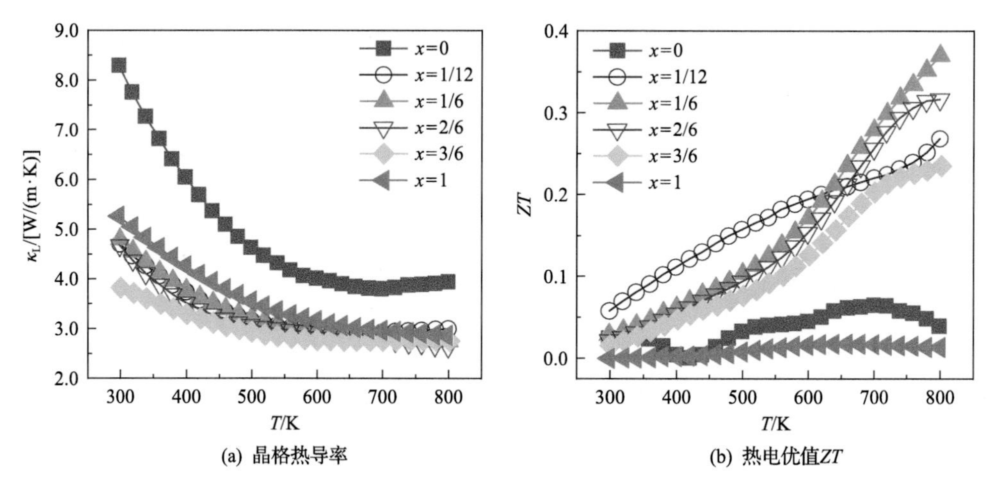

图 2-18　$CoSb_{3-3x}Ge_{1.5x}Te_{1.5x}$ 化合物的热性能及热电优值 ZT 随温度的变化关系

其他填充式方钴矿相比，热电性能还比较低，主要是因为 $CoSb_{3-3x}Ge_{1.5x}Te_{1.5x}$ 化合物均为完全电价补偿的化合物，材料的载流子浓度未进行任何优化。为了进一步优化材料的热电性能，需要选择一个合适的材料体系。材料的热电优值 ZT 与材料的电热传输行为有关，迁移率μ是表征电子传输行为的重要参数，总热导率κ是决定材料热传输的主要参数，反映了声子的热振动过程。因此，μ/κ比值能够有效反映材料的电热传输性能，判断某种材料是否为优异热电材料体系。本节根据测量得到的载流子迁移率和热导率计算了 $CoSb_{3-3x}Ge_{1.5x}Te_{1.5x}$ 的μ/κ比值，见表 2-4。从表中可以看出 $CoSb_{2.75}Ge_{0.125}Te_{0.125}$ 化合物具有最大的μ/κ，说明该组分可能具有更优异的热电性能。

2.3.3　$BaAg_2SnSe_4$ 化合物的化学键调控与电热输运

在寻找具有本征低热导率的热电化合物时，研究人员发现新型四元化合物 $BaAg_2SnSe_4$ 在室温下表现出超低的κ_L[0.5W/(m·K)]，温度升高至 723K 时，其κ_L降低至 0.26W/(m·K)[18]。$BaAg_2SnSe_4$ 所表现出的超低κ_L与其结构中的弱化学键以及 Ag 的“扰子”行为密切相关。如图 2-19 所示，$BaAg_2SnSe_4$ 属于四方晶系(空间群 I222)，粉末 X 射线衍射结果精修得到其晶格常数 a=7.07Å、b=7.45Å、c=8.29Å。

$BaAg_2SnSe_4$ 中各阳离子的占位可视作 Ba 占据体心立方格点，Sn 占据相对于 Ba 沿晶轴方向平移 1/2 个单位的格点，而 Ag 则以二聚体的形式分布在立方面上。各阳离子与 Se 组成的阴阳离子单元分别为 $BaSe_8$ 八面体、$SnSe_4$ 四面体和 $AgSe_4$ 四面体，其中 $AgSe_4$ 二聚体(Ag_2Se_8)与 $SnSe_4$ 共顶点连接组成沿 a 轴方向延伸的三维管道结构，处于管道中心的 $BaSe_8$ 与 $AgSe_4$ 和 $SnSe_4$ 共棱连接。通过各阴阳

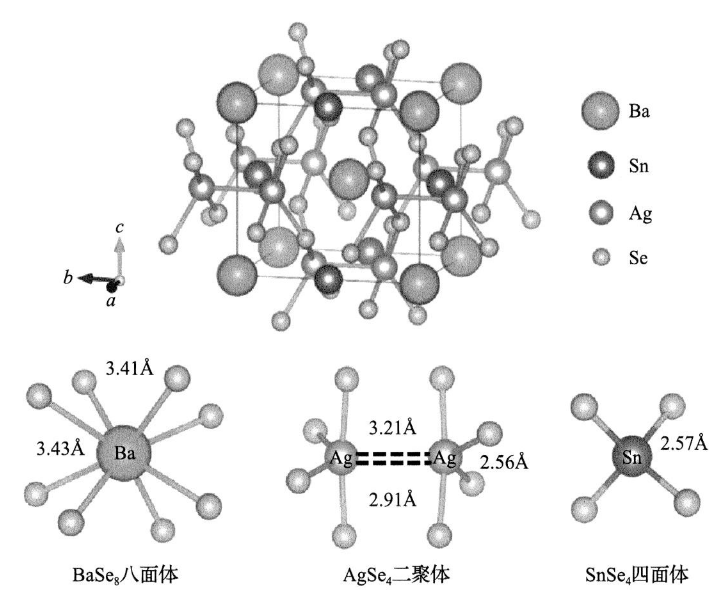

图 2-19 $BaAg_2SnSe_4$的晶体结构及内部阴阳离子单元

离子之间的化学键长可以初步判定键合强弱。Ba 与 Se 之间由于形成离子键，键合最弱，键长最长（3.41Å 和 3.43Å）；Sn 与 Se 之间形成共价键，键合最强（键长为 2.57Å）；Ag 与 Se 之间存在键长为 2.91Å 的弱共价键，同时，二聚体内部的两个 Ag 之间还存在键长为 3.21Å 的弱键合。Ba、Ag 形成的弱键合可能是导致 $BaAg_2SnSe_4$ 具有本征低κ_L 的原因之一。

图 2-20 是声子谱与声子态密度的计算结果，据此进一步分析 $BaAg_2SnSe_4$ 的晶格动力学特征。$BaAg_2SnSe_4$ 的声子谱整体较为平坦，预示着其结构中存在着弱化学键，进而导致晶格软化，体系内存在着整体较低的声速。实验测试[18]得到 $BaAg_2SnSe_4$ 样品的纵波声速（υ_l）和横波声速（υ_s）分别为 2736m/s 和 1444m/s，低于 GeTe[19]、PbTe[20]、PbSe[20]、SnTe[21]等传统热电材料（详见表 2-5）。在 $BaAg_2SnSe_4$ 的声子谱中，声学声子与光学声子之间存在明显的“回避交叉”[22]现象，这导致其声学声子具有较低的截止频率，仅为 1THz。将该频率范围对应到声子态密度中会发现一支由 Ag 贡献并主导的峰，该现象说明 Ag 的局域振动贡献了与声学声子耦合的低频声子，其在结构中表现出“扰子”行为。

实验中往往通过德拜模型拟合低温比热容随温度的变化曲线来推测体系内可能存在的导热机制。图 2-21 显示低温下测试[18]的约化比定压热容 C_p/T^3 随温度的变化关系严重偏离了经典的德拜模型，说明该体系中声学声子的导热过程受到其他因素的干扰。通过引入两个爱因斯坦（Einstein）谐振子（2E），修正后的德拜模型能够很好地拟合 $C_p/T^3 \sim T$ 关系。该拟合结果预示着低频光学声子对声学声子的散射作用。

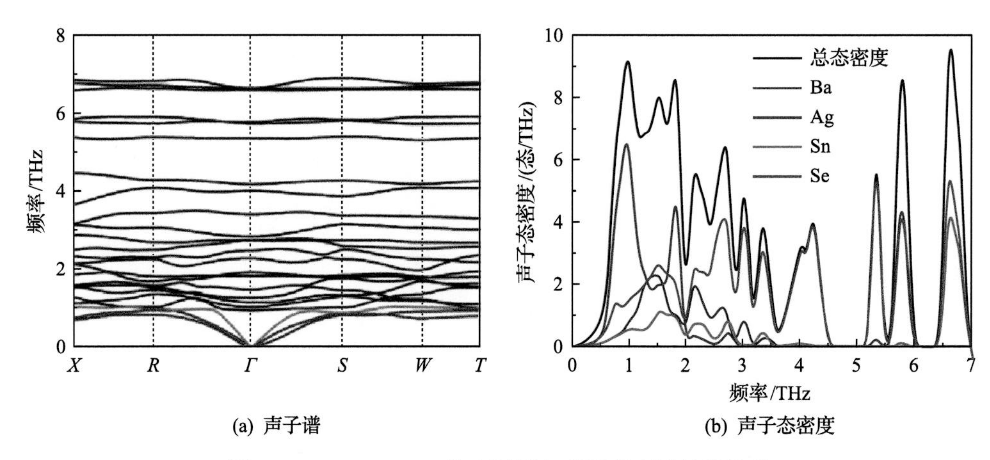

(a) 声子谱 (b) 声子态密度

图 2-20 $BaAg_2SnSe_4$ 的声子谱与声子态密度计算结果

表 2-5 实验测试 $BaAg_2SnSe_4$ 样品的热输运性能

样品	κ_L/[W/(m·K)]	v_l/(m/s)	v_s/(m/s)
$BaAg_2SnSe_4$	0.50	2736	1444
GeTe	2.04	3437	2420
PbTe	2.30	2910	1610
PbSe	2.64	3200	1750
SnTe	2.60	3005	1838

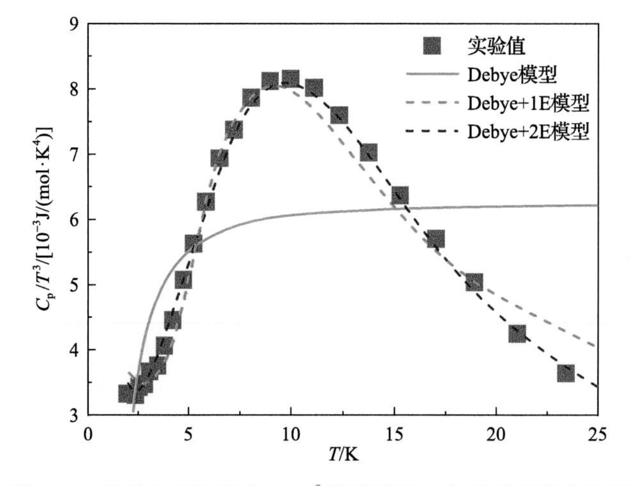

图 2-21 约化比定压热容 C_p/T^3 随温度的变化关系及拟合结果

进一步计算 $BaAg_2SnSe_4$ 中各原子的平均位移参数可以帮助我们更直观地理解 Ag 与周围原子的弱关联所导致的“扰子”行为。如图 2-22 所示，各原子在平衡位置附近的振动幅度随温度的升高而增大，但 Ag 的振动幅度在晶体学的 a、b、c 方向上均要远大于其他原子。在 300K 下对比各原子沿三个晶轴方向的平均位移参数，发现 Ag 在 c 方向偏离平衡位置最为明显。结合图 2-19 中的晶体结构，可以看出 $AgSe_4$ 二聚体中的两个 Ag 所成弱键正是沿 c 方向展开的。

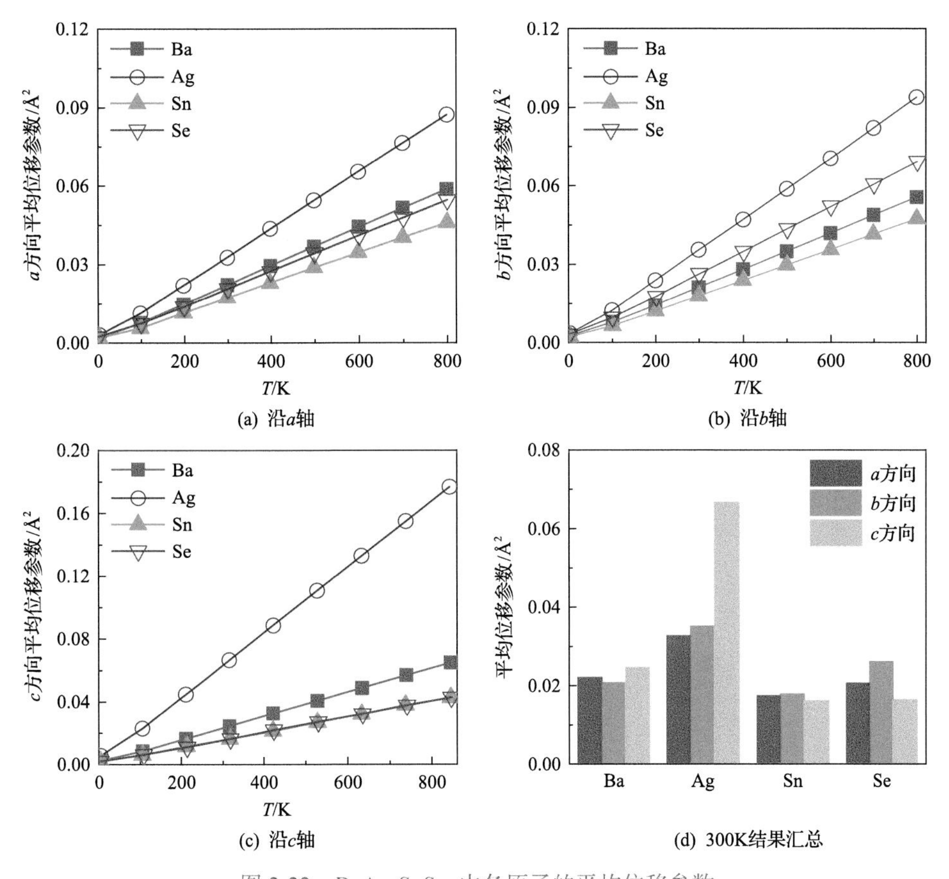

图 2-22　$BaAg_2SnSe_4$ 中各原子的平均位移参数

综合以上分析，Ag 和 Ba 与周围原子所形成的弱化学键导致 $BaAg_2SnSe_4$ 整体晶格较软，具有较低的声速。其中 Ag 更是由于二聚体之间的弱键合而表现出与基体弱关联的局域振动，该振动诱发的低频光学声子与声学声子强烈耦合，相互散射从而进一步降低体系中声子的导热效率，最终导致 $BaAg_2SnSe_4$ 具有超低的晶格热导率。

2.3.4　$CuFeS_2$ 化合物的化学键调控与电热输运

$CuFeS_2$ 化合物被认为是一种具有发展前景的新型热电材料。但由于 $CuFeS_2$ 的组成元素较轻，且其类金刚石结构对声子散射能力较弱，因此材料的本征 κ_L 较高，室温下高达 8.42W/(m·K)，高的热导率限制了 $CuFeS_2$ 材料热电性能的进一步提升。在对 $CuFeS_2$ 材料热导率优化的过程中，研究者发现了一种利用孤对电子来改变材料化学键的方法，从而通过化学键调控实现了材料热导率的优化。

研究者发现，在 $CuFeS_2$ 中掺杂 In 元素时，通过调节材料的初始组成，可以有选择性地让 In 置换 Fe 位格点或者 Cu 位格点，并且 In 元素在不同位置进行掺杂时，其表现出不同的化学性质。当 In 元素在 Fe 位格点进行掺杂时，In 以正三价形式存在，并与最近邻的 S 原子形成正四面体配位结构，此时 In 元素的掺杂对 $CuFeS_2$ 材料的化学键及晶体结构影响不大，如图 2-23(a)所示。

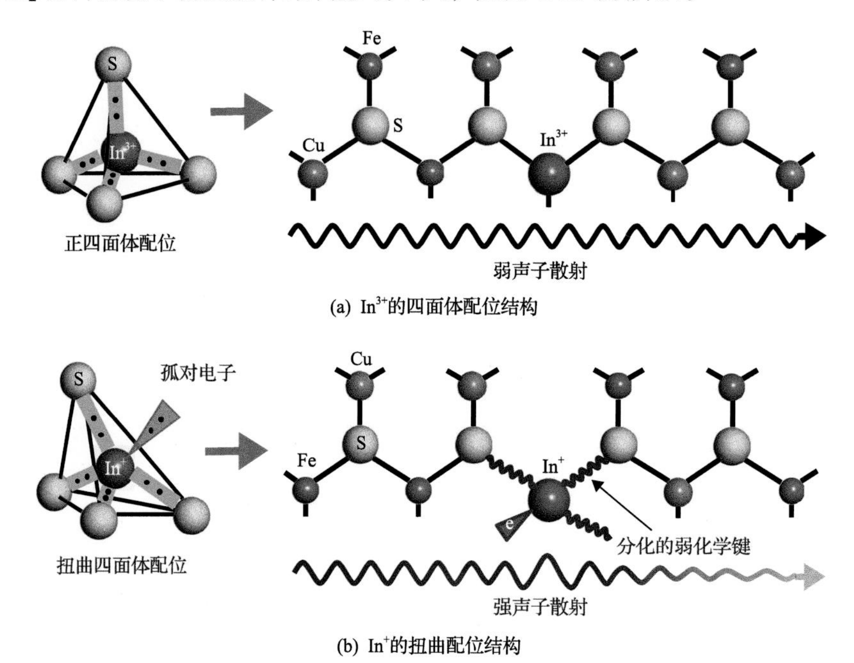

图 2-23　In 掺杂 $CuFeS_2$ 的四面体配位结构

而当控制材料组成使 In 元素掺杂 $CuFeS_2$ 的 Cu 位格点时，发现此时 In 元素在材料中同时存在两种不同的化学价，其中约 40%的 In 以+3 价形式存在，而剩下的 60%的 In 则表现为+1 价。当 In 以+3 价形式占据 Cu 位格点时，其原子配位方式及化学键性质与占据 Fe 位格点情况类似。而当 In 以+1 价形式占据 Cu 位格点时，由于 In 元素具有三个外层电子，此时 In 原子除了与最近邻的 S 原子形成四个化学键之外，还存在一对未配位的孤对电子。由于未成键的孤对电子与相邻的四个 In-S 化学键之间存在空间位阻，其互相排斥，该作用使 In^{+}偏离 InS_4 四面体的体心位置，导致四个原本性质相同的 In-S 化学键分化并使其四面体配位结构发生扭曲，如图 2-23(b)所示。

进一步研究发现，当 In^{+}掺杂 $CuFeS_2$ 中 Cu 位格点时，整个晶格的相对能量随着 In^{+}沿某一方向偏离体心的状态而改变，并当 In^{+}沿着 InS_4 四面体的任一平面方向偏离体心 0.12Å 时，体系获得能量最低点，此时整个晶体结构最稳定，如图 2-24(a)所示。这意味着在实际晶体中，In^+处于一种偏离体心的动态振荡过程，其在 InS_4 四面体结构中，沿着任一平面方向偏离体心 0.12Å 均可作为其振动平衡中心。

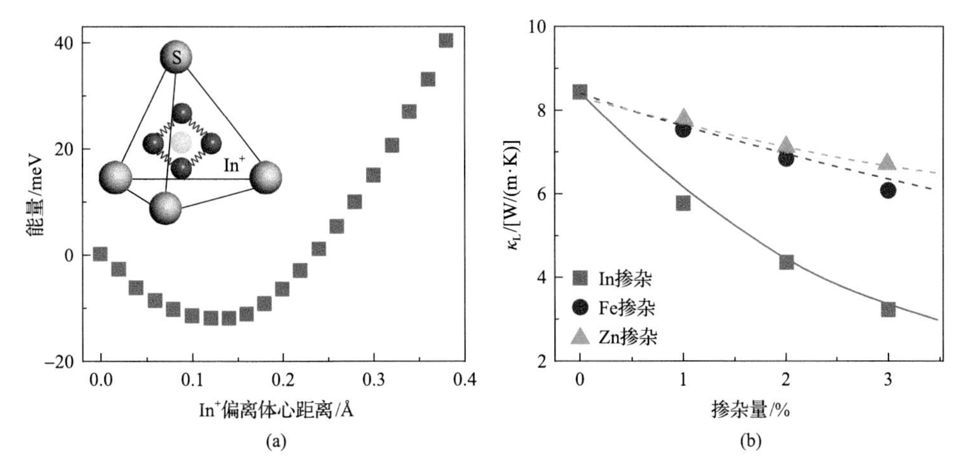

图 2-24　$CuFeS_2$ 中晶格相对能量计算结果及晶格热导率

在这种情况下，虽然 In^+的掺杂只是直接改变了其局域的 InS_4 四面体配位结构，但因为与 In^+配位的 S 原子还同时与其近邻的其他三个阳离子(Cu^+或者 Fe^{3+})成键，并形成各自的配位四面体，此时 In^+偏离结构体心的振荡以 S 原子为媒介，可传递到整个晶体中的其他原子，并相应地改变晶体中其他元素化学键的结合状态。因此，利用 In^+孤对电子的空间位阻效应，可以实现少量元素掺杂来调节材料整体的化学键结合状态。另外，In^+偏离结构体心及其导致的化学键分化，会在材料中引入强烈的声子散射作用，并使晶格软化，从而大幅度降低材料的κ_L。

传统的热导率调控方法是通过在材料中大量固溶(30%～50%)等价元素，以此来增强材料中的声子散射从而降低其κ_L。而上述例子中 3%的 In^+掺杂便可使 $CuFeS_2$ 的κ_L降低 62%以上，其对热导率的优化幅度远大于相同含量的其他非孤对电子掺杂剂，如图 2-24(b)所示。该优化幅度在以往的元素掺杂研究中是难以实现的，表明孤对电子掺杂剂在κ_L调控应用中的巨大优势。

2.3.5　SnS 和 $BaSnS_2$ 化合物的化学键调控与电热输运

1. SnS 化合物的化学键与电热输运

SnS 基热电材料是近年来较为引发关注的新型热电材料之一。研究者多以 Na、Ag 等元素对本征 SnS 进行空穴掺杂，提高其载流子浓度，从而明显提高电导率[23,24]。然而，过去对 SnS 的诸多研究基本集中在电性能优化上，对其热输运性能的研究较少[23-27]。图 2-25 所示为文献报道 SnS 样品的晶格热导率汇总结果。结果表明，掺杂、构造晶界或纳米结构对κ_L的降低效果有限，这主要是因为其独特的晶体结构所引发的反常光学声子导热。

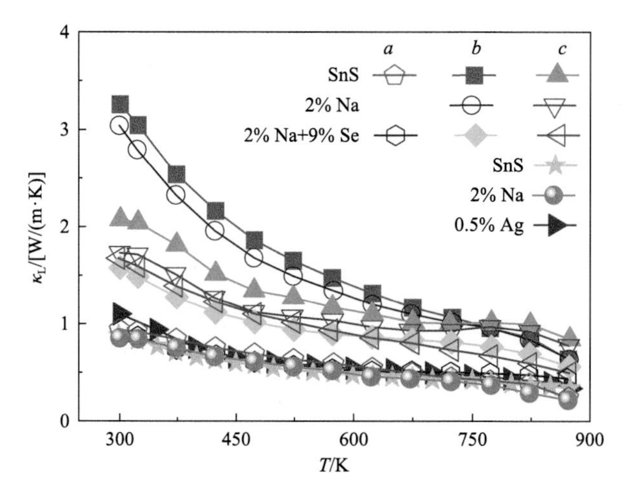

图 2-25　文献报道 SnS 样品的晶格热导率汇总

SnS 的晶体结构如图 2-26(a)所示。SnS 属于正交晶系(空间群 *Pnma*，a=11.18Å，b=3.98Å，c=4.33Å)，其具有沿 a 方向分布的层状结构，在上下两层 Sn-S 层间存在着弱相互作用。Sn-S 层的最小组成单元是如图 2-26(b)所示的 SnS_3 四面体。蓝色电子等能面代表价带边电子在实空间的电荷密度分布情况。如果 Sn-S 完全成键，Sn 原子应当处于一个标准的八面体空隙中。但是在 SnS 中，Sn 具有一对孤对电子。这导致 Sn 原子靠近与之成键的三个 S 原子组成的三角形平面，偏离了原先的八面体空隙，形成了一个四面体结构，距离四面体中心较近的三个角由 S 原子占据，较远的一个角由 Sn 的孤对电子占据。Sn 与其中的两个 S 成键较短(2.57Å)，与剩下的一个 S 成键较长(2.60Å)。Sn 的孤对电子不仅导致了 Sn-S 成键的扭曲，还影响了相邻 SnS_3 四面体之间的排列。由于孤对电子之间存在静电斥力，相邻

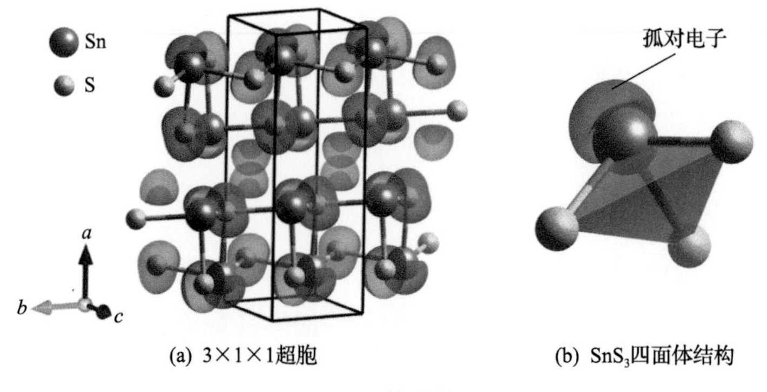

图 2-26　SnS 的晶体结构和配位结构

两个 SnS_3 四面体不得不选择尽可能远的位置存放其孤对电子。因此，相邻两个 SnS_3 四面体的朝向总是交错的。又由于晶体对称性的限制，每两个相邻 SnS_3 四面体在经过一定角度旋转后一定能彼此重合，最终形成了“手风琴”状的 Sn-S 网络。孤对电子的存在固然为 SnS 带来了远低于无孤对电子对应化合物 SnS_2 的晶格热导率[28]，但在孤对电子作用下形成的“手风琴”结构却对热输运机制产生了更大的影响。

使用第一性原理计算 SnS 晶格热导率可以帮助细分不同声子对晶格热导率的贡献。图 2-27(a)展示了将样品中三个方向晶格热导率之和分解到各个声学支上的情况。在 SnS 中，三支声学支(分别为两支横波声学支 TA 和 TA′及一支纵波声学支 LA)在室温下仅贡献不到 1.0W/(m·K)的κ_L，而全部光学声子热导率贡献的总和[定义为κ_L(OP)]却超过了 4.0W/(m·K)。这是一种罕见的现象，因为大多数时候都认为低频的长波声学声子应该在晶体热输运中扮演主要角色。但在 SnS 晶体中，高频的光学声子却提供了超过 71%的κ_L。类似反常的由光学声子主导的热输运过程在 $CoSb_3$[29]和 PbTe[30]中也曾有过报道，但占比均不超过 20%。

进一步将沿各晶轴方向的晶格热导率归一化，其随声子平均自由程的累计值如图 2-27(b)所示。在 SnS 中，大多数导热声子的平均自由程较低。在 300K 时，50%的导热声子具有不足 7.0nm 的平均自由程，随着温度上升到 850K，声子 U 散射加剧，这一数值进一步降低至 2.1nm。众所周知，长波声学声子往往波速较大且不易被散射，其声子平均自由程较长；相反短波光学声子波速较小，散射率高，其声子平均自由程短。因此，SnS 中的热输运过程由大量短平均自由程(<7.0nm)的光学声子主导是其κ_L难以通过局部点缺陷、大尺寸晶界及纳米微结构调节的根本原因。

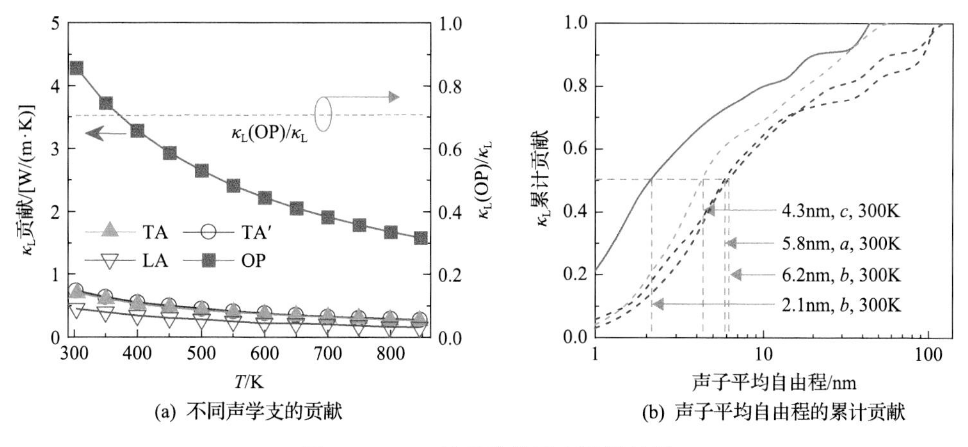

(a) 不同声学支的贡献　　(b) 声子平均自由程的累计贡献

图 2-27　SnS 的晶格热导率计算结果

为直观理解主要载热光学声子的振动模式，首先将 SnS 单晶各轴向晶格热导率对声子频率进行微分，选择其中最高的三个光学声子贡献峰 P1($75cm^{-1}$)、P2($175cm^{-1}$)和 P3($225cm^{-1}$)，如图 2-28(a)所示。

通过计算声子谱，可以直观地看到位于这三个频率范围内的声子色散关系，如图 2-28(b)所示。SnS 的声子谱中对应的三个频率值处都存在非常离散的声学支，这也与一般化合物不同。声学支上某 q 点的斜率对应声学支在该 q 点的声速。通常情况下，可以看到的声子谱应当在声学支部分较为离散，而在光学支部分较为平坦，这对应了前面提到的声学支声速较高，光学支声速较低的普遍规律。但在 SnS 的声子谱中，部分光学支甚至较声学支更为离散，说明这些振动模式具有比声学支更高的声速。

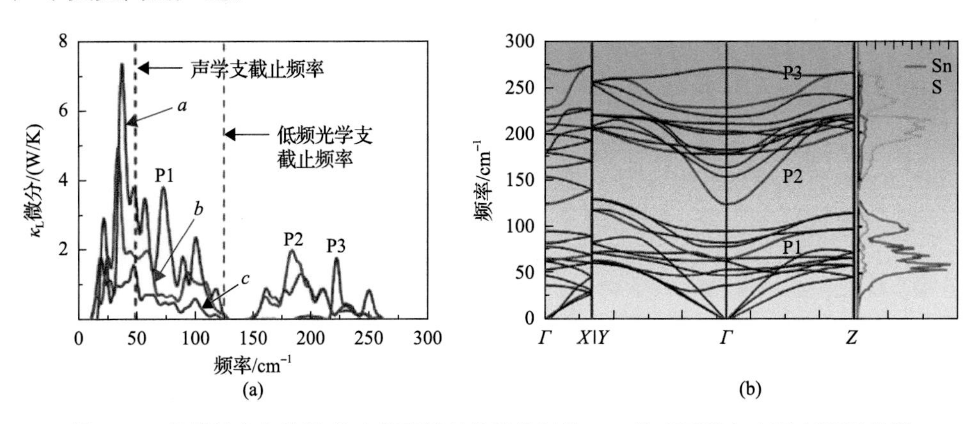

图 2-28　各晶轴方向热导率对声子频率的微分以及 SnS 的声子谱与声子态密度投影

通过声子振动模可视化结果可以进一步将高载热光学声子与其所代表的晶格振动联系起来，如图 2-29 所示。箭头代表该原子振动本征矢，不同箭头颜色表示一对反相运动。前面提到过 SnS 具有双层结构，如果将每一层 SnS 进一步细分，可以得到四个 Sn-S 亚层，标记为Ⅰ～Ⅳ层。在低频光学支范围，由图 2-28(b)的声子态密度可知晶格振动由 Sn 主导，这主要是因为 Sn 原子更重，振动频率低。图 2-29(a)显示该运动的主要特征是Ⅰ层和Ⅲ层内的所有 Sn 与 S 都朝 b 轴方向以相同振幅振动，而Ⅱ层和Ⅳ层内的所有 Sn 和 S 都朝 b 轴负方向以相同振幅振动。将这

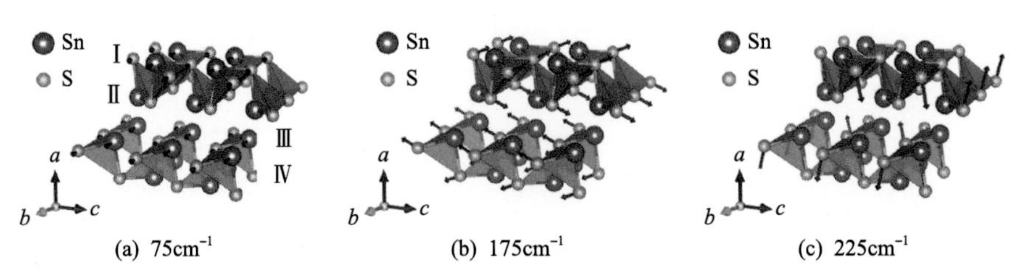

图 2-29　SnS 中不同声子频率下晶格振动情况

种相邻 Sn-S 亚层之间原子以相反方向振动但振动幅度相同的模式称为反相运动(antiphase movement)。类似地，在高频光学支范围(振动由较轻的 S 主导)也发现了相邻亚层中的 S 原子呈现反相运动。图 2-29(b)显示各亚层 S 原子振幅相同，振幅在 c 轴方向上的分量相同，但在 a 轴方向上的分量相反。图 2-29(c)中也显示了类似的振动模式。

前面提到，由于 Sn 孤对电子的存在，相邻两个 SnS_3 四面体会因为静电斥力而交错排列，表现为同亚层内的 Sn 和 S 原子排列相同，相邻亚层的 Sn 和 S 原子排列相反。这导致了相邻两个 Sn-S 单层的振动幅度相同，但振动方向相反。所以，最终认定 SnS 的独特的“手风琴”状层内结构是其出现反相运动的根本原因。这种独特的反相运动为亚层内声子输运提供了高速通道，使得对应声子模的群速度大幅提高，进而出现了光学支声速高于声学支声速的情况。类似的情况在 $CoSb_3$ 的晶格热导率研究中也有提及，$CoSb_3$ 中 Sb_4 环上各原子因为其独特的排列方式容易发生高度协调和统一的协同振动，这些振动模式对应着一部分高载热光学支，使得 $CoSb_3$ 中的光学支晶格热导率占到了总晶格热导率的 20%。需要注意的是，$CoSb_3$ 中独特的 Sb_4 环谐振是一种局域振动，而 SnS 相邻层反相运动是沿 b-c 面内的全局振动，这样高度有序的振动最终导致 SnS 中光学支热导率占比达到了 71%。

考虑到 SnS 的κ_L 由短平均自由程的光学声子所主导，引入重元素干扰 Sn-S 亚层反相运动是降低 SnS 热导率的关键。$BaSnS_2$ 作为具有与 SnS 相同“手风琴”状链式结构的三元化合物，其中重元素 Ba 的引入一方面导致了晶格的畸变，软化晶格并增强了晶格非简谐性；另一方面导致了 S 的分化，扰乱了层内高度有序的反相运动，最终该体系在 900K 时获得的超低κ_L 为 0.34W/(m·K)。

2. $BaSnS_2$ 化合物的化学键与电热输运

$BaSnS_2$ 属于单斜晶系($P2_1/c$，a=6.08Å，b=12.14Å，c=6.24Å)，具有和 SnS 一样的层状结构，如图 2-30 所示。在面内方向上，$BaSnS_2$ 同样具有沿 c 轴方向延伸的“手风琴”状 Sn-S 链，只是键长和键角相对于 SnS 中的略有扭曲。

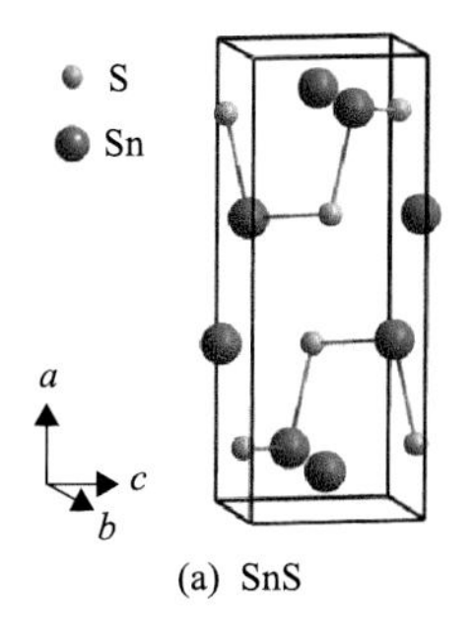

(a) SnS

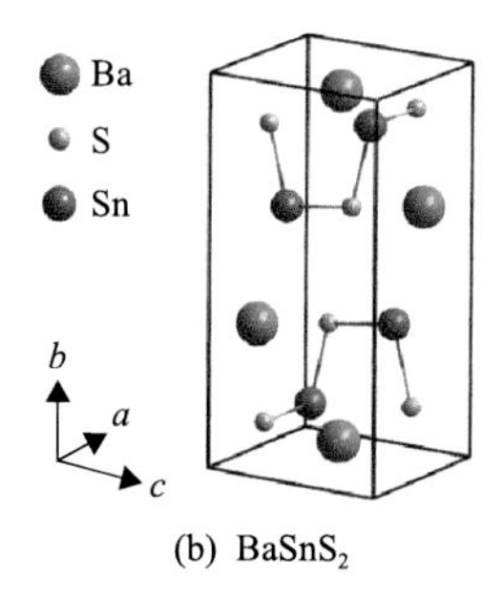

(b) $BaSnS_2$

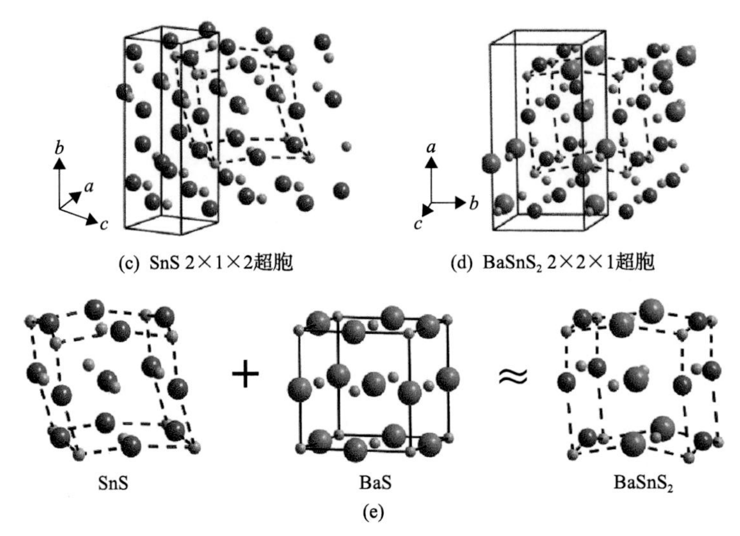

图 2-30　SnS 与 $BaSnS_2$ 的晶体结构及结构演变示意图

沿 *a* 轴方向，Ba 填充在两条 Sn-S 链之间的间隙中。在面外方向上，$BaSnS_2$ 除了具有两 Sn-S 层间的弱相互作用，还具有 Ba-S 之间的静电相互作用。实际上，$BaSnS_2$ 和 SnS 都可以被视作略微扭曲的“岩盐相”结构化合物。如图 2-30(c)和(d)所示，二者的超胞结构中都可以提取出扭曲的阴阳离子六配位的“立方”晶胞。$BaSnS_2$ 与 SnS 的关系可以通过图 2-30(e)中的关系式联系起来，可以近似认为 $BaSnS_2$ 是通过将 SnS 与 BaS 两种岩盐相化合物“固溶”，并经过一定程度的晶格畸变得到的新化合物。基于此，进一步剖析了 $BaSnS_2$ 的晶体结构组成。

图 2-31 所示为 $BaSnS_2$ 所含有的 BaS_6 八面体及 SnS_6 八面体阴阳离子单元。BaS_6 八面体中 Ba 与最近邻六个 S 原子配位，形成的 Ba 键长度介于 3.121Å 和 3.190Å 之间。SnS_6 八面体中 Sn 实际仅与最近邻的三个 S 原子配位，键长分别为 2.538Å、2.598Å 与 2.615Å。与 SnS 类似，$BaSnS_2$ 中的 SnS_6 八面体在远离三个成键 S 原子的方向上存在着孤对电子。

从图 2-32 所示的 $BaSnS_2$ 的声子谱中可以看到绝大多数声学支较为平坦，这预示了 $BaSnS_2$ 中整体较低的声速。同时，部分光学支仍然具有与声学支相近甚至高于声学支的斜率。这说明 $BaSnS_2$ 中仍存在声速相对较大的光学支，对热导率具有较大贡献。从声子态密度结果中可以看出，$BaSnS_2$ 中的声学支和低频光学支由 Ba 和 Sn 的振动贡献，而高频光学支由 S 的振动贡献。

计算得到 $BaSnS_2$ 的晶格热导率相对于 SnS 有明显下降，如图 2-33(a)所示。$BaSnS_2$ 最高 κ_L 方向为 *a* 轴，室温下最高 κ_L 为 1.36W/(m·K)，仅为 SnS 最高 κ_L 的 46%。对三个晶轴方向的 κ_L 取平均，可得到 $BaSnS_2$ 的室温平均 κ_L 为 0.94W/(m·K)。随温度升高 U 散射加剧，其对角元晶格热导率遵循 T^{-1} 变化规律，最终在 900K 时的最低κ_L达 0.34W/(m·K)，属于超低κ_L范畴。将$BaSnS_2$的κ_L分解到每个声学支上，如图 2-33(b)所示。$BaSnS_2$与 SnS 一样具有光学声子主导的κ_L，其光学支κ_L(OP)贡献κ_L的 68%。

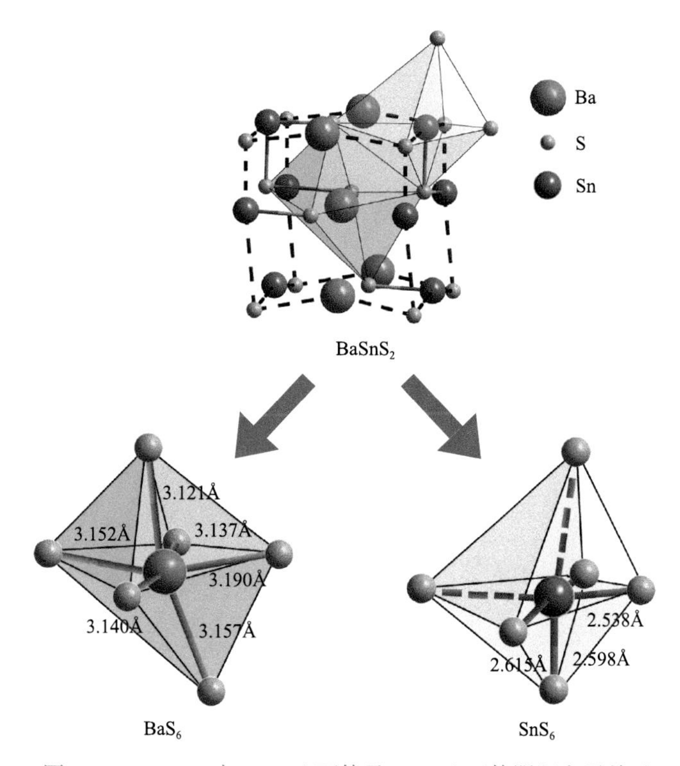

图 2-31　$BaSnS_2$中BaS_6八面体及SnS_6八面体阴阳离子单元

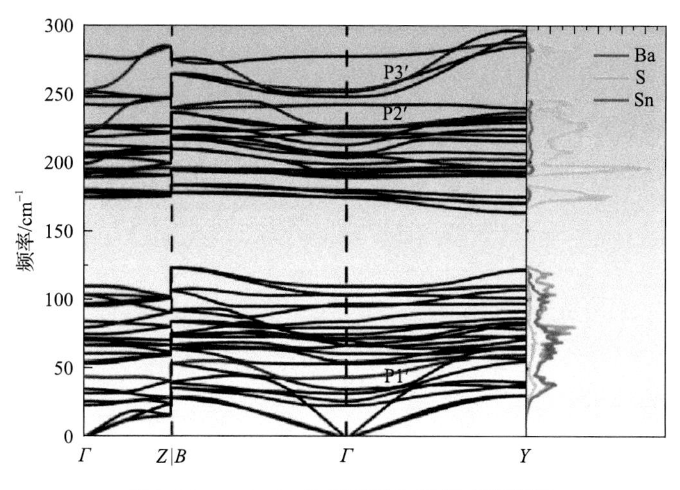

图 2-32　$BaSnS_2$的声子谱与投影态密度图

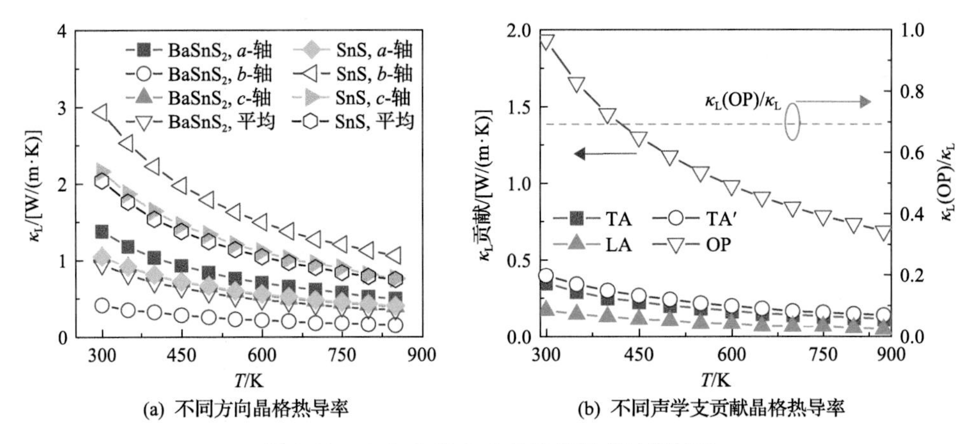

(a) 不同方向晶格热导率　(b) 不同声学支贡献晶格热导率

图 2-33　BaSnS$_2$ 和 SnS 晶格热导率计算结果

在 BaSnS$_2$ 中也能定位到三个具有高晶格热导率贡献的典型光学声子模，如图 2-34(a)所示，依频率高低分别标记为 P1′(50cm^{-1})、P2′(200cm^{-1})和 P3′(275cm^{-1})。它们分别对应图 2-32 中标出的三支声学支。这里同样对这三支声学支进行了可视化以直观描述其振动模式，结果如图 2-34(b)～(d)所示。

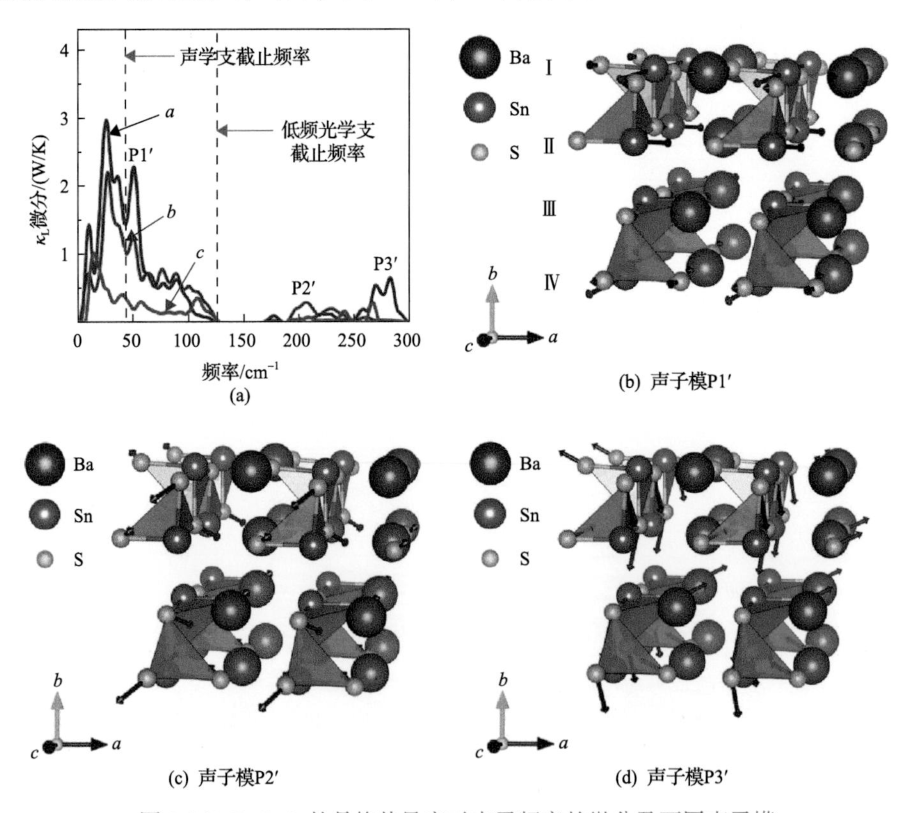

(a)　(b) 声子模P1′

(c) 声子模P2′　(d) 声子模P3′

图 2-34　BaSnS$_2$ 的晶格热导率对声子频率的微分及不同声子模

由于 Ba 的加入，在这些高速振动模式中除了在 SnS 中已经出现过的反相运动，还存在着受到重元素 Ba 影响的其他振动。在图 2-34(b)中，Sn-S 链上相邻亚层的原子仍保持着反相运动，但是由于键的扭曲，Sn 与 S 的振动方向不再一致，同一亚层的 S 原子也随着其配位环境的变化而呈现出两种不同的振动方向与幅度；同时，Ba 由于自身较重，其振动幅度也要远小于 Sn 和 S，这大大降低了该振动模式的协调性和统一性。P2′、P3′与 P1′的情况类似，高频光学支的振动仍由 S 原子主导，且相邻亚层 S 原子整体仍呈现反相运动。然而，Ba 的存在导致其周围的 S 原子呈现与 Sn-S 链上 S 原子不同的振动方向与幅度。

根据三个振动模式的共同特征，发现 $BaSnS_2$ 中实际存在处于两种不同化学环境下的 S 原子，此时，其晶体结构应该依图 2-35(a)划分为片层 1 和片层 2 两个片层。如图 2-35(a)所示，S1～S4 原子处于同一化学环境(定义为 S^{I})，它们的振动更多受到 Ba^{2+}的限制，处于片层 1 中；片层 2 的 S 原子包括 S5～S8(定义为 S^{II})，它们均位于 Sn-S 链上，协同 Sn 进行振动。通过分析 $BaSnS_2$ 中各原子振动的总平均位移参数(average displacement parameter，ADP)以及它们在三个晶轴方向上的分解可以进一步阐述这种结构切分的合理性。SnS 的对应结果也被选作参照。结合图 2-35(b)～(d)中总 ADP 以及分解 ADP 的结果，可以发现 $BaSnS_2$ 中各

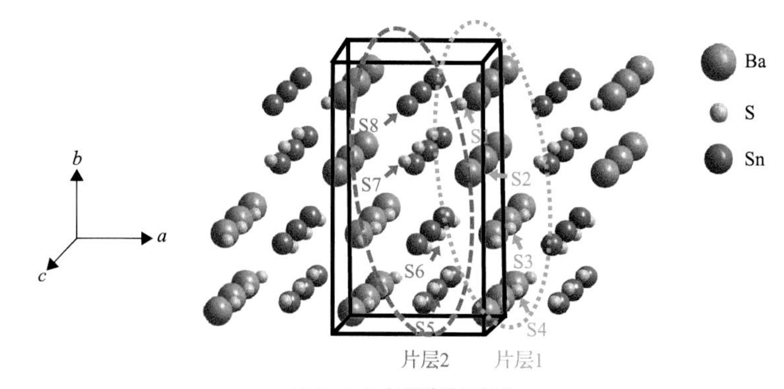

(a) $BaSnS_2$中两种片层结构

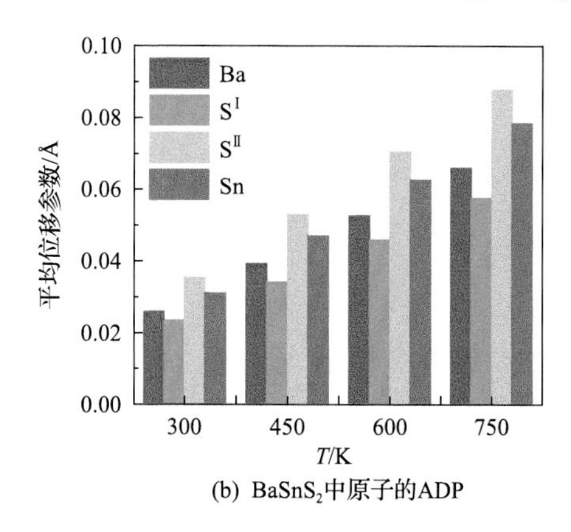

(b) $BaSnS_2$中原子的ADP

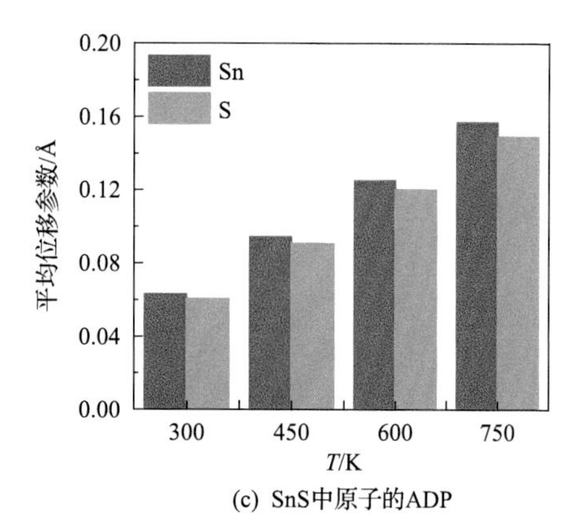

(c) SnS中原子的ADP

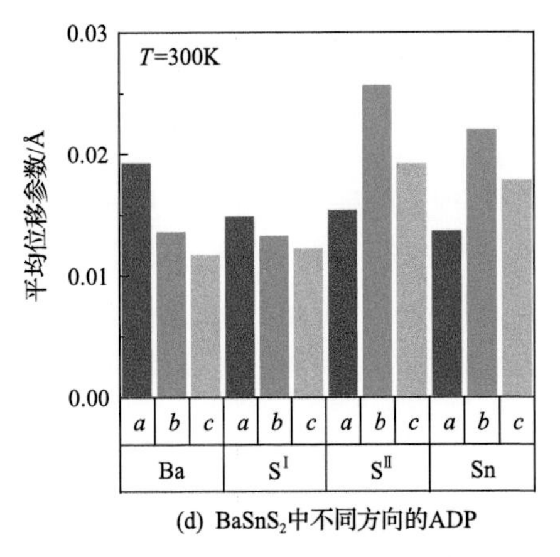

(d) $BaSnS_2$中不同方向的ADP

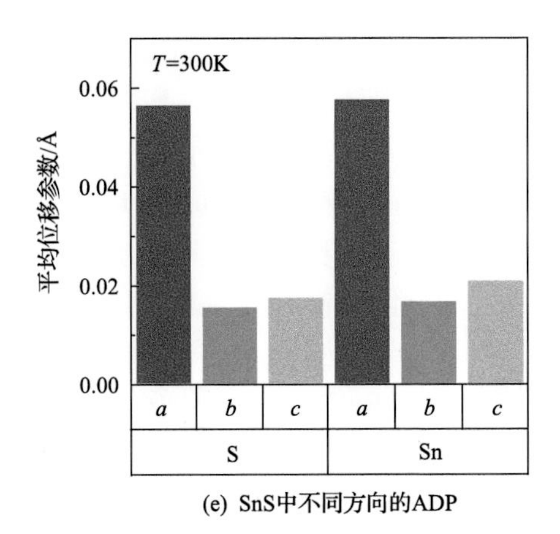

(e) SnS中不同方向的ADP

图 2-35　$BaSnS_2$ 中存在的两种片层结构及原子振动的 ADP

原子的振动出现了明显的分组协同现象，其中 Sn 和 S^{II}原子的振幅的各轴向分量相同，而 Ba 和 S^{I}原子的振幅分量相同。另外，Ba 和 S^{I}原子的振幅要明显小于 Sn 和 S^{II}原子的振幅。同时，对比图 2-35(b)和(c)则会发现 $BaSnS_2$ 中各原子振幅要整体小于 SnS 中各原子振幅。因此，可以得出结论，$BaSnS_2$ 中 Ba 的存在显著抑制了 S^{I}原子振动，扰乱了原先 Sn-S 框架中协调统一的反相运动，使得 $BaSnS_2$ 中 Sn-S 链的导热能力大大下降，热导率显著降低。

在定性地阐述了 $BaSnS_2$ 热输运过程与其晶体结构和化学键的关系后，可以通过研究 $BaSnS_2$ 中各声子模的群速度(υ_{p})、寿命(τ)及 Grüneisen 常数来定量地评估这个体系的热输运特征。仍然选择具有原始 Sn-S 框架的 SnS 作为参考，计算结果如图 2-36 所示。为了对二者进行直观的比较，定义声子模平均群速度 $\overline{\upsilon}_{\mathrm{p}}$、模平均寿命 $\overline{\tau}$ 和模平均 Grüneisen 常数 $\overline{\gamma}$ 为

$$\overline{\upsilon}_{\mathrm{p}}=\left[\frac{\sum\limits_{qn}C_{\mathrm{V}}(qn)\upsilon_{\mathrm{p}}^{2}(qn)\tau_{qn}^{\mathrm{ph}}}{\sum\limits_{qn}C_{\mathrm{V}}(qn)\tau_{qn}^{\mathrm{ph}}}\right]^{\frac{1}{2}} \tag{2-8}$$

$$\overline{\tau}=\frac{\sum\limits_{qn}C_{\mathrm{V}}(qn)\upsilon_{\mathrm{p}}^{2}(qn)\tau_{qn}^{\mathrm{ph}}}{\sum\limits_{qn}C_{\mathrm{V}}(qn)\upsilon_{\mathrm{p}}^{2}(qn)} \tag{2-9}$$

$$\overline{\gamma}=\frac{\sum\limits_{qn}C_{\mathrm{V}}(qn)\gamma(qn)}{\sum\limits_{qn}C_{\mathrm{V}}(qn)} \tag{2-10}$$

式中，q 为声子波矢；n 为声子波矢所在声学支序号；C_V、υ_p、τ_{qn}^{ph} 和γ分别为声子模 qn 的比热容、群速度、弛豫时间(寿命)及 Grüneisen 常数。

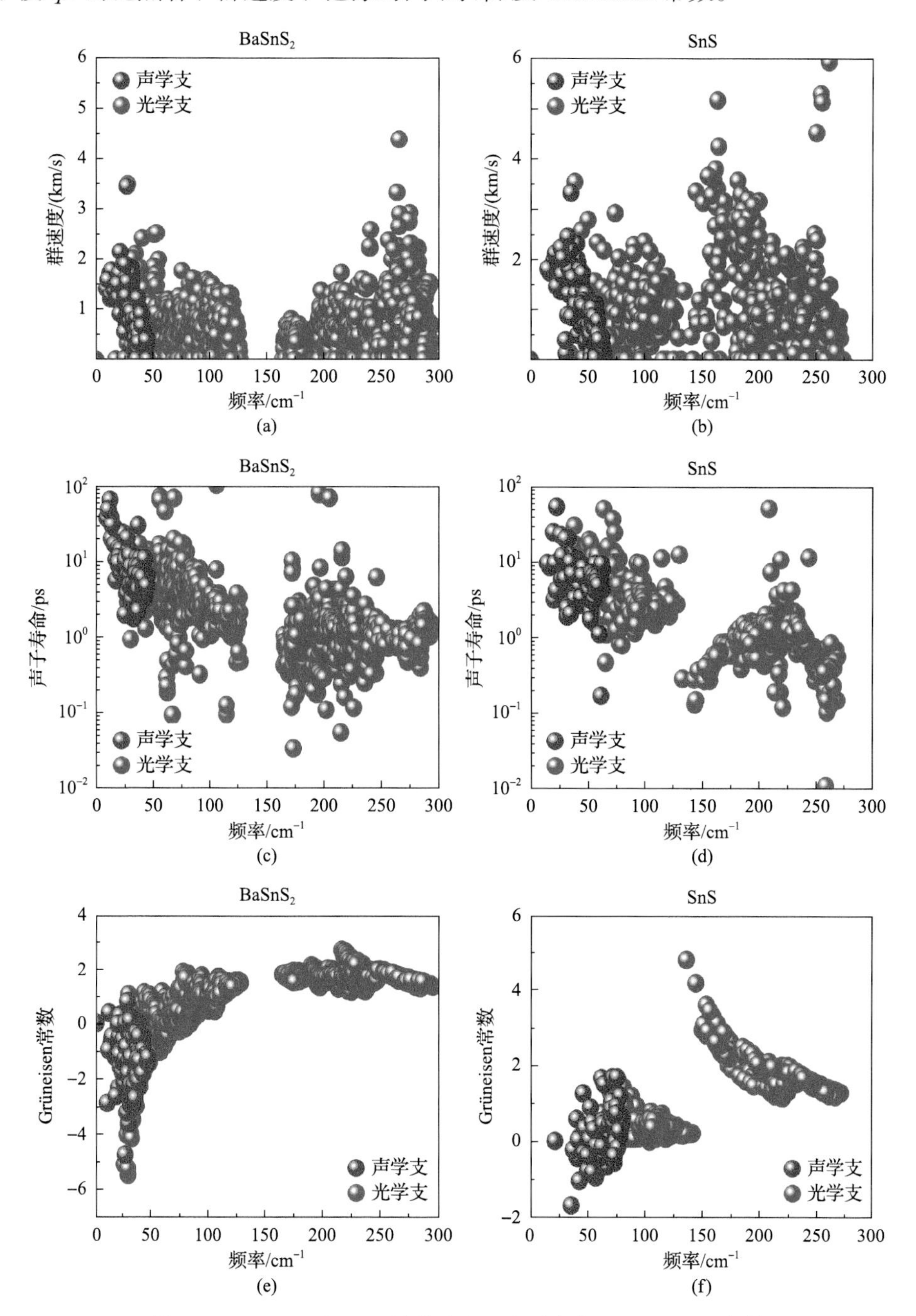

图 2-36　BaSnS$_2$ 和 SnS 的群速度、声子寿命和 Grüneisen 常数

从图 2-36(a)可以看出 $BaSnS_2$ 在约 $50cm^{-1}$、约 $200cm^{-1}$、约 $275cm^{-1}$ 处仍具有与声学支接近甚至高于声学支的声速，极个别光学声子模在 $275cm^{-1}$ 处甚至取得高于 4km/s 的群速度，这一点与图 2-36(b)中 SnS 的特征类似，是二者光学声子主导热输运的主要原因。但是，$BaSnS_2$ 中的声子群速度要整体小于 SnS 中的声子群速度，前者 $\bar{\upsilon}_p$ 仅为 0.8km/s，而后者 $\bar{\upsilon}_p$ 为 1.1km/s，这主要是 Ba 引发的晶格软化所导致的。在声子寿命方面，如图 2-36(c)所示，$BaSnS_2$ 的声学声子寿命介于 1～100ps，但光学声子的寿命却普遍低于 10ps，这表明了光学声子具有更大的声子线宽(声子寿命的倒数)，因而隧穿传导往往发生在这些光学声子之间。

$BaSnS_2$ 和 SnS 模平均声子寿命分别为 2.37ps 和 3.79ps，较低的声子寿命暗示了两个体系均具有较强的晶格非谐性，可以认为这与两个体系中都存在 Sn 的孤对电子有关。Grüneisen 常数[31]的定义是 $\gamma(qn) = -\partial \ln \omega(qn)/\partial \ln V$，其表示了声子频率 ω 因晶格体积 V 变化的改变量。通过 Grüneisen 常数，能更好地衡量晶格非谐性的强弱。晶格非谐性弱的体系往往具有小于 1 的 Grüneisen 常数，而强晶格非谐性体系，如 InTe(γ 约为 1.00)[32]、PbTe(γ 约为 1.40)[33]、BiCuSeO(γ 约为 1.50)[34]则呈现出大于 1 的 Grüneisen 常数。从图 2-36(f)可以看出 SnS 中大多数载热声子模的 Grüneisen 常数均大于 1，尤其是高频声学支，其 Grüneisen 常数介于 1～4。已经有诸多文献报道 SnS 中的强晶格非谐性来自于二价 Sn 原子的孤对电子[35-37]。$BaSnS_2$ 继承了这一特征并由于 Ba 离子对 Sn-S 框架带来的额外扰动而获得了更强的晶格非谐性。

如图 2-36(e)所示，$BaSnS_2$ 在 0～$125cm^{-1}$ 范围内声子模的 Grüneisen 常数介于–6～2，显示出声学声子和低频光学声子的强烈非谐性。同时，其高频光学声子的 Grüneisen 常数也多位于 1～2。$BaSnS_2$ 和 SnS 的模平均 Grüneisen 常数分别为 1.24 和 1.08，显示了 $BaSnS_2$ 总体更高的晶格非谐性。

综上所述，Ba 的振动限制了与其配位的 S 原子的振动，扰乱了原本导热效率较高的 Sn-S 链上的反相运动，这也使 $BaSnS_2$ 的晶格软化且晶格非谐性升高，带来了整体较低的声子群速度和较短的声子寿命，并最终导致了 $BaSnS_2$ 中的超低晶格热导率。

参考文献

[1] Slack G A. New Materials and Performance Limits for Thermoelectric Cooling[M]. Boca Raton: CRC Press, 1995.

[2] Sales B C, Mandrus D, Chakoumakos B C, et al. Filled skutterudite antimonides: Electron crystals and phonon glasses[J]. Physical Review B, 1997, 56(23): 15081-15089.

[3] Nolas G S, Slack G A, Schujman S B. Semiconductor clathrates: A phonon glass electron crystal material with potential for thermoelectric applications[J]. Semiconductors and Semimetals, 2001, 69: 255-300.

[4] Snyder G J, Christensen M, Nishibori E, et al. Disordered zinc in Zn_4Sb_3 with phonon-glass and electron-crystal thermoelectric properties[J]. Nature Materials, 2004, 3(7): 458-463.

[5] Liu H L, Shi X, Xu F F, et al. Copper ion liquid-like thermoelectrics[J]. Nature Materials, 2012, 11(5): 422-425.

[6] Chang C, Wu M H, He D S, et al. 3D charge and 2D phonon transports leading to high out-of-plane *ZT* in n-type SnSe crystals[J]. Science, 2018, 360(6390): 778-783.

[7] Xie H Y, Su X M, Zhang X M, et al. Origin of intrinsically low thermal conductivity in talnakhite $Cu_{17.6}Fe_{17.6}S_{32}$ thermoelectric material: Correlations between lattice dynamics and thermal transport[J]. Journal of the American Chemical Society, 2019, 141(27): 10905-10914.

[8] Slack G A. Thermal conductivity of pure and impure silicon, silicon carbide, and diamond[J]. Journal of Applied Physics, 2004, 35(12): 3460-3466.

[9] Callaway J. Model for lattice thermal conductivity at low temperatures[J]. Physical Review, 1959, 113(4): 1046-1051.

[10] Callaway J, von Baeyer H C. Effect of point imperfections on lattice thermal conductivity[J]. Physical Review, 1960, 120(4): 1149-1154.

[11] Hao S Q, Shi F Y, Dravid V P, et al. Computational prediction of high thermoelectric performance in hole doped layered GeSe[J]. Chemistry of Materials, 2016, 28(9): 3218-3226.

[12] Zhang X Y, Shen J W, Lin S Q, et al. Thermoelectric properties of GeSe[J]. Journal of Materiomics, 2016, 2(4): 331-337.

[13] Shaabani L, Aminorroaya-Yamini S, Byrnes J, et al. Thermoelectric performance of Na-doped GeSe[J]. ACS Omega, 2017, 2(12): 9192-9198.

[14] Hu W W, Sun J C, Zhang Y, et al. Improving thermoelectric performance of GeSe compound by crystal structure engineering[J]. Acta Physica Sinica, 2022, 71(4): 047101.

[15] Xie H Y, Su X L, Hao S Q, et al. Large thermal conductivity drops in the diamondoid lattice of $CuFeS_2$ by discordant atom doping[J]. Journal of the American Chemical Society, 2019, 141(47): 18900-18909.

[16] Zhang W, Shi X, Mei Z G, et al. Predication of an ultrahigh filling fraction for K in $CoSb_3$[J]. Applied Physics Letters, 2006, 89(11): 185503.

[17] Mei Z G, Yang J G, Pei Y Z, et al. Alkali-metal-filled $CoSb_3$ skutterudites as thermoelectric materials: Theoretical study[J]. Physical Review B, 2008, 77(4): 045202.

[18] Li Y, Li Z, Zhang C, et al. Ultralow thermal conductivity of $BaAg_2SnSe_4$ and the effect of doping by Ga and In[J]. Materials Today Physics, 2019, 9: 100098.

[19] Zheng Z, Su X L, Deng R G, et al. Rhombohedral to cubic conversion of GeTe via MnTe alloying leads to ultralow thermal conductivity, electronic band convergence, and high thermoelectric performance[J]. Journal of the American Chemical Society, 2018, 140(7): 2673-2686.

[20] Xiao Y, Chang C, Pei Y L, et al. Origin of low thermal conductivity in SnSe[J]. Physical Review B, 2016, 94(12): 125203.

[21] Tan G J, Shi F Y, Sun H, et al. SnTe-$AgBiTe_2$ as an efficient thermoelectric material with low thermal conductivity[J]. Journal of Materials Chemistry A, 2014, 2(48): 20849-20854.

[22] Christensen M, Abrahamsen A B, Christensen N B, et al. Avoided crossing of rattler modes in thermoelectric materials[J]. Nature Materials, 2008, 7(10): 811-815.

[23] Tan Q, Zhao L D, Li J F, et al. Thermoelectrics with earth abundant elements: Low thermal conductivity and high thermopower in doped SnS[J]. Journal of Materials Chemistry A, 2014, 2(41): 17302-17306.

[24] Zhou B Q, Li S, Li W, et al. Thermoelectric properties of SnS with Na-doping[J]. ACS Applied Materials & Interfaces, 2017, 9(39): 34033-34041.

[25] Wang Z Y, Wang D Y, Qiu Y T, et al. Realizing high thermoelectric performance of polycrystalline SnS through optimizing carrier concentration and modifying band structure[J]. Journal of Alloys and Compounds, 2019, 789: 485-492.

[26] He W K, Wang D Y, Dong J F, et al. Remarkable electron and phonon band structures lead to a high thermoelectric performance $ZT > 1$ in earth-abundant and eco-friendly SnS crystals[J]. Journal of Materials Chemistry A, 2018, 6(21): 10048-10056.

[27] Asfandiyar, Cai B W, Zhao L D, et al. High thermoelectric figure of merit $ZT > 1$ in SnS polycrystals[J]. Journal of Materiomics, 2020, 6(1): 77-85.

[28] Chang Y, Ruan M, Li F, et al. Synthesis process and thermoelectric properties of the layered crystal structure SnS_2[J]. Journal of Materials Science: Materials in Electronics, 2020, 31(7): 5425-5433.

[29] Guo R Q, Wang X J, Huang B. Thermal conductivity of skutterudite $CoSb_3$ from first principles: Substitution and nanoengineering effects[J]. Scientific Reports, 2015, 5(1): 7806.

[30] Tian Z T, Garg J, Esfarjani K, et al. Phonon conduction in PbSe, PbTe, and $PbTe_{1-x}Se_x$ from first-principles calculations[J]. Physical Review B, 2012, 85(18): 184303.

[31] Dove M T. Structure and Dynamics : An Atomic View of Materials[M]. Oxford: Oxford University Press, 2003.

[32] Spitzer D P. Lattice thermal conductivity of semiconductors: A chemical bond approach[J]. Journal of Physics and Chemistry of Solids, 1970, 31(1): 19-40.

[33] Morelli D T, Jovovic V, Heremans J P. Intrinsically minimal thermal conductivity in cubic Ⅰ-Ⅴ-$Ⅵ_2$ semiconductors[J]. Physical Review Letters, 2008, 101(3): 035901.

[34] Pei Y L, He J Q, Li J F, et al. High thermoelectric performance of oxyselenides: Intrinsically low thermal conductivity of Ca-doped BiCuSeO[J]. NPG Asia Materials, 2013, 5(5): 47.

[35] Walsh A, Payne D J, Egdell R G, et al. Stereochemistry of post-transition metal oxides: Revision of the classical lone pair model[J]. Chemical Society Reviews, 2011, 40(9): 4455-4463.

[36] Wu P, Xia K, Peng K L, et al. Strong anharmonicity in tin monosulfide evidenced by local distortion, high-energy optical phonons, and anharmonic potential[J]. Physical Review B, 2021, 103(19): 195204.

[37] Jana M K, Biswas K. Crystalline solids with intrinsically low lattice thermal conductivity for thermoelectric energy conversion[J]. ACS Energy Letters, 2018, 3(6): 1315-1324.

第 3 章　点缺陷和掺杂调控电热输运

3.1　点缺陷和掺杂元素设计

3.1.1　点缺陷种类与电热输运

由第 1 章热电输运参数的表达式可知，载流子浓度的调控和优化是热电材料获得优异的功率因子(PF)和热电优值(ZT)的前提，这依赖热电材料中点缺陷种类和浓度的有效调控。点缺陷(也称零维缺陷)是晶体中晶格格点或邻近微观区域发生偏离晶体结构正常排列的一种缺陷，包括晶格空位、反位缺陷等本征缺陷以及外来元素掺杂引入的间隙缺陷、置换缺陷等，如图 3-1(a)所示。

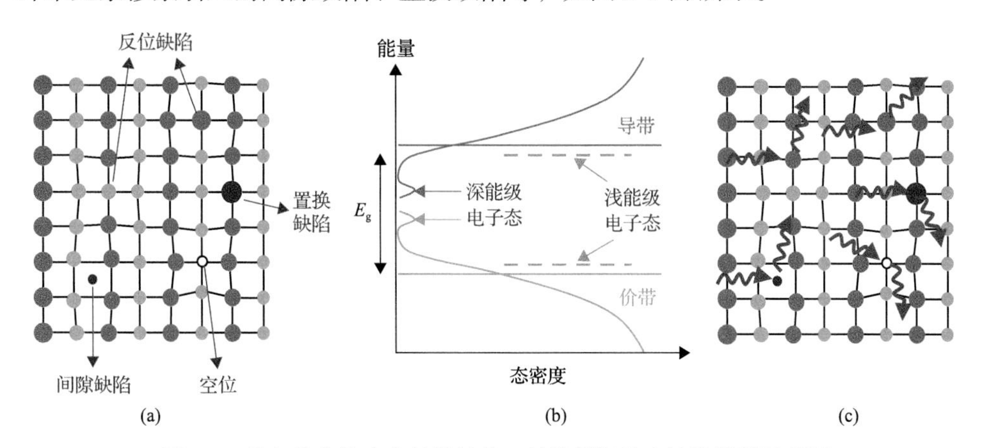

图 3-1　热电化合物中点缺陷结构、缺陷能级及点缺陷散射示意图

半导体材料的实验研究表明，微量的点缺陷结构能够对半导体的电输运性能产生决定性的影响，也是半导体热电材料性能调控的关键手段[1,2]。由于点缺陷结构的存在，晶格中周期性排列的原子所产生的周期性势场受到破坏，在禁带中引入容许电子占据的能量状态(缺陷能级)，如图 3-1(b)所示。点缺陷结构电离时，能够释放电子(空穴)而形成带电中心并产生传导电子(空穴)，这是缺陷能级的激发过程。实践表明，根据缺陷能级与导带底和价带顶能量差大小，缺陷能级主要可分为浅能级(靠近能带边缘)和深能级(靠近禁带中央，远离能带边缘)两大类[3]。浅能级由于电离能很低，在较低温度就能激发到导带或价带，形成导带电子和价带空穴，这是利用点缺陷结构调控半导体热电材料电输运性能的常用策略。此外，深能级由于能级较深，电离能很高，通常需要在较高温度才能热激发，

这为半导体热电材料高温下的电性能调控提供了有效途径。如图 3-1(c)所示，点缺陷结构打破了完整晶格的周期排列和引入带电中心，形成载流子运动和载热声子的散射中心，并体现在调控电子和声子动力学过程上(即弛豫时间)。

3.1.2 掺杂元素的设计优化

外来元素掺杂是热电半导体电热输运性能优化的重要途径，不仅影响电子和声子输运的本征性能，也显著影响电子和声子输运的动力学过程。根据热电半导体的电热输运基本理论，掺杂对电热输运影响的宏观规律及其设计原则归纳如下。

(1)最优载流子浓度。电导率、Seebeck 系数和热导率之间存在强耦合关联，难以独立优化。调控载流子浓度将同时影响各热电输运参数，这是上述强耦合关联的内在机制：提高载流子浓度将大幅提升电导率、降低 Seebeck 系数，并显著增加热导率，反之亦然。因此，要获得最优热电优值 ZT，n 型和 p 型热电半导体材料需处于最优载流子浓度状态。一方面，在理论上可以根据电子能带结构和电热输运的第一性原理计算，提供最优载流子浓度以及掺杂元素和掺杂量的理论指导；另一方面，在实验中可以通过电荷计算和精细调控掺杂量获得最优载流子浓度及掺杂调控规律。

(2)宽温域载流子浓度优化。提升热电半导体转换效率的本质是提高宽温域的热电优值 ZT，这依赖宽温域的载流子浓度优化。根据单抛物线能带模型，热电半导体材料的最优载流子浓度(n_{opt})与温度满足公式 $n_{\mathrm{opt}} \propto m^{*} \times T^{1.5}$。即随温度增加，$n_{\mathrm{opt}}$ 相应也要提高，通常无法通过单元素掺杂来达成宽温域内优化载流子浓度这一目标[4]。实验研究表明，不同元素共掺杂引入浅能级和深能级，利用浅能级在低温完全激发结合深能级在高温下激发能获得宽温域内优化的载流子浓度，并实现宽温域内 ZT 值的提升[5]。

(3)调制掺杂。调制掺杂的概念最早来源于半导体异质结，是指在异质结的第一种组元中不掺杂，而对第二种组元进行掺杂，通过电荷注入的策略协同优化第一种组元的载流子浓度和载流子迁移率。调制掺杂能使载流子在空间上与带电中心分离，避免了载流子的缺陷散射，是同时获得高载流子浓度和高迁移率的重要策略[6,7]。调制掺杂已广泛应用于热电半导体的电输运性能调控，主要途径是在本征热电材料中复合重掺杂纳米尺度的第二相[8,9]。

(4)掺杂优化电子能带结构。通过掺杂元素和基体组成元素的电子轨道相互作用和杂化，调控热电材料的电子能带结构，包括电子能带结构收敛[10,11]、局域电子态密度共振[12,13]、多能谷电子结构[14,15]等。这些电子能带结构新效应将显著提高费米能级附近的电子态密度，引起载流子有效质量、Seebeck 系数和功率因子的大幅提升。

(5)电子和声子散射。元素掺杂将打破基体晶格排列的周期性和周期性势场，从而对电子和声子输运产生显著散射，通常会引起载流子迁移率和晶格热导率的大幅降低。

3.2　本征点缺陷

本征点缺陷种类、浓度和分布状态的有效调控是热电材料载流子浓度及电热输运优化的一种重要途径。过去的研究发现，在重要的室温热电材料（Bi_2Te_3-Sb_2Te_3-Bi_2Se_3 固溶体[16-18]和 Mg_3Sb_2-Mg_3Bi_2 固溶体[19-21]）和中温热电材料（Mg_2Si-Mg_2Ge-Mg_2Sn 固溶体[11,22,23]、GeTe[24-26]和 SnTe[27-29]）中，本征点缺陷对最优载流子浓度的获得、电热输运的协同调控及热电优值 ZT 的优化起到了关键作用。整体上，空位缺陷、间隙缺陷和反位缺陷等本征点缺陷能在热电材料的导带或价带中引入大量自由载流子，优化载流子浓度和电输运性能，也能引入原子尺度的晶格无序，显著增强质量波动和应力场波动声子散射并大幅降低晶格热导率。由上可知，热电材料中本征点缺陷研究涵盖的范围很广，包括本征点缺陷形成的热动力学规律和缺陷形成能、本征点缺陷的实验表征、本征点缺陷调控电输运和热输运的规律和机制，其研究的核心在于本征点缺陷的有效调控及电热输运的解耦和协同优化。下面针对 Bi_2Te_3、SnTe、$Mg_2Si_{1-x}Sn_x$ 固溶体等重要热电材料中本征点缺陷的调控规律及电热输运优化新机制进行重点介绍。

3.2.1　Bi_2Te_3 化合物的本征点缺陷与电热输运

Bi_2Te_3 化合物在 20 世纪 50 年代由 Goldsmid 发现具有优异的热电性能[30]，自此开启了该材料体系备受瞩目的研究和发展历程，包括 Bi_2Te_3 化合物的性能优化、结构低维化研究以及热电发电和制冷的应用等。迄今为止，Bi_2Te_3 化合物是研究最为广泛、性能最优异以及获得广泛商业应用的重要室温热电材料，且基于 Bi_2Te_3 化合物制造的常规热电器件和微型热电器件已经在室温制冷、激光器精确温控以及可穿戴电子产品自供能等方面获得重要应用[31-33]。现有研究发现，Bi_2Te_3 化合物的本征点缺陷结构具有较低的形成能，容易通过合成温度、组成等工艺参数来调控，是其载流子和电输运调控及优化的重要途径[34]。p 型 $(Bi,Sb)_2Te_3$ 合金和 n 型 $(Bi,Sb)_2(Te,Se)_3$ 合金是 Bi_2Te_3 化合物的高性能组分，其本征点缺陷和载流子输运的有效调控在极大程度上取决于对二元 Bi_2Te_3 基体中本征点缺陷调控的深刻理解。此外，相比 p 型薄膜材料，n 型 Bi_2Te_3 基薄膜的电输运性能优化遇到了瓶颈，其功率因子（PF）很难提升至 3.0mW/(m·K^2) 以上，显著低于其单晶块体［约 5.0mW/(m·K^2)］[16]。鉴于此，本书以 n 型 Bi_2Te_3 薄膜为例，系统讨论本征点缺陷的结构特征和调控机制，以及其优化电输运的新规律。

研究表明，电子施主型 Te 空位（V_{Te}）和 Te_{Bi} 反位缺陷（Te 占据 Bi 晶格格点）以及电子受主型 Bi_{Te} 反位缺陷（Bi 占据 Te 晶格格点）是 Bi_2Te_3 中的主要点缺陷结构。理论计算表明[35-38]，在富 Te 和贫 Te 条件下，三种点缺陷的形成能关系分别为 $E_{form}(Te_{Bi}) < E_{form}(Bi_{Te}) < E_{form}(V_{Te})$ 和 $E_{form}(Bi_{Te}) < E_{form}(Te_{Bi}) < E_{form}(V_{Te})$。目

前主要采用精确密度测量[39]、成分精确测量[40]、X 射线吸收精细结构谱(XAFS)[41]、正电子湮灭实验[18]和扫描隧道显微镜(STM)[42]等对 Bi_2Te_3 化合物中的本征点缺陷结构进行表征和研究。Te 过量和缺失分别可引入 Te_{Bi} 和 Bi_{Te} 反位缺陷，这主要受热力学因素的影响。然而，由于难以建立制备工艺-本征点缺陷结构的直接关联和定量化规律，Bi_2Te_3 中本征点缺陷结构形成的规律还未获得清晰认识，亟待进一步阐明。在此，以 Bi_2Te_3 薄膜为研究对象，通过利用分子束外延(MBE)技术在宽生长工艺窗口(包括衬底温度 T_{sub} 和 Te/Bi 束流比)制备高质量单晶薄膜、利用 STM 直接精确表征本征点缺陷结构、利用角分辨光电子能谱(ARPES)表征电子结构以及结合载流子输运和热电输运表征，揭示 Bi_2Te_3 中本征点缺陷的形成规律和调控机制及其对电输运性能的影响规律和物理机制。

1. Bi_2Te_3 的本征点缺陷精确表征及调控机制

STM 是一种利用量子隧穿效应探测表面结构的精确测量技术，适合用于点缺陷结构的直接精确观测[43,44]。如图 3-2(a)所示，Bi_2Te_3 具有斜方六面体晶体结构(空

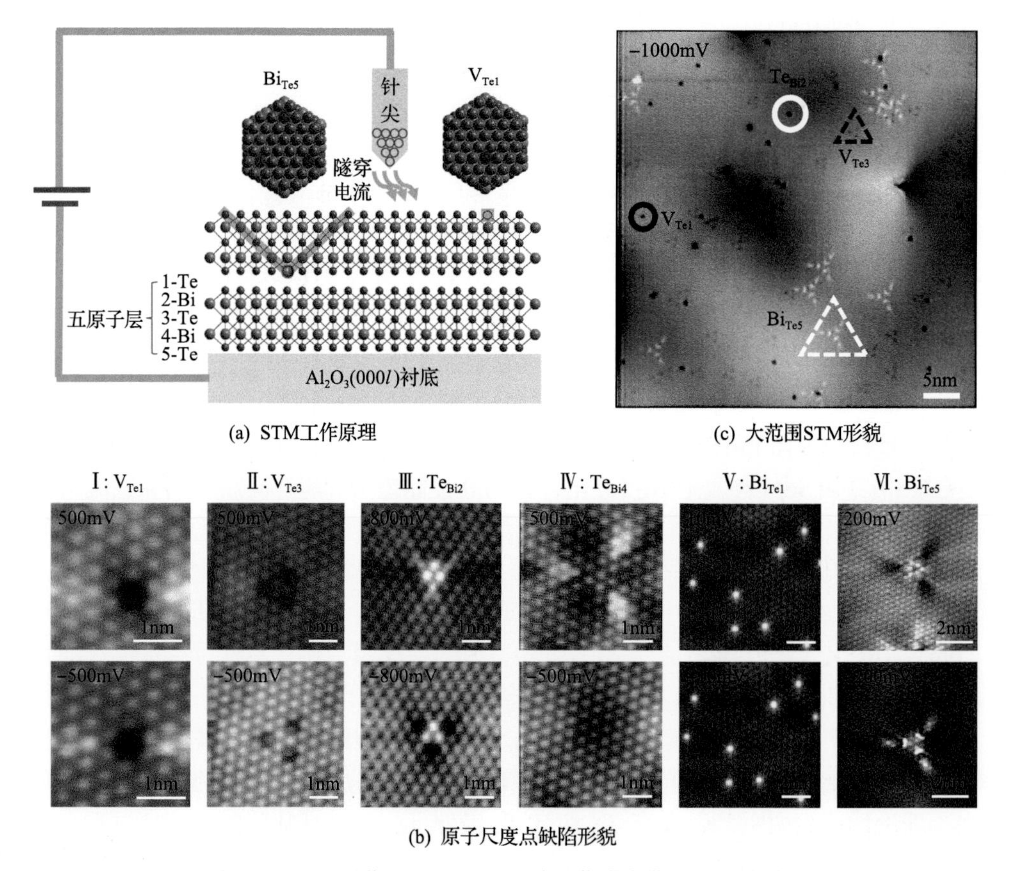

(a) STM工作原理

(c) 大范围STM形貌

(b) 原子尺度点缺陷形貌

图 3-2　STM 工作原理及 Bi_2Te_3 单晶薄膜中典型点缺陷结构

间群：$R\bar{3}m$），由五原子层-Te_1-Bi_2-Te_3-Bi_4-Te_5-（简写为 QL，下标表示原子层的层数）重复堆叠而成。Bi_2Te_3 中本征点缺陷的表面 STM 形貌（包括形状和延伸范围）由缺陷的种类、缺陷在 QL 的位置、面内的三重晶格对称性以及 Bi 和 Te 原子的配位键等共同决定[45]，是点缺陷的局域电子态密度在最表面 Te 原子层上的投影。

图 3-2(b) 为 Bi_2Te_3 单晶薄膜表面本征点缺陷的高分辨 STM 图谱。我们观察到了 Bi_2Te_3 中的 6 种点缺陷结构[46]，其形貌与文献报道 STM 形貌相吻合[42]。第一原子层上 Te 空位（标记为 V_{Te1}，对应于缺陷 Ⅰ）是一个明显的凹陷点，其在正负偏压下均表现为暗凹陷特征。类似于 V_{Te1}，第三原子层上 Te 空位（标记为 V_{Te3}，对应于缺陷 Ⅱ）表现为暗三角形形貌。对于平整表面的 STM 形貌，负偏压条件下亮凸起特征对应电子受主缺陷，暗凹陷特征对应电子施主缺陷，而在正偏压下的形貌衬度刚好相反。第二层和第四层 Bi 格点被 Te 占据将形成 Te_{Bi2} 和 Te_{Bi4} 反位缺陷（对应于缺陷 Ⅲ 和缺陷 Ⅳ），在正偏压下较亮（分别呈现亮三角和亮三叶草形貌），而在负偏压下较暗（扩大的暗三角形貌），表明为电子施主缺陷。此外，反位缺陷 Bi_{Te} 主要出现在第一层和第五层 Te 原子层，分别表示为 Bi_{Te1} 和 Bi_{Te5}（对应于缺陷 Ⅴ 和缺陷 Ⅵ）。由于 Bi 原子半径大于 Te，Bi_{Te1} 在形貌上是一个凸出点，因而在正负偏压下均呈现亮凸点形貌。Bi_{Te5} 在正偏压下呈暗双三角形态，负偏压下呈亮双三角形态，表明为电子受主缺陷。Bi_{Te} 没有出现在第三层 Te 原子层，这与其较高的缺陷形成能有关。Bi_2Te_3 单晶薄膜中表面点缺陷结构的系统研究表明，V_{Te}、Te_{Bi} 和 Bi_{Te} 为三种主导本征点缺陷结构，并且这三种本征点缺陷在不同工艺制备的薄膜中同时存在，如图 3-2(c) 所示。

图 3-3(a) 所示为不同衬底温度和 Te/Bi 条件下生长 Bi_2Te_3 薄膜中本征点缺陷结构的统计结果。结果表明，在不同衬底温度（T_{sub}）条件下，提高 Te/Bi 束流比（提高 Te 含量）显著降低了 V_{Te} 的浓度和 Bi_{Te} 的浓度以及提高了 Te_{Bi} 的浓度。同时，提高 T_{sub} 与降低 Te 含量的效果相似，V_{Te} 和 Bi_{Te} 浓度增加而 Te_{Bi} 浓度逐渐降低。通过 ARPES 表征 Bi_2Te_3 薄膜的 E_F 变化，也证实了上述本征点缺陷结构的转变规律。上述本征点缺陷结构随 MBE 工艺参数的演变规律可由式 (3-1)～式 (3-3) 来描述：

$$2\mathrm{Bi} + 3\mathrm{Te} = 2\mathrm{Bi_{Bi}} + (3-x)\mathrm{Te_{Te}} + x\mathrm{Te(g)}\uparrow + x\mathrm{V_{Te}^{\bullet\bullet}} + 2x\mathrm{e}' \tag{3-1}$$

$$5x\mathrm{Te} + (2\mathrm{Bi} + 3\mathrm{Te}) = 2\mathrm{Bi_{Bi}} + (3+3x)\mathrm{Te_{Te}} + 2x\mathrm{Te_{Bi}^{\bullet}} + 2x\mathrm{e}' \tag{3-2}$$

$$5x\mathrm{Bi} + (2\mathrm{Bi} + 3\mathrm{Te}) = (2+2x)\mathrm{Bi_{Bi}} + 3\mathrm{Te_{Te}} + 3x\mathrm{Bi_{Te}'} + 3x\mathrm{h}^{\bullet} \tag{3-3}$$

相比于两种反位缺陷（Te_{Bi} 和 Bi_{Te}），V_{Te} 形成能较高，理论上不易产生。然而，由于 Te 元素熔点低、饱和蒸气压高以及范德瓦耳斯层间作用力弱等，表面 Te 原子容易从格点位置脱离，导致 V_{Te} 成为 Bi_2Te_3 薄膜中普遍存在的点缺陷形式，其

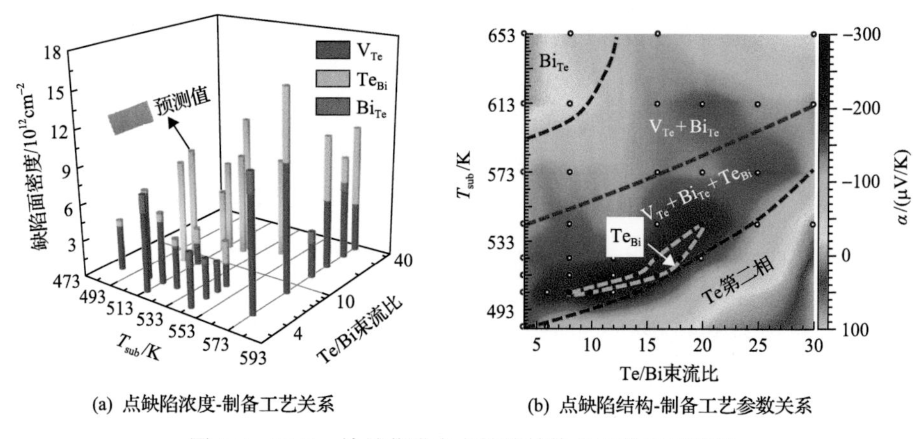

(a) 点缺陷浓度-制备工艺关系

(b) 点缺陷结构-制备工艺参数关系

图 3-3　Bi_2Te_3单晶薄膜中点缺陷结构的实验表征结果

浓度随 T_{sub} 的提高而增加，随 Te/Bi 束流比的增加而降低，可用式(3-1)表示。此外，主要受到热力学过程的影响，Te 过量或 Bi 过量(Te 缺失)时，反位缺陷 Te_{Bi} 或 Bi_{Te} 的缺陷形成能分别最低，较易形成，如式(3-2)和式(3-3)所示。总而言之，低 T_{sub} 和高 Te/Bi 束流比条件利于降低 V_{Te} 和 Bi_{Te} 的浓度和提高 Te_{Bi} 的浓度，反之亦然。图 3-3(b)所示为 Bi_2Te_3 单晶薄膜的 Seebeck 系数与 Te/Bi 束流比和 T_{sub} 关系图。根据 STM 点缺陷表征和电输运测试结果，综合确定了 $V_{Te}+Bi_{Te}$、$V_{Te}+Bi_{Te}+Te_{Bi}$、Bi_{Te} 和 Te_{Bi} 点缺陷占主导以及存在 Te 第二相的薄膜生长工艺区间，如图中虚线和本征点缺陷标识所示。

通过控制 MBE 工艺参数，在 Bi_2Te_3 薄膜中实现本征点缺陷的有效调控，这为研究不同薄膜的载流子输运以及电输运优化的新机制奠定了基础。ARPES 电子结构测试表明，以 V_{Te}、Te_{Bi} 和 Bi_{Te} 为主要表面点缺陷时，Bi_2Te_3 薄膜的 E_F 均位于禁带中间，其能量位置明显低于利用单抛物带模型计算获得的 E_F，即 E_F(ARPES)＜E_F(SPB)。图 3-4(a)、(b)和(c)所示分别为以 V_{Te}、Te_{Bi} 和 Bi_{Te} 为主要表面点缺陷 Bi_2Te_3 薄膜的 ARPES 电子结构随温度演变关系。图中 E_F、E_V 和 E_D 分别代表费米能级、价带顶和狄拉克点的能量位置，BVB 和 SSB 分别代表体价带和表面态能带。根据 E_D 和 E_V 的能量位置，可判断 E_F(ARPES)的能量位置。所有 Bi_2Te_3 薄膜的 E_F(SPB)均略高于导带底，表明其 n 型传导特性以及 n 型本征点缺陷是主要缺陷结构。Te_{Bi} 为主要表面点缺陷时，Bi_2Te_3 薄膜中 E_F(SPB)−E_F(ARPES)能量差最小，达 10meV(T=100K)；而在 V_{Te} 和 Bi_{Te} 为主要表面点缺陷的薄膜中 E_F(SPB)−E_F(ARPES)能量差都非常显著，分别达 98meV(T=100K)和 157meV(T=100K)，如图 3-4(d)和(e)所示。这说明，Bi_2Te_3 薄膜普遍存在从薄膜表面到薄膜内部的能带向上弯曲现象，且 V_{Te} 和 Bi_{Te} 为主要表面点缺陷时尤为显著。

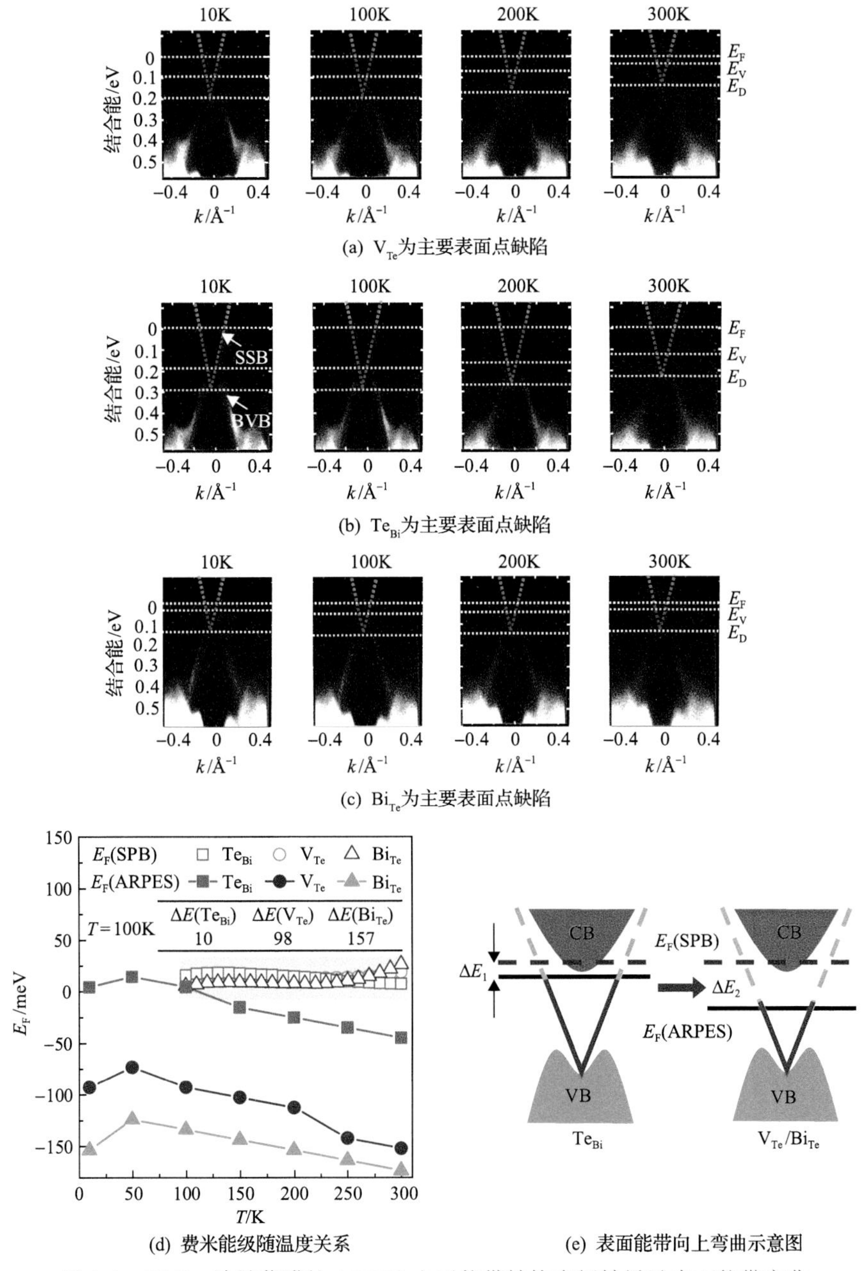

(a) V_{Te}为主要表面点缺陷

(b) Te_{Bi}为主要表面点缺陷

(c) Bi_{Te}为主要表面点缺陷

(d) 费米能级随温度关系

(e) 表面能带向上弯曲示意图

图 3-4　Bi_2Te_3 单晶薄膜的 ARPES 电子能带结构表征结果及表面能带弯曲

结合 n 型 Bi_2Te_3 薄膜电子浓度随膜厚增加显著减小以及 Bi_{Te} 浓度明显增加的实验现象，可证实 Bi_2Te_3 薄膜在生长过程中出现了 V_{Te} 向 Bi_{Te} 原位转变的新规律，即从薄膜表面到薄膜内部将出现 V_{Te} 空位浓度逐渐降低以及 Bi_{Te} 浓度逐渐增加的梯度演变新现象。例如，发现 T_{sub}=520K 和 Te/Bi=4/1 条件下生长 Bi_2Te_3 薄膜的电子浓度由膜厚为 16nm 时的 $20.3\times10^{19}cm^{-3}$ 显著降低至膜厚为 85nm 时的 $4.5\times10^{19}cm^{-3}$。E_F(SPB)–E_F(ARPES)能量差随温度增加明显增大取决于本征点缺陷的热激发。这不仅解释了 Bi_2Te_3 薄膜中 E_F(ARPES)与 E_F(SPB)差异显著以及电子浓度随膜变厚显著降低的实验现象，也很好地阐释了现有报道中很多 n 型 Bi_2Te_3 薄膜中 E_F(ARPES)处于禁带中间(但其电输运为 n 型重掺杂传导)的反常实验现象。上述本征点缺陷转变规律可由式(3-4)来描述：

$$5V_{Te}^{\bullet\bullet} + 2Bi_{Bi} = (2V_{Bi}''' + 3V_{Te}^{\bullet\bullet}) + 2Bi_{Te}' + 12h^{\bullet} \tag{3-4}$$

V_{Te} 和 Bi_{Te} 浓度高的 Bi_2Te_3 薄膜中 Te 显著缺失，因而在原位退火过程的激发下发生显著的 $V_{Te}\rightarrow Bi_{Te}$ 原位转变；而在 Te_{Bi} 为主要表面点缺陷时，这种原位转变由于缺乏 V_{Te} 受到了显著抑制，其能带向上弯曲也最不显著。$V_{Te}\rightarrow Bi_{Te}$ 原位转变以及产生的能带弯曲和界面电势有助于解释为什么 n 型 Bi_2Te_3 多晶块体难以获得高载流子迁移率和高 PF[47]。一方面，$V_{Te}\rightarrow Bi_{Te}$ 原位转变极容易发生，晶界密度越高，烧结和热处理温度越高，这种效应越显著。另一方面，$V_{Te}\rightarrow Bi_{Te}$ 原位转变在界面处最显著，导致在界面处形成了界面电势和显著增强了载流子的散射，进而明显降低载流子迁移率。

2. Bi_2Te_3 薄膜中本征点缺陷优化电输运

T_{sub} 和 Te/Bi 束流比以及生长过程中的原位退火效应均能显著改变 Bi_2Te_3 薄膜的本征点缺陷结构特性及其电输运性能，如图 3-5 所示。如图 3-5(a)、(b)和(c)所示，当 Te/Bi=4/1 时，提高 T_{sub} 可引起电导率先明显降低后显著提升、Seebeck 系数由 n 型向 p 型转变以及 n 型样品载流子本征激发温度朝低温区域偏移。这主要是 T_{sub} 增加引起 V_{Te} 和 Bi_{Te} 浓度增加以及 $V_{Te}\rightarrow Bi_{Te}$ 的原位转变得到增强的缘故。由于电子和空穴同时存在会劣化 Seebeck 系数以及提高 T_{sub} 将增强这种劣化作用，483K 生长 Bi_2Te_3 薄膜的最高 PF 可达 $1.85mW/(m\cdot K^2)$，而 $T_{sub}\geqslant523K$ 时生长样品的 PF 大幅度降低。因此，提高 Te/Bi 束流比有利于抑制 V_{Te} 和 Bi_{Te} 点缺陷的产生以及 $V_{Te}\rightarrow Bi_{Te}$ 的原位转变，将引起 Bi_2Te_3 薄膜电输运性能的提升。图 3-5(d)、(e)和(f)所示为 T_{sub}=523K 和 Te/Bi=4/1～20/1 条件下 Bi_2Te_3 薄膜的电输运性能优化结果。当 Te/Bi 束流比由 4/1 增加到 20/1 时，Bi_2Te_3 薄膜的室温下电导率从 $4.8\times10^4S/m$ 增加至 Te/Bi=18/1 时的最高值 $14.4\times10^4S/m$，然后降低，引起其 PF 的显著提升。这主要源于 Te 含量提高促进了 Te_{Bi} 反位缺陷的形成以及抑制了 V_{Te} 和 Bi_{Te} 的浓度的升高，达到了点缺陷结构优化性能的目的。提高 Te/Bi 束流比(Te/Bi=4/1→18/1)，Bi_2Te_3 薄膜的室温电子浓度由 $3.9\times10^{19}cm^{-3}$ 增加到 $11.1\times10^{19}cm^{-3}$，这显然是 Te_{Bi} 浓度显著增加的缘故。Te/Bi=20/1 样品的室温 PF 相较 Te/Bi=18/1 的样品显著降低，这与 Te 含量过多引入了本征 p 型的 Te

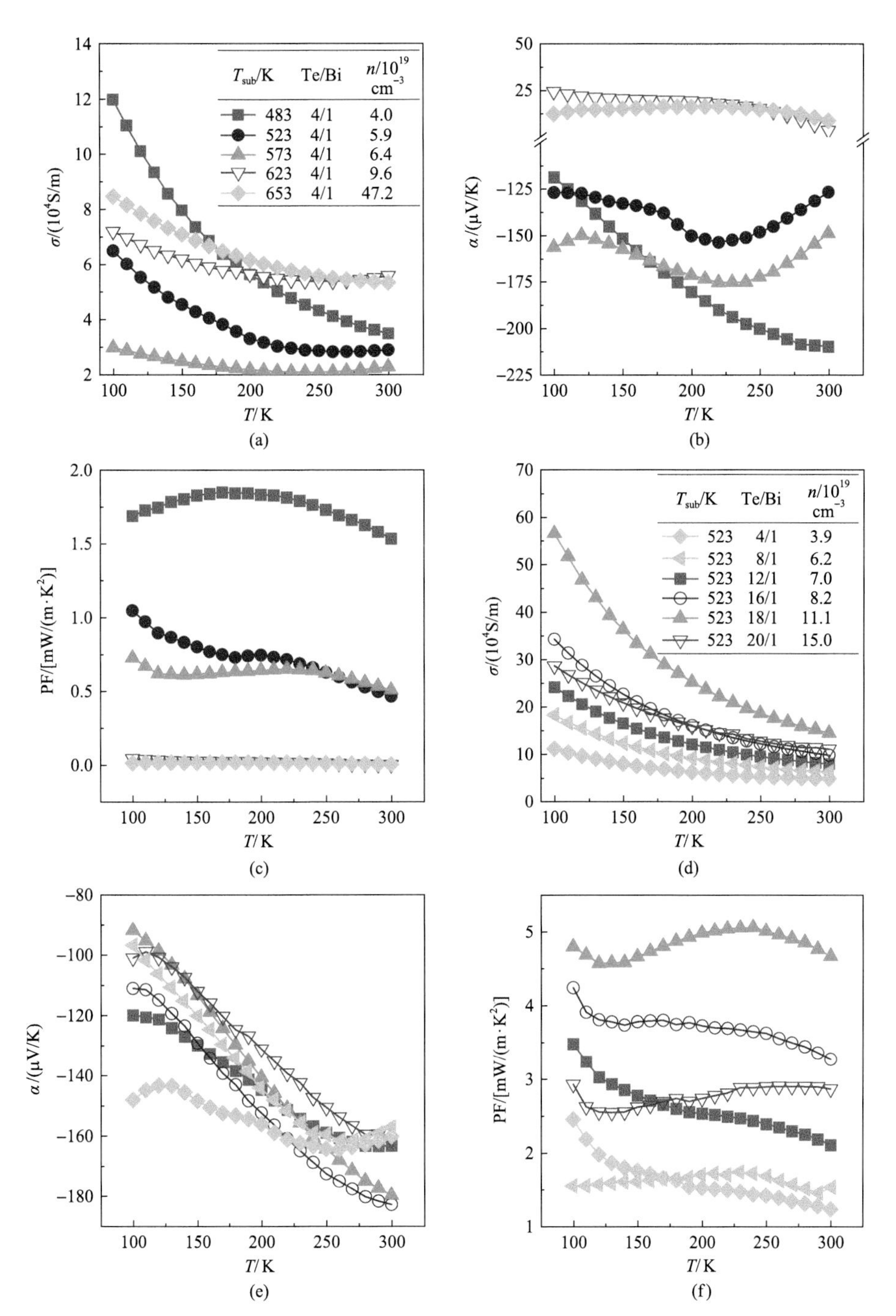

图 3-5　不同 T_{sub} 与 Te/Bi 束流比条件制备 Bi_2Te_3 单晶薄膜的电输运性能

(b) 和 (c) 图例同 (a)，(a)～(c) 表示固定 Te/Bi=4/1，改变衬底温度 (T_{sub}) 生长 Bi_2Te_3 单晶薄膜；(e) 和 (f) 图例同 (d)，(d)～(f) 表示固定 T_{sub}= 523K，改变 Te/Bi 束流比生长 Bi_2Te_3 单晶薄膜

第二相（图 3-3）以及抑制了电导率和 Seebeck 系数有关。由于本征点缺陷结构和电子浓度的优化以及载流子本征激发朝室温偏移，Te/Bi=18/1 的样品在 100～300K 范围获得的 PF 高于 4.50mW/(m·K^2)，并在 240K 获得最高 PF 达 5.05mW/(m·K^2)，相较 Te/Bi=4/1 样品在整个测量温区内提高了 200%以上。

图 3-6 所示为不同衬底温度和 Te/Bi 束流比生长 Bi_2Te_3 单晶薄膜的室温功率因子统计结果。结合图 3-3 对本征点缺陷的分析，发现当 T_{sub}=513～543K 时，V_{Te} 和 Bi_{Te} 的浓度处于较低水平，利于通过提升 Te 含量抑制 Bi_2Te_3 薄膜中 Bi_{Te} 反位缺陷的形成，进而优化电子浓度和 PF。然而，在更高的温度下（T_{sub}≥543K），增加 Te/Bi 束流比难以提高 Te_{Bi} 的浓度和降低 V_{Te} 和 Bi_{Te} 的浓度，Bi_2Te_3 薄膜的电输运性能无法有效优化[最高 PF 不高于 2.42mW/(m·K^2)]。因此，研究证实，在较低 T_{sub} 下进行 Te/Bi 束流比调控是优化本征点缺陷种类和浓度以及提升 PF 的有效途径。

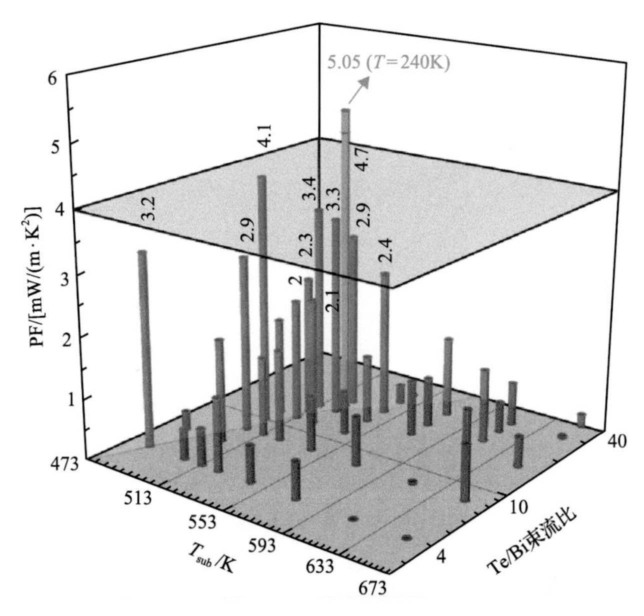

图 3-6　不同衬底温度和 Te/Bi 束流比生长 Bi_2Te_3 单晶薄膜的室温（300K）功率因子统计结果

图 3-7(a)所示为 n 型 Bi_2Te_3 薄膜样品室温 Seebeck 系数与载流子浓度关系。图中虚线所示为载流子有效质量 m^*=0.5m_0、1.0m_0 和 2.0m_0 的 Pisarenko 曲线（基于单抛物带模型）。n 型单晶 Bi_2Te_3 块体主要落在 m^*=1.0m_0 的 Pisarenko 曲线上。n 型 Bi_2Te_3 薄膜的 m^* 主要分布在 m^*=1.0m_0～2.0m_0 的较宽范围内。高 Te/Bi 束流比和低 T_{sub} 生长的薄膜样品获得了更高的 Seebeck 系数和较高的 m^*，明显高于 m^*=1.0m_0，甚至可达 m^*=2.3m_0，而高 T_{sub} 生长的薄膜样品的 m^* 明显低一些。这显然与 Bi_2Te_3 薄膜中本征点缺陷结构相关。

图 3-7(b)所示为以 V_{Te}、Te_{Bi} 和 Bi_{Te} 为主要表面点缺陷 Bi_2Te_3 薄膜的 ARPES 电子能带结构。为获得导带电子结构信息，作者团队对上述薄膜样品进行了超高真空环境下的表面吸附掺杂，其 E_F 由能隙中移动到了导带内部，即 E_F 位置明显高于导带底位置(E_C)。图 3-7(b)中虚线所示为导带的边缘。根据公式 $m_b^*=\hbar^2(\partial^2E/\partial k^2)^{-1}$ 计算了 Bi_2Te_3 薄膜沿 Γ-K 和 Γ-M 方向的电子能带有效质量(m_b^*)[48]。很显然，以 V_{Te} 和 Te_{Bi}

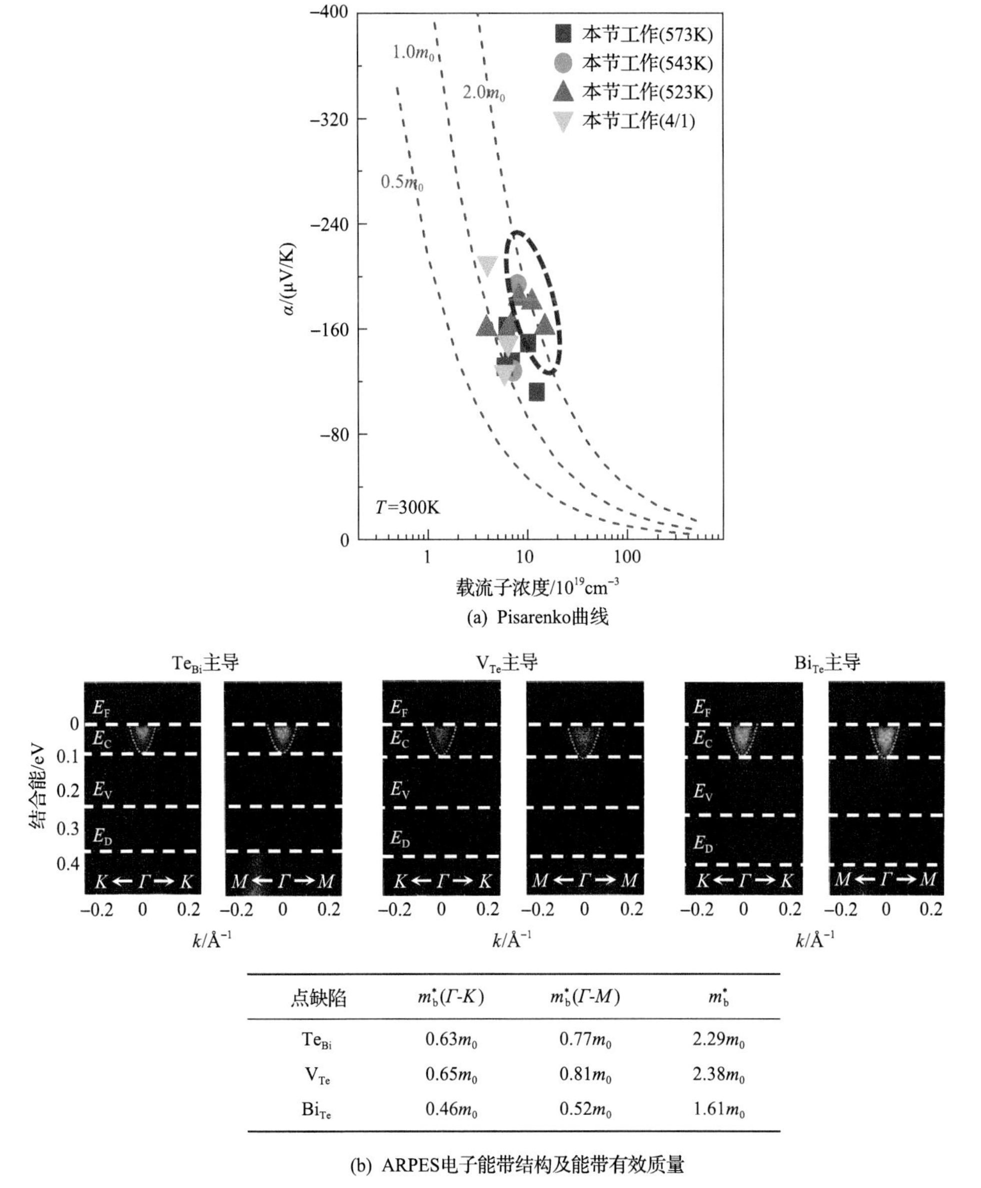

(a) Pisarenko曲线

点缺陷	$m_b^*(\Gamma$-$K)$	$m_b^*(\Gamma$-$M)$	m_b^*
Te_{Bi}	$0.63m_0$	$0.77m_0$	$2.29m_0$
V_{Te}	$0.65m_0$	$0.81m_0$	$2.38m_0$
Bi_{Te}	$0.46m_0$	$0.52m_0$	$1.61m_0$

(b) ARPES电子能带结构及能带有效质量

图 3-7　不同点缺陷结构 Bi_2Te_3 单晶薄膜的载流子有效质量分析结果

为主要表面点缺陷 Bi_2Te_3 薄膜的 m_b^* 分别为 $m_b^*(\Gamma\text{-}K)=0.65m_0$ 和 $m_b^*(\Gamma\text{-}M)=0.81m_0$ 以及 $m_b^*(\Gamma\text{-}K)=0.63m_0$ 和 $m_b^*(\Gamma\text{-}M)=0.77m_0$，明显高于以 Bi_{Te} 为主要表面点缺陷样品的 $m_b^*(\Gamma\text{-}K)=0.46m_0$ 和 $m_b^*(\Gamma\text{-}M)=0.52m_0$。这表明，抑制 Bi_{Te} 反位缺陷有利于提高 n 型 Bi_2Te_3 的 Seebeck 系数：$\alpha\propto(m^*)^{3/2}$[1,11]。

因此，ARPES 计算和载流子输运结果揭示，以 V_{Te} 和 Te_{Bi} 反位缺陷为主要点缺陷结构的 Bi_2Te_3 薄膜获得高 PF 取决于下面两点：其一，优化电子浓度和抑制 p 型 Bi_{Te} 反位缺陷对 n 型材料 Seebeck 系数的负面效应；其二，抑制 Bi_{Te} 的引入及其降低导带 m^* 的负面效应。

3.2.2 SnTe 化合物的本征点缺陷与电热输运

SnTe 是热电性能优异和受到广泛关注的 p 型中温热电材料，也是受广泛关注的拓扑晶体绝缘体材料。本征点缺陷调控是优化 p 型 SnTe 热电性能的重要途径，其实验表征和对电热输运的影响规律是研究的重点。

图 3-8 所示为基于密度泛函理论（DFT）计算得到的 SnTe 中本征点缺陷的形成能。$E_F-E_{VBM}=0$ 表示费米能级位于价带顶，斜率代表点缺陷的化合价态。在 V_{Sn}、V_{Te}、Sn_{Te}、Te_{Sn} 及 Sn_i 等 5 种本征点缺陷中，Sn_{Te}、V_{Sn} 为 p 型点缺陷，而 V_{Te}、Te_{Sn}、Sn_i 为 n 型点缺陷。计算表明，无论是在富 Te 还是在富 Sn 条件下，V_{Sn} 都具有最低的形成能并成为主要的本征点缺陷，这与 SnTe 的重 p 型本征电输运特性吻合[28,29]。在富 Sn 条件和富 Te 条件下，反位缺陷 Sn_{Te} 和 Te_{Sn} 的点缺陷形成能分别低于 1.2eV，可以分别存在。此外，施主缺陷 Sn_i 位于 Te 原子四面体间隙，具有较低的形成能，在富 Sn 条件下可能形成。

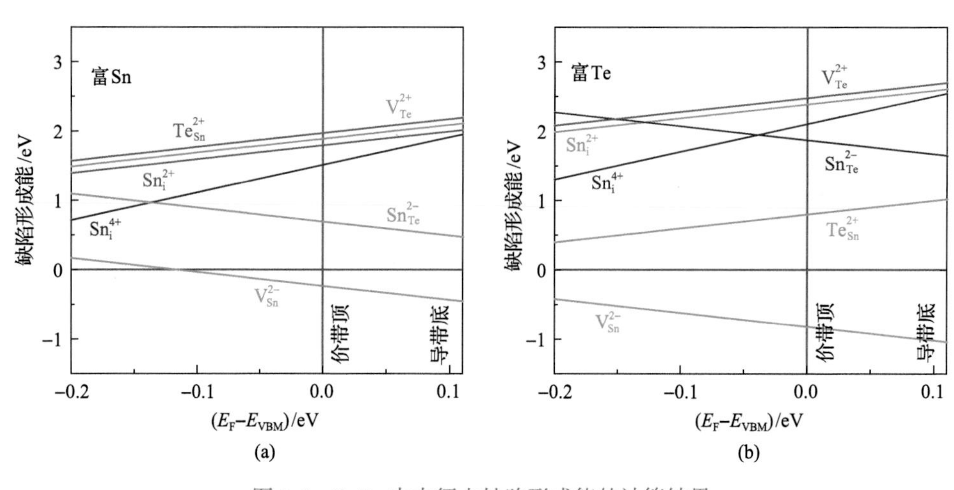

图 3-8 SnTe 中本征点缺陷形成能的计算结果

本书采用 STM 技术表征了 SnTe(111) 薄膜的表面点缺陷，并通过 DFT 计算模拟了不同点缺陷的STM特征形貌[27]，如图3-9所示。表面能计算表明，SnTe(111)面以 Te 为截止面时形成能最低，而表面以 Sn 为截止面时表面能过高，将出现Sn-(2×1)和Sn-($\sqrt{3}\times\sqrt{3}$)表面重构。因而，STM观测SnTe(111)表面原子排列为六方排列，证实表面为Te截止面。STM表征和DFT计算综合证实，外延SnTe(111)薄膜表面存在 4 种类型的点缺陷：V_{Sn}、V_{Te}、Sn_{Te}和Te_{Sn}。由于表面的高度明显低于周围原子，无论在满态(负偏压)还是空态(正偏压)条件下，V_{Te}的STM形貌都是暗色凹陷的，且都仅占据表层的一个原子位置。同样，高度的凹陷导致第二层点缺陷V_{Sn}的STM形貌亮度明显低于周围原子，其在满态和空态的形貌皆为暗凹的三角形状。此外，由于Sn^{2+}的离子半径(0.93Å)远小于Te^{2-}(2.21Å)，Sn_{Te}的

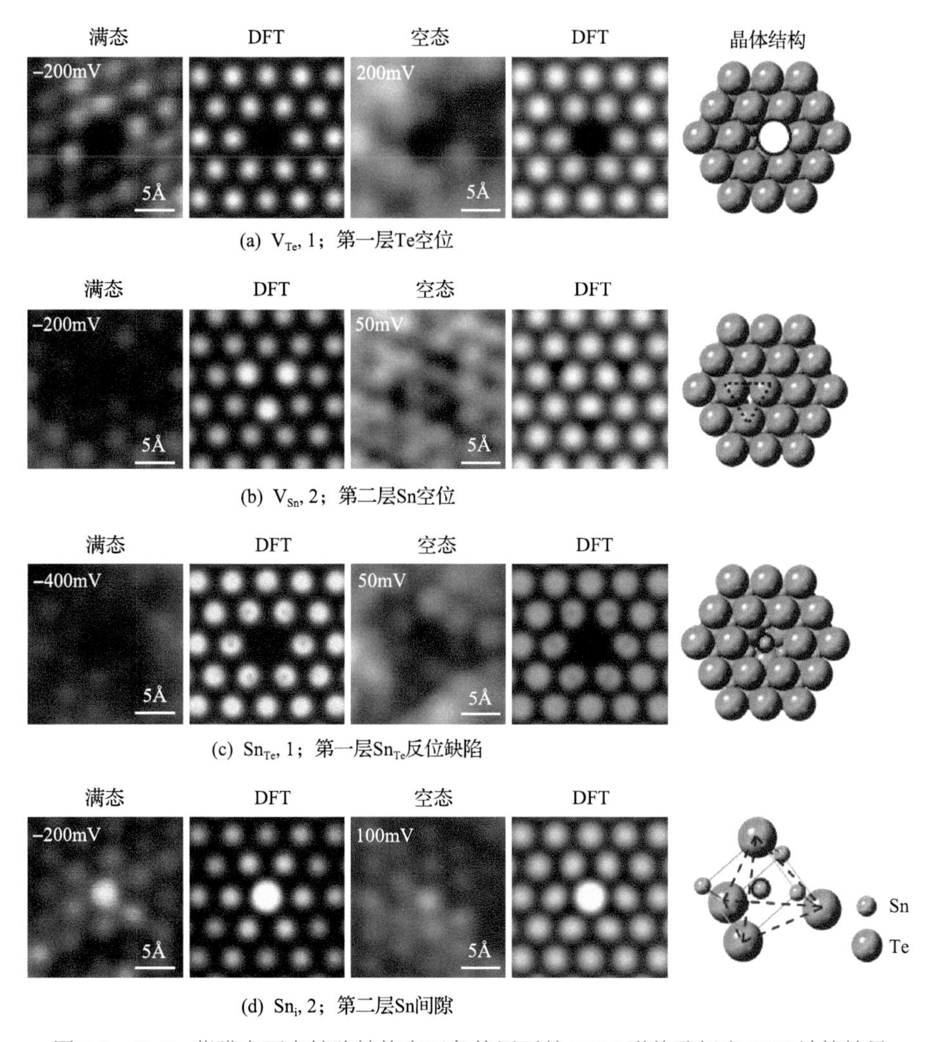

图 3-9　SnTe 薄膜表面点缺陷结构在正负偏压下的 STM 形貌及相应 DFT 计算结果

形貌与 V_{Te} 相似，但在低偏压参数下存在微弱的原子图像。Sn_i 位于第一层和第三层 Te 原子组成的四面体间隙中，其映射到表面的形貌，在所有偏压中都出现了一个明亮的凸起，这是间隙 Sn 原子引起明显的高度凸起所造成的。

图 3-10 所示为不同衬底温度和 Te/Sn 条件生长 SnTe(111) 薄膜的高分辨 STM 原子图像以及本征点缺陷统计分析柱状图。根据图 3-9 中 V_{Sn}、Sn_i、Sn_{Te} 和 V_{Te} 的不同 STM 形貌，对不同区域的本征点缺陷进行了统计分析。这四种类型的点缺陷普遍存在于外延 SnTe(111) 薄膜中，V_{Sn} 和 Sn_i 是 SnTe 中最主要的本征点缺陷，生长参数可显著调控 V_{Sn} 和 Sn_i 的浓度。T_{sub} 和 Te/Sn 束流比对 Sn_{Te} 和 V_{Te} 的浓度影响不大，但能显著影响 V_{Sn} 和 Sn_i 的浓度。在高 Te/Sn 束流比(6/1)条件下，提高 T_{sub} 将显著降低 V_{Sn} 的浓度，此时 Sn_i 浓度的降低幅度不显著。而在低 Te/Sn 束流比(2/1)条件下，V_{Sn} 和 Sn_i 的浓度均明显增加，且 Sn_i 浓度增加尤为显著。这说明 V_{Sn} 的形成主要与其形成能最低有关，V_{Sn} 和 Sn_i 浓度的同步增加取决于 n 型 Sn_i 与 p 型 V_{Sn} 形成的相互促进。因此，对于 SnTe 体系，通过 Sn 的过量来降低空穴浓度，是 V_{Sn} 浓度降低以及 Sn_i 浓度增加共同作用的结果。

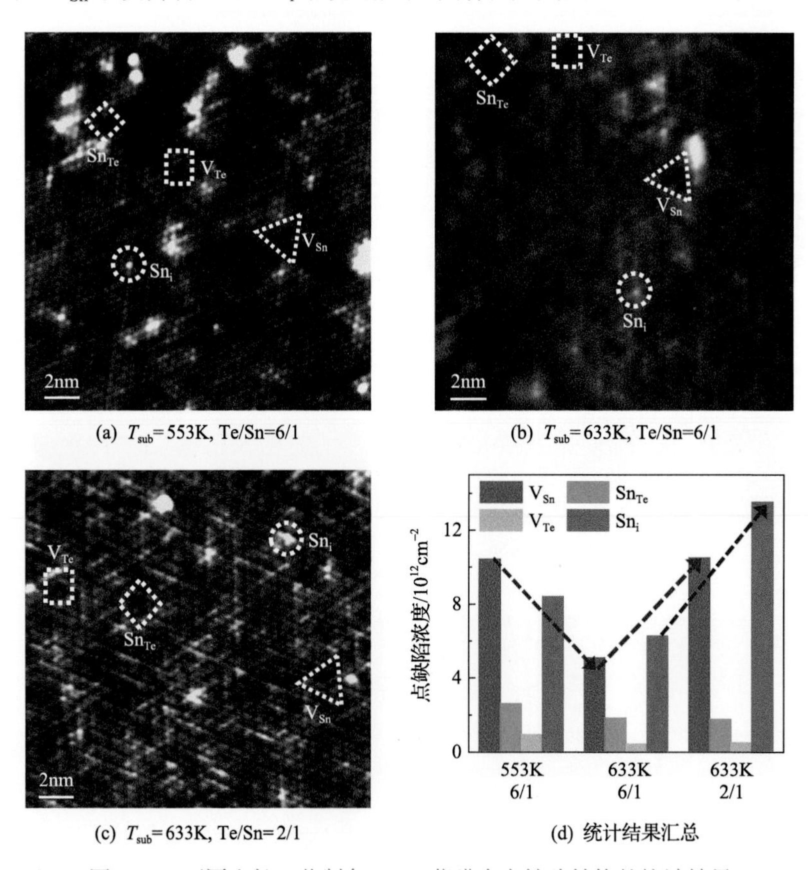

图 3-10　不同生长工艺制备 SnTe 薄膜中点缺陷结构的统计结果

图 3-11(a)为熔融结合放电等离子烧结方法制备 $Sn_{1+x}Te$(x=0～0.1)块体样品的 XRD 图谱。所有样品主相均为立方结构的 SnTe，当 x≥0.06 时，XRD 图谱中开始出现杂相 Sn 的衍射峰。图 3-11(b)所示的结构精修结果表明，在 x≤0.04 时，晶格常数随着 x 的增加线性增加，在此之后达到饱和。此外，霍尔测试也表明，在 x≤0.04 时，空穴浓度随 Sn 含量的增加呈现递减的趋势，之后保持不变。以上结果表明，过量加入的 Sn 优先填补阳离子空位，中和了体系过高的空穴浓度，其填补阳离子位置的极限含量约为 0.04，超过此极限则以 Sn 的第二相形式析出[28]。

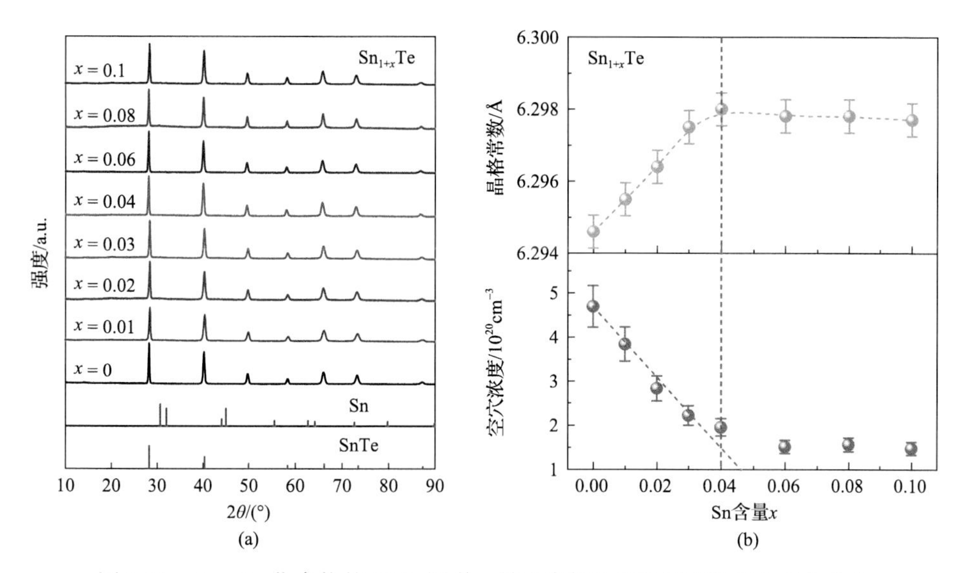

图 3-11　$Sn_{1+x}Te$ 化合物的 XRD 图谱、晶格常数及空穴浓度随组分变化关系

Sn 的自补偿抑制了 SnTe 的本征阳离子空位，降低了空穴浓度，实现了电热输运性质的显著优化，如图 3-12 所示。随着 Sn 含量 x 的增加，样品的电导率降低，而 Seebeck 系数在高温段有显著提升：在 823K 从 x=0 时的 102μV/K 提高到 x=0.1 时的 153μV/K，增加幅度达到 50%。虽然 Sn 含量的调整并未对晶格热导率

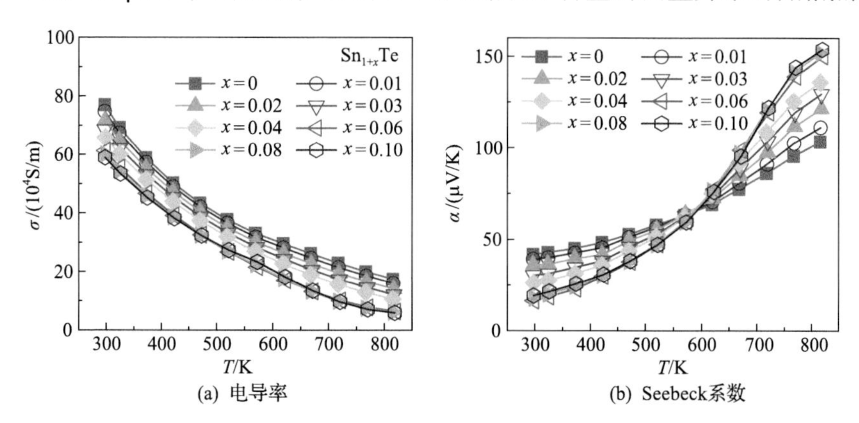

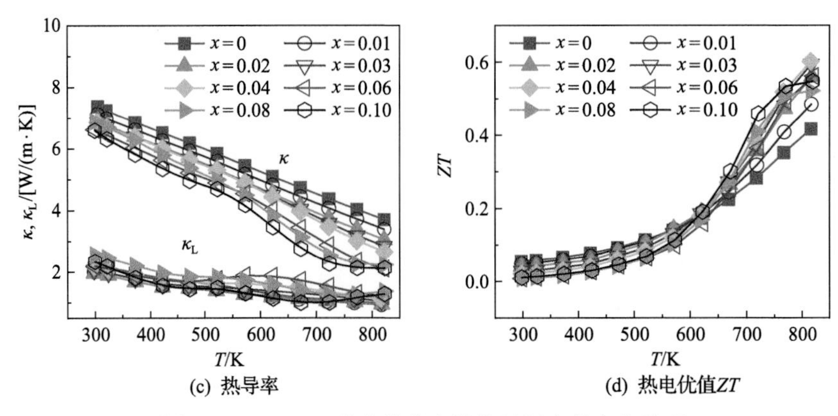

图 3-12　$Sn_{1+x}Te$ 化合物热电性能随温度的变化关系

造成显著影响，但电导率的降低却使载流子热导率下降，最终总热导率也受到明显抑制。x=0.03 样品的最大热电优值 ZT 在 823K 达到 0.6，相比于本征样品提升了近 50%。

3.2.3　$Mg_2Si_{1-x}Sn_x$ 化合物的本征点缺陷与电热输运

$Mg_2Si_{1-x}Sn_x$ 固溶体是一类重要的中温热电材料，具有原料蕴藏丰富、价格低廉、不含有稀缺 Te 元素、组成元素无毒和密度小等优点，其研究受到国内外的广泛关注[49,50]。n 型 $Mg_2Si_{1-x}Sn_x$ 固溶体的热电性能可媲美其他中温热电材料，但该材料的可控制备面临重大挑战。$Mg_2Si_{1-x}Sn_x$ 固溶体中 Mg 的质量分数高达 29%～64%，因而在材料合成过程中 Mg 元素的挥发、氧化以及与其他物质的反应很难避免。这会引起材料中 Mg 含量难以精确控制并引入杂相(如绝缘体相 MgO)，进而阻碍 $Mg_2Si_{1-x}Sn_x$ 固溶体热电性能的优化。通过制备工艺的改进和优化，作者团队对组成元素(特别是 Mg 含量)进行精确控制，并控制合成过程中杂相的引入，以实现 $Mg_2Si_{1-x}Sn_x$ 固溶体热电性能的有效优化和高性能样品的可控制备。

由于传统高温熔融、电弧熔炼、机械球磨等制备工艺难以有效控制 Mg 含量以及可控制备高性能 $Mg_2Si_{1-x}Sn_x$ 固溶体[23]，作者团队研究和开发两步低温固相反应法用于制备 $Mg_2Si_{1-x}Sn_x$ 固溶体，避免在制备过程引入杂相并实现了 Mg 含量的精确控制。按照 $Mg_2Si_{0.5}Sn_{0.5}$ 化学式，当 Mg 的组成过量达 0.15 时将超过 Mg 的过量极限，XRD 图谱出现较微弱的 Mg 单质谱峰，且热分析在 710K 出现可逆的吸热峰和放热峰。两步低温固相反应制备 $Mg_{2(1+z)}Si_{0.5-y}Sn_{0.5}Sb_y$ 化合物实现了 Mg 含量的有效控制[51]。随着 z 由 0 增加到 0.12，其实际 Mg 过量将由−0.02 单调增加至 0.07。如图 3-13(a)所示，Mg 的过量将引起电子浓度提高一个数量级，由 $2.50\times10^{19}cm^{-3}$ 显著增加至 $20.2\times10^{19}cm^{-3}$(图中负值代表电子)，证实了 Mg 过量

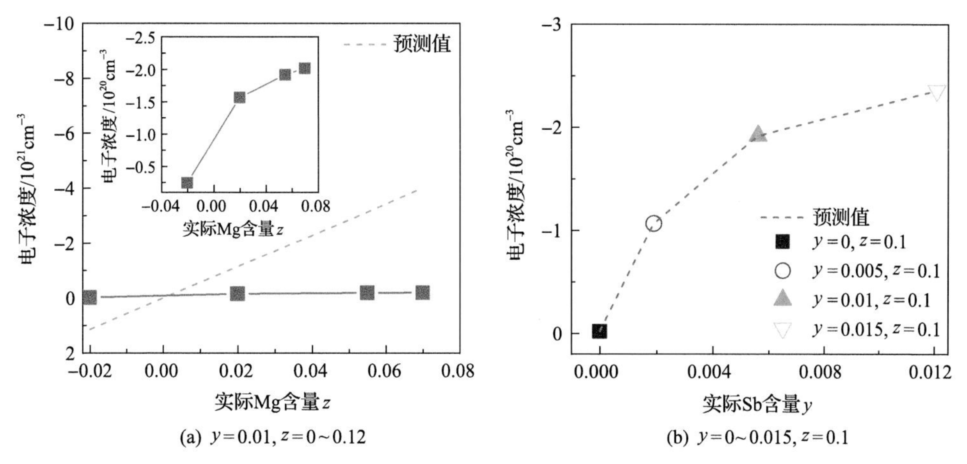

(a) $y=0.01, z=0\sim0.12$　　(b) $y=0\sim0.015, z=0.1$

图 3-13　$Mg_{2(1+z)}Si_{0.5-y}Sn_{0.5}Sb_y$ 化合物的室温电子浓度随组分变化关系

对电子浓度有显著提升作用。图 3-13(b)所示为 $Mg_{2.20}Si_{0.5-y}Sn_{0.5}Sb_y$ 固溶体的电子浓度随 Sb 含量的变化。从不掺杂到 Sb 掺杂量增加到 0.015 时，电子浓度由 $2.30\times10^{18}cm^{-3}$ 显著增加至 $23.6\times10^{19}cm^{-3}$，这与假定 Sb 为单电子施主的电荷计算结果吻合。理论上，Mg 过量和 Mg 缺失分别引入间隙 Mg 以及 Mg 空位缺陷，将分别提供 2 个电子/间隙 Mg 缺陷以及 2 个空穴/Mg 空位缺陷。图 3-13(a)中虚线所示为间隙 Mg 以及 Mg 空位缺陷完全电离的计算结果。霍尔测量获得的载流子浓度较计算结果低 1～2 个数量级，说明间隙 Mg 及 Mg 空位的离化率很低(不到完全电离数值的 10%)。

图 3-14 所示为不同 Mg 含量 $Mg_{2(1+z)}Si_{0.49}Sn_{0.5}Sb_{0.01}$ 固溶体的热电性能随温度的变化关系。与 Sb 的掺杂调控效果类似，Mg 过量增加将引起电子浓度和电导率的大幅增加、Seebeck 系数的小幅减小以及 PF 的大幅提升。相比 z=0 的 $Mg_2Si_{0.49}Sn_{0.5}Sb_{0.01}$ 组分，Mg 过量达 0.12 的 $Mg_{2.24}Si_{0.49}Sn_{0.5}Sb_{0.01}$ 固溶体(Mg 实际

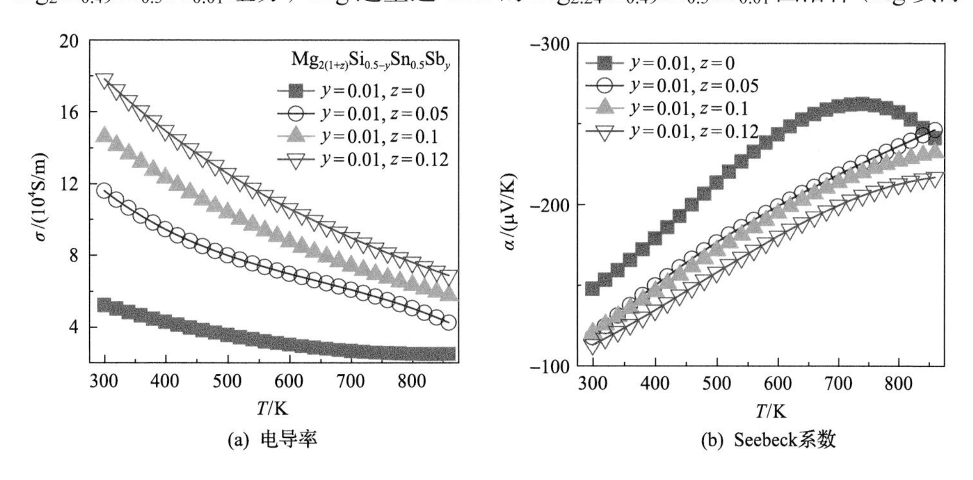

(a) 电导率　　(b) Seebeck系数

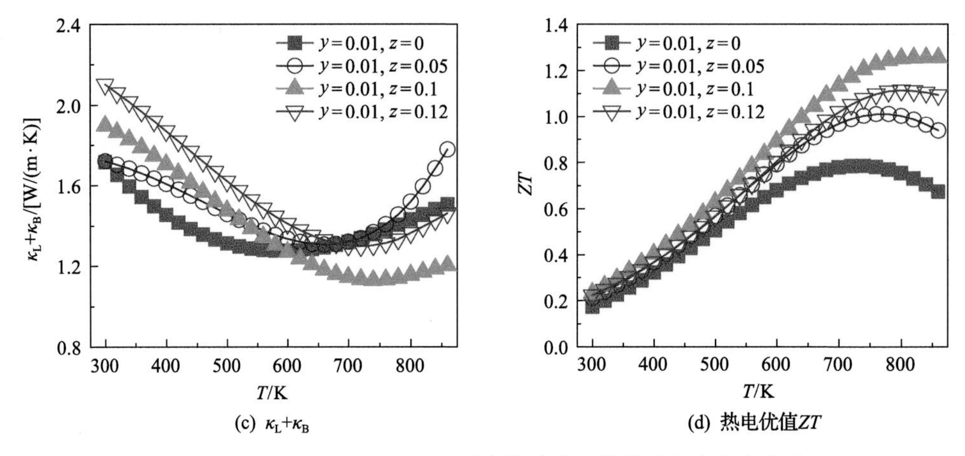

(c) $\kappa_L+\kappa_B$　　(d) 热电优值*ZT*

图 3-14　$Mg_{2(1+z)}Si_{0.49}Sn_{0.5}Sb_{0.01}$ 固溶体的热电性能随温度的变化关系

过量 0.07)的室温电导率提高了约 200%，800K 时提高 150%以上，这主要取决于材料电子浓度的显著提高。z=0 组分的载流子本征激发在 800K 以上开始显著，而其余高 Mg 含量组分的载流子本征激发即使在 860K 左右时仍不显著，与 Seebeck 系数随温度的变化趋势吻合。同时，相比 z=0 组分，z=0.12 的 $Mg_{2.24}Si_{0.49}Sn_{0.5}Sb_{0.01}$ 固溶体的功率因子在 300～860K 范围内的提高幅度可达 100%，并在 700K 附近获得最大的功率因子，约为 3.60mW/(m · K^2)。此外，Mg 的过量增加了 $Mg_{2(1+z)}Si_{0.49}Sn_{0.5}Sb_{0.01}$ 固溶体的总热导率(来源于电子热导率的增加)，而并未显著降低晶格热导率。

最终，由于 PF 的大幅提升，$Mg_{2(1+z)}Si_{0.49}Sn_{0.5}Sb_{0.01}$ 固溶体的 *ZT* 值随 Mg 过量的增加而显著增加。z=0.10 的 $Mg_{2.20}Si_{0.49}Sn_{0.5}Sb_{0.01}$ 固溶体在所有产物中获得最高的热电优值 *ZT*，在 800K 最高值达 1.25，较 z=0 的 $Mg_2Si_{0.49}Sn_{0.5}Sb_{0.01}$ 固溶体提高了约 60%。

研究发现，Mg 过量及 Sb 掺杂对 $Mg_2Si_{1-x}Sn_x$ 固溶体的载流子输运和 PF 具有协同调控作用。图 3-15 所示为不同 Mg 和 Sb 含量时 $Mg_{2(1+z)}(Si_{0.3}Sn_{0.7})_{1-y}Sb_y$ 固溶体 ($0\leqslant z\leqslant 0.12, 0\leqslant y\leqslant 0.025$)的电子浓度随组分的变化关系以及功率因子随温度的变化关系。当 Mg 过量 z 从 0.05 增加至 0.12 时，Sb 掺杂量 y=0, 0.01, 0.025 固溶体的室温电子浓度分别提高 $6.08\times10^{18}cm^{-3}$、$1.39\times10^{20}cm^{-3}$ 和 $1.67\times10^{20}cm^{-3}$。很明显，Mg 的名义含量提高 7%在不掺杂 Sb 的条件下对电子浓度提升效果很有限，仅相当于掺杂 Sb 样品的 1/20 或更低，说明掺杂 Sb 后过量 Mg 的给电子能力明显提升。不掺杂 Sb，仅提高 Mg 过量并不是优化电性能的有效途径，此时 $Mg_2(Si_{0.3}Sn_{0.7})_{1-y}Sb_y$ 固溶体在整个温度区域内功率因子均低于 1.0mW/(m · K^2)。通过 Mg 过量和 Sb 掺杂的协同作用使电子浓度高于 $16.9\times10^{19}cm^{-3}$ 时，$Mg_{2(1+z)}(Si_{0.3}Sn_{0.7})_{1-y}Sb_y$ 固溶体在室温附近的功率因子接近或超过 4.0mW/(m · K^2)，且在整个 300～800K 范围内均保持较高的数值。并且，当 $y \geqslant 0.01$ 和 $z \geqslant 0.10$ 时，$Mg_{2(1+z)}(Si_{0.3}Sn_{0.7})_{1-y}Sb_y$ 固溶体的功率因子在高温区域获得的最高值达 4.5～4.8mW/(m · K^2)。

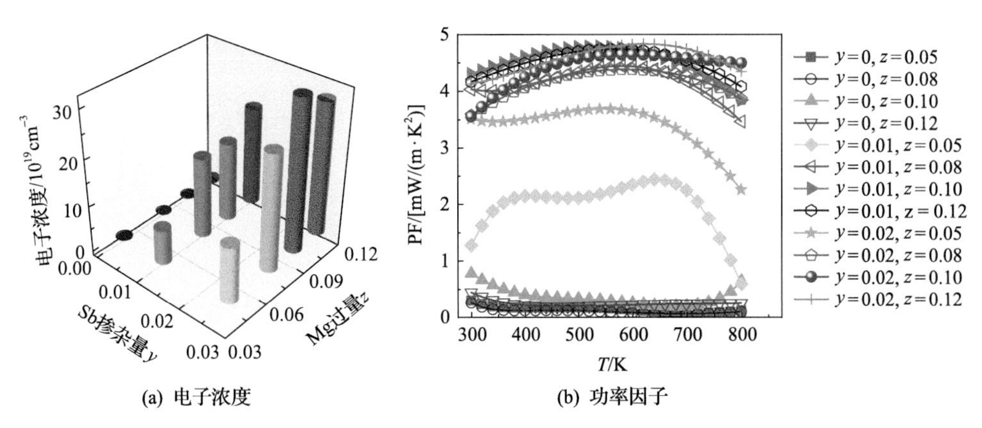

图 3-15　$Mg_{2(1+z)}(Si_{0.3}Sn_{0.7})_{1-y}Sb_y$ 化合物的室温电子浓度及功率因子随组分和温度的变化关系

系统研究证实，仅增加 Mg 过量而不掺杂，或在贫 Mg 条件下进行掺杂都难以有效提升 n 型 $Mg_2Si_{1-x}Sn_x$ 固溶体的电子浓度和 ZT 值，Mg 实际过量达 0.05 以上并结合掺杂可实现载流子浓度的协同调控并获得高的热电性能。

3.3　掺　　杂

3.3.1　深浅能级掺杂与电热输运

对于某一热电材料体系，其最优载流子浓度在使用温度范围内并不恒定。例如，假设单带传输并使用经典统计方程进行粗略近似，材料的最优载流子浓度 n_{opt} 与温度有如下近似关系：$n_{opt} \propto m^* \times T^{1.5}$，这表明在高温下需要更高的载流子浓度才能使材料的功率因子最大[52,53]。这对提高材料在宽温域内的平均热电优值 ZT 提出了新挑战，因为传统的掺杂通常会在靠近能带边缘位置引入杂质能级，一般称这种杂质为浅能级杂质，它们在非常低的温度下就会发生电离。因此，本征激发之前，大多数热电材料的载流子浓度几乎保持不变[54]。而本征激发阶段，虽然载流子浓度迅速上升，但材料实际已经失效，热激发产生的电子-空穴对不仅增加了双极扩散对热导率的贡献，还降低了 Seebeck 系数，导致材料的 ZT 值显著降低[55]。众所周知，与浅能级杂质态相比，深能级杂质态被认为与能带边缘相隔至少 100meV，需要更大的能量进行电离，电离温度更高[54,56]。因此，深能级杂质态可以在高温下贡献额外的载流子，从而使材料可在更宽的温度范围内调整载流子浓度，使其更接近最佳值[54]。本节以 Ga 掺杂 $Pb_{1-x}Ga_xTe$ 和 Se 固溶 $Pb_{0.98}Ga_{0.02}Te_{1-x}Se_x$ 体系为例[5]，采用真空熔融退火结合放电等离子烧结（SPS）工艺合成了一系列 Ga

掺杂的 $Pb_{1-x}Ga_xTe$(x=0～0.035)化合物和 $Pb_{0.98}Ga_{0.02}Te_{1-x}Se_x$ 化合物，并通过理论计算和相关实验来研究深能级杂质对材料热电性能的影响，揭示 Ga 掺杂和 Se 固溶对能带结构(深浅杂质能级)、载流子浓度和热电性能的影响规律。

1. Ga 掺杂 $Pb_{1-x}Ga_xTe$ 化合物的深浅杂质能级与形成机制

为了探索 Ga 掺杂 $Pb_{1-x}Ga_xTe$ 化合物中的深能级杂质态，使用 3×3×3 的 $Pb_{27}Te_{27}$ 和 $Pb_{26}GaTe_{27}$ 的超晶胞计算了具有岩盐结构的电子能带结构，如图 3-16(a)、(b)和(c)所示。与本征 PbTe 相比，$Pb_{26}GaTe_{27}$ 化合物在费米能级附近存在杂质态，这是由 Ga 的 4s、Ga 的 4p、Pb 的 6p 和 Te 的 5p 电子轨道杂化导致，如能带结构和对应态密度所示。在 Ga 掺杂的 PbTe 体系中，紫色峰的能量(Ga 的 4p)高于蓝色峰(Ga 的 4s)的能量，表明 Ga 的 4s 态相较于最外层 4p 态键合更紧密，因此 Ga 的 4p 态上的电子更容易转移到 Te 的 5p 轨道。由于 Ga 的 4p 态能量相对较高，两种 Ga 杂质各自给 Te 的 5p 轨道一个电子后，形成 2 个 Ga^{2+}，并解离为正一价的 Ga^{+}和正三价的 Ga^{3+}，形成混合价态。在 In 掺杂的 PbTe 中也观察到了类似的

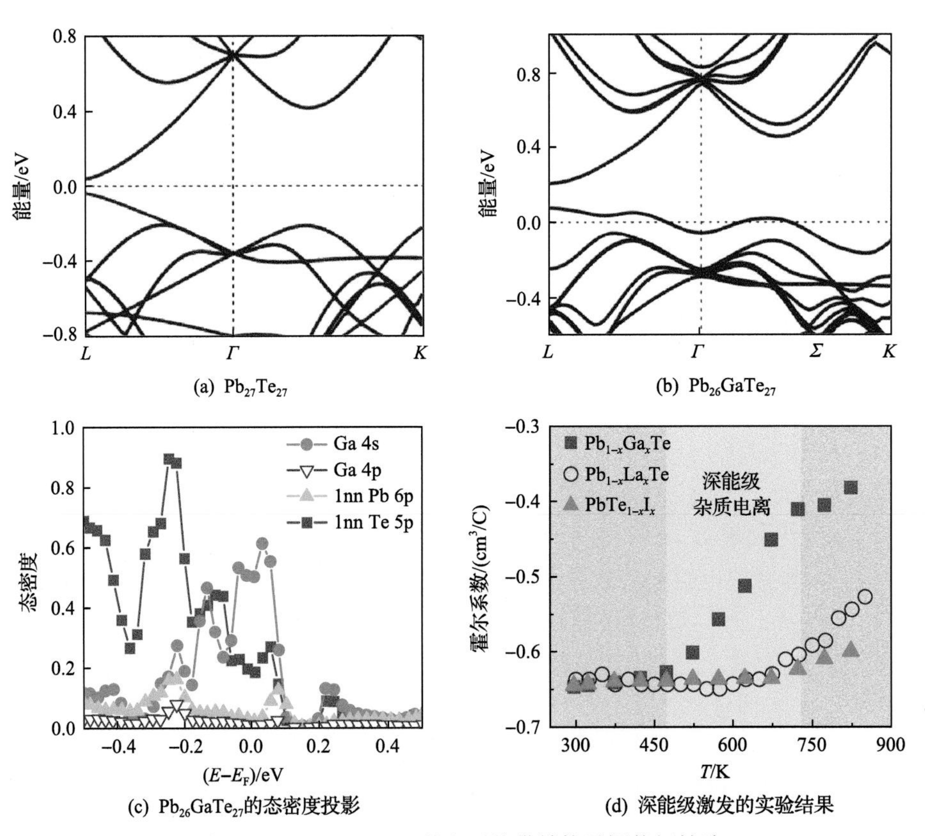

图 3-16 $Pb_{27-x}Ga_xTe_{27}$ 的电子能带结构及深能级缺陷

1nn 表示近邻

现象。在 PbTe 中用三价 In 代替二价 Pb，通过两个 In 杂质提供两个电子来产生 n 型供体，每个杂质提供一个电子来填充价带，该价带主要是由 Te 的 5p 与 Pb 的 6p 杂化得来。但是，由于 In 的 5s 态能量低于 5p 态，两个 In 杂质在向 Te 的 5p 轨道提供两个电子后，形成 2 个 In^{2+}，然后分解为 In^{+}和 In^{3+}，进一步将费米能级固定在禁带中，表现为 n 型传导，最终载流子浓度非常低，约为 $2.5\times10^{18}cm^{-3}$[57]。而对于 Ga 掺杂的 $Pb_{1-x}Ga_xTe$，也观察到费米能级钉扎效应，但载流子浓度相对较高，约为 $1\times10^{19}cm^{-3}$。

下面通过实验来进一步验证 $Pb_{1-x}Ga_xTe$ 化合物中深能级杂质态的存在[5]。图 3-16(d)显示了 Ga 掺杂 $Pb_{0.98}Ga_{0.02}Te$ 样品的霍尔系数 R_H 与温度的依赖关系，根据曲线斜率可以将整个温度区间分为三个区域。第一个区域是 300～473K，第二个区域是 473～723K，第三个区域是 723～823K，不同区域之间 R_H 与 T 的斜率均发生了急剧变化。在对 La 掺杂 PbTe 和 I 掺杂 PbTe 样品的研究中[52]，R_H 随温度的变化关系与传统的简并半导体相似，如图 3-16(d)所示。霍尔系数在本征激发前与温度无关，本征激发后，R_H 的绝对值随温度的升高显著降低。$Pb_{0.98}Ga_{0.02}Te$ 样品的霍尔系数结果表明在电子能带结构中存在深能级杂质态，并且只有高于 473K 的温度时才足以使这种深能级杂质电离。

为了揭示深能级杂质的化学状态并阐明其形成机制，对 PbTe 和 $Pb_{0.98}Ga_{0.02}Te$ 进行 X 射线光电子能谱(XPS)测量。图 3-17(a)显示了 PbTe 和 $Pb_{0.98}Ga_{0.02}Te$ 的 Pb $4f_{7/2}$ 和 $4f_{5/2}$ 芯能级谱峰，图 3-17(b)显示了 Te $3d_{5/2}$ 和 $3d_{3/2}$ 芯能级谱峰。两个样品的 Pb $4f_{7/2}$ 和 $4f_{5/2}$ 芯能级以及 Te $3d_{5/2}$ 和 $3d_{3/2}$ 芯能级谱峰是对称的，表明 PbTe 和 $Pb_{0.98}Ga_{0.02}Te$ 中 Pb 和 Te 的价态为预期的价态。无论 Ga 含量如何改变，都没有观察到 Pb 和 Te 峰位置发生变化，表明 $Pb_{1-x}Ga_xTe$ 化合物中 Pb 和 Te 原子的化学环

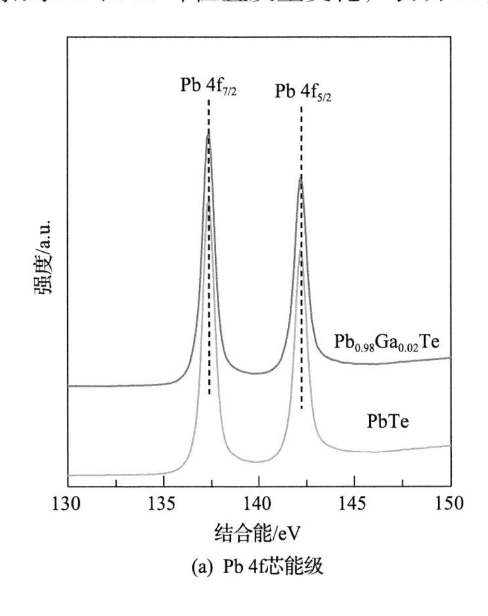

(a) Pb 4f芯能级

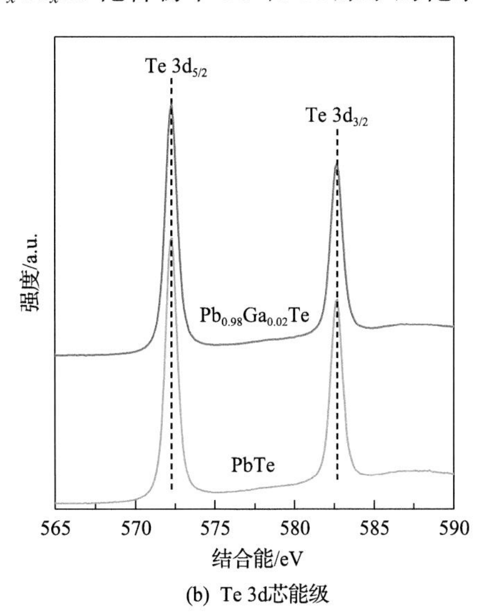

(b) Te 3d芯能级

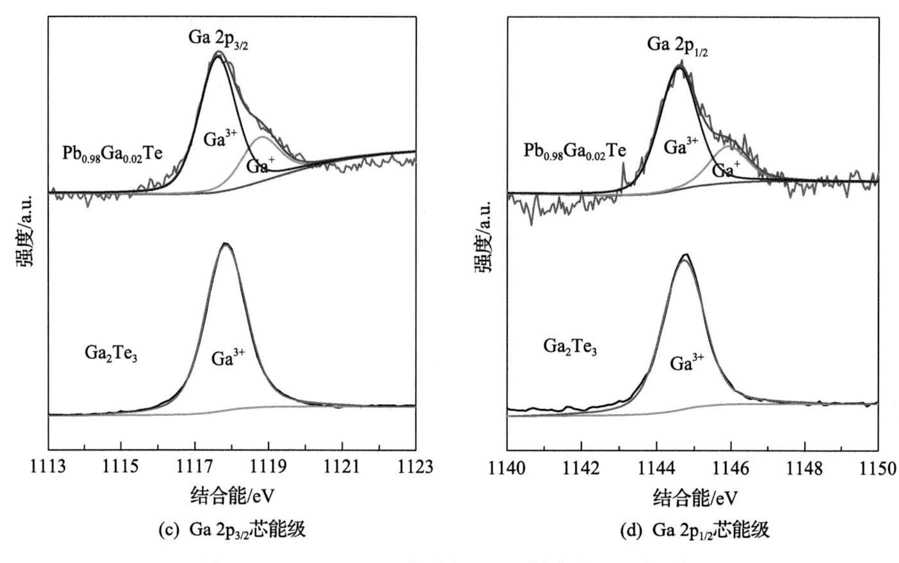

图 3-17　$Pb_{1-x}Ga_xTe$ 化合物的 X 射线光电子能谱图

境没有改变。137.4eV 和 142.2eV 的结合能分别对应于 Pb $4f_{7/2}$ 和 Pb $4f_{5/2}$，自旋轨道分量相差 4.8eV，表明 $Pb_{1-x}Ga_xTe$ 化合物中 Pb 的化合价为+2。572.3eV 和 582.7eV 的结合能分别对应于 Te $3d_{5/2}$ 和 Te $3d_{3/2}$，自旋轨道分量相差 10.4eV，表明 Te 在 $Pb_{1-x}Ga_xTe$ 化合物中的化合价为–2。

Ga $2p_{3/2}$ 和 Ga $2p_{1/2}$ 的芯能级光谱分别如图 3-17(c)和(d)所示。作为参考，Ga_2Te_3 的 X 射线光电子能谱也展示在图中，其中 Ga 的化合价仅为+3。Ga_2Te_3 化合物中 Ga $2p_{3/2}$ 和 $2p_{1/2}$ 芯能级的峰对称，可以用结合能分别为 1117.8eV 和 1144.7eV 的单峰来拟合。相比之下，$Pb_{0.98}Ga_{0.02}Te$ 化合物中 Ga$2p_{3/2}$ 和 $2p_{1/2}$ 芯能级的峰是不对称的，并且比 Ga_2Te_3 宽得多。这表明 $Pb_{0.98}Ga_{0.02}Te$ 化合物中 Ga 存在两种化学态，其中 1117.6eV 峰和 1144.5eV 峰代表 PbTe 中的 Ga^{3+}态，而 1118.8eV 峰和 1145.7eV 峰代表 PbTe 中的 Ga^+态。显然，Ga^{3+}是主要价态，这与 $Pb_{1-x}Ga_xTe$ 化合物的 n 型输运行为一致。XPS 结果进一步证实了 Ga 在 $Pb_{1-x}Ga_xTe$ 中的两性掺杂特点，其中 Ga^{3+}为主要施主态，而 Ga^+成为在高温下电离的深能级杂质态。

图 3-18 显示了 $Pb_{1-x}Ga_xTe$(x=0.005～0.03)样品的电导率、Seebeck 系数和功率因子随温度的变化关系。对于 Ga 含量不超过 0.02 的样品，电导率在整个温度范围内随着 Ga 含量的增加而增加。当 x 大于 0.02 时，样品的电导率略有下降。具体来说，室温电导率从 $Pb_{0.995}Ga_{0.005}Te$ 样品的 0.54×10^4S/m 显著增加到 $Pb_{0.98}Ga_{0.02}Te$ 样品的 19.43×10^4S/m。除了 $Pb_{0.995}Ga_{0.005}Te$ 样品外，所有其他样品都表现为高度简并半导体的传输特性，其电导率随着温度的升高而降低。而 Ga

含量为 0.005 的样品则表现出典型的非简并半导体行为，电导率随着温度的升高而增加，并在 685K 时达到最大值 1.34×10^{4}S/m。

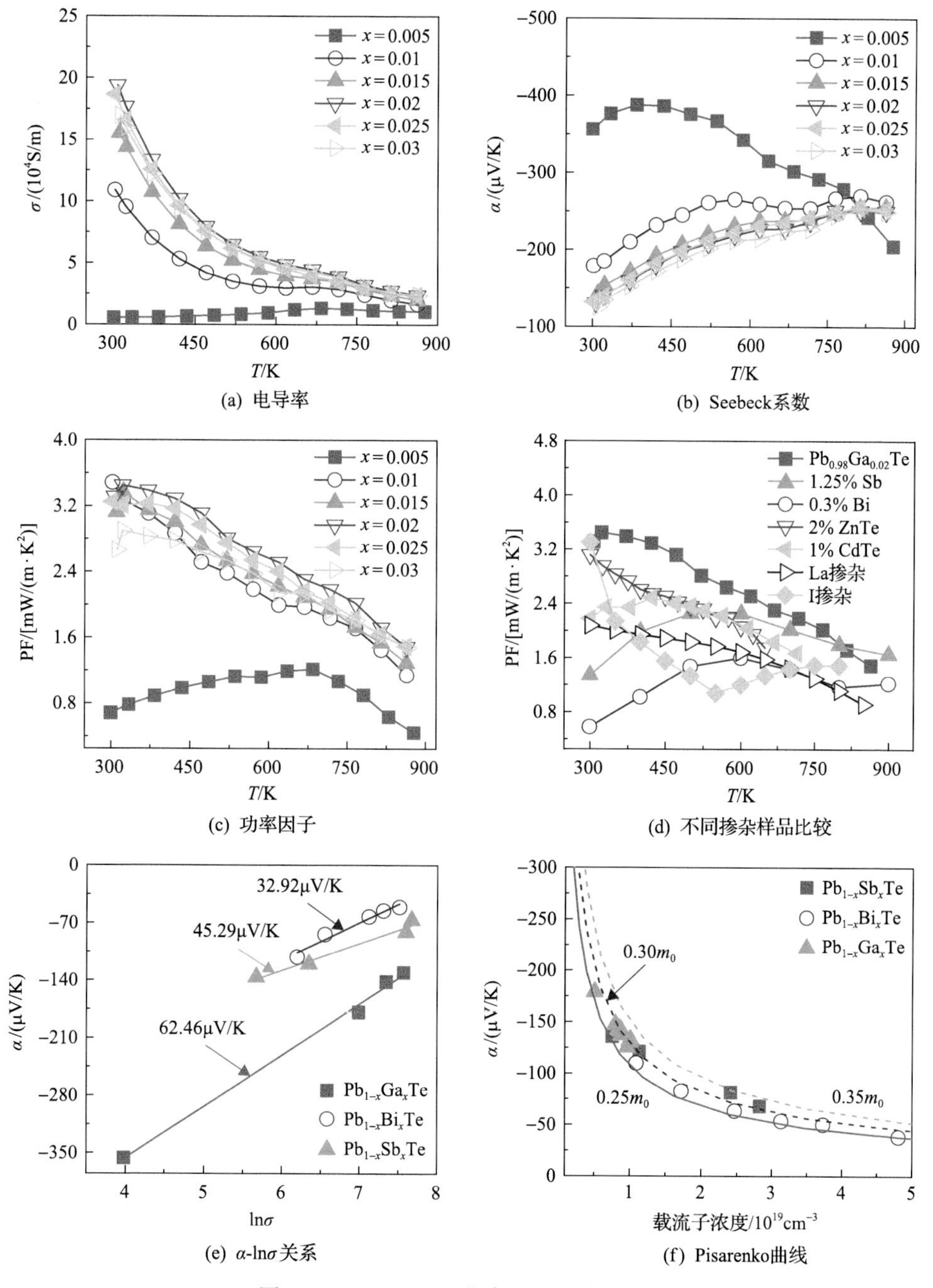

图 3-18　$Pb_{1-x}Ga_xTe$ 化合物的电输运性能

对于 $x>0.005$ 的样品，根据其电导率随温度的变化关系，可以将传输行为分为三种状态：第一种状态分布在温度低于 570K 的温度区间内，第二种状态在 570K 和 750K 之间，第三种状态对应于高于 750K 的温度。当温度低于 570K 时，电导率随着温度的升高而迅速下降。在第二种状态下，即温度为 570～750K，电导率的下降速度变得非常缓慢，几乎平行于 x 轴。对于一些样品，如 $Pb_{0.99}Ga_{0.01}Te$，电导率甚至随着温度的升高而略有增加。在 750K 以上，电导率随着温度的升高恢复其较大的下降速率。实际上，这三个区域基本上与 $Pb_{1-x}Ga_xTe$ 的霍尔系数随温度的变化关系图中所示的三个区域一致。在第一种状态下，霍尔系数几乎是恒定的，表现为高度简并的半导体，而在第二种状态下，深能级杂质将在低温下捕获的电子释放出来参与电荷传输。在第三种状态下，本征激发产生电子-空穴对参与电荷传输。所有这些都会使 σ-T 曲线的斜率产生变化。

$Pb_{1-x}Ga_xTe$ (x=0.005～0.03) 样品的 Seebeck 系数随温度的变化关系如图 3-18(b) 所示。随着 Ga 含量的增加，所有样品的 Seebeck 系数的绝对值降低。室温 Seebeck 系数绝对值从 $Pb_{0.995}Ga_{0.005}Te$ 样品的 356μV/K 显著降低到 $Pb_{0.97}Ga_{0.03}Te$ 样品的 125μV/K。除 $Pb_{0.995}Ga_{0.005}Te$ 外，所有样品的 Seebeck 系数的绝对值均随温度的升高而增大。对于 $Pb_{0.995}Ga_{0.005}Te$ 样品，Seebeck 系数的绝对值最初随着温度的升高而增大，在 385K 时达到最大值 387μV/K，然后随着温度的进一步升高而减小。

显然，样品的 Seebeck 系数与电导率随温度的变化关系呈负相关，并且由于深能级杂质的存在，根据其变化速率也可分为三个区域。高电导率和大的 Seebeck 系数导致 $Pb_{1-x}Ga_xTe$ 化合物在整个测量温度范围内拥有高 PF，如图 3-18(c) 所示。例如，$Pb_{0.99}Ga_{0.01}Te$ 样品的最大室温 PF 达 $3.49\text{mW}/(\text{m}\cdot\text{K}^2)$，$Pb_{0.98}Ga_{0.02}Te$ 样品的 PF 在 300～767K 的宽温度范围内高达 $2.0\text{mW}/(\text{m}\cdot\text{K}^2)$ 以上，均明显高于在阳离子位上掺杂的其他 n 型 PbTe 的功率因子[52,58-60]，如 Sb、Bi、Cd、Zn、La、I 等，如图 3-18(d) 所示。

为了揭示电子传输特性的潜在物理机制，假定样品的载流子散射机制以声学声子散射为主，基于单抛物线型能带结构，Seebeck 系数和电导率可定义为

$$\alpha = -\frac{k_B}{e} \times \left[\left(r + \frac{5}{2}\right) - \eta\right] \tag{3-5}$$

$$\sigma = 2e\left(\frac{2\pi m_0 k_B T_0}{h^2}\right)^{\frac{3}{2}}\left(\frac{T}{T_0}\right)^{\frac{3}{2}}\left(\frac{m^*}{m_0}\right)^{\frac{3}{2}} \mu \exp(\eta) \tag{3-6}$$

式中，k_B、m^*、η、r、T_0、e 和 m_0 分别为玻尔兹曼常数、载流子有效质量、简约费米能级、散射因子、热力学温度、电子电荷量和自由电子质量。结合式(3-5)和

式(3-6)，可以得出 Seebeck 系数的函数表达式：

$$\alpha=-\frac{k_{\mathrm{B}}}{e}\times\left[C+\frac{3}{2}\ln\left(\frac{T}{T_0}\right)+\ln(U)-\ln(\sigma)\right] \tag{3-7}$$

式中，C=17.71+r，与散射因子有关；U 定义为 $\left(m^*/m_0\right)^{\frac{3}{2}}\mu$ 的加权迁移率。根据式(3-7)，对于给定的材料体系，偏导数 $\frac{\partial\alpha}{\partial\ln\sigma}$ 的值应等于 k_{B}/e，约为 86.2μV/K。

图 3-18(e)所示为 $Pb_{1-x}Ga_xTe$ 样品的室温 Seebeck 系数与电导率的对数关系。为了比较，还绘制了 $Pb_{1-x}Bi_xTe$ 和 $Pb_{1-x}Sb_xTe$ 化合物的关系图。对于 $Pb_{1-x}Ga_xTe$，拟合直线的斜率约为 62.46μV/K，而 $Pb_{1-x}Bi_xTe$ 和 $Pb_{1-x}Sb_xTe$ 化合物的斜率分别约为 32.92μV/K 和 45.29μV/K。值得注意的是，所有值均显著偏离经典值 86.2μV/K，这表明掺杂 Sb、Bi 或 Ga 能显著影响加权迁移率，即载流子的有效质量和载流子迁移率。图 3-18(f)所示为 $Pb_{1-x}Ga_xTe$ 样品的室温 Seebeck 系数随载流子浓度的变化关系(即 Pisarenko 曲线)。对于所有 Sb、Bi 和 Ga 掺杂的 PbTe，在室温下载流子有效质量(m^*)约为 0.30m_0[58]，这表明掺杂 Bi、Sb、Ga 不会改变导带底附近电子能带结构的形状。然而，前面证明掺杂 Ga、Sb 或 Bi 会影响加权迁移率[10]，它由载流子有效质量和载流子迁移率决定。因此，Ga、Sb 或 Bi 掺杂 PbTe 会对载流子迁移率产生很大影响。

如图 3-19(a)所示，$Pb_{1-x}Ga_xTe$(x=0.005～0.03)化合物的载流子迁移率随着温度的升高而迅速下降，遵循 $T^{-5/2}$ 的趋势，说明在整个温度范围内声子散射占主导地位[61,62]。图 3-19(b)绘制出载流子迁移率和载流子浓度之间的变化关系，以及一些关于掺有 Bi 和 Sb 的 PbTe 的文献数据[58]。实线为基于单抛物带模型并假定声学声子散射占主导的情况下载流子迁移率随载流子浓度变化的理论曲线。随着载流子浓度的增加，由于载流子-载流子散射增强，载流子迁移率降低。在室温下，$Pb_{1-x}Ga_xTe$ 的载流子迁移率在 1000～1300cm^2/(V · s)，而 $Pb_{1-x}Sb_xTe$ 和 $Pb_{1-x}Bi_xTe$ 化合物的载流子迁移率在载流子浓度水平相当的情况下仅为 300～500cm^2/(V · s)。显然，$Pb_{1-x}Ga_xTe$ 化合物的载流子迁移率远高于具有相似载流子浓度的 $Pb_{1-x}Sb_xTe$ 和 $Pb_{1-x}Bi_xTe$ 化合物，表明在 Ga 掺杂样品中载流子的散射要弱得多。此外，n 型 PbTe 的功率因子也与载流子浓度密切相关。随温度的升高，使功率因子最大化所需的最优载流子浓度增加。Ioffe 提出最优载流子浓度 n_{opt} 与 $(m^*T)^{3/2}$ 成正比[53]。后来，Pei 等[52]根据单凯恩带模型，假设声子散射机制以声学声子(非极性)散射为主，在简约费米能级 η=0.3 的前提下提出 n 型 PbTe 的最佳载流子浓度应服从方程[n_{opt}=3.25(T/300)$^{2.25}$×10^{18}cm^{-3}][52]。图 3-19(c)显示了 Ga 掺杂的 $Pb_{1-x}Ga_xTe$ 化合物的载流子浓度与温度的依赖关系。为了比较，与

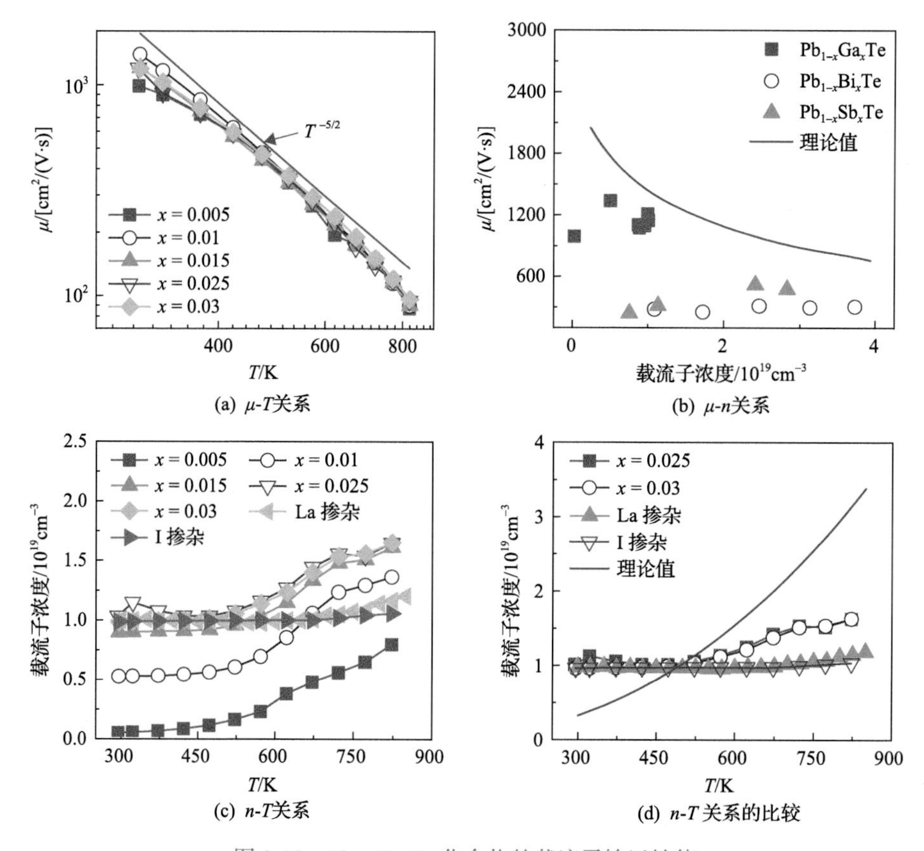

(a) μ-T关系　(b) μ-n关系　(c) n-T关系　(d) n-T 关系的比较

图 3-19　$Pb_{1-x}Ga_xTe$ 化合物的载流子输运性能

$Pb_{0.98}Ga_{0.02}Te$ 具有相似室温载流子浓度的 La 掺杂 PbTe 和 I 掺杂 PbTe 的载流子浓度随温度的变化关系曲线也展示在图内[52]。随着 Ga 含量的增加，室温载流子浓度增加并在约 $1\times10^{19}cm^{-3}$ 处达到饱和。

很明显，La 掺杂的 PbTe 和 I 掺杂的 PbTe 的载流子浓度基本上与温度无关，化合物表现为高度简并半导体，在 723K 以上时，载流子浓度由于出现本征激发而上升。然而，在 Ga 掺杂 PbTe 中，载流子浓度在 300～473K 的温度区间内大致保持不变，但随着深能级杂质 Ga^+的电离，载流子浓度在 523K 以上急剧增加，与前文 Pei 等[52]提出的理论模型预测值(图 3-19(d)中实线)的趋势一致。随后，在 723～823K 的温度区间内，也出现本征激发，载流子浓度不断增加，但速度较慢。

$Pb_{1-x}Ga_xTe$ 化合物的总热导率随温度的变化关系如图 3-20(a)所示。随着温度升高，由于声子-声子散射增强，所有样品的总热导率均降低。由于载流子浓度的影响，样品的总热导率在 650～800K 达到最小值，然后由于本征激发，双极热导率迅速升高[53]，样品的总热导率随着温度的升高而急剧增加。并且，Ga 含量越高，$Pb_{1-x}Ga_xTe$ 化合物的总热导率也越高，这与载流子热导率的贡献增大有关。

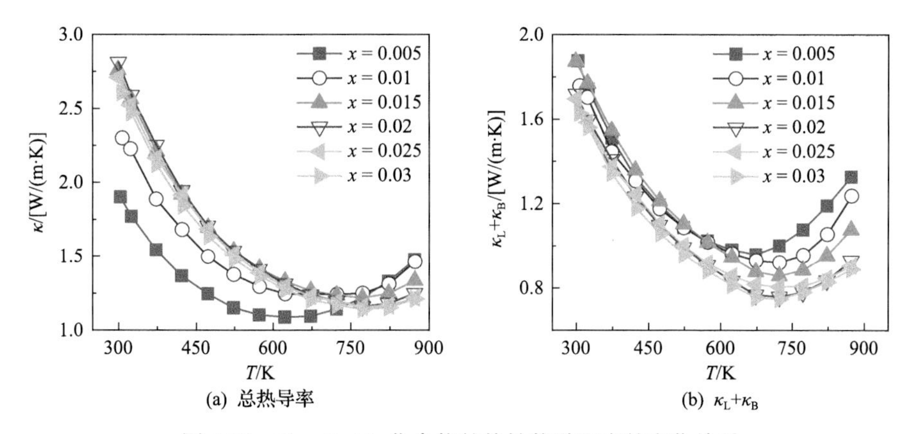

图 3-20　$Pb_{1-x}Ga_xTe$ 化合物的热性能随温度的变化关系

总热导率由载流子热导率 κ_E、晶格热导率 κ_L 和双极热导率 κ_B 组成。电子热导率 κ_E 可以通过维德曼-弗兰兹(Wiedemann-Franz)定律估算，$\kappa_E=L\sigma T$，其中σ是电导率，L 是洛伦兹系数。基于单抛物带模型，假设声学声子散射占主导，洛伦兹系数 L 可以由式(3-8)计算：

$$L=\left(\frac{k_B}{e}\right)^2\left[\frac{(r+7/2)F_{r+5/2}(\eta)}{(r+3/2)F_{r+1/2}(\eta)}-\left(\frac{(r+5/2)F_{r+3/2}(\eta)}{(r+3/2)F_{r+1/2}(\eta)}\right)^2\right] \tag{3-8}$$

式中，e 为电子电荷量；r 为散射因子(这里，$r=-1/2$)；η 为简约费米能级，其由样品的 Seebeck 系数，结合式(1-11)和式(1-13)计算得到；$F_n(\eta)$为费米积分，被定义为

$$F_n(\eta)=\int_0^\infty \frac{\varepsilon^n}{1+e^{\varepsilon-\eta}}d\varepsilon \tag{3-9}$$

根据洛伦兹系数和 Wiedemann-Franz 定律，可以计算出 $\kappa_L+\kappa_B$：

$$\kappa_L+\kappa_B=\kappa-\kappa_E \tag{3-10}$$

$Pb_{0.995}Ga_{0.005}Te$ 化合物的室温 κ_L 约为 1.88W/(m·K)。随着 Ga 含量的增加，$Pb_{0.97}Ga_{0.03}Te$ 化合物的 κ_L 降低到 1.63W/(m·K)。根据 XRD 测试结果，认为这可能是因为点缺陷声子散射增强。和总热导率一样，随着温度的升高，κ_L 不断降低，直到本征激发开始，此时 κ_B 快速上升。从图 3-20(b)可以看出，样品因为 Ga 掺杂而增强的载流子浓度可以将本征激发延后到更高温度。$Pb_{0.97}Ga_{0.03}Te$ 化合物在 723K 时具有 0.75W/(m·K)的最低 κ_L。

深能级杂质态 Ga^+和浅能级杂质态 Ga^{3+}的存在对于在宽温度范围内提高 $Pb_{1-x}Ga_xTe$ 化合物的 PF 非常有效。再加上降低的 κ_L，最终 $Pb_{0.98}Ga_{0.02}Te$ 样品在 766K 时获得最高热电优值 ZT，达 1.34，如图 3-21(a)所示。

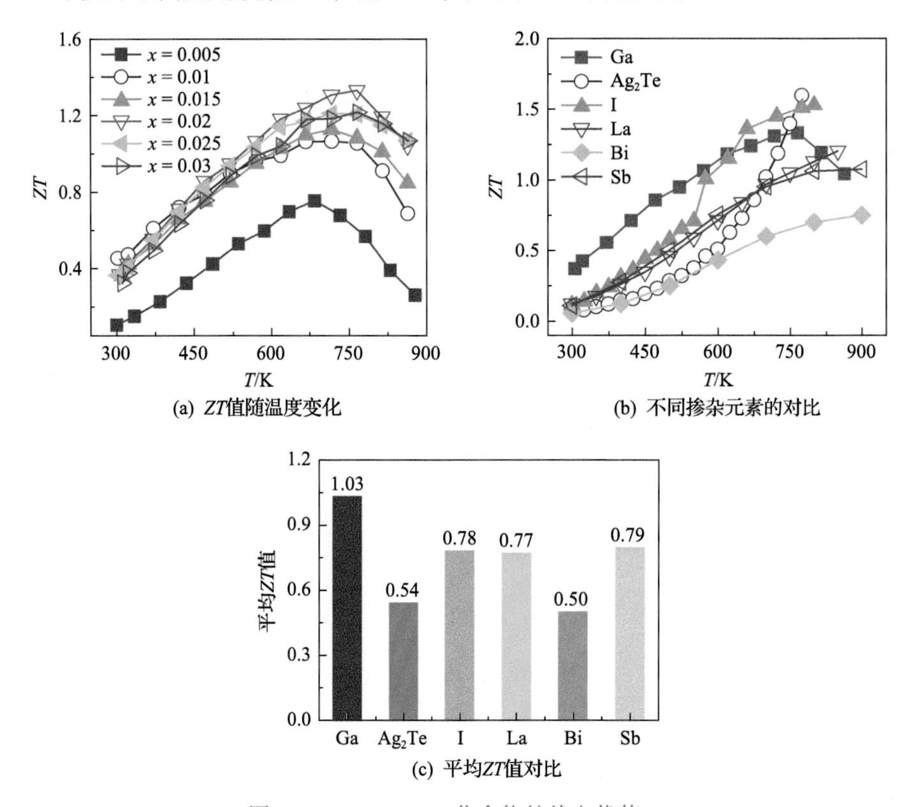

(a) ZT值随温度变化　　(b) 不同掺杂元素的对比

(c) 平均ZT值对比

图 3-21　$Pb_{1-x}Ga_xTe$ 化合物的热电优值 ZT

图 3-21(b)还给出了其他掺杂 PbTe 样品的 ZT 值作为对照[52,58,63]，可以发现这些样品的最高 ZT 值相当。然而，由于掺 Ga 样品具有更优异的功率因子，尤其是在温度低于 650 K 的时候，最终使 $Pb_{0.98}Ga_{0.02}Te$ 在 300～865K 的温度范围内平均 ZT 值达到了创纪录的 1.03，在 420～865K 的温度范围内平均 ZT 值甚至达到了 1.12。这个平均 ZT 值明显高于之前在 PbTe 中掺 I、Sb、Bi 和 La 的样品，如图 3-21(c)所示。

在这项工作中，我们报道了 Ga 在 $Pb_{1-x}Ga_xTe$ 中的两性掺杂性质。结合第一性原理计算和实验研究，可得将 Ga 掺杂到 PbTe 中会产生两种杂质状态：与 Ga^{3+}相关的浅杂质能级态和由 Ga^+引起的深能级杂质态。深杂质能级态 Ga^+的存在使我们能够在宽温域内调节和优化载流子浓度及功率因子。此外，Ga 掺杂意外地削弱了电子-声子散射，导致在 Ga 掺杂的 PbTe 化合物中观察到较大的载流子迁移率。同时，Ga 掺杂增强了点缺陷声子散射，从而降低了晶格热导率。因此，在 300～865K 的温度范围内，$Pb_{0.98}Ga_{0.02}Te$ 样品在 766K 获得了最高 ZT 值 1.34 和最高平

均 ZT 值 1.03。本工作为优化热电材料的性能提供了新途径，超越了传统浅能级掺杂。我们认为，通过探索能够同时形成浅和深杂质能级态的掺杂剂，可以在很宽的温度范围内提高许多材料的功率因子。

2. $Pb_{0.98}Ga_{0.02}Te_{1-x}Se_x$ 化合物的深浅杂质能级和电热输运性能

如前所述，Ga 已经被证实是 PbTe 体系里良好的深能级掺杂剂[5]，可以同时产生深能级杂质态 Ga^+ 和浅能级杂质态 Ga^{3+}，二者协同作用，在宽温域范围内有效优化材料的载流子浓度，并抑制本征激发。同时因为深能级杂质态会捕获自由电子，产生费米能级钉扎效应，当 Ga 掺杂量达到一定浓度后，室温载流子浓度将不再随着 Ga 掺杂量的进一步增加而提升[64-66]。但在 PbSe 中未观测到相似的现象。Ga 在 PbSe 中掺杂表现为浅能级杂质特性，随着 Ga 含量的增加，PbSe 的室温载流子浓度单调增加，没有观察到饱和现象[67,68]。实际上 PbTe 与 PbSe 具有相同的结构，但为什么 Ga 在两个化合物中的掺杂特性表现迥异？Ga 在 $PbTe_{1-x}Se_x$ 固溶体中的掺杂特性如何变化？这种掺杂特性变化产生的内在物理机制是什么？

我们采用熔融-退火结合等离子活化烧结的方法制备了一系列 Se 固溶的样品 $Pb_{0.98}Ga_{0.02}Te_{1-x}Se_x$ (x=0～0.1)，探讨 Se 固溶对 Ga 的掺杂特性和材料电热输运性能的影响规律[69]。

图 3-22(a)和(b)分别显示了 Pb $4f_{7/2}$、$4f_{5/2}$ 和 Te $3d_{5/2}$、$3d_{3/2}$ 芯能级的 XPS 图谱。两个样品中 Pb 和 Te 元素的光电子峰均对称且位置保持一致，说明 Se 对 Pb 和 Te 原子的成键环境没有影响。图 3-22(c)为 Se $3d_{5/2}$ 和 $3d_{3/2}$ 芯能级的 XPS 图谱，两个峰对应的结合能分别为 53.7eV 和 55.9eV，自旋轨道分量相差 2.2eV，说明 Se 为−2 价。图 3-22(d)和(e)为 $Ga2p_{3/2}$ 和 $Ga2p_{1/2}$ 芯能级的 XPS 谱图，对于 $Pb_{0.98}Ga_{0.02}Te$ 样品，这两个能级的光电子峰并不对称。对峰进行拟合后，认为 PbTe 中 Ga 存在两种化学态，其峰值位置及价态与图 3-17 的结果和文献[70]～[72]报道的一致。而 $Pb_{0.98}Ga_{0.02}Te_{0.96}Se_{0.06}$ 样品的 $Ga2p_{3/2}$ 和 $2p_{1/2}$ 芯能级的峰形对称，可以用单峰很好地拟合，对应的结合能分别是 1117.3eV 和 1144.2eV，此时 Ga 只有

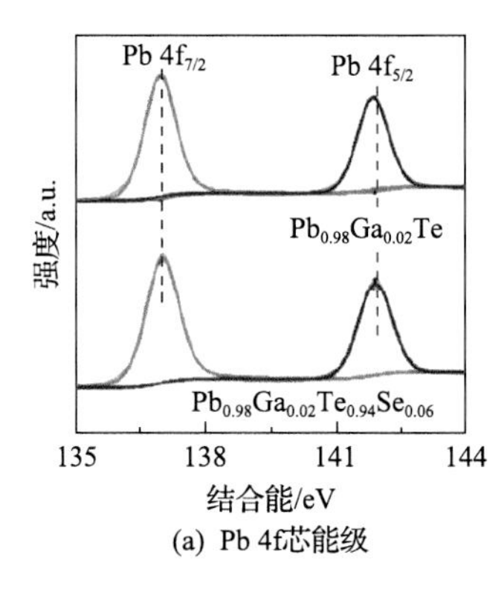

(a) Pb 4f芯能级

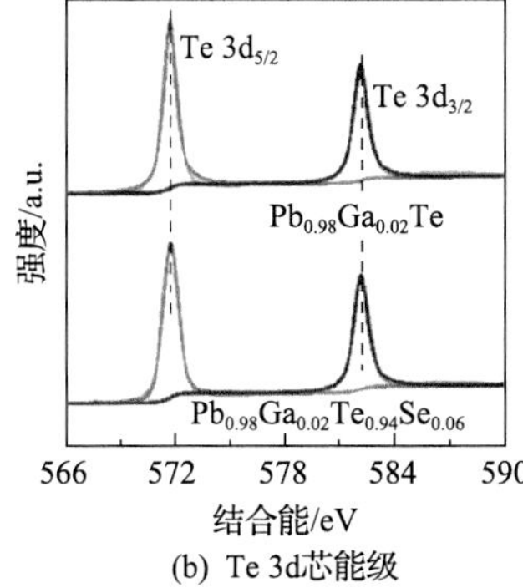

(b) Te 3d芯能级

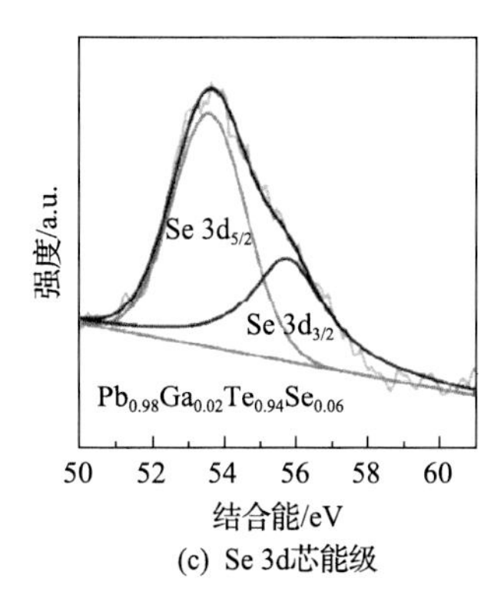

(c) Se 3d芯能级

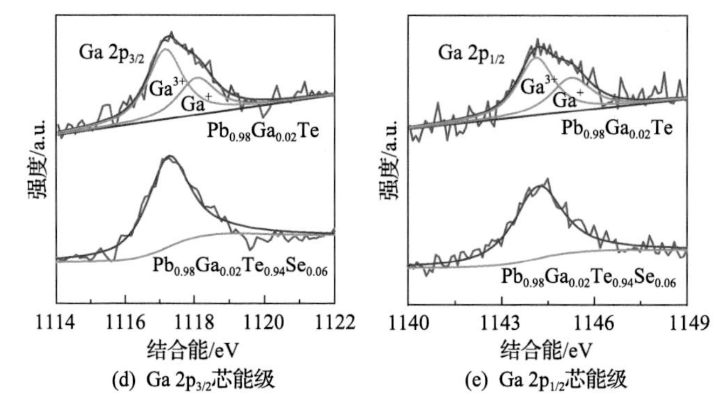

(d) Ga $2p_{3/2}$芯能级　　(e) Ga $2p_{1/2}$芯能级

图 3-22　$Pb_{0.98}Ga_{0.02}Te$ 和 $Pb_{0.98}Ga_{0.02}Te_{0.94}Se_{0.06}$ 化合物的 XPS 图谱

+3 价。说明在 $Pb_{1-x}Ga_xTe$ 样品中固溶 Se 后，由于 Se 的电负性强于 Te，Ga^+态被全部氧化成 Ga^{3+}态，深能级杂质消失，此时 $Pb_{0.98}Ga_{0.02}Te_{1-x}Se_x$ (x=0.02～0.1) 样品中只存在浅能级杂质态 Ga^{3+}，且其在低温时全部电离。因此样品在整个测试区间内载流子浓度变化不大，且远高于 $Pb_{0.98}Ga_{0.02}Te$ 样品。

图 3-23 所示为 $Pb_{0.98}Ga_{0.02}Te_{1-x}Se_x$ (x=0～0.10) 化合物的电输运性能结果。随

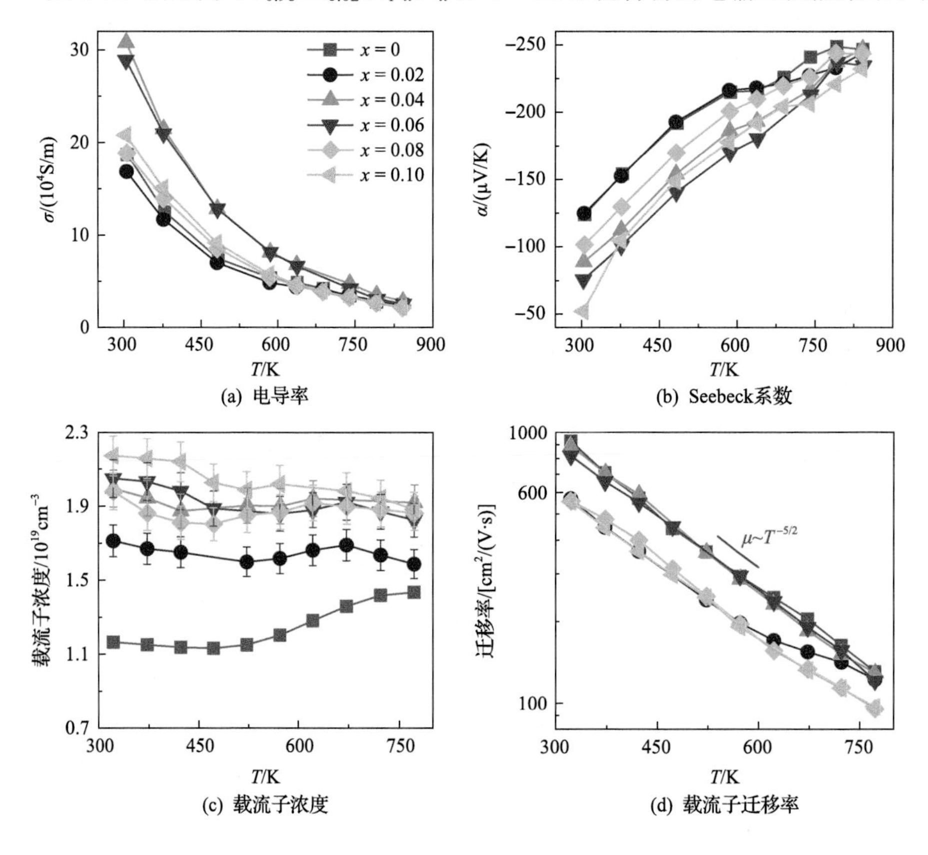

(a) 电导率　　(b) Seebeck系数

(c) 载流子浓度　　(d) 载流子迁移率

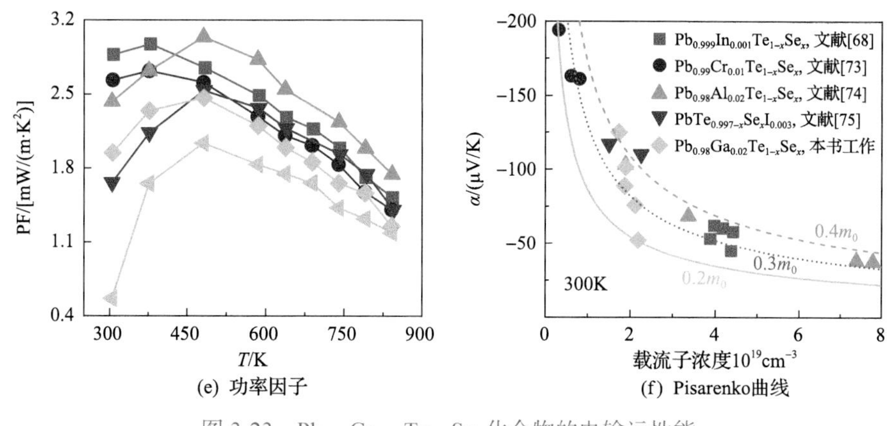

(e) 功率因子

(f) Pisarenko曲线

图 3-23　$Pb_{0.98}Ga_{0.02}Te_{1-x}Se_x$ 化合物的电输运性能

(b) ~ (e)图例同(a)

着 Se 含量增加，$Pb_{0.98}Ga_{0.02}Te_{1-x}Se_x$ 化合物的电导率先增大后减小，室温时，x=0.04 的样品具有最高的电导率(为 30.78×10^4S/m)，相较于未固溶 Se 的 $Pb_{0.98}Ga_{0.02}Te$ 样品(18.71×10^4S/m)大幅度提升。所有样品的电导率均随温度的升高而迅速降低，表现出重掺杂半导体传导特性。当 x<0.1 时，样品的 Seebeck 系数的绝对值随着 Se 含量的增加先减小后增加，与电导率随 Se 含量的变化关系相反，如图 3-23(a)和(b)所示。$Pb_{0.98}Ga_{0.02}Te_{0.9}Se_{0.1}$ 样品的 Seebeck 系数绝对值较小，与前面的变化规律不一致，这可能是因为其载流子有效质量较小。

为揭示材料电传输性能变化的物理本质，对样品进行了高温霍尔系数(R_H)测试。基于单抛物带模型结构假设，通过测量的 R_H 和电导率计算出整个测试温度区间内 $Pb_{0.98}Ga_{0.02}Te_{1-x}Se_x$($x$=0～0.1)化合物的载流子浓度和载流子迁移率，结果如图 3-23(c)和(d)所示。对于 $Pb_{0.98}Ga_{0.02}Te$ 样品，其载流子浓度在 473K 之前几乎保持不变，温度在 473～723K 区间时，由于深能级杂质发生电离，将低温时捕获的电子释放，样品的载流子浓度迅速上升，723K 之后电离结束，载流子浓度的增长变得平缓。当 x≥0.02 时，$Pb_{0.98}Ga_{0.02}Te_{1-x}Se_x$ 样品的载流子浓度随温度的升高有上下波动，但变化不大，且随着 Se 含量增加，载流子浓度增大，并保持在一个较高的水平。从图 3-23(d)中可以看出，所有样品的载流子迁移率均随温度的升高迅速下降，与 $T^{-2.5}$ 成正比，载流子散射机制表现为以声学声子散射为主。

因此，Se 固溶后材料电导率上升、Seebeck 系数的绝对值减小主要是因为载流子浓度的增加；随着 Se 固溶量进一步增加，尽管载流子浓度会略有增加，但是固溶之后合金化散射增强，载流子迁移率减小，导致材料的电导率随着 Se 固溶量的进一步增加而下降。$Pb_{0.98}Ga_{0.02}Te_{1-x}Se_x$($x$=0～0.1)化合物在 300～850K 区间内的功率因子如图 3-23(e)所示。由于 Se 固溶后载流子浓度的显著增加，样品的室温 PF 整体上随着 Se 含量的增加而减小，最高 PF 随着 Se 含量的增加向高温偏移。最终，$Pb_{0.98}Ga_{0.02}Te$

化合物在 380K 时获得最大 PF，达 2.97mW/(m · K^2)，且 $Pb_{0.98}Ga_{0.02}Te_{0.96}Se_{0.04}$ 化合物在 482K 处获得最大 PF，达 3.04mW/(m · K^2)。

为了进一步揭示样品载流子有效质量对电传输性能的影响，图 3-23(f)给出了样品室温下 Seebeck 系数随载流子浓度的变化关系曲线(即 Pisarenko 曲线)。其他文献报道的 Se 固溶 n 型 PbTe 的实验结果也展示在图中[68,73-75]，很明显，Se 固溶显著改变了样品的载流子有效质量。在本书的研究中，$Pb_{0.98}Ga_{0.02}Te_{1-x}Se_x$ 样品的有效质量随着 Se 含量的增加从 $0.4m_0$ 下降到 $0.2m_0$，说明样品的导带变得尖锐，这种导带的尖锐化也会显著提升材料的载流子迁移率，使材料即使在固溶 Se 增强合金化载流子散射的情况下，依然能保持高的载流子迁移率。

图 3-24(a)为 $Pb_{0.98}Ga_{0.02}Te_{1-x}Se_x$($x$=0～0.1)化合物的总热导率随温度的变化关系。由于声子-声子 U 散射过程的加剧，所有样品的总热导率随温度的升高而迅速减小，且随 Se 固溶量的增加先增大后减小。

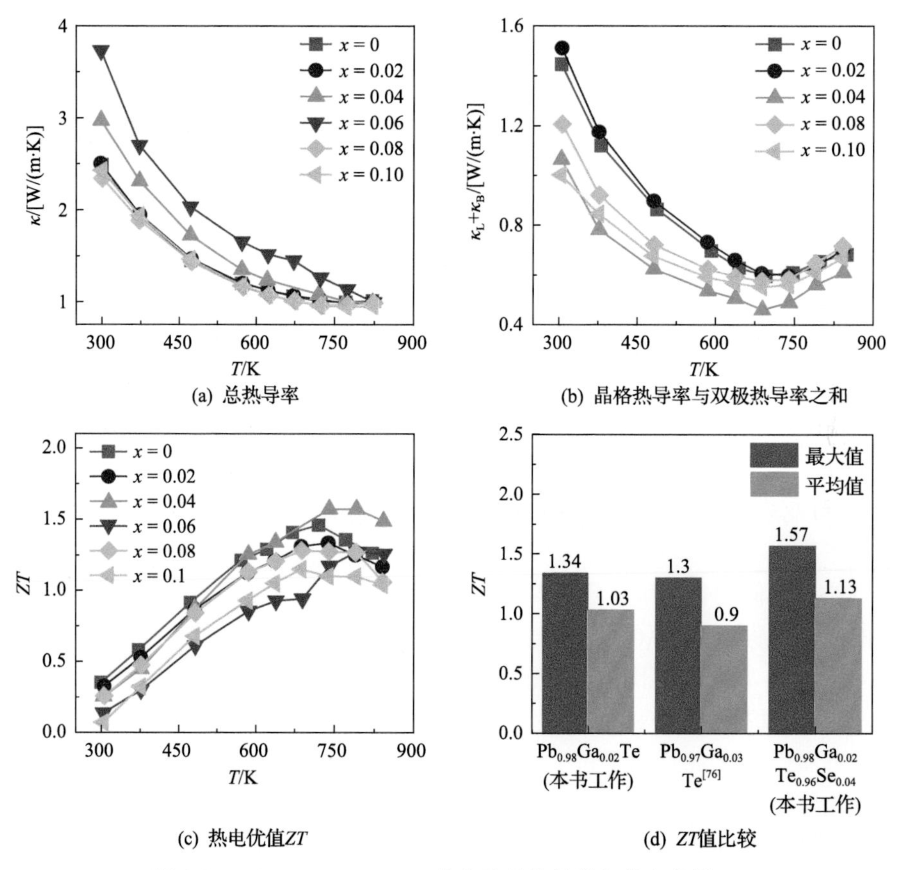

图 3-24　$Pb_{0.98}Ga_{0.02}Te_{1-x}Se_x$ 化合物的热性能与热电优值 ZT

$Pb_{0.98}Ga_{0.02}Te_{1-x}Se_x$ 化合物的晶格热导率与双极热导率之和如图 3-24(b)所示。

结果表明，随着 Se 固溶量的增加，样品的κ_L有所减小，在室温下 $Pb_{0.98}Ga_{0.02}Te_{0.9}Se_{0.1}$ 样品具有最低的κ_L，为 1.00W/(m·K)，而未固溶 Se 的 $Pb_{0.98}Ga_{0.02}Te$ 样品的室温κ_L为 1.45W/(m·K)。如图 3-24(c)所示，$Pb_{0.98}Ga_{0.02}Te_{1-x}Se_x$ 化合物的载流子浓度大幅度提升导致高温下功率因子高，晶格热导率降低，最终热电优值 ZT 得到了大幅提升。$Pb_{0.98}Ga_{0.02}Te_{0.96}Se_{0.04}$ 在 741K 时有最大 ZT 值(1.57)，在 304～843K 温度范围内有最大平均 ZT 值 1.13，显著高于单掺 Ga 的样品[68,73,74]，如图 3-24(d)所示。

3.3.2　共振能级掺杂与电热输运

SnTe 是一种非常重要的环境友好型中温热电材料体系。它和 PbTe 类似，具有独特的双价带结构，但其 L 价带和 Σ 价带之间的能量差过高，在室温下约为 0.35eV[77]。这意味着，仅在非常高的空穴浓度(大于 $5\times10^{20}cm^{-3}$)下，Σ 价带才能有效参与电输运，这显然不在该化合物的最优载流子浓度范围，不利于热电性能的优化。实验结果表明，在相同空穴浓度水平下，SnTe 的 Seebeck 系数远低于 PbTe。因此，有必要对 SnTe 的能带结构进行调整，以使其 Seebeck 系数和热电性能得到优化。对其能带结构的优化主要包括两种途径。其一是减小 SnTe 化合物 L、Σ 价带之间的能量差，实现价带收敛[28,78]。其二是通过元素(如 In)掺杂在 SnTe 化合物的价带顶附近引入共振杂质能级[13,79]，从而使其费米能级附近的态密度有效质量大幅度增加，提高 Seebeck 系数，这也是本节要介绍的主要内容。

我们成功制备了一系列 In 掺杂的单相 SnTe 化合物($Sn_{1-x}In_xTe$, x=0～0.02)[28]。如图 3-25(a)和(b)所示，In 掺杂量增加时，$Sn_{1-x}In_xTe$ 的电导率降低，而 Seebeck 系数大幅度增加，且这种变化趋势在室温附近表现得更为显著。值得注意的是，0.005 的 In 掺杂即可使 SnTe 的室温 Seebeck 系数从 19μV/K 提高到 70μV/K。这种 In 掺杂引起的 SnTe 化合物电性能的变化，直观上应该是空穴载流子浓度降低所致。然而，如图 3-25(c)所示的空穴浓度和迁移率测试结果表明，$Sn_{1-x}In_xTe$ 的空穴浓度大体随着 In 含量的增加而单调递增，在此过程中，迁移率逐渐降低。这表

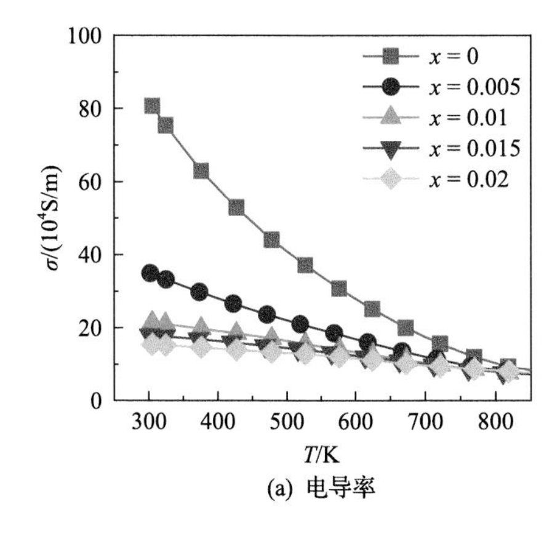

(a) 电导率

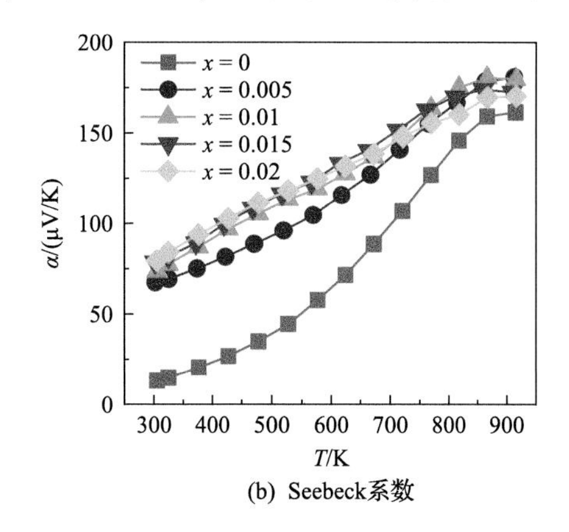

(b) Seebeck系数

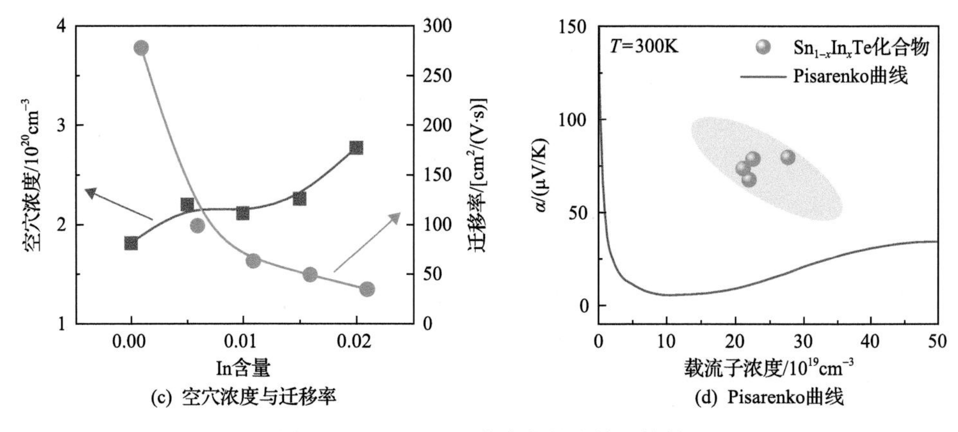

图 3-25　$Sn_{1-x}In_xTe$ 化合物的电输运性能

明，其一，In 在 SnTe 中可能表现为+1 价掺杂元素；其二，In 掺杂引起的电导率降低和 Seebeck 系数增加并不能归因于载流子浓度的降低。

图 3-25(d)所示为室温下 $Sn_{1-x}In_xTe$ 化合物的 Seebeck 系数和载流子浓度的变化关系。橙色实线表示理论和实验上已证实的本征 SnTe 的 Pisarenko 曲线。显然，所有 In 掺杂 SnTe 样品的 Seebeck 系数都远远高出曲线预测值。这表明 In 掺杂使 SnTe 体系的载流子有效质量大幅度增加，同时也暗示能带结构发生了显著变化。

图 3-26 所示为利用第一性原理计算的本征 SnTe 和 In 掺杂 SnTe 的态密度随能量的变化曲线。在不考虑 Sn 空位的情况下，本征 SnTe 的费米能级位于禁带中央，态密度为 0；而 In 元素的引入使得费米能级进入到价带以下，这跟 In 掺杂增加 SnTe 空穴浓度的实验结果是相吻合的。此外，In 掺杂 SnTe 的态密度在费米能级附近出现了明显峰值，这与 Tl 在 PbTe 中的现象高度一致，表明 In 掺杂在 SnTe

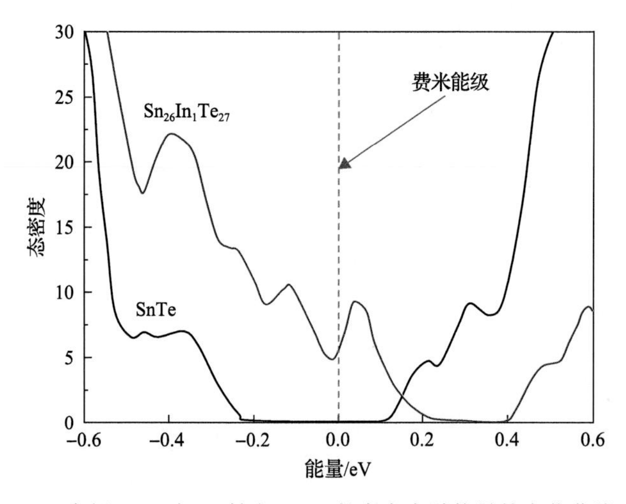

图 3-26　本征 SnTe 与 In 掺杂 SnTe 的态密度随能量的变化曲线对比

化合物价带顶附近引入了共振能级，提升了态密度有效质量和 Seebeck 系数；由于有效质量的增加，体系的载流子迁移率出现了一定程度的降低。

由于 Seebeck 系数的大幅度增加，In 掺杂显著优化了 SnTe 体系的功率因子。如图 3-27(a)所示，所有 In 掺杂样品的室温 PF 都超过了 1.0mW/(m·K^2)，相较于本征 SnTe[约 0.1mW/(m·K^2)]提高了一个数量级。

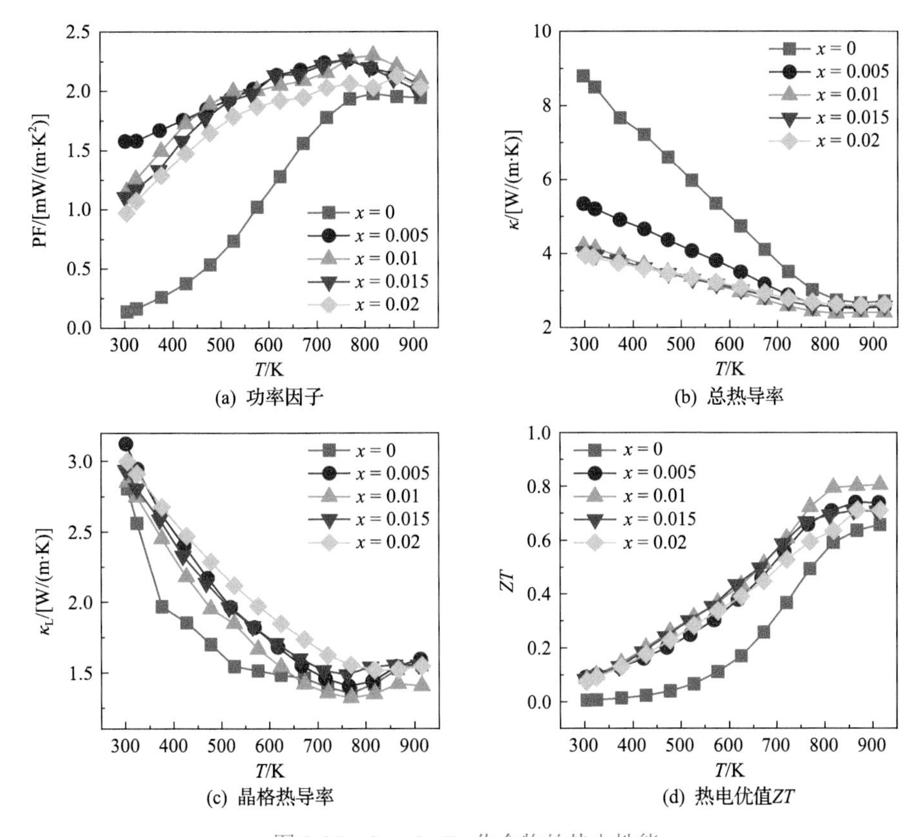

图 3-27　$Sn_{1-x}In_xTe$ 化合物的热电性能

更重要的是，In 掺杂 SnTe 中优异的功率因子可在整个测试温区得以保持，这对于获得宽温域高效热电材料而言是十分重要的。如图 3-27(b)和(c)所示，In 掺杂显著降低了 SnTe 的总热导率，这主要是由于电导率的降低使得载流子导热贡献减弱。在此过程中，材料的晶格热导率并没有发生显著变化，其原因在于：一方面，In 的掺杂量较低；另一方面，In 和 Sn 在质量和尺寸上相差很小。

图 3-27(d)所示为 $Sn_{1-x}In_xTe$ 化合物的热电优值 ZT 随温度的变化关系。In 掺杂使 SnTe 的热电性能在整个温区内都有显著提升。其中，x=0.01 样品的 ZT 值在室温和 923K 分别达到 0.1 和 0.8，相较于本征 SnTe 分别提高了 400%和 25%。上述结果证实，共振能级是优化材料热电性能的重要途径。

参 考 文 献

[1] Snyder G J, Toberer E S. Complex thermoelectric materials[J]. Nature Materials, 2008, 7(2): 105-114.

[2] He J, Tritt T M. Advances in thermoelectric materials research: Looking back and moving forward[J]. Science, 2017, 357(6358): eaak9997.

[3] 刘恩科, 朱秉升, 罗晋生. 半导体物理学[M]. 7版. 北京: 电子工业出版社, 2008.

[4] May A F, Snyder G J. Introduction to Modeling Thermoelectric Transport at High Temperatures[M]. Boca Ration: CRC Press, 2012.

[5] Su X L, Hao S Q, Bailey T P, et al. Weak electron phonon coupling and deep level impurity for high thermoelectric performance $Pb_{1-x}Ga_xTe$[J]. Advanced Energy Materials, 2018, 8(21): 1800659.

[6] Dingle R, Störmer H L, Gossard A C, et al. Electron mobilities in modulation-doped semiconductor heterojunction superlattices[J]. Applied Physics Letters, 2008, 33(7): 665-667.

[7] Daembkes H. Modulation-doped Field-effect Transistors: Principles, Design, and Technology[M]. Piscataway: IEEE, 1991.

[8] Zebarjadi M, Joshi G, Zhu G, et al. Power factor enhancement by modulation doping in bulk nanocomposites[J]. Nano Letters, 2011, 11(6): 2225-2230.

[9] Yu B, Zebarjadi M, Wang H, et al. Enhancement of thermoelectric properties by modulation-doping in silicon germanium alloy nanocomposites[J]. Nano Letters, 2012, 12(4): 2077-2082.

[10] Pei Y Z, Shi X Y, LaLonde A, et al. Convergence of electronic bands for high performance bulk thermoelectrics[J]. Nature, 2011, 473(7345): 66-69.

[11] Liu W, Tan X J, Yin K, et al. Convergence of conduction bands as a means of enhancing thermoelectric performance of n-type $Mg_2Si_{1-x}Sn_x$ solid solutions[J]. Physical Review Letters, 2012, 108(16): 166601.

[12] Heremans J P, Jovovic V, Toberer E S, et al. Enhancement of thermoelectric efficiency in PbTe by distortion of the electronic density of states[J]. Science, 2008, 321(5888): 554-557.

[13] Zhang Q A, Liao B L, Lan Y C, et al. High thermoelectric performance by resonant dopant indium in nanostructured SnTe[J]. Proceedings of the National Academy of Sciences of the United States of America, 2013, 110(33): 13261-13266.

[14] Zhao L D, Tan G J, Hao S Q, et al. Ultrahigh power factor and thermoelectric performance in hole-doped single-crystal SnSe[J]. Science, 2016, 351(6269): 141-144.

[15] Qin B C, Wang D Y, Liu X X, et al. Power generation and thermoelectric cooling enabled by momentum and energy multiband alignments[J]. Science, 2021, 373(6554): 556-561.

[16] Tang X F, Li Z W, Liu W, et al. A comprehensive review on Bi_2Te_3-based thin films: Thermoelectrics and beyond[J]. Interdisciplinary Materials, 2022, 1(1): 88-115.

[17] Zheng G, Su X L, Xie H Y, et al. High thermoelectric performance of p-BiSbTe compounds prepared by ultra-fast thermally induced reaction[J]. Energy & Environmental Science, 2017, 10(12): 2638-2652.

[18] Deng R G, Su X L, Hao S Q, et al. High thermoelectric performance in $Bi_{0.46}Sb_{1.54}Te_3$ nanostructured with ZnTe[J]. Energy & Environmental Science, 2018, 11(6): 1520-1535.

[19] Mao J, Shuai J, Song S W, et al. Manipulation of ionized impurity scattering for achieving high thermoelectric performance in n-type Mg_3Sb_2-based materials[J]. Proceedings of the National Academy of Sciences of the United States of America, 2017, 114(40): 10548-10553.

[20] Mao J, Zhu H T, Ding Z W, et al. High thermoelectric cooling performance of n-type Mg_3Bi_2-based materials[J]. Science, 2019, 365(6452): 495-498.

[21] Ohno S, Imasato K, Anand S, et al. Phase boundary mapping to obtain n-type Mg_3Sb_2-based thermoelectrics[J]. Joule, 2018, 2(1): 141-154.

[22] Yin K, Su X L, Yan Y G, et al. Optimization of the electronic band structure and the lattice thermal conductivity of solid solutions according to simple calculations: A canonical example of the $Mg_2Si_{1-x-y}Ge_xSn_y$ ternary solid solution[J]. Chemistry of Materials, 2016, 28(15): 5538-5548.

[23] Liu W, Yin K, Zhang Q J, et al. Eco-friendly high-performance silicide thermoelectric materials[J]. National Science Review, 2017, 4(4): 611-626.

[24] Nshimyimana E, Su X L, Xie H Y, et al. Realization of non-equilibrium process for high thermoelectric performance Sb-doped GeTe[J]. Science Bulletin, 2018, 63(11): 717-725.

[25] Zheng Z, Su X L, Deng R G, et al. Rhombohedral to cubic conversion of GeTe via MnTe alloying leads to ultralow thermal conductivity, electronic band convergence, and high thermoelectric performance[J]. Journal of the American Chemical Society, 2018, 140(7): 2673-2686.

[26] Liu W D, Wang D Z, Liu Q F, et al. High performance GeTe based thermoelectrics: From materials to devices[J]. Advanced Energy Materials, 2020, 10(19): 2000367.

[27] Hua F Q, Lv P F, Hong M, et al. Native atomic defects manipulation for enhancing the electronic transport properties of epitaxial SnTe films[J]. ACS Applied Materials & Interfaces, 2021, 13(47): 56446-56455.

[28] Tan G J, Zhao L D, Shi F Y, et al. High thermoelectric performance of p-type SnTe via a synergistic band engineering and nanostructuring approach[J]. Journal of the American Chemical Society, 2014, 136(19): 7006-7017.

[29] Zhang Y, Sun J C, Shuai J, et al. Lead-free SnTe-based compounds as advanced thermoelectrics[J]. Materials Today Physics, 2021, 19: 100405.

[30] Goldsmid H J, Douglas R W. The use of semiconductors in thermoelectric refrigeration[J]. British Journal of Applied Physics, 1954, 5(11): 386.

[31] Nozariasbmarz A, Collins H, Dsouza K, et al. Review of wearable thermoelectric energy harvesting: From body temperature to electronic systems[J]. Applied Energy, 2020, 258: 114069.

[32] Bulman G, Barletta P, Lewis J, et al. Superlattice-based thin-film thermoelectric modules with high cooling fluxes[J]. Nature Communications, 2016, 7(1): 10302.

[33] Wang Y L, Zhu W, Deng Y, et al. Self-powered wearable pressure sensing system for continuous healthcare monitoring enabled by flexible thin-film thermoelectric generator[J]. Nano Energy, 2020, 73: 104773.

[34] Rowe D M. Thermoelectrics Handbook : Macro to Nano[M]. Boca Raton: CRC Press, 2006.

[35] Wang G A, Zhu X G, Sun Y Y, et al. Topological insulator thin films of Bi_2Te_3 with controlled electronic structure[J]. Advanced Materials, 2011, 23(26): 2929-2932.

[36] Hashibon A, Elsässer C. First-principles density functional theory study of native point defects in Bi_2Te_3[J]. Physical Review B, 2011, 84(14): 144117.

[37] Scanlon D O, King P D C, Singh R P, et al. Controlling bulk conductivity in topological insulators: Key role of anti-Site defects[J]. Advanced Materials, 2012, 24(16): 2154-2158.

[38] Hong M, Chen Z G, Zou J. Fundamental and progress of Bi_2Te_3-based thermoelectric materials*[J]. Chinese Physics B, 2018, 27(4): 048403.

[39] Miller G R, Li C Y. Evidence for the existence of antistructure defects in bismuth telluride by density measurements[J]. Journal of Physics and Chemistry of Solids, 1965, 26(1): 173-177.

[40] Peranio N, Winkler M, Dürrschnabel M, et al. Assessing antisite defect and impurity concentrations in Bi_2Te_3 based thin films by high-accuracy chemical analysis[J]. Advanced Functional Materials, 2013, 23(39): 4969-4976.

[41] Chuang P Y, Su S H, Chong C W, et al. Anti-site defect effect on the electronic structure of a Bi_2Te_3 topological insulator[J]. RSC Advances, 2018, 8(1): 423-428.

[42] Netsou A M, Muzychenko D A, Dausy H, et al. Identifying native point defects in the topological insulator Bi_2Te_3[J]. ACS Nano, 2020, 14(10): 13172-13179.

[43] Tersoff J, Hamann D R. Theory and application for the scanning tunneling microscope[J]. Physical Review Letters, 1983, 50(25): 1998-2001.

[44] Feenstra R M, Woodall J M, Pettit G D. Observation of bulk defects by scanning tunneling microscopy and spectroscopy: Arsenic antisite defects in GaAs[J]. Physical Review Letters, 1993, 71(8): 1176.

[45] Jiang Y P, Sun Y Y, Chen M, et al. Fermi-level tuning of epitaxial Sb_2Te_3 thin films on graphene by regulating intrinsic defects and substrate transfer doping[J]. Physical Review Letters, 2012, 108(6): 066809.

[46] Zhang M, Liu W, Zhang C, et al. Identifying the manipulation of individual atomic-scale defects for boosting thermoelectric performances in artificially controlled Bi_2Te_3 films[J]. ACS Nano, 2021, 15(3): 5706-5714.

[47] Zhu T J, Hu L P, Zhao X B, et al. New insights into intrinsic point defects in V_2VI_3 thermoelectric materials[J]. Advanced Science, 2016, 3(7): 1600004.

[48] Fu C G, Yao M Y, Chen X, et al. Revealing the intrinsic electronic structure of 3D half-heusler thermoelectric materials by angle-resolved photoemission spectroscopy[J]. Advanced Science, 2020, 7(1): 1902409.

[49] Boor J D, Dasgupta T, Mueller E. Thermoelectric Properties of Magnesium Silicide-Based Solid Solutions and Higher Manganese Silicides[M]. Boca Ration: CRC Press, 2016.

[50] Zaitsev V. Thermoelectrics on the Base of Solid Solutions of Mg_2BIV Compounds (BIV = Si, Ge, Sn) [M]. Boca Ration: CRC Press, 2005.

[51] Liu W, Tang X F, Li H, et al. Optimized thermoelectric properties of Sb-doped $Mg_{2(1+z)}Si_{0.5-y}Sn_{0.5}Sb_y$ through adjustment of the Mg content[J]. Chemistry of Materials, 2011, 23(23): 5256-5263.

[52] Pei Y Z, Gibbs Z M, Gloskovskii A, et al. Optimum carrier concentration in n-type PbTe thermoelectrics[J]. Advanced Energy Materials, 2014, 4(13): 1400486.

[53] Ioffe A F. Semiconductor Thermoelements and Thermoelectric Cooling[M]. London: Infosearch, 1957.

[54] Song Q C, Zhou J W, Meroueh L, et al. The effect of shallow vs. deep level doping on the performance of thermoelectric materials[J]. Applied Physics Letters, 2016, 109(26): 263902.

[55] Wang S Y, Yang J, Toll T, et al. Conductivity-limiting bipolar thermal conductivity in semiconductors[J]. Scientific Reports, 2015, 5(1): 10136.

[56] Grimmeiss H G. Deep level impurities in semiconductors[J]. Annual Review of Materials Science, 1977, 7(1): 341-376.

[57] Zhang Q, Chere E K, Wang Y M, et al. High thermoelectric performance of n-type $PbTe_{1-y}S_y$ due to deep lying states induced by indium doping and spinodal decomposition[J]. Nano Energy, 2016, 22: 572-582.

[58] Tan G J, Stoumpos C C, Wang S, et al. Subtle roles of Sb and S in regulating the thermoelectric properties of n-type PbTe to high performance[J]. Advanced Energy Materials, 2017, 7(18): 1700099.

[59] Ahn K, Han M K, He J Q, et al. Exploring resonance levels and nanostructuring in the PbTe-CdTe system and enhancement of the thermoelectric figure of merit[J]. Journal of the American Chemical Society, 2010, 132(14): 5227-5235.

[60] Rawat P K, Paul B, Banerji P. Exploration of Zn resonance levels and thermoelectric properties in I-doped PbTe with

ZnTe nanostructures[J]. ACS Applied Materials & Interfaces, 2014, 6(6): 3995-4004.

[61] Ravich Y I, Efimova B A, Smirnov I A. Semiconducting Lead Chalcogenides[M]. New York: Springer, 1970.

[62] Pei Y Z, Lalonde A D, Wang H, et al. Low effective mass leading to high thermoelectric performance[J]. Energy & Environmental Science, 2012, 5(7): 7963-7969.

[63] Lalonde A D, Pei Y, Snyder G J. Reevaluation of $PbTe_{1-x}I_x$ as high performance n-type thermoelectric material[J]. Energy & Environmental Science, 2011, 4(6): 2090-2096.

[64] Skipetrov E P, Zvereva E A, Volkova O S, et al. On Fermi level pinning in lead telluride based alloys doped with mixed valence impurities[J]. Materials Science and Engineering: B, 2002, 91-92: 416-420.

[65] Dolzhenko D E, Demin V N, Ivanchik I I, et al. Instability of DX-like impurity centers in PbTe:Ga at annealing[J]. Semiconductors, 2000, 34(10): 1144-1146.

[66] Belogorokhov A I, Volkov B A, Ivanchik I I, et al. Model of DX-like impurity centers in PbTe(Ga)[J]. Journal of Experimental and Theoretical Physics Letters, 2000, 72(3): 123-125.

[67] Androulakis J, Lee Y, Todorov I, et al. High-temperature thermoelectric properties of n-type PbSe doped with Ga, In, and Pb[J]. Physical Review B, 2011, 83(19): 195209.

[68] Bali A, Wang H, Snyder G J, et al. Thermoelectric properties of indium doped $PbTe_{1-y}Se_y$ alloys[J]. Journal of Applied Physics, 2014, 116(3): 033707.

[69] Shi Y, Tang Y, Liu K, et al. Modulating the valence of Ga and the deep level impurity for high thermoelectric performance of n-type $Pb_{0.98}Ga_{0.02}Te_{1-x}Se_x$ compounds[J]. Materials Today Physics, 2022, 27: 100766.

[70] Hoang K, Mahanti S D. Electronic structure of Ga-, In-, and Tl-doped PbTe: A supercell study of the impurity bands[J]. Physical Review B, 2008, 78(8): 085111.

[71] Ahmad S, Hoang K, Mahanti S D. Ab initio study of deep defect states in narrow band-gap semiconductors: Group Ⅲ impurities in PbTe[J]. Physical Review Letters, 2006, 96(5): 056403.

[72] Xiong K, Lee G, Gupta R P, et al. Behaviour of group ⅢA impurities in PbTe: Implications to improve thermoelectric efficiency[J]. Journal of Physics D: Applied Physics, 2010, 43(40): 405403.

[73] Chere E K, Zhang Q, Mcenaney K, et al. Enhancement of thermoelectric performance in n-type $PbTe_{1-y}Se_y$ by doping Cr and tuning Te:Se ratio[J]. Nano Energy, 2015, 13: 355-367.

[74] Sun H, Cai B W, Zhao P, et al. Enhancement of thermoelectric performance of Al doped PbTe-PbSe due to carrier concentration optimization and alloying[J]. Journal of Alloys and Compounds, 2019, 791: 786-791.

[75] Xiao Y, Li W, Chang C, et al. Synergistically optimizing thermoelectric transport properties of n-type PbTe via Se and Sn co-alloying[J]. Journal of Alloys and Compounds, 2017, 724: 208-221.

[76] Wang Z S, Wang G Y, Wang R F, et al. Ga-doping-induced carrier tuning and multiphase engineering in n-type PbTe with enhanced thermoelectric performance[J]. ACS Applied Materials & Interfaces, 2018, 10(26): 22401-22407.

[77] Brebrick R F, Strauss A J. Anomalous thermoelectric power as evidence for two-valence bands in SnTe[J]. Physical Review, 1963, 131(1): 104-110.

[78] Tan G J, Shi F Y, Doak J W, et al. Extraordinary role of Hg in enhancing the thermoelectric performance of p-type SnTe[J]. Energy & Environmental Science, 2015, 8(1): 267-277.

[79] Tan G J, Shi F Y, Hao S Q, et al. Codoping in SnTe: Enhancement of thermoelectric performance through synergy of resonance levels and band convergence[J]. Journal of the American Chemical Society, 2015, 137(15): 5100-5112.

第 4 章　电子能带结构调控电热输运

4.1　能带结构设计和计算

能带理论作为半导体材料的核心理论,其基本概念在固体物理、半导体物理、固体能带理论等学科的教科书或专著中有详细论述。本章所介绍的能带理论知识主要是针对热电半导体材料，将着重介绍与电热输运过程有关的能带结构特征，并简要介绍其计算方法。

4.1.1　能带结构与电输运性质

大多数固体材料中，电子的能量 E 与其动量 p 通常满足如下关系：

$$E = \frac{p^2}{2m^*} \tag{4-1}$$

式中,m^*为电子有效质量。同时,电子的动量 p 与其波矢 k 之间存在关系, $p = \hbar k$ ，其中 $\hbar$ 为简约普朗克常数。最终，电子的能量随其波矢的变化关系可以表示为

$$E(k) = \frac{\hbar^2 k^2}{2m^*} \tag{4-2}$$

式(4-2)即为电子色散关系，即电子结构或能带结构，如图 4-1 所示。能带结构由电子全占据或部分占据的价带与电子未占据的导带组成。价带中的能量极大值点被称为价带顶(valence band maximum，VBM)，导带中的能量极小值点则被称为导带底(conduction band minimum，CBM)。能带结构中最为明显的特征是位于导带底与价带顶之间的能隙 E_g 的形成。能隙的形成与电子和原子核周期性势场之间的静电相互作用有关，其大小直接决定了固体材料的导电行为，$E_g \gg 0$ 为绝缘体，$E_g > 0$ 为半导体，$E_g < 0$ 为金属。图 4-1(a)所示的能带结构中，价带顶与导带底具有相同的波矢 k，此时该半导体被定义为直接能隙半导体；当半导体的价带顶与导带底具有不同的波矢时，该半导体为间接能隙半导体。在光致电子激发过程中，直接能隙半导体中的电子于价带顶处与光子复合，吸收其能量并直接被激发至导带底或其之上的其他导带。如果是在间接能隙半导体中，位于价带顶的电子则还需要额外能量，使其波矢方向改变到与导带底一致，才能继续完成激发至导带的过程。

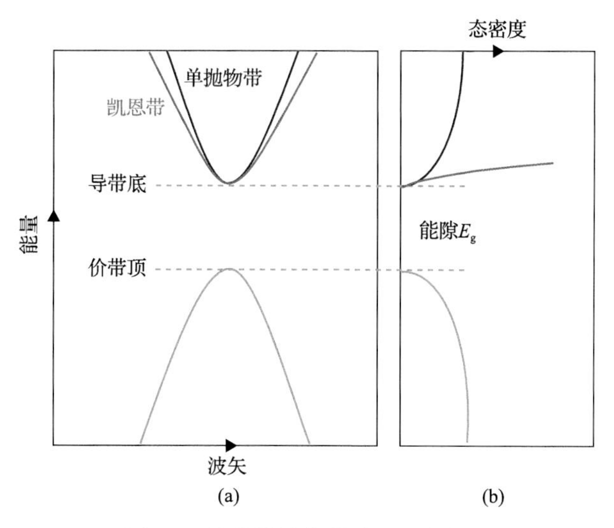

图 4-1　能带结构色散关系及态密度

除了色散关系，还有另一参数被广泛用于描述材料能带结构——态密度。态密度是对第一布里渊区内所有处于某一能量电子态的空间积分，单抛物带模型的态密度解析形式可以表示为[1]

$$D(E)=\frac{(2m_{\mathrm{d}}^{*})^{\frac{3}{2}}}{2\pi^{2}\hbar^{3}}\sqrt{\left|E-E_{\mathrm{edge}}\right|} \tag{4-3}$$

式中，m_{d}^{*}为态密度有效质量；E_{edge}为能带边的能量值。图 4-1(b)展示了单抛物带模型下态密度随能量呈$\sqrt{E}$的变化趋势。在部分材料中，能带结构也可能呈现非抛物带模型,凯恩带模型就是一种比较典型的非抛物带模型。如图 4-1(a)所示，凯恩带在接近能带边处仍表现出抛物线型的色散关系，但随着 k 值逐渐远离能带边，能带开始呈现线性色散关系，此时态密度也明显偏离$\sqrt{E}$而呈现出E^2的变化趋势。凯恩带在诸如 PbSe[2]、InSb[3]等的窄能隙半导体中较为常见。

半导体材料的能带结构的形状与电子的输运特性有着密切的联系。在理想晶体模型下(不考虑杂质散射等机制)，载流子主要受到晶格振动所产生的声子散射。将载流子受声子连续两次散射的平均时间记为载流子弛豫时间τ，结合牛顿第二定律与欧姆定律，以电子为主要载流子的半导体材料的电导率σ可以表示为

$$\sigma=ne^{2}\tau/m^{*} \tag{4-4}$$

式中，n为电子浓度；e为电子电荷量；m^{*}为载流子有效质量。同样地，在以空穴为主要载流子的半导体材料中，电导率σ可以表示为

$$\sigma = pe^2\tau / m^* \tag{4-5}$$

式中，p 为空穴浓度。然而，载流子在晶体中运动时受到来自晶格的散射作用并不仅仅只体现在弛豫时间 τ 上。以晶格中移动的电子为例，其除了受到外加电场作用力 F 外，还受到晶格对其的作用力 F_{lat}。为了计算电输运性质时能简单地考虑这一作用，采用有效质量 m^*代替电子的静质量，即规定

$$m^* = \frac{F + F_{lat}}{a} \tag{4-6}$$

式中，a 为电子在晶格中运动时的加速度。在外场加速下，高速电子具有较高的动量，也即其波矢 k 较大，接近布里渊区边界。此时电子波函数满足布拉格反射条件，将受到晶格的强烈散射从而使其运动方向剧烈改变，此时 $F_{lat} > F$ 且二者方向相反，表现在电子有效质量上即使得此时 m^*的符号为负，且其值与电子静质量差别较大。这样的强烈散射大多都发生在价带顶或导带底，这也就引出了载流子有效质量的另外一个定义式：

$$\frac{1}{m^*} = \frac{d^2E}{\hbar^2 dk^2} \tag{4-7}$$

通过式(4-7)，载流子有效质量 m^*可以与能带边曲率建立直接联系。有效质量越大则能带越平坦，带宽越窄，这通常意味着相邻原子间的电子波函数重叠较少，键合较弱；反之，有效质量越小，则能带越尖锐，带宽越宽，说明相邻原子间的电子波函数重叠较多，键合较强。

为了综合考虑载流子弛豫时间和载流子有效质量对晶格内载流子输运的影响，可以定义载流子迁移率 μ 为

$$\mu = e\tau / m^* \tag{4-8}$$

通过式(4-8)可以看出，载流子弛豫时间越长，所受晶格散射越弱，载流子迁移率越高；另外，载流子有效质量越小，所受晶格作用越弱，载流子迁移率也越高。又由于 $\sigma = ne\mu$，高的载流子迁移率最终决定了材料具有高的电导率。

然而对于热电材料而言，仅具有高的电导率并不意味着具有高的功率因子。高性能热电半导体还应当同时具备较高的 Seebeck 系数。式(1-14)描述了单抛物带模型下 Seebeck 系数与载流子浓度和载流子有效质量的关系。可以看出，在载流子浓度 n 和温度 T 一定的情况下，α与内禀属性 m^*成正比。为了获得具有高功率因子的热电材料，一方面，希望材料的载流子有效质量尽可能小，使其载流子迁移率较高，表现出较高的电导率；另一方面，希望材料的载流子有效质量不应

过小，否则其 Seebeck 系数将显著降低。

在能带工程思想的指导下，可以通过设计和调控两条或多条导带(价带)在能量上的对齐，进而让材料获得“合适”的载流子有效质量。图 4-2 展示了具有潜在多带传导特性的能带结构。当费米能级位于 E_1 附近时，仅价带顶 VB1 参与传导，此时材料表现出单抛物带输运特性。随着费米能级逐渐深入，价带到达 E_2 位置，次价带顶 VB2 也将参与传导，材料表现出多带传导特性。从态密度图中也可以看出，当费米能级深入到 VB2 时，态密度开始陡升。结合式(4-3)可以知道，态密度的斜率与态密度有效质量 m_d^* 正相关，这意味着 m_d^* 随着多带传导而获得了较大提升。基于这一原理，通过能带工程缩小 E_1-E_2 将能使材料在更低的载流子浓度下发生多带传导，从而更有利于获得较大的功率因子。

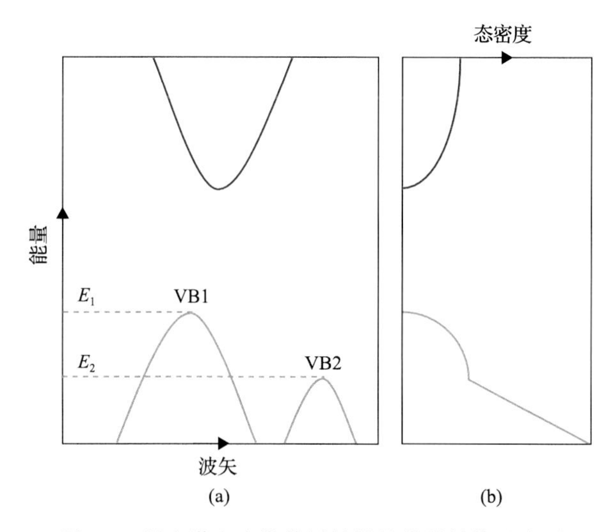

图 4-2 具有潜在多带传导特性的能带结构示意图

除此之外，某些材料的能带边会位于非高对称点，此时由于晶体的对称性，能带边通过相应的对称操作产生了镜像，发生多能谷简并效应，此时的能谷简并度用 N_v 表示。如图 4-3 所示，PbTe 中存在位于 L 点的轻带(N_v=4)以及位于 Σ 点的重带(N_v=12)。通过向 PbTe 中固溶 PbSe，可以在一定程度上调节 L 带的能量值，使其随着温度的升高逐渐接近 Σ 带从而实现能带简并[4]。

为了综合考虑载流子有效质量 m^*、能谷简并度 N_v 以及载流子受到声子的散射等因素对材料热电性能的影响，可以使用品质因子 β 衡量材料的热电性能，也即[5]

$$\beta=\left(\frac{k_B}{e}\right)^2\frac{2e(k_BT)^{3/2}}{(2\pi)^{3/2}\hbar^3}\frac{N_v\mu(m^*)^{3/2}}{\kappa_L}T \tag{4-9}$$

在仅考虑声子对载流子的散射时，载流子迁移率μ可以根据形变势理论表示为[6]

$$\mu = \frac{2^{3/2}\pi^{1/2}\hbar^4 eC}{3m_{\mathrm{I}}^*(m^* k_{\mathrm{B}}T)^{3/2}(E_{\mathrm{d}})^2} \tag{4-10}$$

式中，C 为弹性常数；m_{I}^* 为材料的内禀有效质量，在各向同性的材料中 $m_{\mathrm{I}}^* = m^*$；E_{d} 为形变势常数。将式(4-10)代入式(4-9)，即可进一步化简品质因子的表达式[7]：

$$\beta = T\frac{2k_{\mathrm{B}}^2\hbar}{3\pi}\frac{CN_{\mathrm{v}}}{m_{\mathrm{I}}^*(E_{\mathrm{d}})^2\kappa_{\mathrm{L}}} \tag{4-11}$$

由此可以得到 $\beta \sim N_{\mathrm{v}}/m_{\mathrm{I}}^*$，即要想获得高性能的热电材料，需要通过能带工程使其获得尽可能高的能带(或能谷)简并度以及尽可能低的内禀有效质量。值得注意的是，能带简并也不总是有益于热电性能。根据 Park 等[8]的报道，当能带简并带来的额外载流子带间散射或谷间散射不可忽略时，其反而会引起材料电性能的劣化。

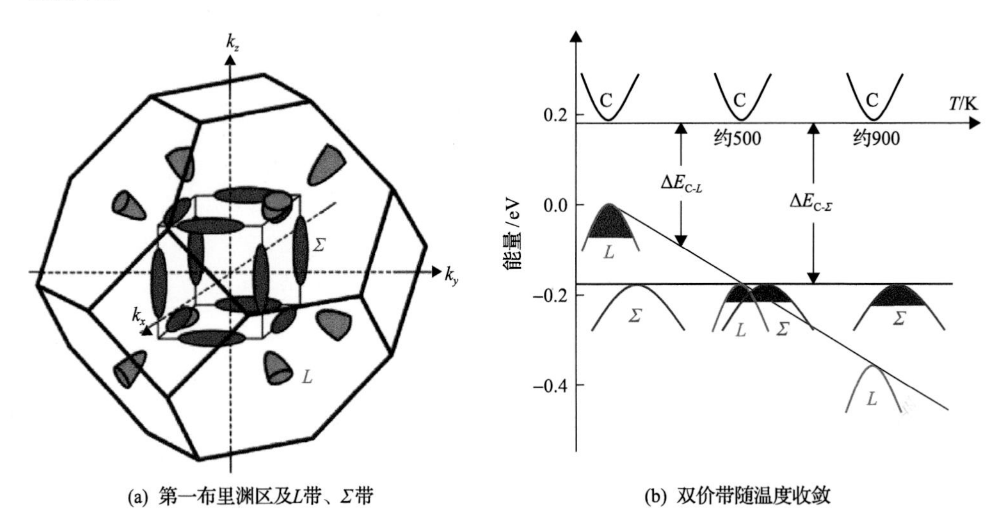

图 4-3　PbTe 的能带结构示意图

4.1.2　能带结构计算方法

当前绝大多数涉及电输运机制的研究都需要通过第一性原理方法计算材料的能带结构。本节将简要概述目前主要的能带计算原理，并介绍具体的计算步骤。

1. 计算原理

1) 平面波(plane wave，PW)方法

该方法选用波矢相差一个倒格矢的一系列平面波作为基组，通过它们的线性

组合近似表示电子波函数。一方面，原子核与内层电子的波函数是高度局域的，波函数振荡很快；另一方面，远离原子核的价电子高度离域，波函数振荡较慢。这导致同一个平面波基组展开时既需要动量大的平面波又需要动量小的平面波，求解起来计算量较大且收敛缓慢。目前主要的计算软件都基于平面波方法作出一些改进以降低计算量。CASTEP[9]、VASP[10]、Quantum Espresso[11]等采用缀加平面波(augmented plane wave，APW)方法[12]。该方法基于丸盒模型(muffin-tin model)，在原子核附近 r_i 的距离内采用高度局域化的径向波函数和球谐函数的乘积展开，而在原子核附近超过 r_i 距离的地方采用平坦的“缀加”平面波展开，大大加快了平面波收敛的速度。在对价电子的处理上，这些软件还采用了赝势法，以人为构造的势能取代原子核及芯层电子的实际势能，同时保持电子的能量本征值及价电子波函数不变，从而进一步减少了计算量。与之相对的是 WIEN2k 所采用的全势线性缀加平面波(full potential linearized augmented plane wave，FP-LAPW)方法[13]，该方法考虑了包括芯层电子在内的所有电子，同时还引入线性化概念解决了基函数在原子核附近球面上不连续的问题。

2) 紧束缚近似(tight binding approximation，TBA)

该方法也被称为原子轨道线性组合方法(linear combination of atomic orbitals，LCAO)[14]。其核心思想在于认为原子核附近的电子主要受到该原子势场的影响，而其他原子势场的作用仅视作微扰项，此时电子的波函数由所有原子轨道的线性组合表示。应用该方法的主要计算软件包括 TBStudio、PythTB 等。

3) 格林函数(Korringa-Kohn-Rosoker Green function，KKR-GF)法

该方法与缀加平面波方法一样基于丸盒模型，不同之处在于 KKR-GF 方法[15]首先通过傅里叶变换和格林定理将单电子薛定谔方程转化为一个积分方程，随后再通过格林函数和变分原理解该方程。AkaiKKR 软件主要应用该方法计算能带结构。

4) Hatree-Fock 方法

Hatree-Fock 近似[16]也被称为单电子近似，即将每个电子的运动近似为单个电子在所有原子贡献的等效势场中的独立运动。该近似将复杂的多电子薛定谔方程简化为单电子问题，上述众多密度泛函理论方法也是基于此提出的。但是 Hatree-Fock 方法本身只能通过迭代自洽求解，其计算量较大，并且没有考虑自旋相反电子的关联作用，这将导致其计算出的体系能量与实际值仍有一定误差。巧合的是，由于 DFT 方法计算价带能量的误差和 Hatree-Fock 方法计算导带能量的误差非常相近，通过将一定量的 Hatree-Fock 方法计算得到的高估的电子交换能加入到局域密度近似(local density approximation，LDA)或者广义梯度近似(generalized gradient approximation，GGA）等 DFT 常用泛函计算得到的交换关联能中，即可得到与实验值相近的能隙值，这类泛函被称作杂化泛函（hybird functional），研究者使用较多的杂化泛函包括 HSE03 和 HSE06 等[17]。另外，也有人通过增加电子关联项对所计算体系的能量做出校正，逐步提升了 Hatree-Fock 方法的精度，这些方法统称为后 Hatree-Fock 方法。

2. 计算步骤

计算能带结构的具体步骤因所使用的程序而异，本章仅介绍计算过程中三个最基本的步骤：结构优化、静态自洽以及布里渊区高对称路径非自洽计算。

1）结构优化

对一个已知的晶体结构，第一性原理软件需要通过自洽场（self-consistent field，SCF）方法求解科恩-沈（Kohn-Sham）方程，从而获得其总能量。随后，程序还需要多次循环该操作同时修改其晶格常数，直至两次自洽计算求得的晶体总能量之差或晶体结构内应力小于收敛标准。程序判定此时的晶体结构处于稳定状态（总能最低），该步骤称为结构优化或几何优化。

2）静态自洽

从上一步骤获得稳定的晶体结构后，固定晶体中各原子位置，仅对电子进行自洽场迭代计算，直至两次电子自洽步求得的晶体总能量之差小于收敛标准。执行完此步骤，程序将输出准确的费米能级位置、电子波函数及电荷密度信息。

3）布里渊区高对称路径非自洽计算

能带结构往往表现的是沿高对称路径上各 k 点的能量与波矢之间的关系，因此需要结合晶体结构选择合适的布里渊区高对称路径，随后保持从静态自洽步骤得到的电子波函数及电荷密度不变，迭代求解高对称路径上各 k 点的能量本征值。

4.2 导带结构调控与电热输运

4.2.1 $Mg_2Si_{1-x}Sn_x$ 化合物的导带结构调控与电热输运

1. $Mg_2Si_{1-x}Sn_x$ 化合物双导带结构收敛及热电性能优化

热电材料的电传输性能与参与输运的电子能谷简并数、载流子有效质量和载流子迁移率密切相关。然而，大多数热电材料为重掺杂半导体且只有单一能带参与电输运，这导致能谷简并数低、态密度有效质量（$m_d^*=N_v^{2/3}m_b^*$）小和电输运性能

($PF_{opt} \propto (m_d^*)^{2/3}\mu$)不佳。通过调控材料中化学键和电子轨道杂化等内禀特性可实现电子能带结构收敛，进而提高载流子有效质量和优化电输运性能。Zaitsev 等的理论分析表明[18, 19]，二元的 Mg_2Si 和 Mg_2Sn 化合物的导带底均由两个导带(轻导带和重导带)构成，轻重导带所处能量相对位置刚好相反，如图 4-4(a)和(b)所示。

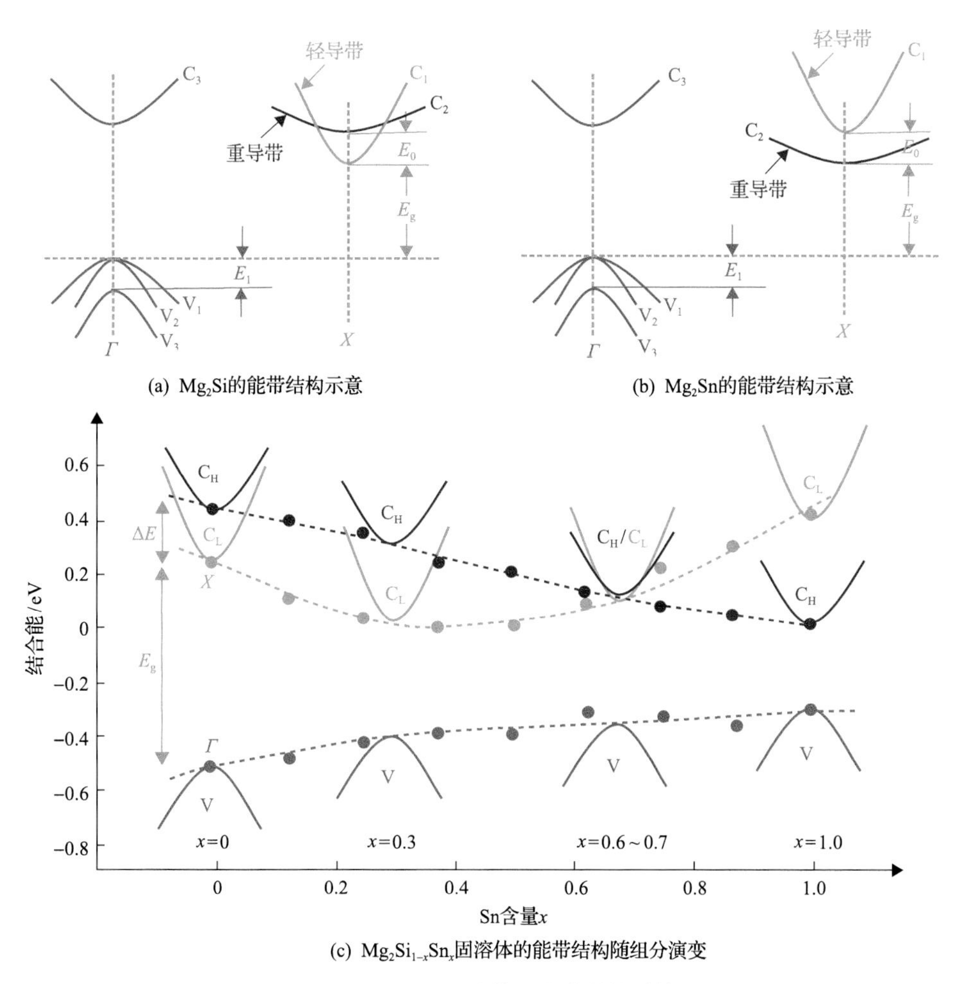

图 4-4　$Mg_2Si_{1-x}Sn_x$ 固溶体的能带结构计算结果

如能通过 Sn 含量比调节轻重导带的相对能量位置，实现双导带在能量位置的简并，将有望使 n 型 $Mg_2Si_{1-x}Sn_x$ 固溶体的功率因子获得显著提升。为了验证这一思路，首先采用基于 DFT 的第一性原理平面波超软赝势方法，计算了 $Mg_2Si_{1-x}Sn_x$ 固溶体($0 \leqslant x \leqslant 1$)的电子结构，并确定了轻导带和重导带的能量位置，其结果如图 4-4(c)所示[20, 21]。双导带均位于布里渊区高对称点 X 处，而价带顶位于布里渊区高对称点Γ处。随 Sn 含量 x 的增加，重价带(C_H)所处能量位置逐渐下移，而轻价带(C_L)所处能带位置先降低后升高，在 x=0.25～0.375 处到达最低点。这引起重价带和轻价带之间的能量差ΔE 先降低后升高，且在 x=0.65～0.68 范围内两导带发生简并。由于轻、重导带底的位置和能量差主要由组成元素的 p-d 和 s-d 电子轨道杂化和耦合强度来决定[22]，通过改变 Sn 含量能调节材料的晶格常数和阴阳离子化学键键长，进而显著调控 p-d 和 s-d 键合特性以及轻重导带底的能量差。

根据 Mott 方程[23]，Seebeck 系数可用费米能级处电导率的对数值随能量变化关系来描述，如式(4-12)所示：

$$\alpha = \frac{\pi^2}{3}\left(\frac{k_B^2 T}{q}\right)\left[\frac{\mathrm{d}\ln\sigma(E)}{\mathrm{d}E}\right]_{E=E_F} = \frac{\pi^2}{3}\left(\frac{k_B^2 T}{q}\right)\left[\frac{1}{n}\frac{\mathrm{d}n(E)}{\mathrm{d}E} + \frac{1}{\mu}\frac{\mathrm{d}\mu(E)}{\mathrm{d}E}\right]_{E=E_F} \tag{4-12}$$

式中，$\mathrm{d}n(E)/\mathrm{d}E$ 为载流子浓度随能量变化关系，与电子态密度随能量变化关系 $\mathrm{d}g(E)/\mathrm{d}E$ 正相关；$\mathrm{d}\mu(E)/\mathrm{d}E$ 为载流子迁移率随能量变化关系，与载流子有效质量成反比，与散射因子λ呈正相关。能带收敛可显著增加 $\mathrm{d}n(E)/\mathrm{d}E$ 和态密度有效质量 m_d^*，将导致 Seebeck 系数的显著增加：$\alpha \propto (m_d^*)^{3/2}$。因此，在 Sn 含量 x=0.6～0.7 时，$Mg_2Si_{1-x}Sn_x$ 固溶体的轻重导带实现了收敛(能量差在$\pm 2k_BT$ 范围内)，此时将获得极为优异的 Seebeck 系数和功率因子 PF[21]。

在上述理论计算的指导下，制备了一系列不同 Sn 含量的 $Mg_{2(1+z)}(Si_{1-x}Sn_x)_{1-y}Sb_y$ 固溶体。Mg 过量和 Sb 掺杂主要用于调节 $Mg_{2(1+z)}(Si_{1-x}Sn_x)_{1-y}Sb_y$ 固溶体的电子浓度；为防止第二相(如单质 Mg 和 Mg_3Sb_2 相)的出现，Mg 的过量 z 不超过 0.12，且 Sb 的掺杂量 y 不超过 0.025。在 z=0.06～0.10 和 y=0.01, 0.015 时，不同 $Mg_{2(1+z)}(Si_{1-x}Sn_x)_{1-y}Sb_y$ 固溶体可获得近乎相同的电子浓度($(18.0\pm1.0)\times10^{19}\mathrm{cm}^{-3}$)，如表 4-1 所示。图 4-5 所示为表 4-1 所列 $Mg_2Si_{1-x}Sn_x$ 固溶体的电导率、Seebeck 系数和功率因子随温度的变化关系以及低温电子比热测量结果。所有 $Mg_2Si_{1-x}Sn_x$ 固溶体均表现为重掺杂简并半导体传导特性，在 10～800K 范围内电导率随温度的升高而降低。同时，$Mg_2Si_{1-x}Sn_x$ 固溶体的电导率随 Sn 含量的增加先降低后增加，并在 x=0.4～0.5 处获得最低值。这反映了μ的变化趋势以及在中间组分处固溶对载流子运动的散射最强。随着 x 的增加，$Mg_2Si_{1-x}Sn_x$ 固溶体 Seebeck 系数的绝对值明显提高，并在 x=0.7 处获得最高值，且在整个温度范围(300～800K)都具有最高值。高 Sn 含量的 $Mg_2Si_{1-x}Sn_x$ 固溶体的 Seebecck 系数绝对值和电导率同时提升，因而其功率因子 PF 在全测量温区内大幅提升。当 x=0.7 时，$Mg_2Si_{0.3}Sn_{0.7}$ 固溶体获得所有组分中最高的 PF，室温下可达 4.3mW/(m·K^2)，在 500～550K 范围内获得最大值，达 4.8mW/(m·K^2)。相比 $Mg_2Si_{0.8}Sn_{0.2}$ 组分，室温下 $Mg_2Si_{0.3}Sn_{0.7}$ 固溶体的 PF 提高了近 160%，在 800K 时提高幅度仍达 30%，这主要是材料 Seebeck 系数优化的结果。

表 4-1　n 型 $Mg_2Si_{1-x}Sn_x$ 固溶体的室温和低温物性

Sn 含量 x	Sb 含量 y	α/(μV/K)	$n/10^{19}cm^{-3}$	μ/[cm^2/(V·s)]	γ/[mJ/(mol·K^2)]	b/[μJ/(mol·K^4)]	m^*/m_0	θ_D/K
x=0.2	0.01	−85	17.0	77.2	0.33	75	0.93	294
x=0.4	0.01	−108	18.0	49.0	0.41	100	1.07	268
x=0.5	0.01	−121	19.0	47.5	0.36	107	0.90	262
x=0.6	0.015	−132	17.0	56.0	0.58	129	1.51	247
x=0.7	0.01	−158	17.0	64.0	0.55	155	1.41	232
x=0.8	0.015	−136	18.0	69.4	0.53	166	1.26	226

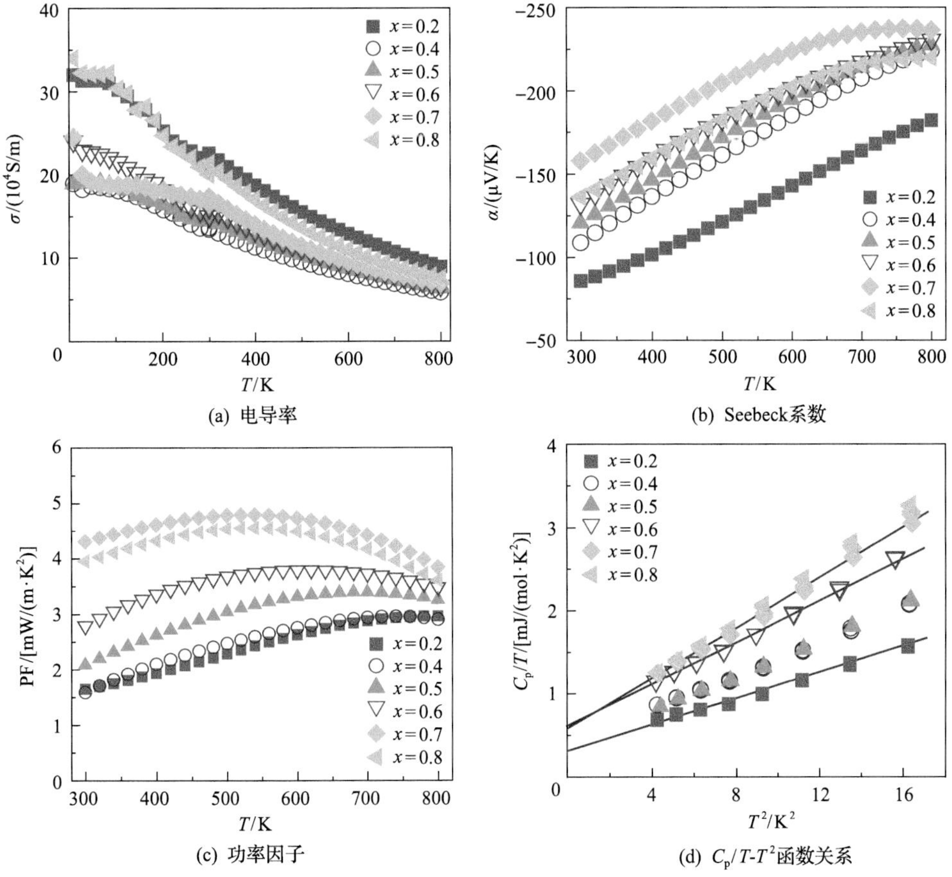

(a) 电导率

(b) Seebeck系数

(c) 功率因子

(d) C_p/T-T^2函数关系

图 4-5　n 型 $Mg_2Si_{1-x}Sn_x$ 固溶体的电输运性能及低温电子比热

在较低温度下材料的摩尔定压热容量可用 $C_p=\gamma T+bT^3$ 来描述，其中γT 为电子比热容，bT^3 为晶格比热容[24, 25]。索末菲(Sommerfeld)系数(γ)实际上反映了费米面附近态密度的相对大小，并且其与载流子有效质量的关系可用式(4-13)来描述：

$$\gamma=1.36\times10^{-4}\times V_{\mathrm{mol}}^{2/3}n_{\gamma}^{1/3}m^{*} \tag{4-13}$$

式中，V_{mol}为摩尔体积；n_γ为单位分子式电子数；m^*为载流子有效质量；γ的单位为 mJ/(mol·K^2)。当 $T\leqslant$4K 时，C_p满足 T^3 函数关系，因而 C_p/T 与 T^2 满足直线关系，如图 4-5(d)所示。γ值即为拟合直线在 T=0K 处的截距，据此可计算不同 n 型 $Mg_2Si_{1-x}Sn_x$ 固溶体的 m^*。结果表明，Sn 含量对 n 型 $Mg_2Si_{1-x}Sn_x$ 固溶体的 m^*有显著影响，在 x=0.6, 0.7 处获得所有组分中都很高的 m^*，相比 x=0.2 组分提高了近 40%。这表明，n 型 $Mg_2Si_{1-x}Sn_x$ 固溶体的 Seebeck 系数随 Sn 含量优化是双导带收敛和简并所致。

上述理论计算和实验结果证实，适量的 Sn 固溶实现了双导带的收敛，并带来了 m^*和α的显著提升，同时并不劣化μ，使功率因子 PF 得到了有效优化。进一步研究发现，对于双导带发生收敛的 $Mg_2Si_{0.3}Sn_{0.7}$ 组分，其在 300～800K 范围内的电输运性能用单抛物带模型准确解析和预测，表现出经典的单抛物带体系特征，且轻、重导带在同一动量空间收敛和同一能量位置简并可被等效为简并度加倍的单抛物带[26]。

图 4-6 所示为 $Mg_2Si_{1-x}Sn_x$ 固溶体的晶格热导率与双极热导率之和以及热电优值 ZT 随温度的变化关系。Sn 的固溶对 n 型 $Mg_2Si_{1-x}Sn_x$ 固溶体的热导率也有显著影响，并与电导率的变化趋势吻合。所有样品的$\kappa_L+\kappa_B$随温度升高先减小后增加，其在高温区域的反常增加来源于κ_B的贡献，而随温度升高单调降低部分主要来源于κ_L的贡献。如图 4-6(a)所示，$Mg_2Si_{1-x}Sn_x$ 固溶体的κ_L随 x 的提高先降低后增加，在 x=0.6 处获得最低值。固溶体材料的最低κ_L应该出现在晶格畸变最大组分处。例如，在 $Mg_2Si_{1-x}Sn_x$ 体系中，最低κ_L应该出现在 x=0.5 处，此时质量波动散射和应力场波动散射对声子的散射作用最强。$Mg_2Si_{0.4}Sn_{0.6}$ 固溶体获得所有组分中最低

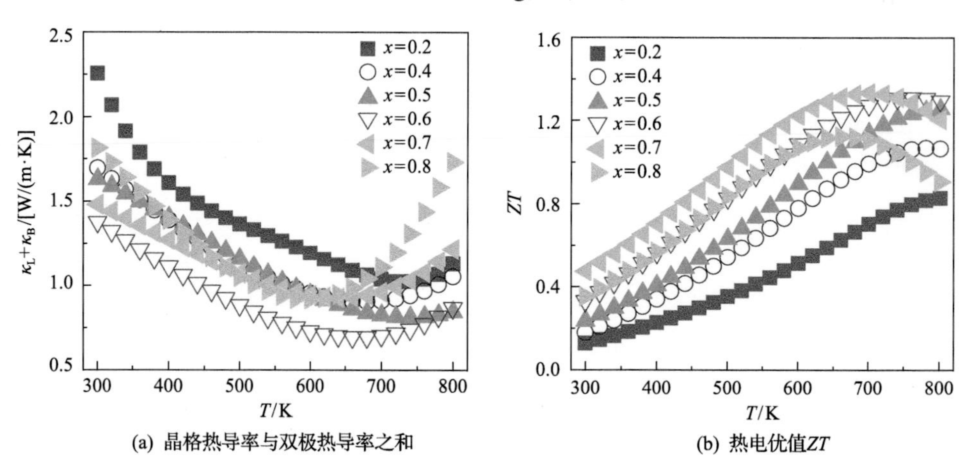

图 4-6 n 型 $Mg_2Si_{1-x}Sn_x$ 固溶体的热性能与热电优值 ZT 随温度的变化关系

的κ_L极可能与在 x=0.6 处发现的特殊微观结构(原位析出的富 Sn 纳米第二相)有关，参见第 5 章同质界面结构部分内容。此外，Mg_2Si 和 Mg_2Sn 室温下的κ_L分别为 7.9W/(m·K)和 5.9W/(m·K)，后者明显具有更低的κ_L值。Mg_2Sn 具有较 Mg_2Si 更低的κ_L值也可能引起 $Mg_2Si_{1-x}Sn_x$体系中最低κ_L出现的组分位置朝高 Sn 含量方向发生偏移。随温度升高，$\kappa_L+\kappa_B$ 在高温区域向上翻转，这显然是载流子本征激发产生的结果(此时κ_B显著增加)。x 值越大，$Mg_2Si_{1-x}Sn_x$ 固溶体的能隙越小，本征激发开始变得显著的温度朝低温方向偏移，这体现在$\kappa_L+\kappa_B$ 值随温度增加出现拐点的温度提前。

因此，随着 Sn 含量的提高，$Mg_2Si_{1-x}Sn_x$ 固溶体的最大热电优值 ZT 出现的温度也朝低温方向偏移。如图 4-6(b)所示，由于 $Mg_2Si_{1-x}Sn_x$ 固溶体的最高 PF 在 x=0.7 处获得，而最低κ_L 在 x=0.6 处获得，因而其最优 ZT 出现在 x=0.6～0.7。x=0.6 和 x=0.7 的 $Mg_2Si_{1-x}Sn_x$ 固溶体分别在 T=750K 和 700K 获得最高 ZT 值，达 1.30。

如前所述，热电材料中电子浓度与电导率、Seebeck 系数和热导率是强耦合关联的，最大的热电优值 ZT 通常在最佳电子浓度处得到。图 4-7 所示为 n 型 $Mg_2Si_{1-x}Sn_x$ 固溶体的室温 Seebeck 系数及最高 ZT 值与电子浓度的关联。在 7.0×10^{19}～$35.0\times10^{19}cm^{-3}$ 的宽电子浓度区间，n 型 $Mg_2Si_{1-x}Sn_x$ 固溶体的 Seebeck 系数绝对值由于 Sn 含量和双导带收敛而改变和大幅度提升，并在双导带收敛组分 x=0.7 处获得最高值。这表明，n 型 $Mg_2Si_{1-x}Sn_x$ 固溶体双导带随组分的收敛有利于在宽的载流子浓度范围获得优异的电输运性能，其较共振能级优化策略(仅在特定载流子浓度和费米能级处起作用)具有明显的优势。由于随电子浓度提高 Seebeck 系数绝对值相应降低，以及热导率会增加，n 型 $Mg_2Si_{1-x}Sn_x$ 固溶体在最佳电子浓度处获得最高 ZT 值。上述研究结果表明，n 型 $Mg_2Si_{1-x}Sn_x$ 固溶体的最优电子浓度在 1.6×10^{20}～$2.5\times10^{20}cm^{-3}$ 范围，此时获得了最高热电优值 ZT。

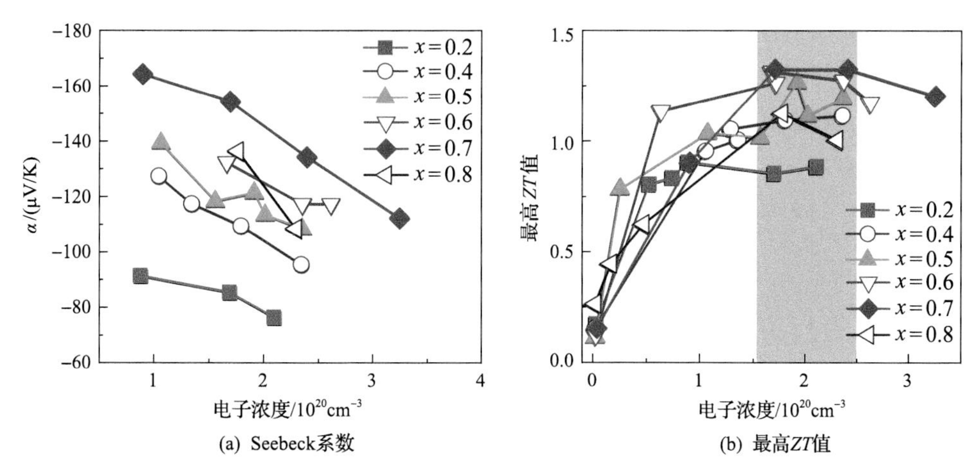

图 4-7　n 型 $Mg_2Si_{1-x}Sn_x$ 固溶体的室温 Seebeck 系数及最高 ZT 值与电子浓度的关联

2. $Mg_2Si_{0.3}Sn_{0.7}$ 化合物双导带随温度收敛及宽温域热电性能优化

通过 Sn 含量调节能实现 $Mg_2Si_{1-x}Sn_x$ 固溶体中轻导带和重导带的收敛及功率因子的大幅提升，这一策略也适用于 $Mg_2Ge_{1-x}Sn_x$ 固溶体[27]。现有理论计算所得到的材料电子能带结构一般都假设 T=0K，但随温度升高，化学键长和键角等晶格常数的微小变化都可能显著改变材料的电子能带结构。电子能带在高温区域的收敛将显著增加高温区域的热电优值 ZT 以及宽温区的平均 ZT 值（ZT_{ave}）[4, 28]。因此，$Mg_2Si_{1-x}Sn_x$ 固溶体中电子能带随温度如何演变，如何实现高温区域双导带的有效收敛以及 ZT 值的进一步提升，值得进一步研究。

Mg_2Si、Mg_2Ge 和 Mg_2Sn 三者的能带结构极为相似[18, 19]，均具有双导带结构，其中 Mg_2Si 及 Mg_2Ge 的导带底为 Mg 原子的 3p 轨道以及 Si 和 Ge 原子的 s 轨道、d-e_g 轨道杂化后形成的轻导带（C_L）；与之相反，Mg_2Sn 的导带底为 Mg 原子的 3s 轨道以及 Sn 原子 d-t_{2g} 轨道杂化后形成的重导带（C_H）。表 4-2 所示为 Mg_2Ⅳ（Ⅳ=Si, Ge, Sn）化合物的能带结构参数。其中，E_g^{0K} 为理论计算 0K 下的能隙，μ_n^{300K} 和 μ_p^{300K} 分别为 300K 下电子和空穴的迁移率。由于 Mg_2Ⅳ化合物导带底的轨道起源相同，因而可利用线性近似模型来描述固溶体的能隙 E_g 以及轻重导带能量差 E_0 的演变。以 $Mg_2Si_{1-x}Sn_x$（$0 \leqslant x \leqslant 1$）固溶体为例，其 E_g 和 E_0 随 Sn 含量的变化可由式（4-14）和式（4-15）描述：

$$E_g(x) = (1-x)E_g(Mg_2Si) + xE_g(Mg_2Sn) \tag{4-14}$$

$$E_0(x) = (1-x)E_0(Mg_2Si) - xE_0(Mg_2Sn) \tag{4-15}$$

表 4-2　Mg_2Ⅳ（Ⅳ=Si, Ge, Sn）化合物的能带结构参数[18]

材料	E_g^{0K} /eV	$\frac{dE_g(Mg_2Ⅳ)}{dT}$ /(10^{-4} eV/K)	E_0 /eV	导带底 m^*/m_0	价带底 m^*/m_0	μ_n^{300K} /[cm²/(V·s)]	μ_p^{300K} /[cm²/(V·s)]
Mg_2Si	0.77	–6.00	0.40	0.50	0.90	405	65
Mg_2Ge	0.74	–8.00	0.58	0.18	0.31	530	110
Mg_2Sn	0.35	–3.20	0.16	1.20	1.30	320	260

$Mg_2Si_{1-x}Sn_x$ 固溶体的 E_g 与 Sn 含量基本遵循线性关系，同时发现 x=0.71 时 E_0=0 以及轻重导带发生收敛，都与理论计算和实验结果吻合。因此，$Mg_2Si_{1-x-y}Ge_xSn_y$ 固溶体的能带结构参数与 Si/Ge/Sn 固溶比例的关系也应遵循线性近似关系，能用来描述 E_g 和 E_0 随组分和随温度的演化[29]。图 4-8 所示为 Si 位固溶 Ge 的 $Mg_2Si_{0.3-x}Ge_xSn_{0.7}$ 及 Sn 位固溶 Ge 的 $Mg_2Si_{0.3}Ge_ySn_{0.7-y}$ 的电子能带结构随温度演化示意图。

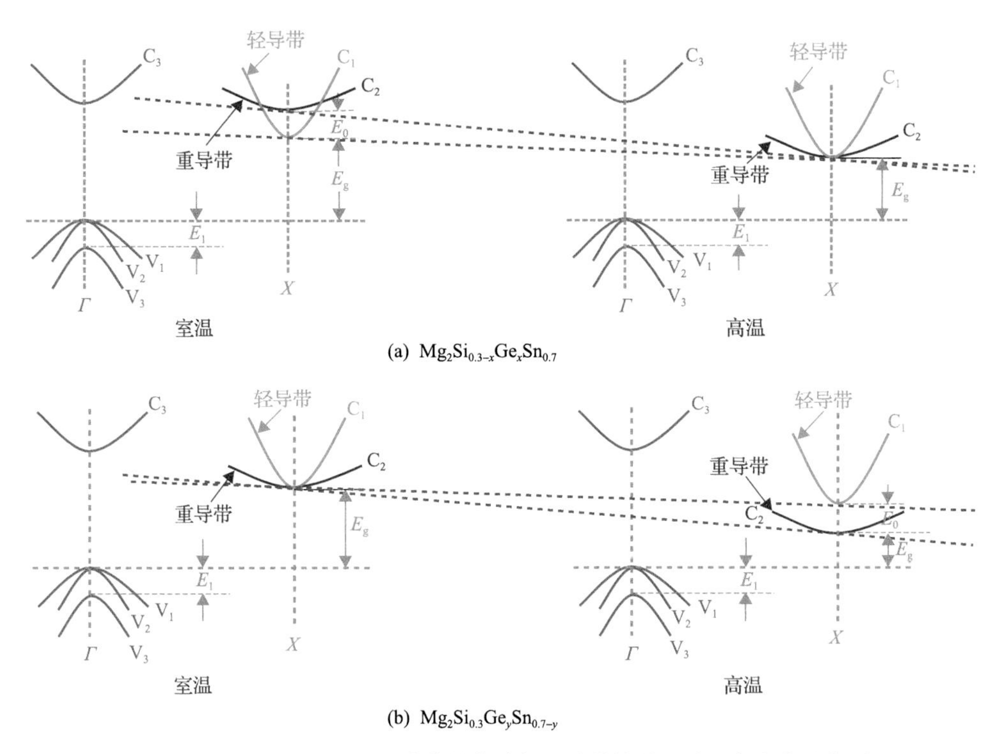

图 4-8　Mg_2(Si, Ge, Sn)固溶体的能隙与双导带能量差随温度变化示意图

根据表 4-2 所列参数和式(4-14)进行分析，发现随着 Si 位固溶 Ge 含量的增大，$Mg_2Si_{0.3-x}Ge_xSn_{0.7}$ 的 E_g 会逐渐减小；而随着 Sn 位固溶 Ge 含量的增大，$Mg_2Si_{0.3}Ge_ySn_{0.7-y}$ 的 E_g 则会逐渐增大，验证了上述线性近似设想。由表 4-2 可知，E_g 随温度的变化率[$dE_g(Mg_2Ⅳ)/dT$]反映轻重导带能量位置随温度的变化率以及 $dE_g(Mg_2Ⅳ)/dT$ 均为负值，说明 $Mg_2Si_{1-x-y}Ge_xSn_y$ 固溶体中轻重导带能量位置以及 E_0 随温度变化与 E_g 随温度的变化趋势相似，可由式(4-16)来描述：

$$E_0^T(x,y)=(1-x-y)E_0(Mg_2Si)+xE_0(Mg_2Ge)+yE_0(Mg_2Sn)+\frac{dE_0}{dT}T \tag{4-16}$$

式中，$E_0(Mg_2Ⅳ)$为 0K 时的轻重导带间隙；dE_0/dT 为固溶体轻重导带间隙随温度的变化幅度。很显然，当 dE_0/dT 也为负值时，室温下轻重导带近乎收敛的 $Mg_2Si_{0.3-x}Ge_xSn_{0.7}$ 组分中 E_0 的绝对值随温度增加而扩大，其轻重导带在高温下可能不再收敛；但是，$Mg_2Si_{0.3}Ge_ySn_{0.7-y}$ 的轻重导带在低温下没有收敛，但在高温下可以实现收敛。

图 4-9 所示为 $Mg_{2.16}(Si_{0.3-x}Ge_xSn_{0.7})_{0.98}Sb_{0.02}$ 及 $Mg_{2.16}(Si_{0.3}Ge_ySn_{0.7-y})_{0.98}Sb_{0.02}$ 的电输运性能随温度的变化关系。对于所有固溶体，不同 Ge 含量的 $Mg_{2.16}(Si_{0.3-x}$

$Ge_xSn_{0.7})_{0.98}Sb_{0.02}$ 固溶体的电导率基本相同，但均低于 $Mg_{2.16}(Si_{0.3}Sn_{0.7})_{0.98}Sb_{0.02}$，而不同 Ge 含量的 $Mg_{2.16}(Si_{0.3}Ge_ySn_{0.7-y})_{0.98}Sb_{0.02}$ 固溶体的电导率则与 $Mg_{2.16}(Si_{0.3}Sn_{0.7})_{0.98}Sb_{0.02}$ 基本相同。同时，$Mg_{2.16}(Si_{0.3-x}Ge_xSn_{0.7})_{0.98}Sb_{0.02}$ 的 Seebeck 系数与 $Mg_{2.16}(Si_{0.3}Sn_{0.7})_{0.98}Sb_{0.02}$ 基本相同，而 $Mg_{2.16}(Si_{0.3}Ge_ySn_{0.7-y})_{0.98}Sb_{0.02}$ 在 600～800K 高温区间的 Seebeck 系数绝对值高于后者，因而最终使得 $Mg_{2.16}(Si_{0.3}Ge_ySn_{0.7-y})_{0.98}Sb_{0.02}$ 在该温度区间内的 PF 高于其他样品。在 550～700K 范围内，$Mg_{2.16}(Si_{0.3}Ge_ySn_{0.7-y})_{0.98}Sb_{0.02}$ 的 PF_{max} 达 4.8mW/(m·K^2)，高于 $Mg_{2.16}(Si_{0.3}Sn_{0.7})_{0.98}Sb_{0.02}$ 的 4.60mW/(m·K^2)；而 $Mg_{2.16}(Si_{0.3-x}Ge_xSn_{0.7})_{0.98}Sb_{0.02}$ 的 PF_{max} 达 4.40mW/(m·K^2)，是所有样品中最低的。

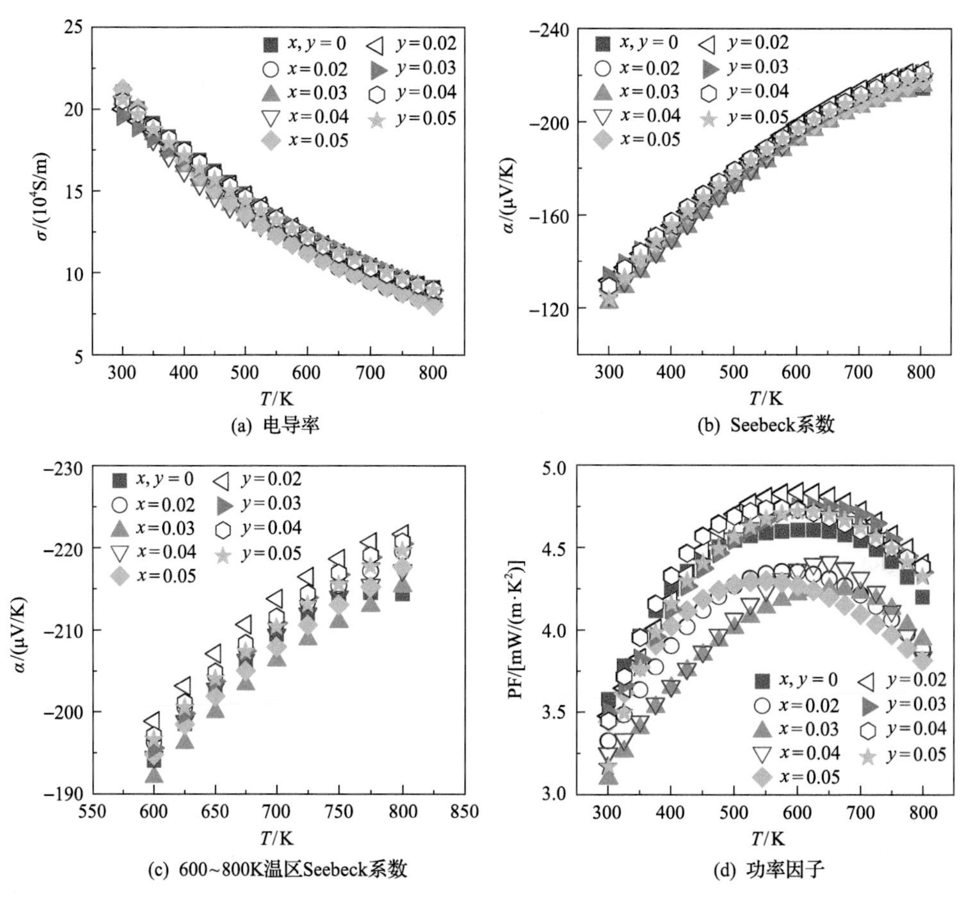

图 4-9 $Mg_{2.16}(Si_{0.3-x}Ge_xSn_{0.7})_{0.98}Sb_{0.02}$ 及 $Mg_{2.16}(Si_{0.3}Ge_ySn_{0.7-y})_{0.98}Sb_{0.02}$ 固溶体的电输运性能随温度的变化关系

对于 $Mg_{2.16}(Si_{0.3-x}Ge_xSn_{0.7})_{0.98}Sb_{0.02}$ 及 $Mg_{2.16}(Si_{0.3}Ge_ySn_{0.7-y})_{0.98}Sb_{0.02}$ 能带结构参数的计算，大部分数据均来源于表 4-2，而 dE_0/dT 取值则需根据图 4-9(a) 和 (b) 中相

应固溶体不同温度下的电导率及 Seebeck 系数采用相关模型拟合得出，具体计算过程可参考文献[30]。对 $Mg_2Si_{0.3-x}Ge_xSn_{0.7}$ 及 $Mg_2Si_{0.3}Ge_ySn_{0.7-y}$ 固溶体，dE_0/dT 的取值分别为 -7×10^{-5}eV/K 及 -5×10^{5}eV/K，计算得到的 E_0 随 Ge 含量和温度变化的结果如图 4-10 所示。结果表明，随温度升高，两种固溶体的轻重导带能量差 E_0 均会减小。对于 $Mg_2Si_{0.3}Ge_ySn_{0.7-y}$ 固溶体，Ge 含量增大引起 600～800K 高温区附近的 $|E_0|$ 逐渐减小，表明在高温区域轻重导带有效收敛，从而使图 4-9 中 $Mg_{2.16}(Si_{0.3}Ge_ySn_{0.7-y})_{0.98}Sb_{0.02}$ 的电导率与 $Mg_{2.16}(Si_{0.3}Sn_{0.7})_{0.98}Sb_{0.02}$ 相近，但其 Seebeck 系数绝对值略高于后者。而对于 $Mg_2Si_{0.3-x}Ge_xSn_{0.7}$ 固溶体，其高温区域的 $|E_0|$ 约为 30meV，明显高于 $Mg_{2.16}(Si_{0.3}Ge_ySn_{0.7-y})_{0.98}Sb_{0.02}$，故而其高温区域的电输运性能劣化。

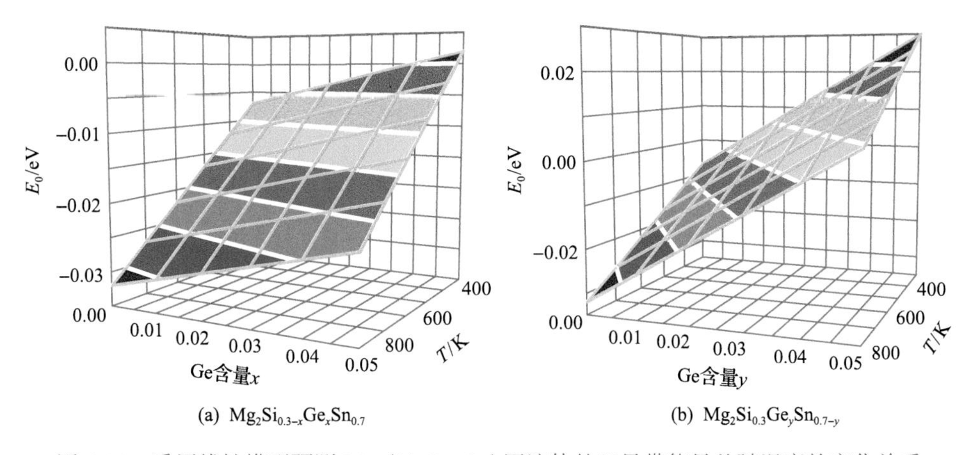

图 4-10　采用线性模型预测 $Mg_2(Si, Ge, Sn)$ 固溶体的双导带能量差随温度的变化关系

图 4-11 所示为 $Mg_{2.16}(Si_{0.3-x}Ge_xSn_{0.7})_{0.98}Sb_{0.02}$ 和 $Mg_{2.16}(Si_{0.3}Ge_ySn_{0.7-y})_{0.98}Sb_{0.02}$ 的热性能及热电优值 ZT。不同组分固溶体总热导率的差异主要来源于晶格热导率的变化，而且由于 $Mg_{2.16}(Si_{0.3}Ge_ySn_{0.7-y})_{0.98}Sb_{0.02}$ 的能隙随着 Ge 含量的增加而增大，因此其双极扩散变得显著的温度也会向高温区偏移，进而有助于降低材料在高温区的热导率。与文献[26]一致，所有样品的晶格热导率均符合 $\kappa_L\propto T^{-1/2}$，表明其声子散射机制以合金化散射和声学声子散射(即 U 散射过程)为主，且点缺陷是影响其晶格热导率的关键因素之一。对于 $Mg_2Si_{1-x-y}Ge_xSn_y$ 固溶体，通过考虑平均原子质量、平均原子半径以及不同格点位置原子的占据率，可以计算出质量波动散射参数 Γ_M 和应力波动散射参数 Γ_S 的具体数值。对于 $Mg_{2.16}(Si_{0.3-x}Ge_xSn_{0.7})_{0.98}Sb_{0.02}$，其 Γ_M 与 Γ_S 基本不随 Ge 含量的改变而改变。同时，由于 Ge 与 Sn 的原子质量及半径差异较大，$Mg_{2.16}(Si_{0.3}Ge_ySn_{0.7-y})_{0.98}Sb_{0.02}$ 的 Γ_M 与 Γ_S 均随着 Ge 含量的增加而迅速增大，进而增强了声子散射，导致固溶体晶格热导率明显降低，且室温 κ_L 由 y=0 时的 2.27W/(m·K)降低到 y=0.05 时的 2.06W/(m·K)。

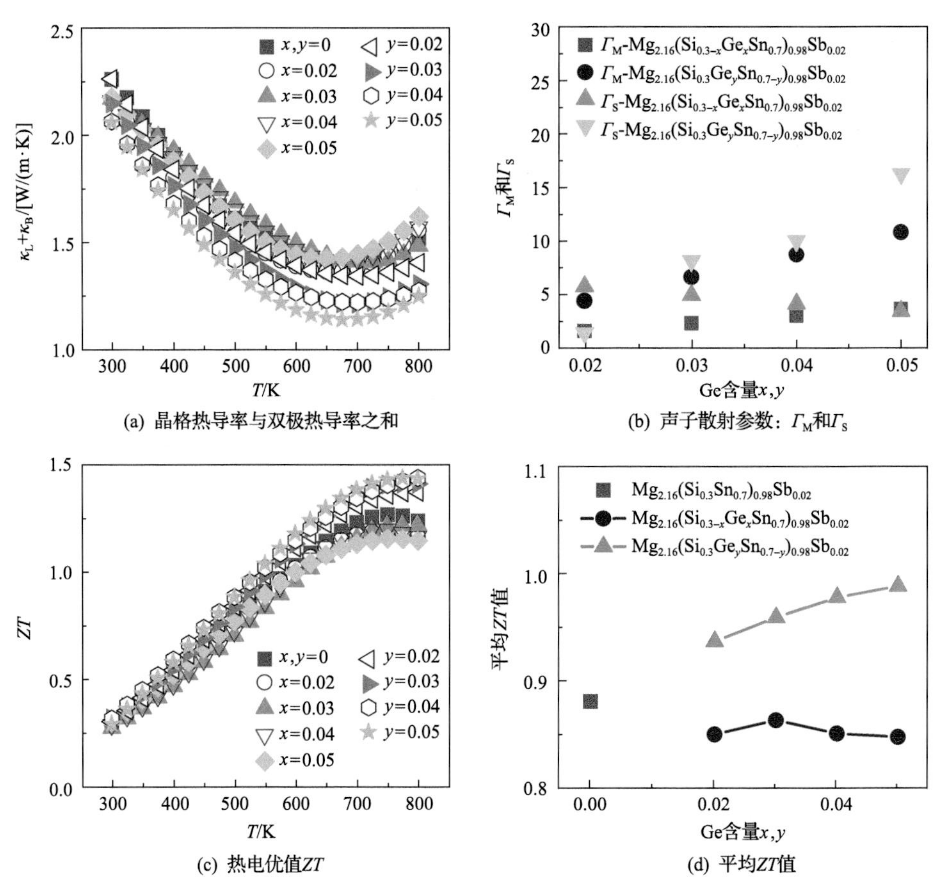

图 4-11　$Mg_{2.16}(Si_{0.3-x}Ge_xSn_{0.7})_{0.98}Sb_{0.02}$和$Mg_{2.16}(Si_{0.3}Ge_ySn_{0.7-y})_{0.98}Sb_{0.02}$的热性能及热电优值 ZT

对于 Sn 位固溶 Ge 的 $Mg_{2.16}(Si_{0.3}Ge_ySn_{0.7-y})_{0.98}Sb_{0.02}$ 化合物，其热电优值 ZT 得到明显优化，在 750K 附近获得最高 ZT 值达 1.45，是现有 Sb 掺杂单相 Mg_2Ⅳ（Ⅳ=Si, Ge, Sn）体系中得到的最高值，且其平均 ZT 值也由 0.9 升高至 1.0。但 Si 位固溶 Ge 的 $Mg_{2.16}(Si_{0.3-x}Ge_xSn_{0.7})_{0.98}Sb_{0.02}$ 固溶体由于 PF 略有降低，且 κ_L 基本不变，在 750K 附近获得的最高 ZT 值达 1.20、平均 ZT 值为 0.85，均低于 $Mg_{2.16}(Si_{0.3}Sn_{0.7})_{0.98}Sb_{0.02}$ 化合物。最终，Sn 位固溶 Ge 的 $Mg_{2.16}(Si_{0.3}Ge_ySn_{0.7-y})_{0.98}Sb_{0.02}$ 获得了更高的热电优值 ZT 和平均 ZT 值，这与高温区域轻重导带的有效收敛和 PF 的提高密切相关，同时也是由于 Ge 在 Sn 位固溶大幅降低了 κ_L。

4.2.2　$Co_{1-x}Ni_xSbS$ 化合物的导带结构调控与电热输运

本节采用第一性原理对 CoSbS 化合物及 Ni 掺杂 $Co_{1-x}Ni_xSbS$ 化合物的能带结构及其态密度分布进行了计算，CoSbS 化合物的能带结构计算结果如图 4-12 所示。能带结构计算结果表明，CoSbS 化合物的导带底存在多个能带极值，这主要由 Co

原子的 3d 轨道所贡献；同时，当结合能在 Γ 点以上约 150meV 时，S、Γ 和 Z 能带极值点处电子态密度迅速增加。

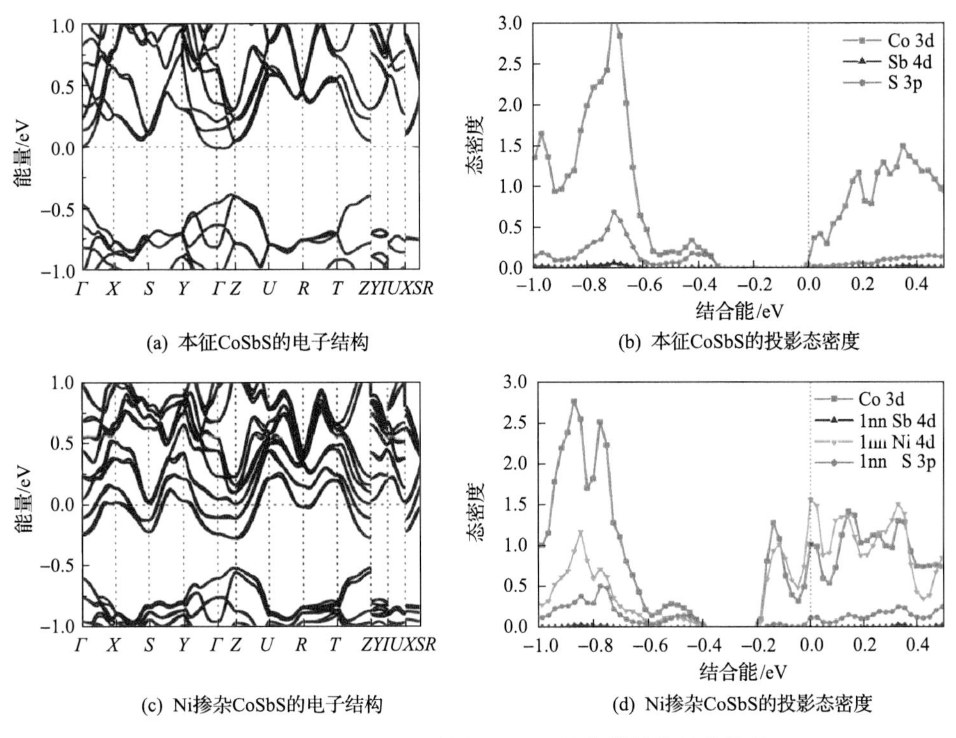

(a) 本征CoSbS的电子结构　(b) 本征CoSbS的投影态密度

(c) Ni掺杂CoSbS的电子结构　(d) Ni掺杂CoSbS的投影态密度

图 4-12　本征 CoSbS 及掺杂 CoSbS 的能带结构计算结果

在 Co 位进行 Ni 原子掺杂后，每个 Ni 原子将为 CoSbS 体系多提供一个电子，电子浓度 n 会明显增加，从而使得材料的费米能级 E_F 逐渐向导带移动。此时，S、Γ 和 Z 点能带的电子将会参与材料的电输运过程，在 CoSbS 中实现多能带传输。根据能带计算结果，CoSbS 化合物的带边有效质量分别为 $m_{kx}^*=1.27m_0$、$m_{ky}^*=1.74m_0$ 和 $m_{kz}^*=2.50m_0$；Ni 掺杂后，其带边有效质量分别为 $m_{kx}^*=2.15m_0$、$m_{ky}^*=3.27m_0$ 和 $m_{kz}^*=6.75m_0$。由此可见，CoSbS 进行 Ni 掺杂后，其有效质量将逐渐增大，与电输运的实验结果相一致，这种有效质量的增大可以使得材料在电导率不断提升的同时，其 Seebeck 系数不被劣化。

图 4-13 为 $Co_{1-x}Ni_xSbS$ 化合物的电输运性能随温度的变化关系。由图 4-13(a)可知，样品的电导率随温度的升高而增大，均表现为半导体传输特性(600K 左右，在杂质能级热激发的作用下，电导率随温度的升高而迅速增加)。Co 位进行 Ni 原子掺杂后，随着 Ni 原子掺杂量 x 增加，样品的电导率明显增大。室温下，电导率由 CoSbS 本征样品的 44.8S/m 大幅提高至 $Co_{0.93}Ni_{0.07}SbS$ 掺杂样品的 3.44×

10^4S/m。这是每个 Ni 原子掺杂后多提供一个电子，使得载流子浓度增加所致。图 4-13(b)为样品载流子浓度 n 与迁移率 μ 随 Ni 含量 x 的变化曲线。由图 4-13(b)可知，Ni 原子掺杂后，样品的载流子浓度显著升高，Ni 含量 x=0.07 时，样品 $Co_{0.93}Ni_{0.07}SbS$ 的载流子浓度在室温下达到 $1.25\times10^{21}cm^{-3}$。与此同时，由于载流子点缺陷散射及载流子间散射的增强，样品的迁移率随着 Ni 含量的增加略有降低。

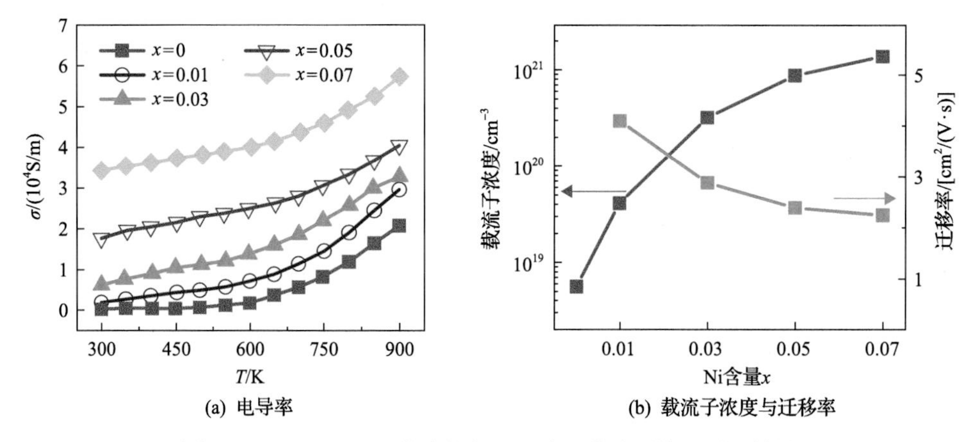

图 4-13　$Co_{1-x}Ni_xSbS$ 化合物的电导率及载流子输运测量结果

参考材料的阿伦尼乌斯(Arrhenius)公式，根据高温下样品的电阻率数据($\rho=1/\sigma$)，采用前文所述方法，拟合后可获得 $Co_{1-x}Ni_xSbS$(x=0～0.07)化合物的能隙 E_g。样品的 Arrhenius 关系曲线如图 4-14 所示，其能隙 E_g 的计算结果如表 4-3 所示。由能隙 E_g 的计算结果可知，随着 Ni 掺杂量 x 增加，样品的能隙 E_g 减小。未掺杂样品 CoSbS 化合物的能隙 E_g 约为 0.69eV，当 Ni 掺杂量 x=0.07 时，其能隙 E_g 约为 0.28eV，这种能隙的变化是由 NiSbS 化合物的金属性所引起的。

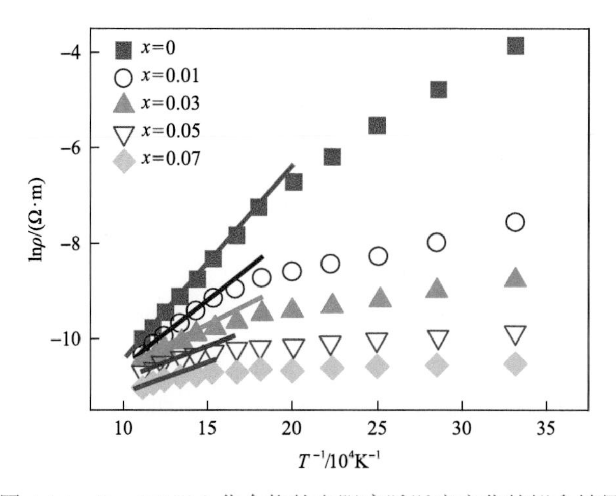

图 4-14　$Co_{1-x}Ni_xSbS$ 化合物的电阻率随温度变化的拟合结果

表 4-3　$Co_{1-x}Ni_xSbS$ 化合物的能隙计算结果

化合物	CoSbS	$Co_{0.99}Ni_{0.01}SbS$	$Co_{0.97}Ni_{0.03}SbS$	$Co_{0.95}Ni_{0.05}SbS$	$Co_{0.93}Ni_{0.07}SbS$
E_g/eV	0.69	0.55	0.31	0.29	0.28

图 4-15 (a) 为 $Co_{1-x}Ni_xSbS$ 化合物的 Seebeck 系数随温度变化关系图。由图 4-15 (a) 可知，未掺杂样品 CoSbS 化合物室温下为 p 型传导，温度 T 升高，出现 p-n 传导转变。如前文所述，这是本征未掺杂样品载流子浓度较低，样品中存在双载流子传输所导致的。Ni 原子掺杂后，样品中电子浓度 n 升高，Seebeck 系数为负值，表现为以电子为主要载流子的 n 型传导。观察样品 Seebeck 系数的绝对值$|\alpha|$可知，温度 T 升高，材料的$|\alpha|$先增大后降低。随着 Ni 掺杂量 x 的增加，样品载流子浓度 n 增加，Seebeck 系数的绝对值$|\alpha|$略有降低。此外，由图 4-15 (a) 可知，随着 Ni 掺杂量 x 的增加，样品本征激发时所对应的温度逐渐向高温移动，如图中箭头所示。

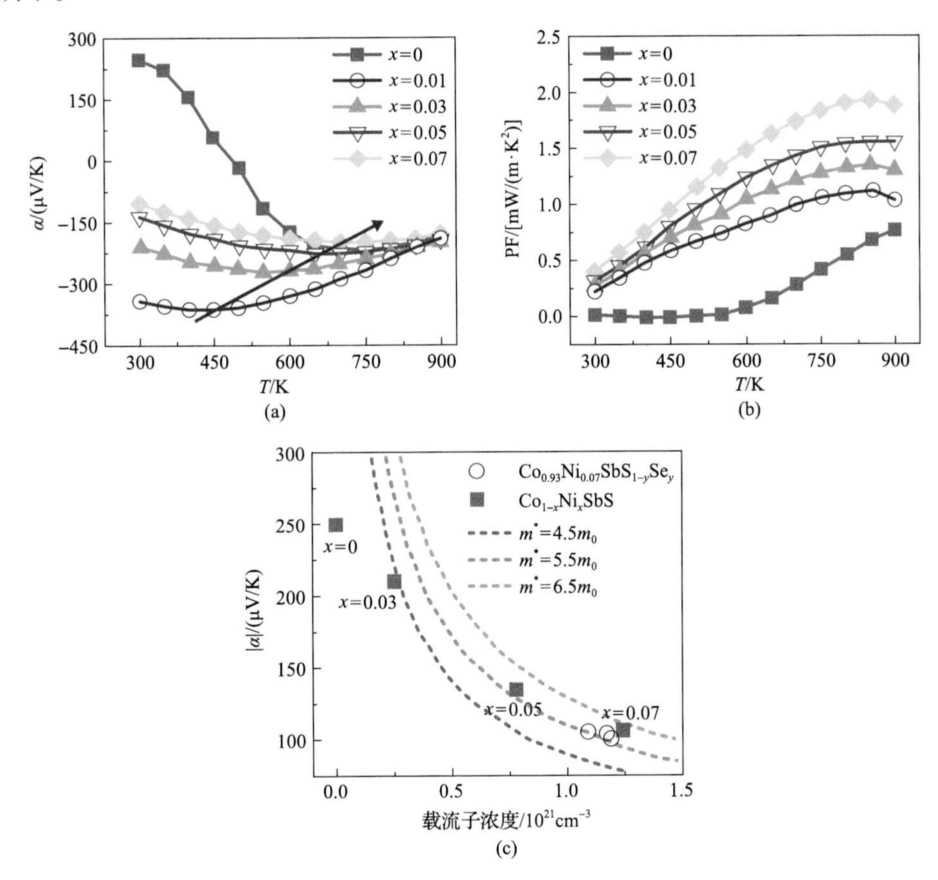

图 4-15　$Co_{1-x}Ni_xSbS$ 化合物的 Seebeck 系数、功率因子及 Pisarenko 曲线

图 4-15(b)为 $Co_{1-x}Ni_xSbS$ 化合物的功率因子随温度的变化关系。样品的 PF 随着温度 T 的升高而逐渐增大。Ni 原子掺杂后，随着 Ni 掺杂量增加，在电导率不断增大且 Seebeck 系数的绝对值$|\alpha|$保持较高数值时，样品的 PF 不断增加；当 Ni 掺杂量 x=0.07 时，样品 $Co_{0.93}Ni_{0.07}SbS$ 在 850K 获得的最高 PF 达 1.93mW/(m·K^2)，与未掺杂样品 CoSbS 的最高值 0.75mW/(m·K^2)相比，提升了 157%。

为进一步分析 $Co_{1-x}Ni_xSbS$ 化合物的电输运性能，本节根据单抛物带输运模型及式(1-14)，计算了载流子有效质量，并绘制了 Pisarenko 曲线，如图 4-15(c)所示。由图 4-15(c)可知，随着 Ni 掺杂量 x 的增加，样品的载流子浓度 n 逐渐增大，同时样品的有效质量 m^*也逐步增加。当 x=0、0.03、0.05 和 0.07 时，样品的有效质量 m^*分别为 $0.27m_0$、$4.24m_0$、$5.72m_0$ 和 $6.12m_0$，这是由 Ni 掺杂后样品多带传输所引起的。

图 4-16 所示为 $Co_{1-x}Ni_xSbS$ 化合物的热性能随温度的变化关系。随温度升高，材料的总热导率 κ 不断降低，这是由声子的 U 散射随着温度的升高而增强所导致。Co 位 Ni 原子掺杂后，材料合金化散射增强。随着 Ni 掺杂量 x 的增加，材料的 κ 不断降低。室温下，CoSbS 化合物的 κ 约为 9.6W/(m·K)，而 $Co_{0.93}Ni_{0.07}SbS$ 化合物的 κ 降至约 7.5W/(m·K)。本节根据 Wiedemann-Franze 定律计算了 $Co_{1-x}Ni_xSbS$ 化合物的电子热导率和晶格热导率。在 Co 位进行 Ni 原子掺杂后，材料中将引入较多的点缺陷，随着 Ni 掺杂量 x 的增加，由点缺陷带来的声子散射不断增强，样品晶格热导率 κ_L 不断降低。当 Ni 掺杂量 x=0.07 时，$Co_{0.93}Ni_{0.07}SbS$ 化合物获得所有样品中最低的 κ_L，室温下其 κ_L 约为 7.3W/(m·K)，900K 时其 κ_L 低至 2.8W/(m·K)，与未掺杂样品相比，降低了 24%。

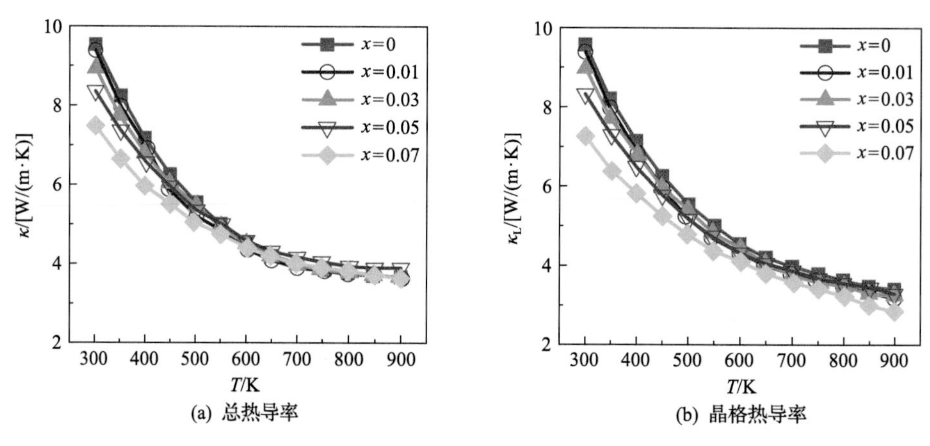

图 4-16　$Co_{1-x}Ni_xSbS$ 化合物的热性能随温度的变化关系

根据 Cahill 模型[31]，采用式(4-17)和式(4-18)，本节计算了 CoSbS 材料晶格热导率的理论最小值：

$$\kappa_{\mathrm{L,min}} = \left(\frac{\pi}{6}\right)^{1/3} k_{\mathrm{B}} n_{\mathrm{a}}^{2/3} \sum_i v_i \left(\frac{T}{\theta_i}\right)^2 \int_0^{\theta_i/T} \frac{x^3 \mathrm{e}^x}{(\mathrm{e}^x - 1)^2} \mathrm{d}x \tag{4-17}$$

$$\theta_i = v_i (\hbar/k_{\mathrm{B}})(6\pi^2 n_{\mathrm{a}})^{1/3} \tag{4-18}$$

式中，k_{B} 为玻尔兹曼常数；n_{a} 为原子密度；v_i 为材料声速；$\hbar$ 为简约普朗克常数。利用 Olympus-NDT 公司的超声设备（CTS-5072PR），对样品的纵波和横波声速进行了测试。CoSbS 化合物的纵波声速和横波声速分别为 5878m/s 和 3542m/s，代入式（4-17）和式（4-18）可计算得到，室温 CoSbS 化合物的理论最低晶格热导率 $\kappa_{\mathrm{L,min}}$ 约为 0.96W/(m·K)。$Co_{0.93}Ni_{0.07}SbS$ 化合物室温获得的最低晶格热导率虽然降至 7.3W/(m·K)，但明显高于理论最低晶格热导率，仍然存在较大的优化空间。

图 4-17 所示为 $Co_{1-x}Ni_xSbS$ 化合物的热电优值 ZT 随温度的变化关系。样品的热电优值 ZT 随温度的升高而升高，随 Ni 掺杂量 x 的增加而不断增大。当 Ni 掺杂量 x=0.07 时，$Co_{0.93}Ni_{0.07}SbS$ 化合物在 PF 提升和 κ_{L} 降低的共同作用下，在 900K 时，获得的最大 ZT 值达 0.45，与未掺杂 CoSbS 样品相比，提升了 150%。

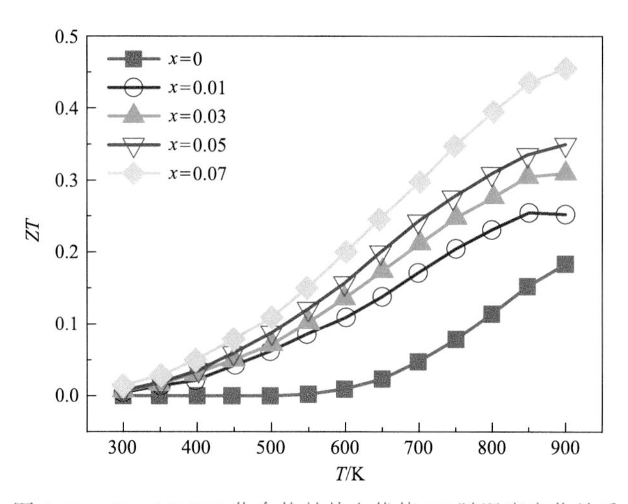

图 4-17　$Co_{1-x}Ni_xSbS$ 化合物的热电优值 ZT 随温度变化关系

4.3　价带结构调控与电热输运

4.3.1　Mn 与 Sb 双掺杂 GeTe 化合物的价带结构调控与电热输运

为了研究 MnTe 固溶对 GeTe 能带结构的影响，采用 DFT 计算了 $Ge_{27-x}Mn_xTe_{27}$（x=0, 1, 2）样品的电子能带结构，图 4-18（a）、（b）和（c）为低温下菱方相 GeTe 的能带结构，图 4-18（e）、（f）和（g）为高温下立方相 GeTe 的能带结构，图 4-18（d）

和(h)为菱方相 GeTe 和立方相 GeTe 的第一布里渊区示意图。

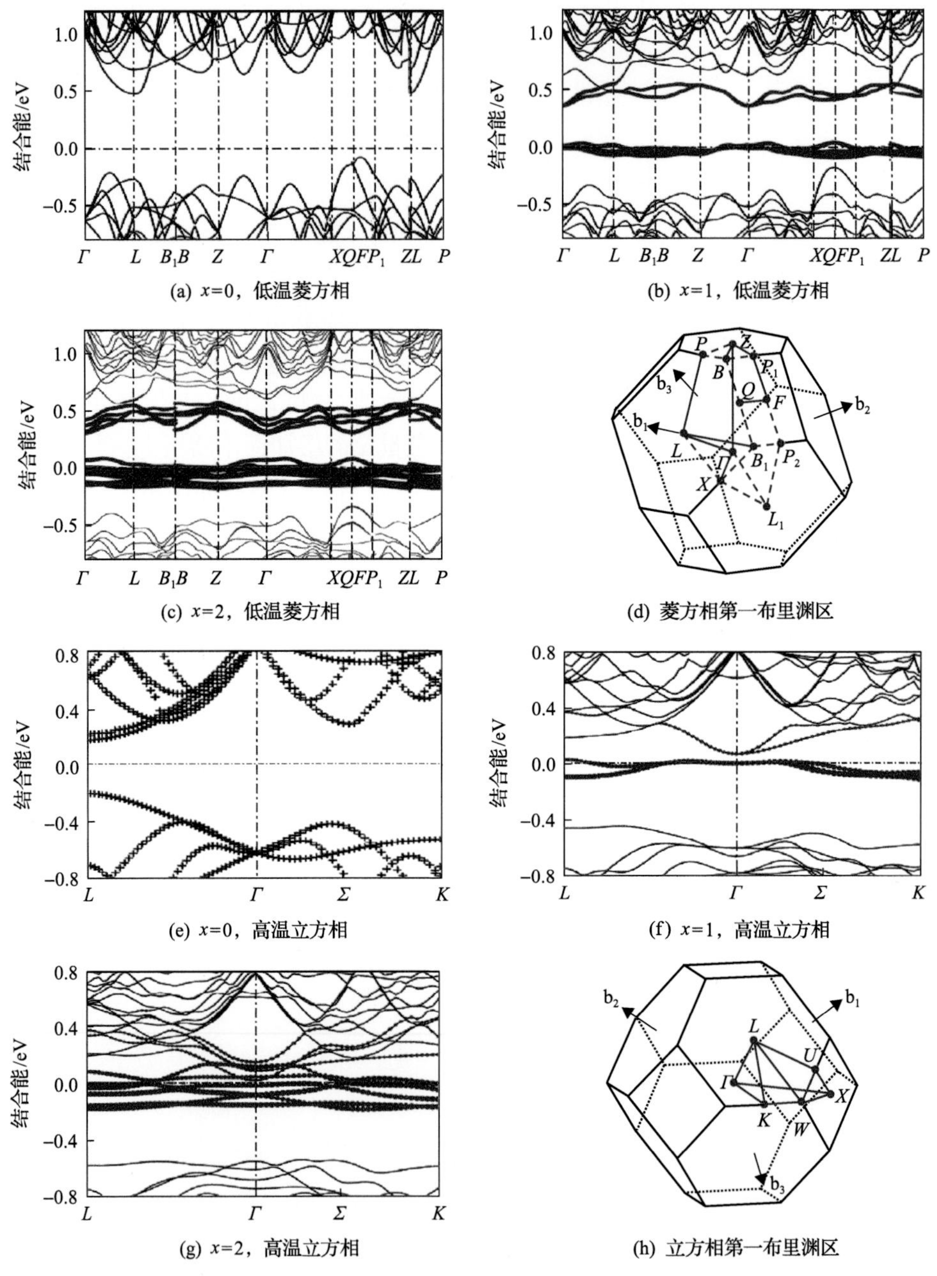

图 4-18　$Ge_{27-x}Mn_xTe_{27}$(x=0, 1, 2)化合物的能带结构计算结果

能带结构计算表明，无论在低温相还是高温相中，导带均主要由 Ge 的 4p 轨道组成，价带均主要由 Te 的 5p 轨道组成。在菱方相 $Ge_{1-x}Mn_xTe$ 结构中，本征 GeTe

轻重价带能量差(ΔE)为 0.15eV，x=1 的 $Ge_{26}MnTe_{27}$ 组分的ΔE 为 0.14eV，而 x=2 的 $Ge_{25}Mn_2Te_{27}$ 的ΔE 显著降低至 0.04eV。计算结果说明，固溶 MnTe 能促进菱方相 GeTe 化合物的双价带收敛。同时，固溶 MnTe 在禁带中引入杂质能级，这些杂质能级来自 Mn 的 3d 轨道。对于组成符合化学计量比的 GeTe 而言，通常情况下费米能级位于禁带中间，GeTe 中因为存在大量 Ge 空位使得费米能级向价带方向移动，故 GeTe 表现为 p 型简并半导体。GeTe 在高温下稳定的结构是立方岩盐相。根据能带结构计算结果，空穴输运主要来源于布里渊区中能带极值点 L 和 Σ 处的价带。

在未掺杂立方相 GeTe 中，L 和 Σ 带之间的轻重价带能量差(ΔE)为 0.21eV。随着 MnTe 固溶量的增加，ΔE 从 $Ge_{26}MnTe_{27}$ 组分的 0.05eV 降低到 $Ge_{25}Mn_2Te_{27}$ 组分的 0.01eV。因此，无论是在菱方相还是在立方相 GeTe 中，固溶 MnTe 均能降低轻重价带之间的能量差，而且 MnTe 还会在禁带中引入额外的杂质能级。

图 4-19 是 $Ge_{0.9-x}Mn_{0.1}Sb_xTe$ 化合物的低温载流子浓度和迁移率随温度的变化关系。样品室温下的物性如表 4-4 所示。室温下，除 x−0.10 样品，其他样品的载流子浓度随着 Sb 含量的增加而降低，从 $22.52\times10^{20}cm^{-3}$ 降低到 $8.37\times10^{20}cm^{-3}$，这源于 Sb 的施主杂质效果。此外，样品的迁移率在 100K 以前与温度满足 T^{-1} 关系，以声学声子散射为主。在 100K 以后，除 x=0.10 样本，其他样品的迁移率与

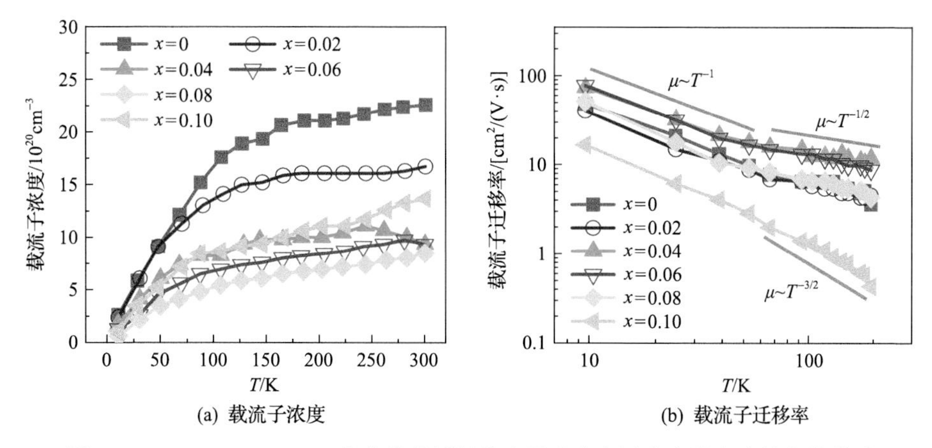

图 4-19　$Ge_{0.9-x}Mn_{0.1}Sb_xTe$ 化合物的低温载流子浓度和迁移率随温度的变化关系

表 4-4　$Ge_{0.9-x}Mn_{0.1}Sb_xTe$ 化合物的室温物性

样品	κ_L/[W/(m·K)]	σ/(10^4 S/m)	α/(μV/K)	n/$10^{20}cm^{-3}$	μ/[cm^2/(V·s)]	m^*/m_0
x=0	2.04	17.49	55.95	22.52	3.44	4.79
x=0.02	1.97	14.49	68.59	15.15	4.52	4.51
x=0.04	0.91	16.93	84.79	9.43	10.29	4.06
x=0.06	1.05	13.57	109.99	9.06	8.43	5.13
x=0.08	1.15	7.24	129.92	8.37	4.01	5.75
x=0.10	1.11	7.16	142.96	13.76	0.40	7.44

温度满足 $T^{-1/2}$ 关系，表明样品中的载流子受合金化散射的影响。室温下样品的迁移率随着 Sb 含量的增加先增大后减小。

图 4-20 为 $Ge_{0.9-x}Mn_{0.1}Sb_xTe$ 化合物的电导率和 Seebeck 系数随温度的变化关系。结果表明，随着 Sb 含量的增加，室温下样品的电导率逐渐降低，这与载流子浓度的变化规律一致。Sb 含量 x 的增加使得样品的 Seebeck 系数增大。能带结构计算表明，固溶 Mn 之后，轻重价带能量差减小。同时，Mn 固溶之后产生了大量的 Ge 空位，载流子浓度很高，费米能级位置远远偏离了最优化的载流子浓度范围。而随着 Sb 含量的增加，载流子浓度降低，费米能级重新回到优化范围，最终使得重价带对电性能的贡献增加。

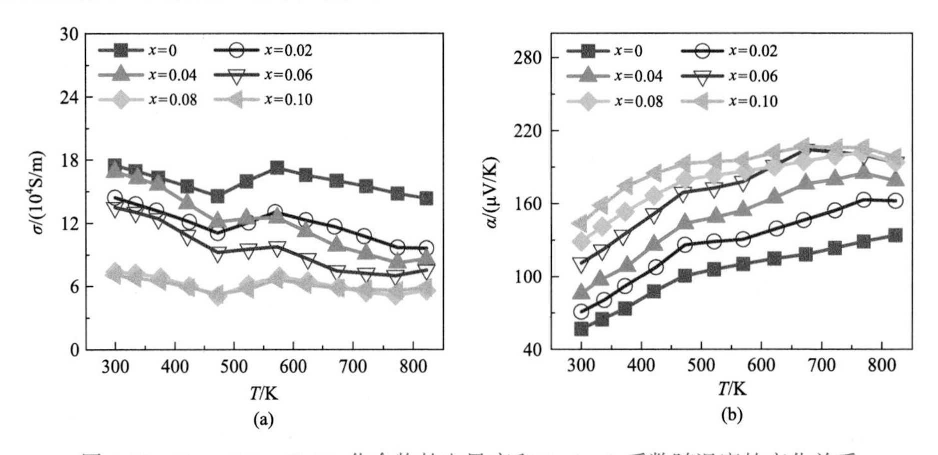

图 4-20 $Ge_{0.9-x}Mn_{0.1}Sb_xTe$ 化合物的电导率和 Seebeck 系数随温度的变化关系

$Ge_{0.9-x}Mn_{0.1}Sb_xTe$ 化合物的功率因子 PF 随着温度变化的关系如图 4-21 所示。结果表明，样品的 PF 在较高温度获得最大值。同时，Mn 的固溶引起轻重价带能

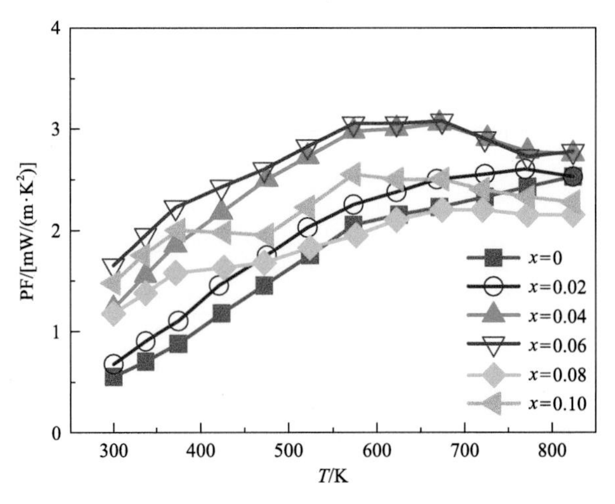

图 4-21 $Ge_{0.9-x}Mn_{0.1}Sb_xTe$ 化合物的功率因子随温度的变化关系

量差减小和能带收敛，进而大幅优化了 PF。最终，x=0.06 的 $Ge_{0.84}Mn_{0.1}Sb_{0.06}Te$ 组分，在 673K 获得最大的 PF，可达 3.07mW/(m·K^2)。

图 4-22 所示为 $Ge_{0.9-x}Mn_{0.1}Sb_xTe$ 化合物的热性能随温度的变化关系。样品的热导率在约 475K 和 575K 时出现两个拐点，这与图 4-20(a)中电导率随温度的变化关系一致。Sb 的掺杂显著降低了样品的热导率。通过计算 $Ge_{0.9-x}Mn_{0.1}Sb_xTe$ 化合物的晶格热导率，发现κ_L～T 关系接近线性，而非 U 散射过程中热导率满足κ_L～T^{-1} 关系。这说明 $Ge_{0.9-x}Mn_{0.1}Sb_xTe$ 化合物中声子散射除了 U 散射还包括其他的散射，如 Ge 空位和 Sb 占据 Ge 位引起的点缺陷散射、固溶 MnTe 引起的合金化散射以及晶界散射等。这些多重散射机制引起样品的热导率大幅度降低。此外，在 GeTe 中固溶 MnTe 起到了软化晶格的作用，例如，Mn 和 Sb 的加入使得晶格进一步变软，进一步降低了κ_L。

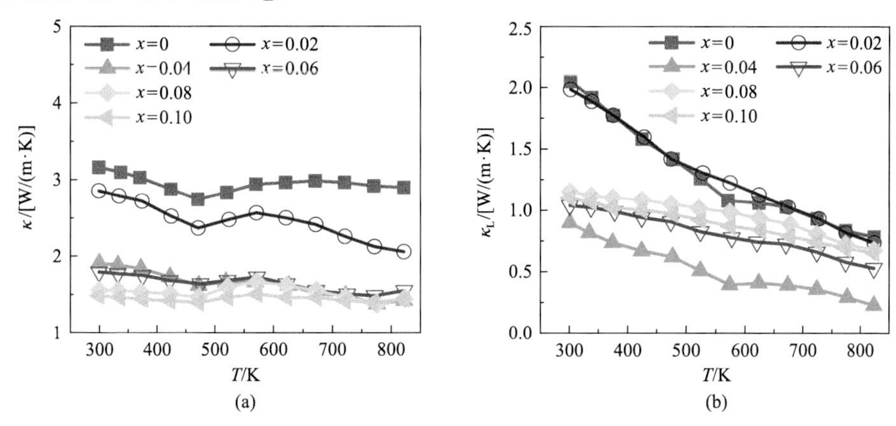

图 4-22　$Ge_{0.9-x}Mn_{0.1}Sb_xTe$ 化合物的热性能随温度的变化关系

图 4-23 是 $Ge_{0.9-x}Mn_{0.1}Sb_xTe$ 化合物的热电优值 ZT 随温度的变化关系。由于

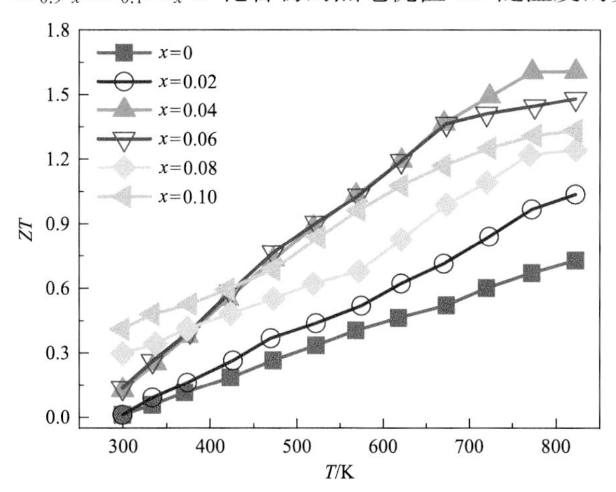

图 4-23　$Ge_{0.9-x}Mn_{0.1}Sb_xTe$ 化合物的热电优值 ZT 随温度的变化关系

MnTe 固溶引起的双价带收敛及载流子有效质量的增加、Mn 和 Sb 共掺杂协同优化载流子输运性能以及κ_L的大幅度降低，$Ge_{0.9-x}Mn_{0.1}Sb_xTe$ 化合物的热电优值 ZT 获得了显著优化。$Ge_{0.86}Mn_{0.10}Sb_{0.04}Te$ 样品获得了所有组分中的最高热电优值 ZT，在 823K 获得的最大 ZT 值达 1.61，相对于本征 GeTe 样品提高了 47%。

4.3.2 PbTe 化合物的价带结构调控与电热输运

PbTe 化合物是一种典型的中温区（500～900K）高性能热电材料，同时具有良好的机械性能和高温稳定性。20 世纪 60 年代该材料就被美国的 3M 公司制作成以同位素辐射作热源的热电发电装置，应用在美国国家航空航天局（NASA）的太空航天器上。虽然为简单的岩盐立方结构，但 PbTe 具有很低的本征κ_L，这一方面归因于其中的组成元素，另一方面得益于 Pb 原子的铁电性偏移导致的光学声子与声学声子的强烈耦合作用[32]。此外，研究发现，利用多尺度微观结构设计可进一步在更宽频率范围内散射声子[33]，降低其κ_L至非晶极限。因此，提高 PbTe 热电材料的电学性能是优化其热电性能的关键，这也是热电研究领域近年来高度关注的重要课题。

Heremans 等[34]研究发现，Tl 掺杂可在 PbTe 价带顶附近引入杂质共振能级，使其室温附近的 Seebeck 系数大幅度增加，ZT 值得到显著优化。然而，Tl 元素的环境危害性，以及共振能级随温度的衰减效应，均不利于其实际应用。早期的理论和实验结果表明[35, 36]，PbTe 具有独特的双价带结构：价带顶在布里渊区 L 点，N_v=4，其有效质量较小，载流子迁移率较高；次价带位于布里渊区 Σ 点，N_v=12，具有大的有效质量和低的载流子迁移率。在室温时，L、Σ 价带之间的能量差约为 0.15eV。研究发现，Mg 元素掺杂可有效降低 PbTe 化合物 L、Σ 价带之间的能量差，实现价带收敛和热电性能提高[37]。作为与 Mg 同族的 Sr 元素，早期研究却表明，其在 PbTe 中的固溶度很低（小于 1%），主要以 SrTe 纳米第二相的形式从基体中析出[33]。SrTe 析出相与 PbTe 基体相价带顶能量接近，且二者形成共格界面。因此，SrTe 纳米第二相在大幅度降低 PbTe 晶格热导率的同时，对空穴载流子的输运并未产生劣化作用。最终，SrTe 复合的 p 型 PbTe 热电材料在 900K 附近的最大 ZT 值可达到 2.2。如果能够使更多的 SrTe 固溶到 PbTe 中，使之产生与 Mg 掺杂类似的价带收敛效应，同时过量的 SrTe 仍然保持前述复合效果，则有望进一步提升 p 型 PbTe 的热电性能。

通过熔融、淬火、退火结合放电等离子体烧结制备了一系列名义组成为 $Pb_{0.98}Na_{0.02}Te$-x%SrTe（x=0～12）的样品，其中 Na 作为受主掺杂元素提供空穴载流子[38]。如图 4-24（a）和（b）所示，样品的晶格常数和能隙均随 x 的增加线性增加，在 x=4 附近达到饱和，这表明约有 4%的 SrTe 成功固溶到 PbTe 中，这远远高于先前报道的固溶度。分析认为，相比于早期报道，我们额外引入的高温退火程序，可促进更多 Sr 元素进入到 PbTe 晶格位置，这是因为 SrTe 在 PbTe 中的固溶度随温度的增加而逐渐提高。

图 4-24(c)和(d)所示的电性能结果表明，SrTe 的引入对 $Pb_{0.98}Na_{0.02}Te$ 的电导率影响不大，但却在整个测试温区内有效提高了 Seebeck 系数。具体而言，在 300K 时，Seebeck 系数从 x=0 时的 62μV/K 提高到 x=6 时的 90μV/K，增幅约为 50%。室温霍尔测试数据表明，所有样品的空穴浓度均十分接近，为 $1.6\times10^{20}cm^{-3}$，这主要是因为 Sr 在 Pb 位置的掺杂为等电子取代。在相同载流子浓度情况下，SrTe 固溶表现出显著增强的 Seebeck 系数，表明其显著改变了 PbTe 的能带结构。

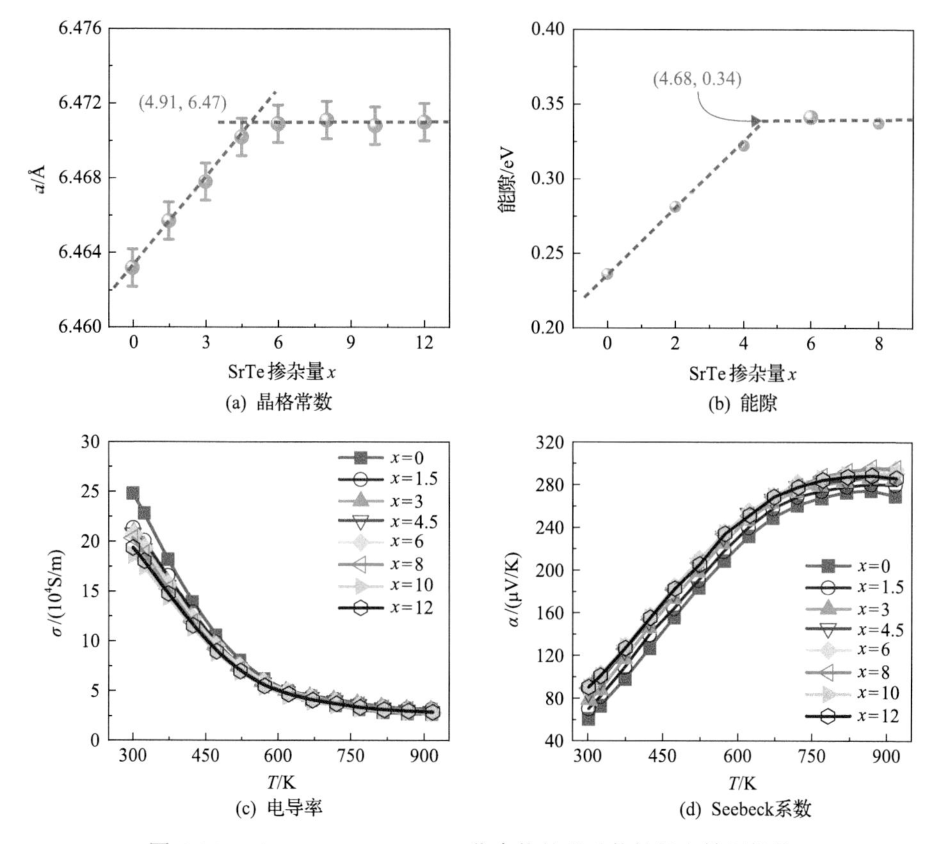

图 4-24　$Pb_{0.98}Na_{0.02}Te$-x%SrTe 化合物的基础物性及电输运性能

图 4-25(a)所示为通过第一性原理计算的 $Pb_{27-m}Sr_mTe_{27}$ 的能带结构。由图可知，随着 m 的增加，导带底位置基本未发生明显变化。然而，在此过程中，L、Σ 价带均逐渐往低能量方向移动。为了更直观地分析能带结构的变化，图 4-25(b)绘制了导带底以及 L、Σ 价带在不同 m 值情况下的带边能量情况。由于导带底不变，L 价带能量降低，材料的能隙会逐渐增大，这与前面的能隙测试结果一致。此外，虽然 L、Σ 价带能量都随 m 的增加而降低，但 L 价带下降得更快，这导致 L、Σ

价带之间的能量差逐渐减小，即价带发生了收敛。因此，可以认为，SrTe 固溶导致的 PbTe 价带收敛效应是其 Seebeck 系数显著增加的原因。

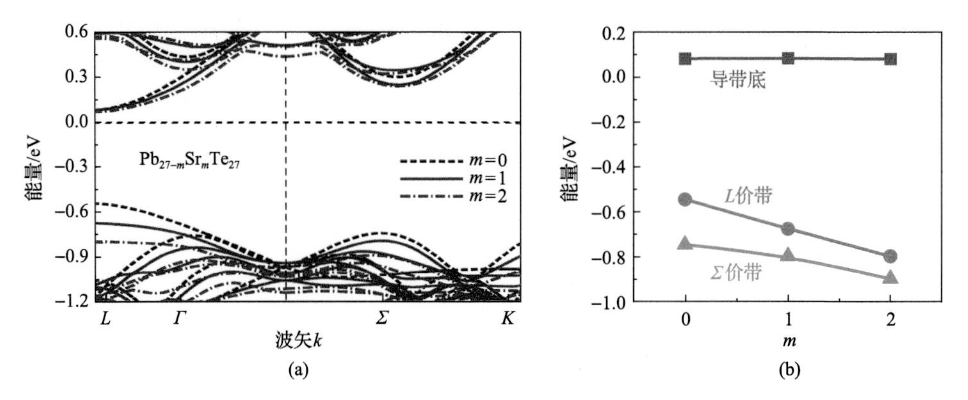

图 4-25　$Pb_{27-m}Sr_mTe_{27}$ 的能带结构及双价带能量位置计算结果

此外，如图 4-26(a)和(b)所示，SrTe 固溶还显著降低了 $Pb_{0.98}Na_{0.02}Te$ 的κ和

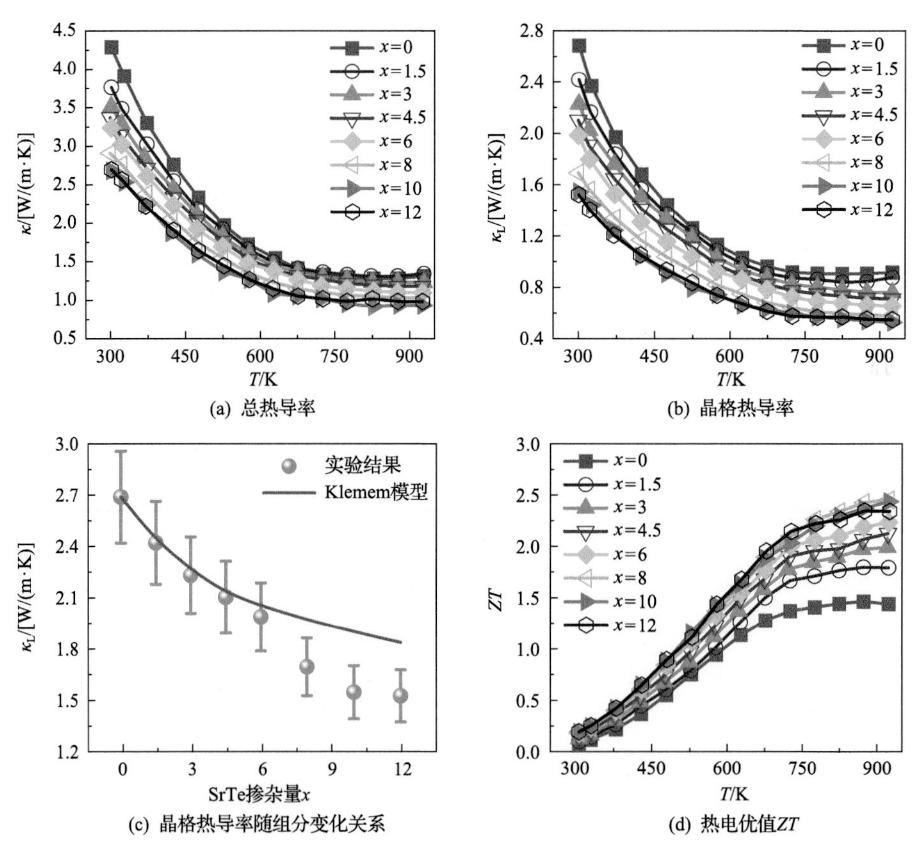

图 4-26　$Pb_{0.98}Na_{0.02}Te$-x%SrTe 样品的热性能和热电优值 ZT 随温度的变化关系

κ_L。采用 Klemem 的无序固溶体模型，理论计算了室温下 $Pb_{0.98}Na_{0.02}Te$-x%SrTe 的 κ_L 随 x 的变化关系，如图 4-26(c)中的实线所示。

可以发现，在 $x \leqslant 6$ 的范围内，实验晶格热导率和模拟晶格热导率在数值上吻合较好；当 x 进一步增加时，实验晶格热导率远低于理论模拟值。这表明，在前述固溶区间内，SrTe 固溶引起的质量波动和应力场波动能够很好地解释体系晶格热导率的下降。而超出固溶度以后，和早期研究结果类似，SrTe 析出相能够对声子进一步造成强烈散射，而对载流子输运影响较小(电导率变化不大)。

最终，由于 SrTe 固溶引起的价带收敛，以及 SrTe 析出导致的声子散射加剧而载流子选择性通过作用，$Pb_{0.98}Na_{0.02}Te$-x%SrTe 的热电性能显著提升。其中，x=8 的 $Pb_{0.98}Na_{0.02}Te$-8%SrTe 获得了所有样品中最高的热电优值 ZT，并在 923K 获得最大 ZT 值达 2.5[图 4-26(d)]，相比于 $Pb_{0.98}Na_{0.02}Te$ 参比样品提高了近 80%。上述研究证实，价带收敛是提高 PbTe 材料热电性能的有效手段。

4.3.3 PbSe 化合物的价带结构调控与电热输运

PbSe 和 PbTe 具有相同的晶体结构以及类似的能带结构(双价带结构)和本征低晶格热导率，但 PbSe 具有更高的熔点和热稳定性。同时，相较于 Te，Se 的地壳丰度更高，因此 PbSe 成本也更加低廉。理论预测表明[39]，p 型 PbSe 的 ZT 值在 1000K 有望超过 2.0，从而取代 PbTe 应用于中高温热电发电领域。然而，实现这一目标的关键在于大幅度提升 PbSe 的电学性能。在室温下，PbSe 化合物 L、Σ 价带之间的能量差(ΔE)[40]约为 0.25eV，高于 PbTe 的 0.15eV。因此，在 PbSe 中实现价带的收敛具有更高的挑战性和难度。有研究表明[41, 42]，在 PbSe 的阳离子位置利用 Cd 或 Hg 进行掺杂，可达到降低 ΔE 的目的。但受限于 Cd、Hg 在 PbSe 中的低固溶度，最终得到的价带收敛程度不够，材料的热电性能优化不能满足预期。

首先在 PbSe 中固溶部分 PbTe，利用 PbTe 中价带收敛速度(即 L、Σ 价带之间的能量差随温度的升高而降低的速度，4×10^{-4}eV/K)远高于 PbSe(约为 2.2×10^{-4}eV/K)这一原理，加速 $PbSe_{1-y}Te_y$ 的价带收敛。在此基础上，通过在阳离子位置掺杂 3%Cd，进一步降低了 L、Σ 价带之间的能量差。在上述因素的共同作用下，充分的价带收敛在 PbSe 中得以实现，电热输运性能得到全面优化[43]。

本节在实验上成功制备了一批单相致密的 $Pb_{0.98}Na_{0.02}Se_{1-y}Te_y$ 块体样品。图 4-27(a)和(b)的电性能测试结果表明，随着 y 的增加，样品的电导率降低，Seebeck 系数增加。采用双价带模型，本节计算了不同组分下 ΔE 随温度的变化关系，如图 4-27(c)所示。可以发现，在室温下，$Pb_{0.98}Na_{0.02}Se$ 和 $Pb_{0.98}Na_{0.02}Se_{0.85}Te_{0.15}$ 样品的 ΔE 值接近，这表明 PbTe 的固溶并不能直接降低 PbSe 中 L、Σ 价带的能量差。另外，随着温度的增加，相比于 $Pb_{0.98}Na_{0.02}Se$，$Pb_{0.98}Na_{0.02}Se_{0.85}Te_{0.15}$ 样品的 ΔE 值降低得更快，这主要归因于 PbTe 中价带收敛速度高于 PbSe，这也是固溶

PbTe 的样品在高温下具有更高 Seebeck 系数的原因。

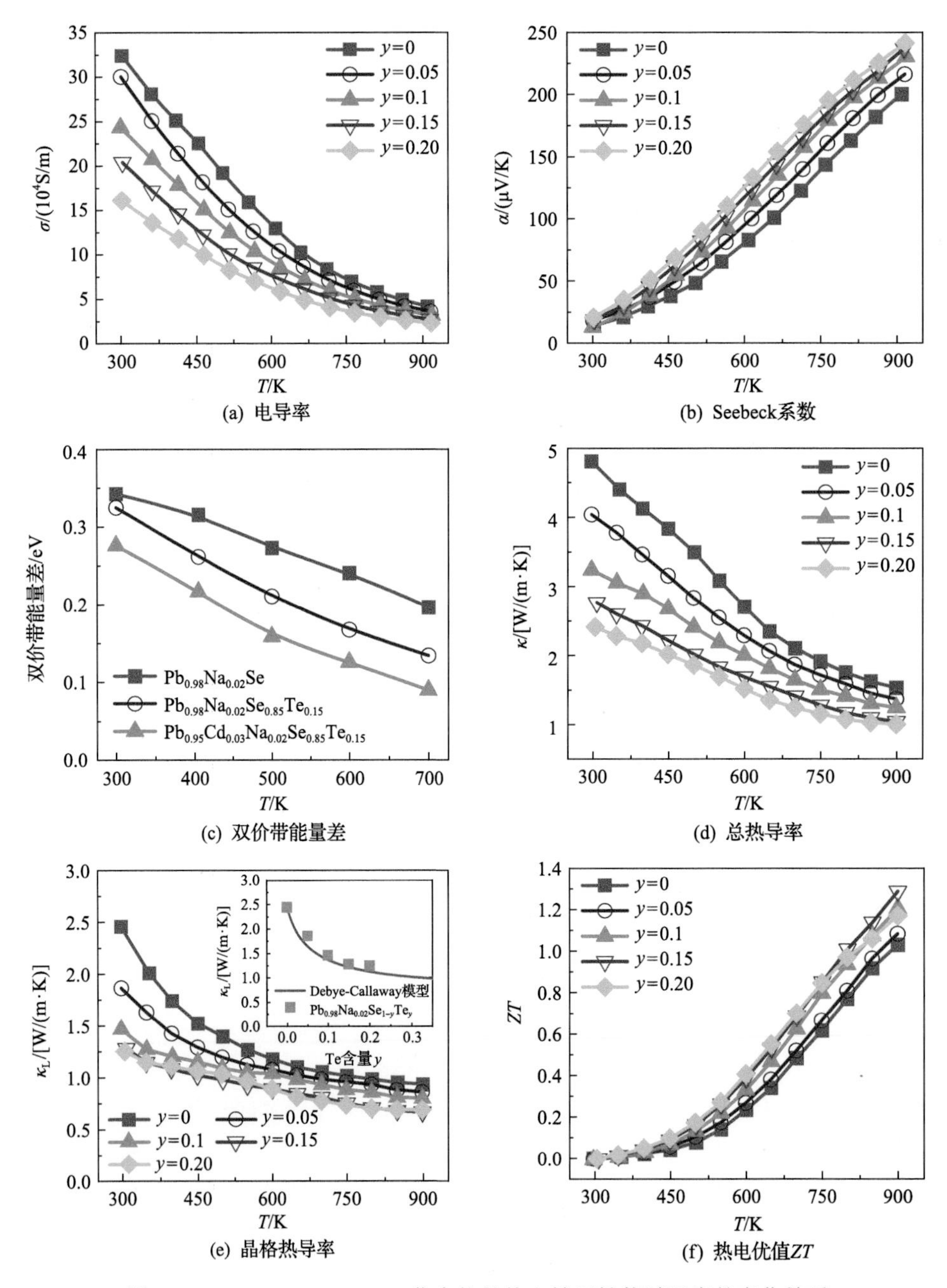

图 4-27　$Pb_{0.98}Na_{0.02}Se_{1-y}Te_y$ 化合物的热电输运性能随温度的变化关系

PbTe 的固溶不仅有效提升了 $Pb_{0.98}Na_{0.02}Se$ 的 Seebeck 系数，更显著降低了其总热导率和晶格热导率，如图 4-27(d) 和 (e) 所示。采用德拜-卡拉韦(Debye-Callaway)

模型计算了室温下 $Pb_{0.98}Na_{0.02}Se_{1-y}Te_y$ 样品的晶格热导率随 y 的变化关系，发现其与实验值吻合较好，如图 4-27(e)中插图所示。因此，PbTe 固溶所引起的质量波动和应力场波动是导致 $Pb_{0.98}Na_{0.02}Se$ 样品晶格热导率降低的主要原因。得益于 Seebeck 系数的增加以及晶格热导率的降低，PbTe 的固溶显著提高了 $Pb_{0.98}Na_{0.02}Se$ 样品的热电性能。如图 4-27(f) 所示，当 y=0.15 时，$Pb_{0.98}Na_{0.02}Se_{0.85}Te_{0.15}$ 样品在 900K 获得的最大热电优值 ZT 达到 1.3，相比于本征样品提升了近 30%。

在上述优化组分(y=0.15)的基础上，进一步在 Pb 位用 3%Cd 进行掺杂，以期在全温区进一步降低双价带能量差(ΔE)。实验上制备了一系列名义组成为 $Pb_{0.97-x}Na_xCd_{0.03}Se_{0.85}Te_{0.15}$($x$=0.005～0.025)的致密块体样品，调节 Na 的含量是为了对费米能级进行优化。测试结果表明，随着 Na 含量的增加，样品的电导率[图 4-28(a)]逐渐增加，在 x=0.02 附近达到饱和，而 Seebeck 系数[图 4-28(b)]呈现出相反的变化趋势。

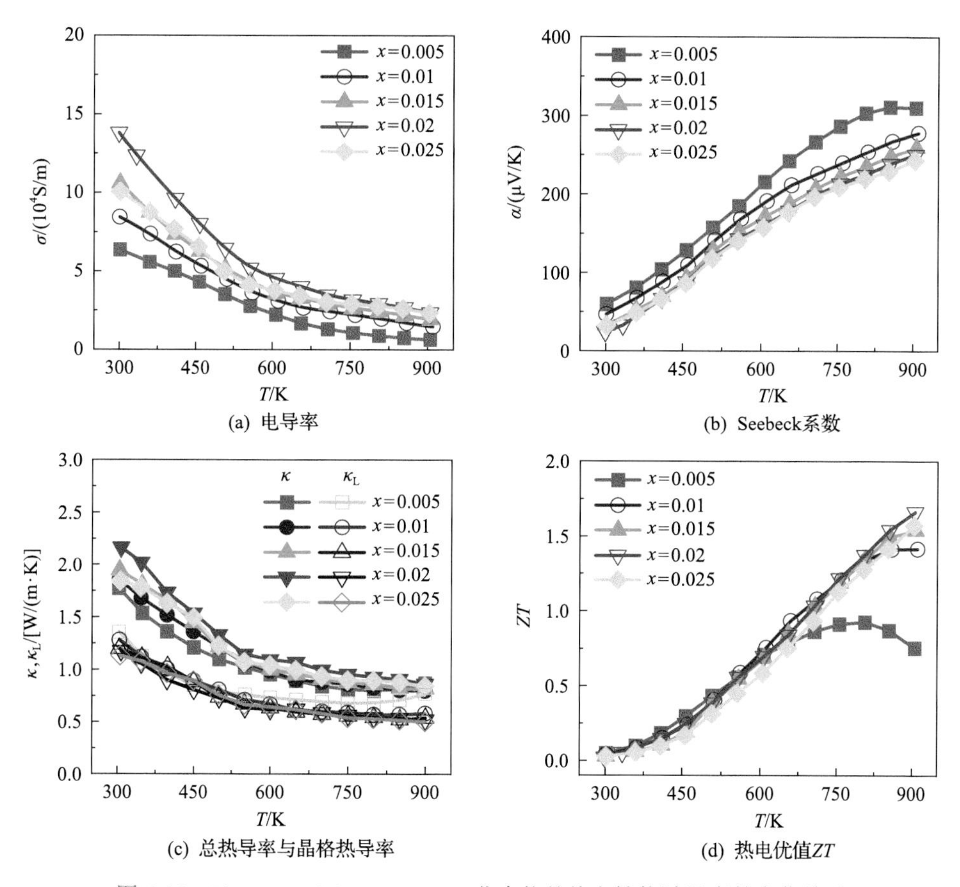

图 4-28　$Pb_{0.97-x}Na_xCd_{0.03}Se_{0.85}Te_{0.15}$ 化合物的热电性能随温度的变化关系

同样地，利用双价带模型计算了 x=0.02 样品中 ΔE 随温度的变化关系。显然，

相比于 $Pb_{0.98}Na_{0.02}Se_{0.85}Te_{0.15}$，$Pb_{0.95}Na_{0.02}Cd_{0.03}Se_{0.85}Te_{0.15}$ 样品的 ΔE 值在全温区整体降低了约 0.05eV，这表明 Cd 掺杂促进 PbSe 能带收敛的原理与 PbTe 固溶是有区别的。同时，这也证明了上述两种促进 PbSe 价带收敛的方法可以相互协同，在更大程度上降低了 ΔE，实现热电性能优化。

图 4-28(c)所示为 $Pb_{0.97-x}Na_xCd_{0.03}Se_{0.85}Te_{0.15}$ 样品的总热导率和晶格热导率随温度的变化关系。由于 Na 的掺杂量较低，其含量的变化基本不会对晶格热导率造成显著影响，总热导率随组分的变化趋势与电导率的变化趋势保持一致。PbTe 固溶和 Cd 掺杂协同导致价带的显著收敛，$Pb_{0.97-x}Na_xCd_{0.03}Se_{0.85}Te_{0.15}$ 样品的热电性能显著提升。如图 4-28(d)所示，x=0.02 的 $Pb_{0.95}Na_{0.02}Cd_{0.03}Se_{0.85}Te_{0.15}$ 样品获得所有组分中最高的 ZT 值，并在 900K 达到 1.7，相比于参比样品 $Pb_{0.98}Na_{0.02}Se$ 提高了 70%。

4.3.4 SnTe 化合物的价带结构调控与电热输运

由于不含有毒重金属元素 Pb，SnTe 被认为是 PbTe 的重要替代候选之一。它同样为岩盐立方结构，且存在 L、Σ 双价带结构。相比于 PbTe 和 PbSe，SnTe 中 L、Σ 价带之间的能量差进一步增加，在室温下 ΔE 达到约 0.35eV[44]。如何实现 SnTe 化合物的价带收敛是优化其热电性能的关键。

首先，借鉴在 PbTe 和 PbSe 中的研究思路，选择 Cd 或 Hg 在 SnTe 阳离子位置进行掺杂，以期降低 ΔE 值[45, 46]。实验上制备了一系列 Cd/Hg 掺杂样品，结果表明，二者在 SnTe 中的固溶度较低，在室温下约为 3%。即便如此，如图 4-29(a)所示，3%Cd/Hg 掺杂的 SnTe 样品相比于本征 SnTe，其 Seebeck 系数在整个测试温区内都显著提升，尤其是 Cd 掺杂样品的 Seebeck 系数在 800K 达到了 200μV/K，相比于本征 SnTe 样品的 140μV/K 约增加了 43%。此外，Cd/Hg 掺杂后，SnTe 样品的电导率和总热导率都有所降低，如图 4-29(b)和(c)所示，而最终的 ZT 值[图 4-29(d)]大幅度增加。其中，3%Cd 掺杂的 SnTe 样品的最大 ZT 值在 800K 接近 1.0，相比于本征 SnTe 提高了 50%。

图 4-30 所示为本征 SnTe 和 Cd 掺杂 SnTe 的电子能带结构计算结果。相比于本征 SnTe，Cd 掺杂后，化合物的能隙增加，同时 L、Σ 价带之间的能量差降低。这表明，Cd 在 Sn 位置的掺杂能够实现 SnTe 的价带收敛，这是其 Seebeck 系数提升的重要原因。Hg 掺杂对 SnTe 的能带结构有类似的影响，在此不作赘述。选择特定元素掺杂是实现热电材料能带收敛的重要方法，但收敛程度与元素的掺杂浓度密切相关。对于 SnTe 这类双价带之间能量差过大的材料体系而言，Cd、Hg 等 3%的固溶度显然不足以实现充分的价带收敛效应。寻找具有更高固溶度，且能有效降低 SnTe 中 L、Σ 价带之间能量差的新型掺杂元素或掺杂方法具有十分重要的意义。

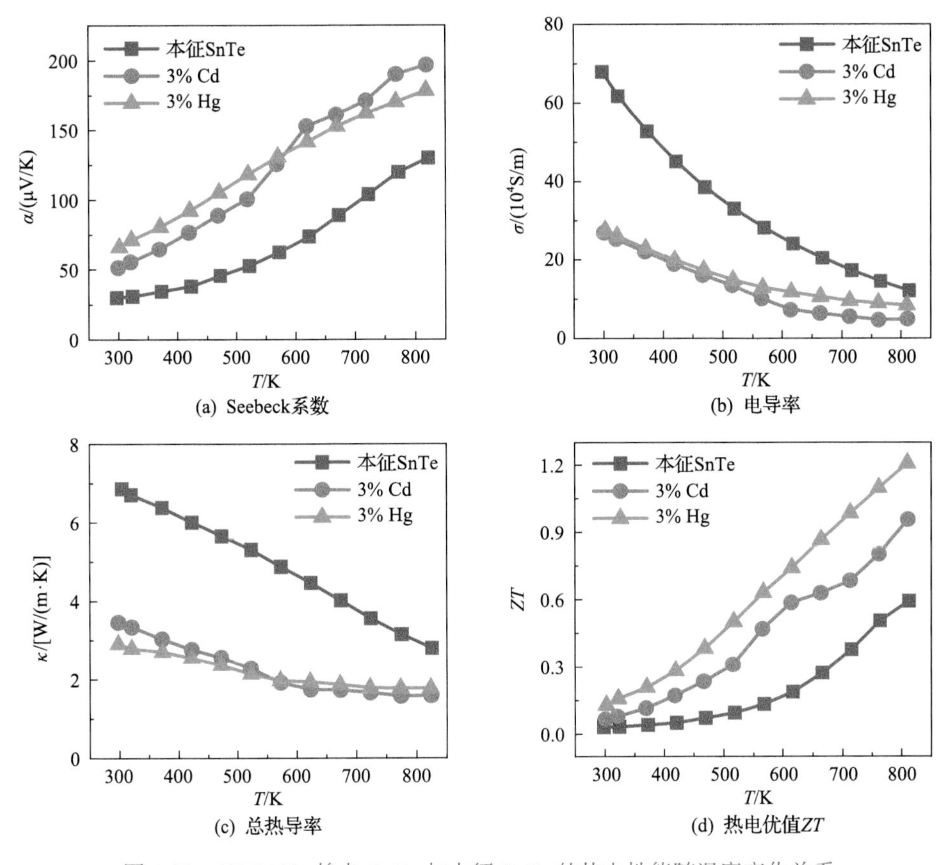

(a) Seebeck系数　(b) 电导率
(c) 总热导率　(d) 热电优值ZT

图 4-29　3%Cd/Hg 掺杂 SnTe 与本征 SnTe 的热电性能随温度变化关系

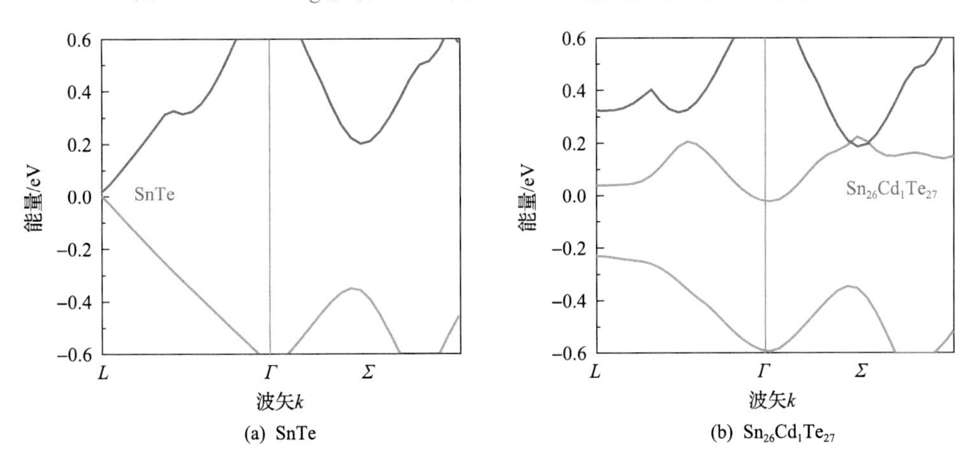

(a) SnTe　(b) $Sn_{26}Cd_1Te_{27}$

图 4-30　本征 SnTe 与 Cd 掺杂 SnTe 的电子能带结构计算结果

通过大量的文献调研和相图分析，本节确定了 Mn 作为满足上述特征的新型掺杂元素[47]，实验上合成了一批名义组成为 $Sn_{1-x}Mn_xTe$(x=0～0.15)的样品，XRD

和透射电镜分析结果表明，Mn 在 SnTe 中的固溶度高达 12%，远远高于 Cd 或 Hg 的 3%。能带结构计算结果表明，和 Cd 类似，Mn 掺杂也能实现 SnTe 的价带收敛，如图 4-31 所示。

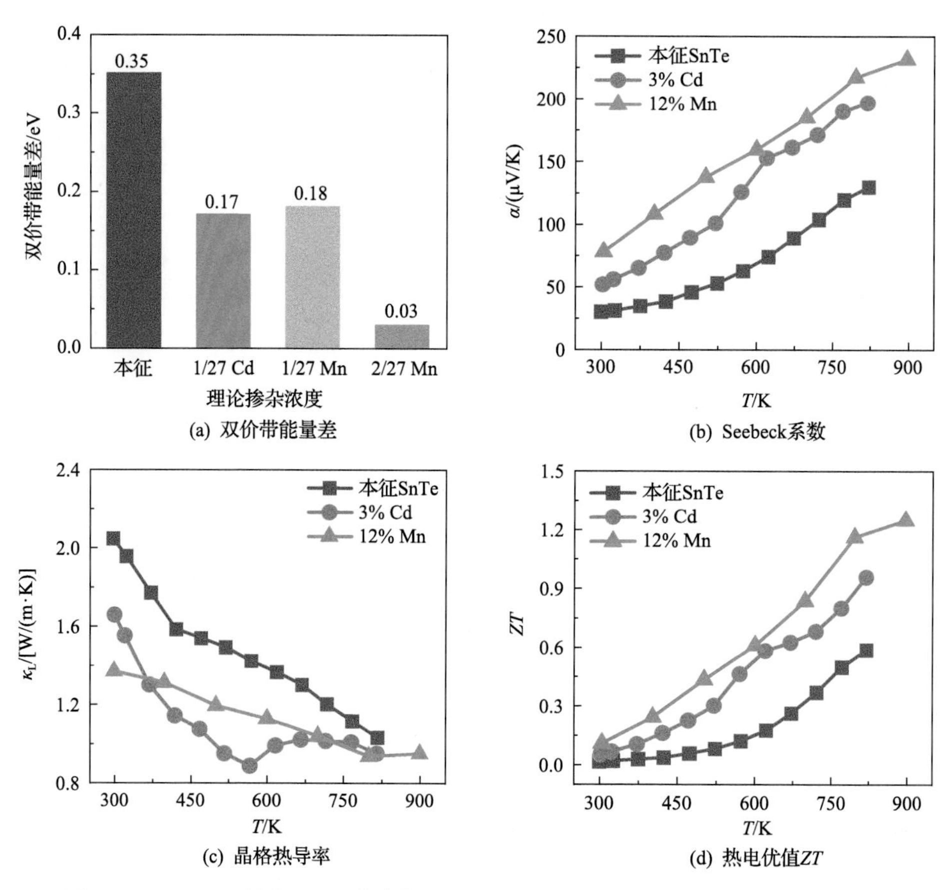

图 4-31　Cd、Mn 掺杂 SnTe 化合物中双价带能量差及热电性能随温度的变化关系

图 4-31(a)比较了在不同掺杂浓度下，理论计算得到的 Cd、Mn 掺杂 SnTe 的双价带能量差(ΔE)值。可以发现，当 Cd 和 Mn 的掺杂浓度均为 1/27 时，它们的 ΔE 值非常接近，分别为 0.17eV 和 0.18eV，低于本征 SnTe 的 0.35eV。当 Mn 的掺杂浓度达到 2/27 时，ΔE 进一步降低到 0.03eV，这在 Cd 掺杂 SnTe 中是无法实现的。由于具有高的固溶度，更好的价带收敛可在 Mn 掺杂的 SnTe 中实现。图 4-31(b)所示为 3%Cd 和 12%Mn 掺杂 SnTe 的 Seebeck 系数随温度的变化关系。显然，Mn 掺杂样品在整个温区内的 Seebeck 系数都要高于 Cd 掺杂样品，在 900K 达到了 230μV/K，这与前述 ΔE 值计算结果是一致的。此外，高固溶度还能引入更多的点缺陷散射中心，从而有利于晶格热导率的降低。如图 4-31(c)所示，相比

于 3%Cd 掺杂的 SnTe 样品，12%Mn 掺杂样品的晶格热导率在高温区域有所下降。由于具有更高的 Seebeck 系数和更低的晶格热导率，Mn 重掺杂样品的热电性能远优于 Cd 轻掺杂样品。如图 4-31(d)所示，$Sn_{0.88}Mn_{0.12}Te$ 的最大 ZT 值在 900K 达到 1.3，比 $Sn_{0.97}Cd_{0.03}Te$ 的最大 ZT 值高出约 30%。

除了寻找具有本征高固溶度的掺杂元素外，还可通过固溶度设计提升元素的掺杂极限来获得更好的能带收敛效应。比如，有研究报道，Ag 掺杂能够降低 SnTe 中 L、Σ 价带之间的能量差，但其在 SnTe 中的固溶度仅有 1%左右[48]。本节工作中，利用交叉取代(cross-substitution)的方法，能够大幅度提升 Ag 的掺杂极限。具体而言，选择+3 价 Sb 作为+1 价 Ag 的配对元素，在二者等摩尔分数取代+2 价 Sn 的时候，能够维持整个体系的电价平衡，从而克服单一 Ag 掺杂可能导致的电荷失配问题。采用这个方法，实验结果表明，SnTe 可以与 $AgSbTe_2$ 以任一比例混溶，Ag 的掺杂浓度显著增加[49]。

性能测试结果表明，随着 $AgSbTe_2$ 含量的增加(即 m 值减小)，$AgSn_mSbTe_{2+m}$ 的电导率单调递减[图 4-32(a)]，而 Seebeck 系数逐渐增加[图 4-32(b)]。图 4-32(c)所示为室温下 SnTe- $AgSbTe_2$ 固溶体的 Seebeck 系数与载流子浓度之间的关系，实线为本征 SnTe 的 Pisarenko 曲线。可以发现，除了 SnTe 参比样品外，所有固溶了 $AgSbTe_2$ 的样品的 Seebeck 系数都在曲线上方，这表明利用固溶度设计提高 Ag 在 SnTe 中的掺杂浓度确实能够实现强的价带收敛效应，从而大幅度提高 Seebeck 系数。

此外，$AgSbTe_2$ 的高组分固溶也显著降低了材料的总热导率[图 4-32(d)]。一方面是由于载流子导热部分的降低，另一方面则源于固溶导致的体系无序度增加，从而使晶格热导率显著下降[图 4-32(e)]。最终，$AgSbTe_2$ 固溶全面优化了 SnTe 的热电性能。如图 4-32(f)所示，$AgSn_5SbTe_7$ 组分获得所有样品中的最高 ZT 值，在 800K 达 0.9，是本征样品的 2.25 倍。

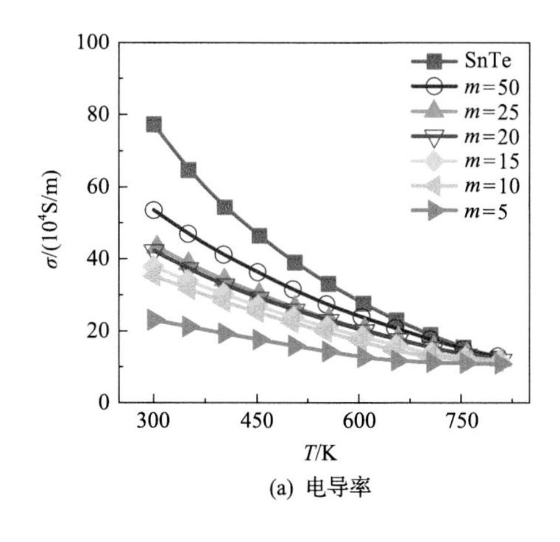

(a) 电导率

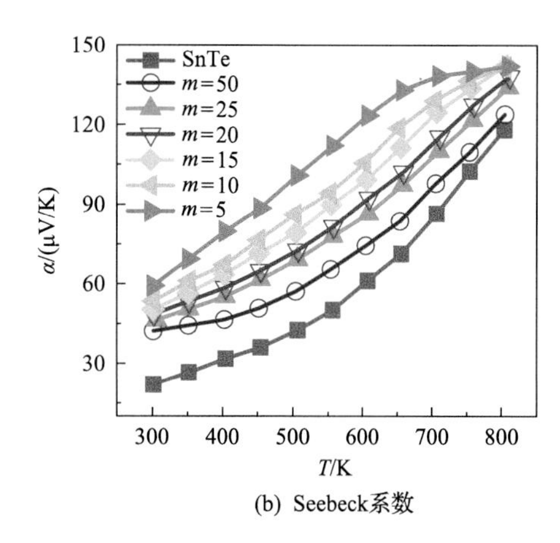

(b) Seebeck系数

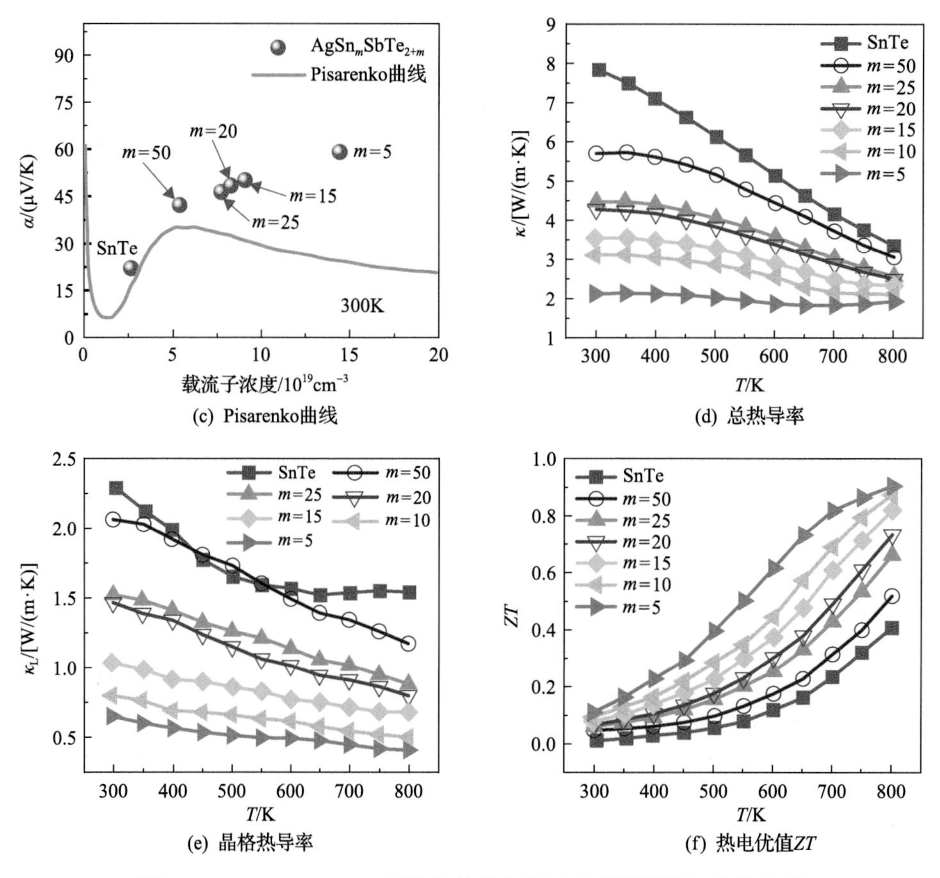

图 4-32　AgSn$_m$SbTe$_{2+m}$固溶体的热电输运性能随温度的变化关系

参 考 文 献

[1] Toriyama M Y, Ganose A M, Dylla M, et al. How to analyse a density of states[J]. Materials Today Electronics, 2022, 1: 100002.

[2] Kaĭdanov V I, Ravich Y I. Deep and resonance states in $A^{IV}B^{VI}$ semiconductors[J]. Soviet Physics Uspekhi, 1985, 28(1): 31.

[3] Kane E O. Band structure of indium antimonide[J]. Journal of Physics and Chemistry of Solids, 1957, 1(4): 249-261.

[4] Pei Y Z, Shi X Y, Lalonde A, et al. Convergence of electronic bands for high performance bulk thermoelectrics[J]. Nature, 2011, 473(7345): 66-69.

[5] Goldsmid H. Thermoelectric Refrigeration[M]. New York: Springer, 2013.

[6] Bardeen J, Shockley W. Deformation potentials and mobilities in non-polar crystals[J]. Physical Review, 1950, 80(1): 72-80.

[7] Wang H, Pei Y Z, Lalonde A D, et al. Weak electron-phonon coupling contributing to high thermoelectric performance in n-type PbSe[J]. Proceedings of the National Academy of Sciences, 2012, 109(25): 9705-9709.

[8] Park J, Dylla M, Xia Y, et al. When band convergence is not beneficial for thermoelectrics[J]. Nature Communications,

2021, 12(1): 3425.

[9] Segall M D, Lindan P J D, Probert M J, et al. First-principles simulation: Ideas, illustrations and the CASTEP code[J]. Journal of Physics: Condensed Matter, 2002, 14(11): 2717-2744.

[10] Kresse G, Furthmüller J. Efficient iterative schemes for ab initio total-energy calculations using a plane-wave basis set[J]. Physical Review B, Condensed Matter, 1996, 54(16): 11169-11186.

[11] Giannozzi P, Baroni S, Bonini N, et al. QUANTUM ESPRESSO: A modular and open-source software project for quantum simulations of materials[J]. Journal of Physics: Condensed Matter, 2009, 21(39): 395502.

[12] Blöchl P E. Projector augmented-wave method[J]. Physical Review B, Condensed Matter, 1994, 50(24): 17953-17979.

[13] Schwarz K. DFT calculations of solids with LAPW and WIEN2k[J]. Journal of Solid State Chemistry, 2003, 176(2): 319-328.

[14] Slater J C, Koster G F. Simplified LCAO method for the periodic potential problem[J]. Physical Review, 1954, 94(6): 1498-1524.

[15] Kohn W, Rostoker N. Solution of the schrödinger equation in periodic lattices with an application to metallic lithium[J]. Physical Review, 1954, 94(5): 1111-1120.

[16] Slater J C. A Simplification of the Hartree-Fock method[J]. Physical Review, 1951, 81(3): 385-390.

[17] Heyd J, Scuseria G E, Ernzerhof M. Hybrid functionals based on a screened Coulomb potential[J]. The Journal of Chemical Physics, 2003, 118(18): 8207-8215.

[18] Rowe D M. Thermoelectrics Handbook : Macro to Nano[M]. Boca Raton: CRC Press, 2006.

[19] Zaitsev V K, Fedorov M I, Gurieva E A, et al. Highly effective $Mg_2Si_{1-x}Sn_x$ thermoelectrics[J]. Physical Review B, 2006, 74(4): 045207.

[20] Tan X J, Liu W J, Liu H J, et al. Multiscale calculations of thermoelectric properties of n-type $Mg_2Si_{1-x}Sn_x$ solid solutions[J]. Physical Review B, 2012, 85(20): 205212.

[21] Liu W, Tan X J, Yin K, et al. Convergence of conduction bands as a means of enhancing thermoelectric performance of n-type $Mg_2Si_{1-x}Sn_x$ solid solutions[J]. Physical Review Letters, 2012, 108: 166601.

[22] Tan X J, Yin Y, Hu H Y, et al. Understanding the band engineering in Mg_2Si-based systems from Wannier-Orbital analysis[J]. Annalen der Physik, 2020, 532(11): 1900543.

[23] Cutler M, Mott N F. Observation of Anderson localization in an electron gas[J]. Physical Review, 1969, 181(3): 1336-1340.

[24] Gopal E. Specific Heats at Low Temperatures[M]. New York: Springer, 2012.

[25] Ahrens M, Merkle R, Rahmati B, et al. Effective masses of electrons in n-type $SrTiO_3$ determined from low-temperature specific heat capacities[J]. Physica B: Condensed Matter, 2007, 393(1/2): 239-248.

[26] Liu W, Chi H, Sun H, et al. Advanced thermoelectrics governed by a single parabolic band: $Mg_2Si_{0.3}Sn_{0.7}$, a canonical example[J]. Physical Chemistry Chemical Physics, 2014, 16(15): 6893-6897.

[27] Liu W S, Kim H S, Chen S, et al. N-type thermoelectric material $Mg_2Sn_{0.75}Ge_{0.25}$ for high power generation[J]. Proceedings of the National Academy of Sciences, 2015, 112(11): 3269-3274.

[28] Zhang Y, Sun J C, Shuai J, et al. Lead-free SnTe-based compounds as advanced thermoelectrics[J]. Materials Today Physics, 2021, 19: 100405.

[29] Yin K, Su X L, Yan Y G, et al. Optimization of the electronic band structure and the lattice thermal conductivity of solid solutions according to simple calculations: A canonical example of the $Mg_2Si_{1-x-y}Ge_xSn_y$ ternary solid solution[J]. Chemistry of Materials, 2016, 28(15): 5538-5548.

[30] Fedorov M, Pshenay-Severin D, Zaitsev V K, et al. Features of conduction mechanism in n-type $Mg_2Si_{1-x}Sn_x$ solid

solutions, DOI: 10.1109/ICT. 2003. 1287469.

[31] Cahill D G, Watson S K, Pohl R O. Lower limit to the thermal conductivity of disordered crystals[J]. Physical Review B, 1992, 46(10): 6131-6140.

[32] Božin E S, Malliakas C D, Souvatzis P, et al. Entropically stabilized local dipole formation in lead chalcogenides[J]. Science, 2010, 330(6011): 1660-1663.

[33] Biswas K, He J Q, Blum I D, et al. High-performance bulk thermoelectrics with all-scale hierarchical architectures[J]. Nature, 2012, 489(7416): 414-418.

[34] Heremans J P, Jovovic V, Toberer E S, et al. Enhancement of thermoelectric efficiency in PbTe by distortion of the electronic density of states[J]. Science, 2008, 321(5888): 554-557.

[35] Crocker A, Rogers L. Valence band structure of PbTe[J]. Le Journal de Physique Colloques, 1968, 29(C4): 129-132.

[36] Sitter H, Lischka K, Heinrich H. Structure of the second valence band in PbTe[J]. Physical Review B, 1977, 16(2): 680-687.

[37] Zhao L D, Wu H J, Hao S Q, et al. All-scale hierarchical thermoelectrics: MgTe in PbTe facilitates valence band convergence and suppresses bipolar thermal transport for high performance[J]. Energy & Environmental Science, 2013, 6(11): 3346-3355.

[38] Tan G J, Shi F Y, Hao S Q, et al. Non-equilibrium processing leads to record high thermoelectric figure of merit in PbTe-SrTe[J]. Nature Communications, 2016, 7(1): 12167.

[39] Parker D, Singh D J. High-temperature thermoelectric performance of heavily doped PbSe[J]. Physical Review B, 2010, 82(3): 035204.

[40] Chasapis T C, Lee Y, Hatzikraniotis E, et al. Understanding the role and interplay of heavy-hole and light-hole valence bands in the thermoelectric properties of PbSe[J]. Physical Review B, 2015, 91(8): 085207.

[41] Zhao L D, Hao S Q, Lo S H, et al. High thermoelectric performance via hierarchical compositionally alloyed nanostructures[J]. Journal of the American Chemical Society, 2013, 135(19): 7364-7370.

[42] Hodges J M, Hao S, Grovogui J A, et al. Chemical insights into PbSe-x%HgSe: High power factor and improved thermoelectric performance by alloying with discordant atoms[J]. Journal of the American Chemical Society, 2018, 140(51): 18115-18123.

[43] Tan G J, Hao S Q, Cai S T, et al. All-scale hierarchically structured p-type PbSe alloys with high thermoelectric performance enabled by improved band degeneracy[J]. Journal of the American Chemical Society, 2019, 141(10): 4480-4486.

[44] Brebrick R F, Strauss A J. Anomalous thermoelectric power as evidence for two-valence bands in SnTe[J]. Physical Review, 1963, 131(1): 104-110.

[45] Tan G J, Zhao L D, Shi F Y, et al. High thermoelectric performance of p-type SnTe via a synergistic band engineering and nanostructuring approach[J]. Journal of the American Chemical Society, 2014, 136(19): 7006-7017.

[46] Tan G J, Shi F Y, Doak J W, et al. Extraordinary role of Hg in enhancing the thermoelectric performance of p-type SnTe[J]. Energy & Environmental Science, 2015, 8(1): 267-277.

[47] Tan G J, Shi F Y, Hao S Q, et al. Valence band modification and high thermoelectric performance in SnTe heavily alloyed with MnTe[J]. Journal of the American Chemical Society, 2015, 137(35): 11507-11516.

[48] Banik A, Biswas K. AgI alloying in SnTe boosts the thermoelectric performance via simultaneous valence band convergence and carrier concentration optimization[J]. Journal of Solid State Chemistry, 2016, 242: 43-49.

[49] Tan G J, Hao S Q, Hanus R C, et al. High thermoelectric performance in SnTe-$AgSbTe_2$ alloys from lattice softening, giant phonon-vacancy scattering, and valence band convergence[J]. ACS Energy Letters, 2018, 3(3): 705-712.

第 5 章　界面结构调控电热输运

5.1 引　　言

多晶和多相复合材料中的界面是典型的二维缺陷结构，在低维热电材料中同样存在。界面结构调控电热输运是热电材料性能优化的重要策略，是热电研究领域一直高度关注的内容[1-5]。多尺度复合热电材料的同质界面和多相复合热电材料的异质界面以及界面特性对电热输运具有至关重要的影响。图 5-1 为多尺度和多相复合热电材料中界面结构以及特殊拓扑表面态示意图。同质/异质界面的界面状态、界面密度、界面能和界面势垒能显著影响电子和声子的输运特性、散射机制，是实现电热输运解耦和独立优化的有效途径。一方面，异质界面两侧组元的功函数差异能引起载流子的定向移动，实现载流子浓度在两相中的有效调控。这种调制掺杂效应能大幅提高电导率，但不劣化 Seebeck 系数，是优化功率因子的重要途径。另一方面，界面电荷效应会在界面处引入界面势垒，强化了对各种能量载流子的散射并降低载流子迁移率。与此同时，界面势垒能有效“过滤”低能载流子，引入“能量过滤效应”，消除低能载流子对 Seebeck 系数的负面效果从而提升总体 Seebeck 系数。此外，界面处原子排布的紊乱和不连续性，将引起显著的晶界声子散射并明显降低晶格热导率，这也是过去热电材料研究侧重多尺度结构和纳米结构调控的重要原因。

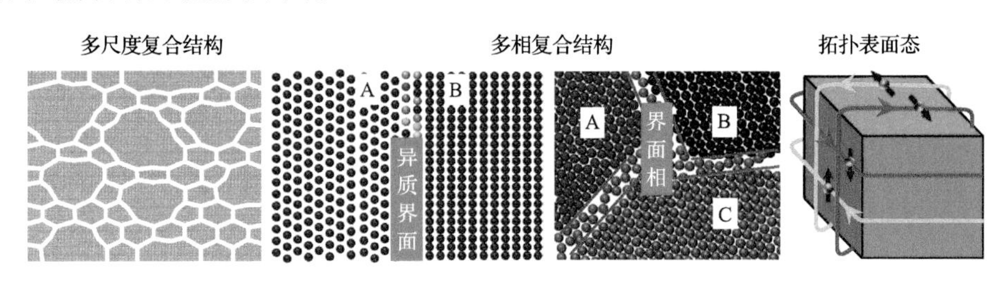

图 5-1　多尺度和多相复合热电材料中界面结构以及特殊拓扑表面态示意图

总之，界面结构调控和界面效应是优化热电性能的重要策略。为了较全面地介绍界面结构调控电热输运的重要内容，本章对作者团队在多尺度复合的 $(Bi, Sb)_2Te_3$ 体系和 $Mg_2Si_{1-x}Sn_x$ 体系，多相复合的 $Cu_2Se/BiCuSeO$、$CoSb_3/InSb$ 和 $SnSe_2/SnSe$ 体系，以及超晶格和异质结薄膜 $Bi_2Te_3/1T'-MoTe_2$ 和 $Sb_2Te_3/MnTe$ 体系的界面结构调控和界面效应的典型研究结果进行了介绍。同时，针对 $(Bi, Sb)_2Te_3$ 体系的拓扑表面态这一特殊界面，介绍了拓扑表面态特征及其对电输运影响的特点和规律。

5.2 块体材料中的界面

通过结构低维化策略制备纳米结构热电材料，并利用多尺度微结构协同优化电热输运是热电材料研究领域过去取得的重要进展之一。结构低维化影响热电材料中载流子和声子的态密度以及它们的传输特性与电声相互作用规律，从而产生各种新效应。当材料的微结构尺度小于电子(或声子)特征波长 λ_e(或 λ_{ph})时，材料中的电子状态(或声子的振动模式)相应地发生变化(量子效应)。研究人员熟知的由尺寸引起的量子限域效应可大幅提升材料的 Seebeck 系数和 *ZT* 值。这在 $SrTiO_3/SrTi_{0.8}Nb_{0.2}O_3$ 和 PbSeTe/PbTe 量子阱超晶格薄膜中得到验证[6, 7]，但还没有在块体热电材料中发现。对于大多数块体热电材料，当微结构尺度小于电子(或声子)传输的平均自由程 l_e(或 l_{ph})时，虽然不产生量子效应，但能产生显著的电子和声子散射效应，实现对电热输运的有效调控。理想情况下，如果微结构尺度小于电子的平均自由程，而大于声子的平均自由程，声子穿越晶界将受到显著散射，界面不太会影响载流子迁移率和电导率，但晶格热导率会显著降低，可使热电优值 *ZT* 大幅度提升。

5.2.1 同质界面结构

1. $(Bi, Sb)_2Te_3$ 体系界面结构与电热输运

结构低维化策略在 2000 年以后开始广泛应用在 $(Bi, Sb)_2Te_3$ 这一重要室温热电材料体系的研究中，实现了该材料体系热电性能的大幅度提升[4, 8]；并且，其晶粒细化和高密度晶界显著增强了力学强度,促进了 $(Bi, Sb)_2Te_3$ 体系的商业应用[9]。本节将从单质原料出发，以利用熔体旋甩(MS)结合放电等离子烧结(SPS)工艺制备的纳米结构 p-$(Bi, Sb)_2Te_3$ 块材为典型例子，介绍多尺度微结构特征，特别是结构纳米化实现电热输运解耦和协同优化的规律和物理机制[10]。图 5-2 所示为熔体旋甩工艺制备 $(Bi, Sb)_2Te_3$ 薄带横截面的高分辨率透射电镜(HRTEM)结果。在图 5-2(a)中，左边薄带是接触铜辊的面，右边是薄带的自由面。在 MS 薄带的横截面上，观察到从接触面的非晶结构[图 5-2(b)]逐渐过渡到薄带中部的纳米晶[图 5-2(c)]，随后过渡到自由面的枝晶结构[图 5-2(d)]。纳米晶的晶格排列取向以及选区电子衍射结果验证，纳米晶均为 Bi_2Te_3 型结构，且纳米晶无显著的择优取向。此外，沿着薄带接触面到自由面区域的能谱成分分析(EDS)结果表明，MS 薄带材料中 Bi、Sb 和 Te 元素宏观上分布较均匀，而在纳米尺度的局部区域，存在一定的不均匀性。薄带横截面高分辨率透射电镜图片说明 MS 技术可以得到具有多尺度微结构的薄带材料，多尺度的微结构包括非晶、具有共格界面的 5～

10nm 纳米晶和具有纳米调幅结构的枝晶。

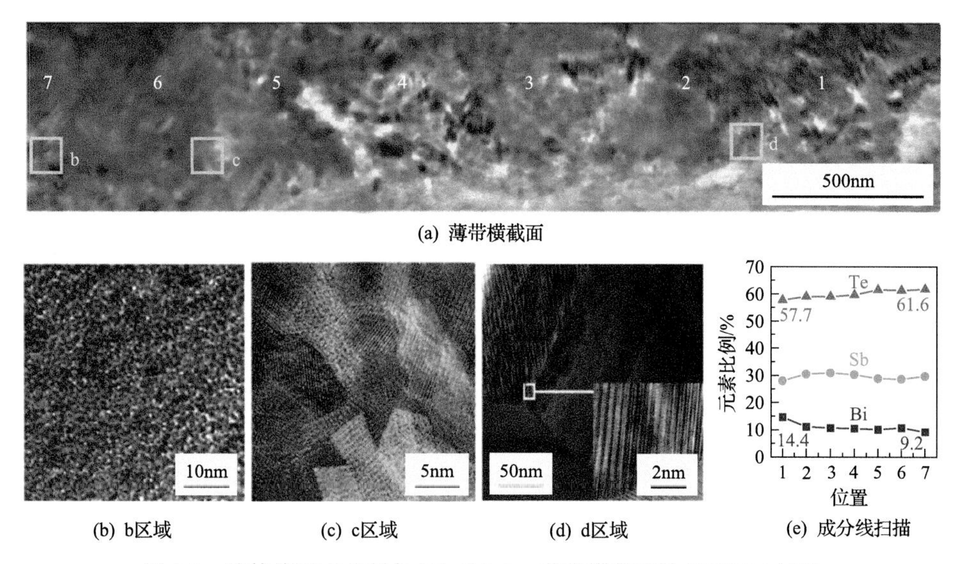

图 5-2 熔体旋甩工艺制备 $(Bi, Sb)_2Te_3$ 薄带横截面的 HRTEM 结果

图 5-3 所示为 $(Bi, Sb)_2Te_3$-MS 薄带的 SPS 烧结产物高分辨率透射电镜图片。

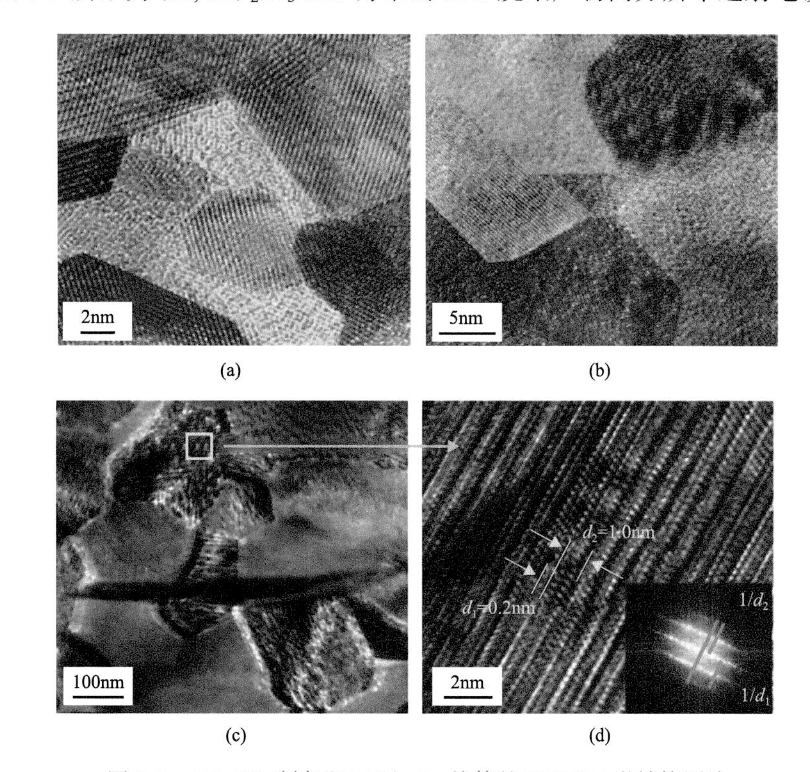

图 5-3 MS-SPS 制备 $(Bi, Sb)_2Te_3$ 块体的 HRTEM 微结构图片

SPS 处理之后，MS 工艺产生的纳米结构能够在很大程度上保留在烧结之后的块体中。MS-SPS 制备的$(Bi, Sb)_2Te_3$块体中包含大量 10～20nm 纳米晶和纳米调幅结构，并且晶粒得到明显细化，相当数量的晶粒在百纳米尺度。这些 10～20nm 纳米晶是由薄带材料中的非晶结构和 5～10nm 的纳米晶生长而成的。此外，大部分纳米晶之间基本上属于共格界面。下面将分析这些精细纳米结构对热电性能的影响规律和机制。

图 5-4 所示为区熔(ZM)和 MS-SPS 制备 p-$(Bi, Sb)_2Te_3$样品的热电性能随温度的变化关系。ZM 和 MS-SPS 样品都表现为典型的半金属或者简并半导体行为，并且表现出相似的电阻率变化规律。两个样品相比，空穴浓度均在 $10^{19}cm^{-3}$ 数量级，且相差不到 10%。从图 5-4(a)和(b)可以看出，在 270～540K 范围内，MS-SPS 样品的 Seebeck 系数要高于 ZM 样品 10%左右，这与前者在该温度范围的电阻率略大有关。MS-SPS 样品 Seebeck 系数的极值在 450K 附近，显著高于 ZM 样品出现极值的温度。MS-SPS 样品 Seebeck 系数的增加以及极值向高温方向的偏移证明

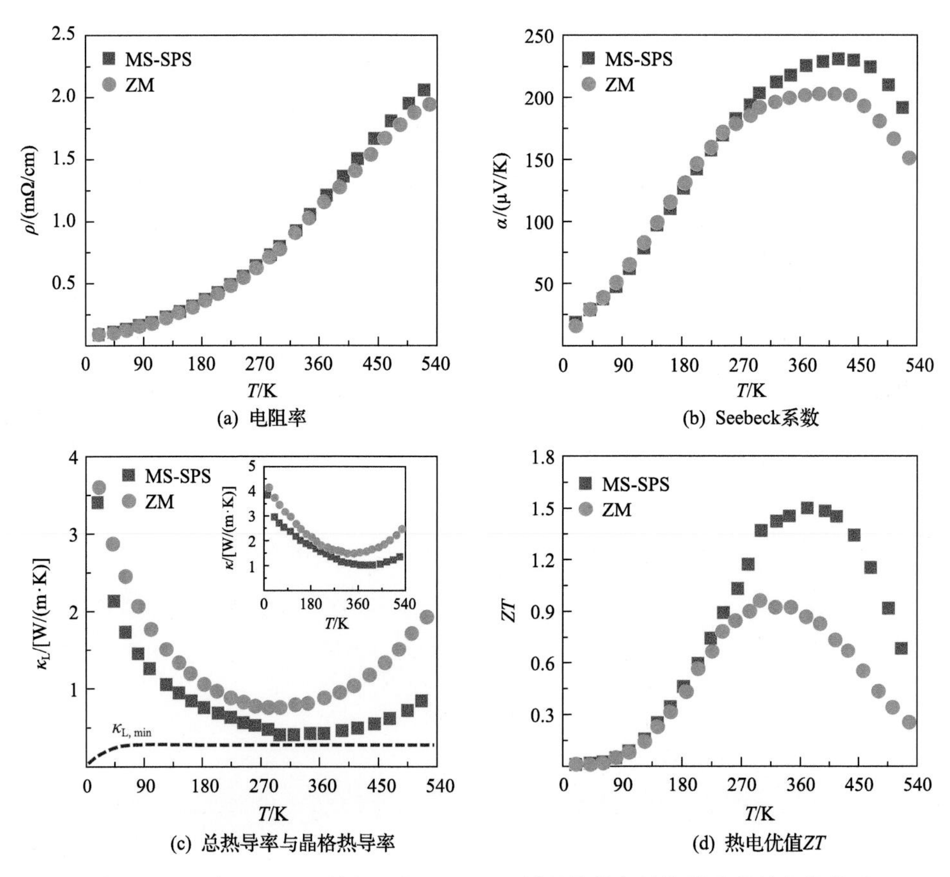

(a) 电阻率　(b) Seebeck系数　(c) 总热导率与晶格热导率　(d) 热电优值ZT

图 5-4　ZM 和 MS-SPS 制备 p-$(Bi, Sb)_2Te_3$样品的热电性能随温度的变化关系

了纳米结构化在费米面上产生了有利于 Seebeck 系数增加的变化。κ_L 随温度的变化规律进一步支持了这一结果。

如图 5-4(c)所示，对于 MS-SPS 样品，出现最低晶格热导率和总热导率的温度与 Seebeck 系数的极值温度非常一致，这是一种典型的双极传导现象。综合来看，MS-SPS 块体材料具有相对较高的 Seebeck 系数和显著较低的κ_L。MS-SPS 样品在 300～400K 范围内的κ_L 在 0.4～0.5W/(m·K)，相比于 ZM 样品 0.8～0.9W/(m·K)的κ_L 而言，降低了近 50%，使 MS-SPS 样品在 390K 时获得的最大 ZT 值达 1.5，如图 5-4(d)所示。

材料的晶格热导率满足以下关系：$\kappa_L=1/3C_V\upsilon_{ph}l_{ph}$，其中 C_V 为材料的定容热容；υ_{ph} 为声子平均速率(声速)；l_{ph} 为声子在两次散射过程中的平均自由程[11]。所以，材料的晶格热导率的变化取决于定容热容、声速和声子平均自由程的改变。在物相组成不变时，微结构调控降低κ_L 主要来源于声速和声子平均自由程的改变。为了清晰地揭示 MS-SPS 工艺制备 p-$(Bi, Sb)_2Te_3$ 样品晶格热导率显著降低的原因，通过非弹中子散射实验获得了 MS-SPS 和 ZM 两个样品的声子谱，并通过小角中子散射研究了块体材料中微结构的分布情况，如图 5-5 所示。

如图 5-5(a)和(b)所示，尽管广义声子态密度并不能表现出每一个特定声子模式的变化，但总体而言，所观察到的广义声子态密度变化极小，不会造成晶格热导率的显著差异。因此，晶格热导率的显著降低很可能是某些强的散射过程降低了声子平均自由程所致。在能量范围 0～4.5meV 内，广义声子态密度与能量呈平方关系，与德拜模型一致。通过数据拟合，可以得到材料的平均声速大约为 900m/s，德拜温度大约为 120K。基于广义声子态密度的能量分布和以上得到的平均声速，载热声子(大部分为声学支)的特征波长在 10nm 的数量级内。根据 Cahill 模型[12][式(4-17)]以及实验测量的声速，估算了 MS-SPS 和 ZM 制备 p-$(Bi, Sb)_2Te_3$ 样品的理论最低晶格热导率($\kappa_{L,min}$)，如图 5-4(c)所示。Cahill 模型基于具有不同尺度的爱因斯坦谐振子随机振动假设，这一假设适用于非晶材料和高无序度晶体材料。对于这样的体系，声子平均自由程应非常接近于平均原子间距。根据广义声子态密度得到样品的声速和德拜温度。在 300～400K 范围内，MS-SPS 样品的 κ_L 非常接近于理论最低晶格热导率，这表明尽管 MS-SPS 样品具有典型的晶体特征，但其热传导机制非常接近于“声子玻璃”。

由于小角中子散射的特点，它可以获得整个块体材料的微结构信息(对应动量空间在正空间有多解性，同一个小角散射的曲线可以对应于多种微结构，不是一一映射的)，从而很好地表征整个块体材料中从几纳米到几微米的结构分布状况，这样在很大程度上与高分辨电镜互补。首先，在最小动量转移 Q_{min}=0.001Å^{-1} 和最大动量转移 Q_{max}=0.1Å^{-1} 之间，MS-SPS 和 ZM 样品的散射强度表现出了明显的指数行为(I-Q^{-p})，其中指数 p 分别为 3.92 和 3.70。分析表明，I-Q^{-p} 中指数接近于

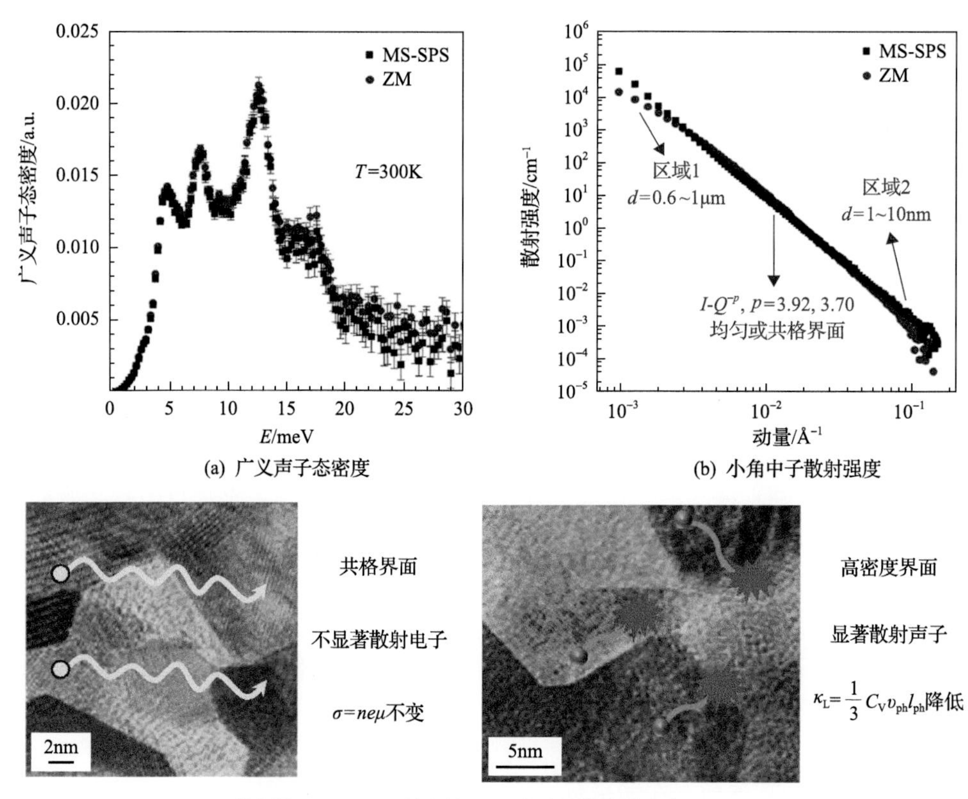

(a) 广义声子态密度

(b) 小角中子散射强度

(c) 载流子/声子散射示意

图 5-5 ZM 和 MS-SPS 制备 p-(Bi, Sb)$_2$Te$_3$ 样品的中子散射结果及散射机制

4，说明块体材料中的晶界大部分是均匀的或者是共格的。这表明 MS-SPS 样品中微结构是连续分布的且界面处为共格，与图 5-2 和图 5-3 所示结果吻合。与 MS-SPS 形成鲜明对比的是，ZM 样品的散射强度和动量转移的依赖关系在 $Q<0.007Å^{-1}$ 和 $Q>0.05Å^{-1}$ 外偏离了指数率行为；总体而言，向下弯曲表明结构更趋于单一尺度分布。粗略估计表明，$Q<0.007Å^{-1}$(区域 1)和 $Q>0.05Å^{-1}$(区域 2)对应的特征尺寸分别为几百纳米和几纳米至几十纳米。对于区域 1(特征尺寸为几百纳米)而言，其特征尺寸与载热声子的波长相差太大，不可能显著散射声子从而影响晶格热导率。

因此，区域 2 中特征长度为几纳米至几十纳米的微结构是降低κ_L的主要因素。由图 5-5(c)总结的结果可见，MS-SPS 技术制备的 p-(Bi,Sb)$_2$Te$_3$ 块体材料中，获得的多尺度纳米结构、高密度共格界面等不显著散射电子，但实现了对声子的显著散射并大幅度降低了晶格热导率，使材料表现出“电子晶体-声子玻璃”的特征。

2. $Mg_2Si_{1-x}Sn_x$ 体系的界面结构与电热输运

$Mg_2Si_{1-x}Sn_x$ 体系热电优值 ZT 的提升除依赖双导带随 Sn 含量收敛及功率因子的大幅提升外，也得益于纳米尺度第二相的引入和晶格热导率的明显降低。图 5-6 所示为 $Mg_2Si_{1-x}Sn_x$ 体系的赝二元相图。

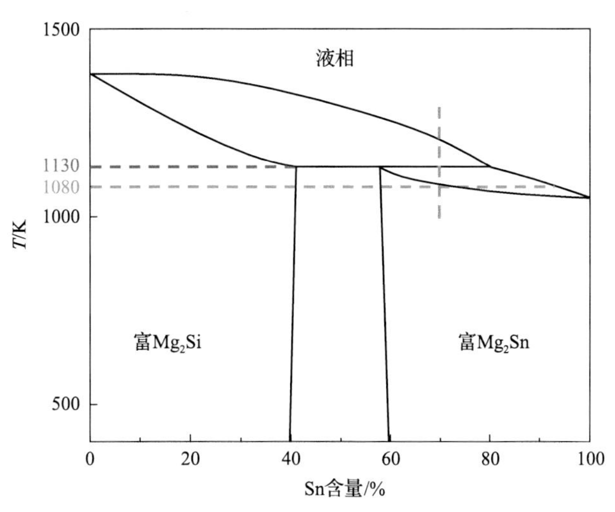

图 5-6 Mg_2Si-Mg_2Sn 赝二元相图

竖虚线所示为 $Mg_2Si_{0.3}Sn_{0.7}$ 高温淬火实验的降温路径

由图 5-6 可知，$Mg_2Si_{1-x}Sn_x$ 在全组分区域并不是连续固溶体：Sn 含量 40%～62%时处于非混溶间隙区域，其他 Sn 含量组分时为连续固溶组分区域[13, 14]。处于非混溶间隙区域的 $Mg_2Si_{1-x}Sn_x$ 组分具有亚稳态特征，其在热处理过程中会出现相分离以及自然分解形成富 Mg_2Si 相和富 Mg_2Sn 相。此外，在富 Mg_2Si 相或富 Mg_2Sn 相的连续固溶组分区域，通过熔融和快冷也能实现原位相分离，从而获得纳米结构复合材料。

图 5-7 为两步固相反应结合放电等离子体烧结制备 $Mg_2Si_{0.4}Sn_{0.6}$ 固溶体的 HRTEM 图片[15]。大范围透射电镜图分析发现，材料基体中存在很多尺度为 20～50nm 的析出物(黑色区域)，与 HRTEM 分析的结果保持一致，如图 5-7(a)和(b)所示。晶格常数及快速傅里叶变换(FFT)分析证实，基体相为立方 $Mg_2Si_{0.4}Sn_{0.6}$ 相。基于 JCPDS 卡片#01-089-4254，d_1=0.20nm、d_2=0.24nm 和 d_3=0.38nm 分别对应于立方 $Mg_2Si_{0.4}Sn_{0.6}$ 的(311)、(220)和(111)晶面。对多个区域进行点成分和面成分分析发现，这些纳米析出物主要是组成位于相图连续固溶区的富 Sn 相，其 Sn/Si 摩尔比约为 70/30，如图 5-7(c)所示。

因此，$Mg_2Si_{0.4}Sn_{0.6}$ 固溶体原位析出了富 Sn 纳米第二相，这明显与 Mg_2Si-Mg_2Sn 赝二元相图的特点相关。合成的 $Mg_2Si_{0.4}Sn_{0.6}$ 固溶体会在局部区域析出组

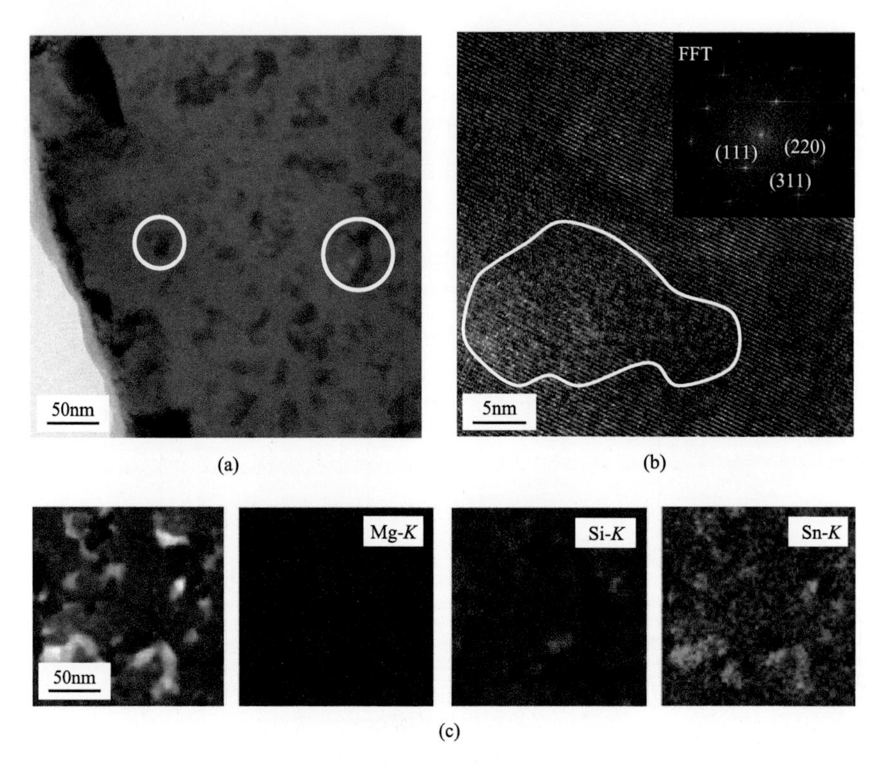

图 5-7　两步固相反应结合放电等离子体烧结制备 $Mg_2Si_{0.4}Sn_{0.6}$ 固溶体的 HRTEM 图片

成相近，但处于连续固溶区的纳米尺度富 Sn 第二相。这些高密度、纳米尺度的富 Sn 第二相能显著散射载热声子和大幅降低κ_L，是 $Mg_2Si_{0.4}Sn_{0.6}$ 固溶体在所有 $Mg_2Si_{1-x}Sn_x$ 组分中获得最低κ_L 的重要原因(图 4-6)。

由图 5-6 可知，双导带收敛及热电性能最优的 $Mg_2Si_{0.3}Sn_{0.7}$ 组分处于富 Sn 的 Mg_2Sn 连续固溶体一侧，其热稳定性优异。如要在该组分中获得纳米第二相结构，可利用熔融-快冷工艺使高温过饱和材料在低温析出第二相，如图 5-6 中竖虚线所示[14, 15]。表 5-1 所示为在不同温度快速淬火后样品粉末烧结而成块体的实际物相组成。由于淬火过程会出现液相凝固、包晶反应和元素偏聚等热力学非平衡过程，$Mg_2Si_{0.3}Sn_{0.7}$ 组分淬火处理后的物相比较复杂。837K 和 900K 淬火样品反应并不完全，含有明显的富 Mg_2Si 相、富 Mg_2Sn 相以及未完全反应的 Mg 和 Sn。1080K 和 1130K 淬火明显促进了物相的形成，前者形成了单相，而后者出现的相分离与此时产生的包晶反应相关：

$$Mg_2Si_{0.2}Sn_{0.8}(L)+Mg_2Si_{0.6}Sn_{0.4}(S) \Longrightarrow 2Mg_2Si_{0.4}Sn_{0.6}(S) \tag{5-1}$$

这些物相转变过程将对 $Mg_2Si_{0.3}Sn_{0.7}$ 固溶体的微观结构和电输运性能产生显著影响。

表 5-1　不同温度淬火的粉体样品在烧结成块体后的实际物相组成

成分	837K 淬火	900K 淬火	1080K 淬火	1130K 淬火
主相	富 Mg_2Sn 相	富 Mg_2Sn 相	单相	富 Mg_2Si 相
第二相	富 Mg_2Si 相，Mg 及 Sn	富 Mg_2Si 相		富 Mg_2Sn 相

图 5-8 所示为 $Mg_{2.16}(Si_{0.3}Sn_{0.7})_{0.98}Sb_{0.02}$ 粉体样品经过 900K 和 1130K 淬火后烧结块体的 HRTEM 图片。900K 及 1130K 淬火后样品粉体中均出现了大量纳米颗粒，而 1080K 淬火后样品粉体中并未观察到任何纳米结构。并且，在 900K 淬火样品中纳米颗粒主要以团簇形式存在，而在 1130K 淬火样品中纳米颗粒主要以弥散形式存在。淬火样品经过烧结后，$Mg_{2.16}(Si_{0.3}Sn_{0.7})_{0.98}Sb_{0.02}$ 块体材料中仍然会保留大量的纳米结构，900K 淬火后烧结样品中纳米结构主要成分是富 Mg_2Si 相，1130K 淬火后烧结样品中纳米颗粒主要成分是富 Mg_2Sn 相，其中出现了少量 Mg，主要是因为在配样时 Mg 过量 8%。

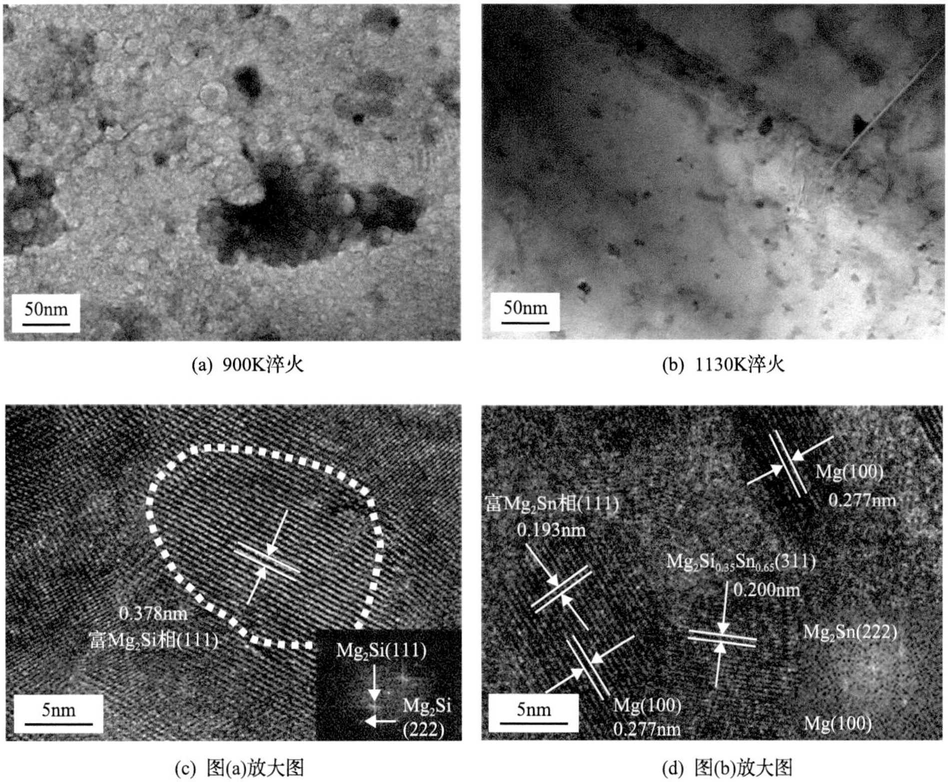

(a) 900K淬火

(b) 1130K淬火

(c) 图(a)放大图

(d) 图(b)放大图

图 5-8　淬火粉体烧结而成 $Mg_{2.16}(Si_{0.3}Sn_{0.7})_{0.98}Sb_{0.02}$ 块体样品的 HRTEM 图片

图 5-9 为淬火粉体烧结而成的 $Mg_{2.16}(Si_{0.3}Sn_{0.7})_{0.98}Sb_{0.02}$ 块体样品的热电性能。

随样品粉体热处理温度升高，$Mg_{2.16}(Si_{0.3}Sn_{0.7})_{0.98}Sb_{0.02}$ 块体的电导率出现小幅降低，这与高温下 Mg 缺失导致严重电子浓度降低有关。同时，Seebeck 系数也小幅增加，也与电子浓度的改变有关，并进一步影响功率因子。此外，由于纳米第二

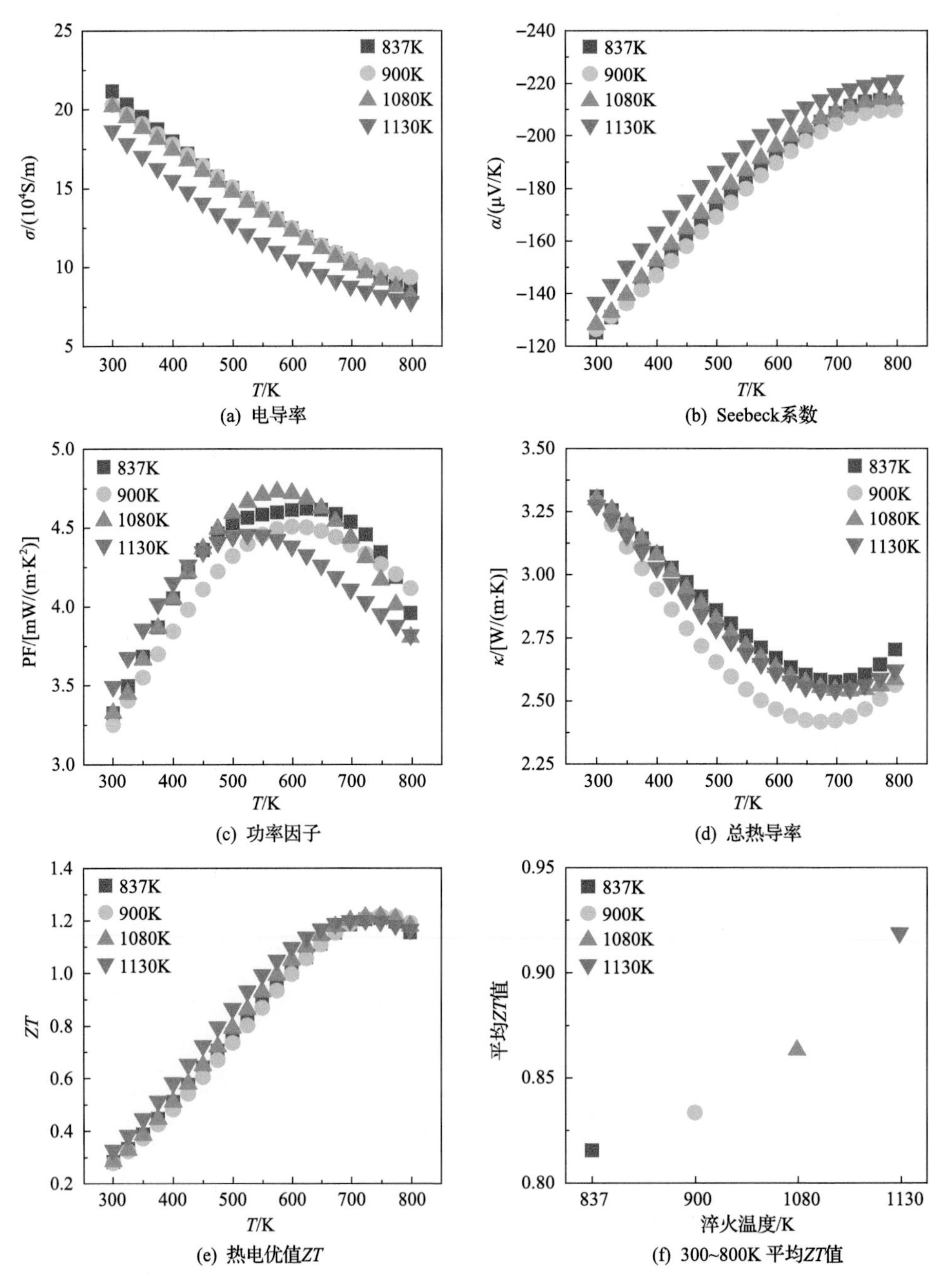

图 5-9　淬火粉体烧结而成 $Mg_{2.16}(Si_{0.3}Sn_{0.7})_{0.98}Sb_{0.02}$ 块体样品的热电性能

相能显著增强声子散射，1130K 下淬火样品的总热导率和晶格热导率略有降低。最终，由于纳米第二相对电热输运的协同调控作用，淬火工艺虽未提高 $Mg_{2.16}(Si_{0.3}Sn_{0.7})_{0.98}Sb_{0.02}$ 块体的最大热电优值 ZT，但实现了平均 ZT 值的增加。1130K 下处理样品在 300～800K 温度区间内的平均热电优值 ZT_{avg} 可以达到 0.9 左右，较 837K 下的处理样品提高了近 15%。

5.2.2　异质界面结构

1. Cu_2Se-BiCuSeO 复合体系界面结构与电热输运

新型的四元 BiCuSeO 化合物具有热电性能优异、高温热稳定性及化学稳定性良好、组成元素价格低廉及绿色无毒等特点，使其在高温（高于 700K）热电发电领域具有大的应用潜力。BiCuSeO 化合物的晶体结构由具有导电功能的 $(Cu_2Se_2)^{2-}$ 层及热绝缘功能的 $(Bi_2O_2)^{2+}$ 层沿着 c 轴交替堆叠而成[图 5-10（a）]，独特的晶体结构有可能实现电、热输运性能的独立调控[16]。

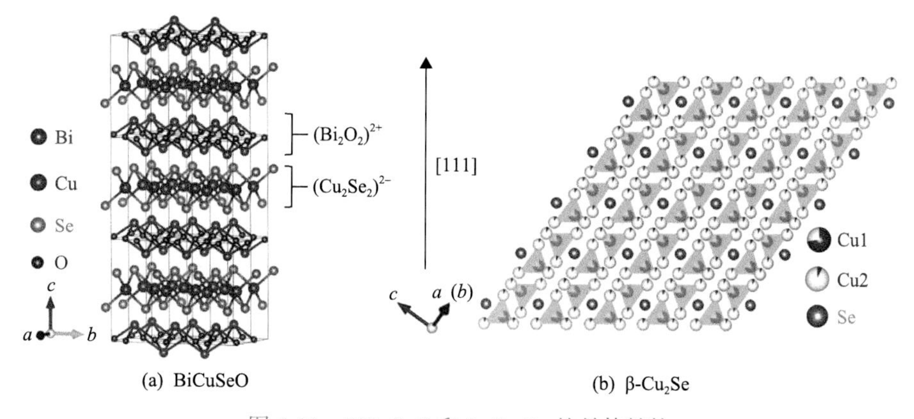

图 5-10　BiCuSeO 和 β-Cu_2Se 的晶体结构

Cu_2Se 热电材料不仅组成元素价格低廉、绿色无毒，而且可以通过简单、高效、经济、环保的自蔓延高温合成结合等离子体活化烧结技术制备得到。当温度超过 396K 时，Cu_2Se 化合物将发生相变，即由低温 α 相转变成高温 β 相[17]。β-Cu_2Se 是典型的快离子导体相，Se 原子构成简单的面心立方结构，空间群为 $Fm\bar{3}m$，Cu^+ 则无序分布在间隙位中。沿着[111]方向，Se（111）面与 2 个 Cu^+ 层交替堆叠，Cu^+ 可在 Se（111）面间自由迁移，离子迁移激活能为 0.14eV[图 5-10（b）][18]。

正是由于 β-Cu_2Se 基材料具有这样独特的晶体结构特征，Se 的刚性亚晶格提供了良好的电输运通道，具有“液态”特征的可自由迁移 Cu^+ 不但可以强烈散射晶格声子以降低其平均自由程（仅为 1.2Å，远低于其他传统热电材料的最低声子平均自由程），而且消减了部分晶格振动横波模式，使得材料的晶格热容介于固态与液态之间，突破了晶态材料的晶格热振动与声子输运限制，使得其具有极其优越的热电性能。同时，β-Cu_2Se 化合物中亚铜离子(Cu^+)极易迁移，故该材料在制备和服役条件下极其不稳定。从 20 世纪 50 年代开始，美国喷气推进实验室(JPL)和 3M 公司等机构一直在致力于解决该材料的稳定性问题，但并未取得突破[19, 20]。近些年来，研究者提高β-Cu_2Se 化合物稳定性的方法主要包括阳离子位掺杂、复合及分段阻挡等，但依旧难以兼顾β-Cu_2Se 化合物热电性能与化学稳定性的协同优化[21, 22]。

考虑到 BiCuSeO 与 Bi_2SeO_2 晶体结构相差“Cu_2Se”，当 BiCuSeO 复合进入 Cu_2Se 基体中时，有望原位构筑阻挡层，增大 Cu^+迁移势垒，阻碍 Cu^+长程迁移。基于此，以 Cu_2Se 作为基体，外加入微量的 Bi_2SeO_2 化合物，在自蔓延燃烧合成结合等离子体活化烧结过程中的温度场与压力场耦合作用下，部分 Cu_2Se 基体与微量外掺的 Bi_2SeO_2 化合物发生化学反应形成 BiCuSeO 化合物，进而原位制备得到 Cu_2Se/BiCuSeO 块体复合材料。图 5-11 为 $Cu_2Se_{1.005}$/0.1%BiCuSeO 块体复合材料的精细微结构。由高角度环形暗场扫描透射电子显微图可知[图 5-11(a)]，大量尺寸在几十至几百纳米范围内的孔洞均匀分布在复合材料中。孔洞的边缘是富集 Bi 元素[图 5-11(b)]的 BiCuSeO 化合物。图 5-11(c)为 Cu_2Se 与 BiCuSeO 晶粒界面的 HRTEM 图，由图中电子衍射斑点可以看出，$Cu_2Se[3\bar{1}0]$//BiCuSeO$[22\bar{1}]$，由此可判断 BiCuSeO 沿着 Cu_2Se(131)晶面共格外延生长。其中，Cu_2Se(002)//BiCuSeO(102)，Cu_2Se(131)//BiCuSeO$(0\bar{1}2)$[23]。

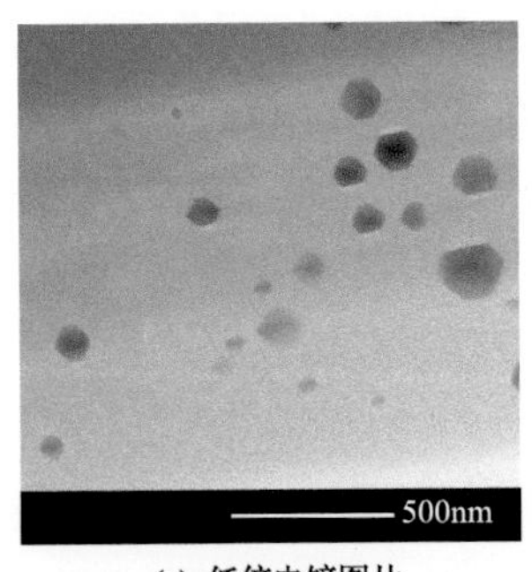

(a) 低倍电镜图片

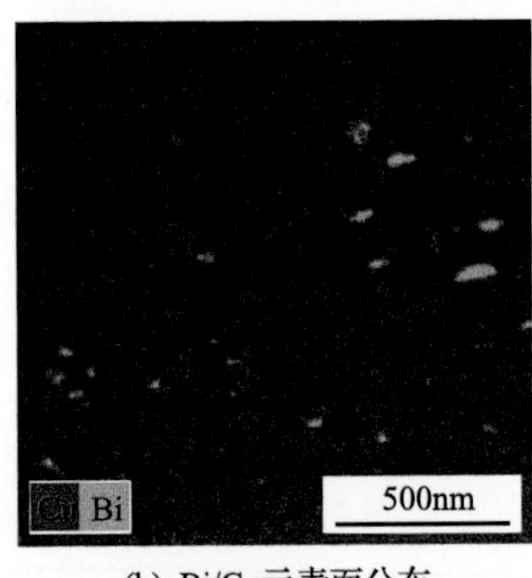

(b) Bi/Cu元素面分布

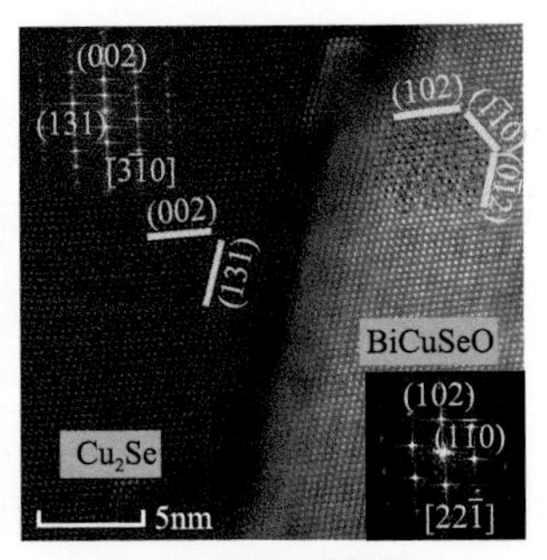

(c) 高倍电镜图片

图 5-11　$Cu_2Se_{1.005}$/0.1% BiCuSeO 复合材料的精细微结构

这一共格外延生长界面对 Cu^+长程迁移产生了重要影响，如图 5-12 所示。原位电镜观测结果表明，当电流从 BiCuSeO 流向 Cu_2Se 时，Cu^+长程迁移势垒仅为 1.1V[图 5-12(a)]；当电流从 Cu_2Se 流向 BiCuSeO 时，Cu^+长程迁移势垒则提高至 2.3V[图 5-12(b)]。这说明，BiCuSeO 的原位复合能够显著阻碍 Cu^+长程迁移，提高材料化学稳定性。

由于 BiCuSeO 的复合效应，Cu_2Se_{1+x}/yBiCuSeO(x=0, 0.005, 0.010, 0.015, 0.020; y=0%, 0.05%, 0.1%, 0.3%, 0.5%)复合材料的相变温度出现漂移，如图 5-13(a)所示。

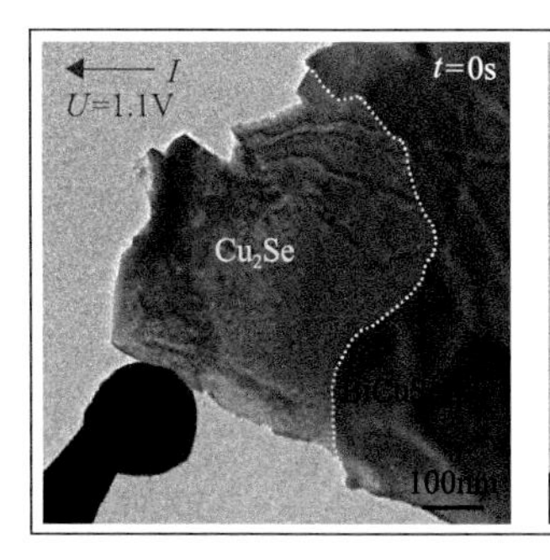

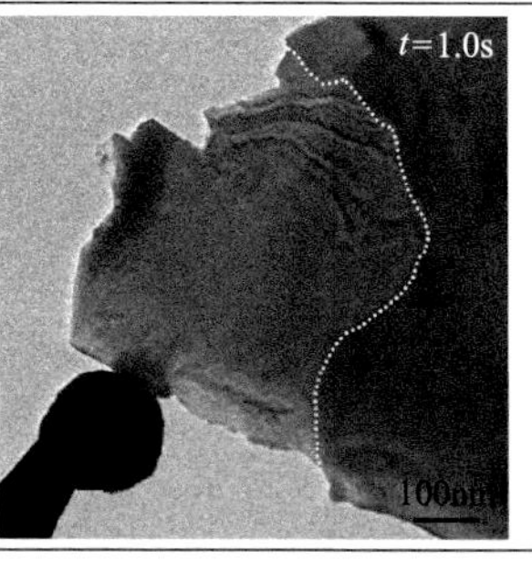

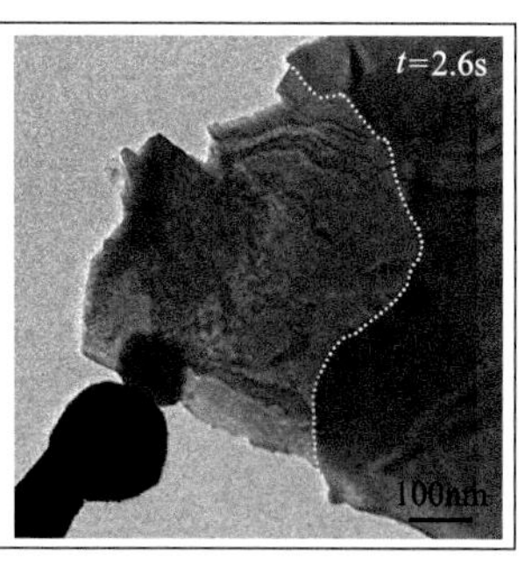

(a) 电流从BiCuSeO流向Cu_2Se

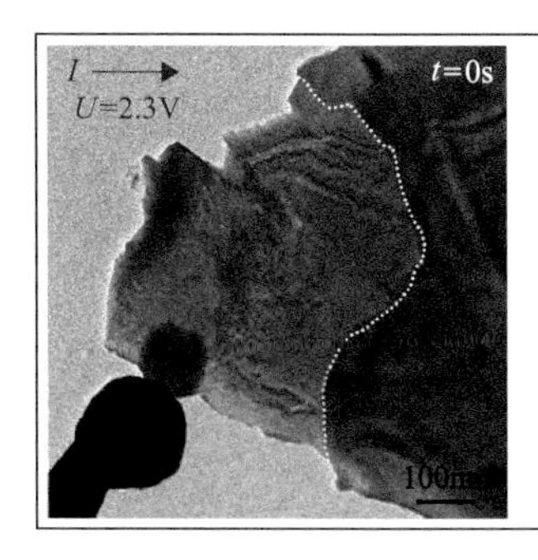

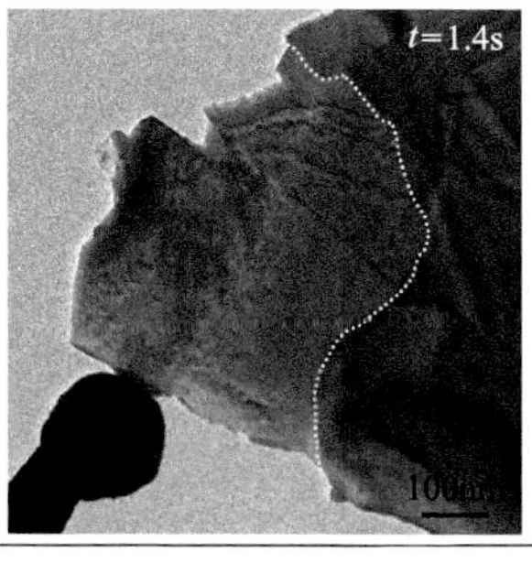

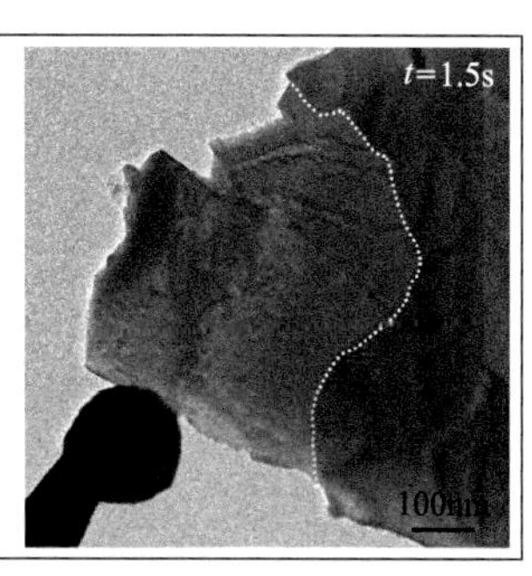

(b) 电流从Cu_2Se流向BiCuSeO

图 5-12　$Cu_2Se_{1.005}$/0.1% BiCuSeO 复合结构的原位电镜观测结果

这意味着材料基体中 Cu/Se 摩尔比发生变化。对于 Cu_2Se/yBiCuSeO、$Cu_2Se_{1.005}$/yBiCuSeO、$Cu_2Se_{1.010}$/yBiCuSeO 复合材料，相较于对应基体的相变温度降低，基体中 Cu/Se 摩尔比减小；对于 $Cu_2Se_{1.015}$/yBiCuSeO、$Cu_2Se_{1.020}$/yBiCuSeO，相较于对应基体的相变温度升高，基体中 Cu/Se 摩尔比增大。

这一现象说明，Cu_2Se_{1+x}/yBiCuSeO 复合材料在合成过程中，Cu_2Se 及 BiCuSeO 中的本征 Cu 空位在界面上发生了扩散，即当 $x \leqslant 0.010$ 时，Cu 空位将由 BiCuSeO 通过界面扩散至 Cu_2Se_{1+x} 基体中；当 $x > 0.010$ 时，Cu 空位将由 Cu_2Se_{1+x} 基体扩散至 BiCuSeO 中。这将显著影响复合材料中的空穴浓度。图 5-13(b)为 Cu_2Se_{1+x}/yBiCuSeO 复合热电材料在 600K 时的空穴浓度与成分变量(x, y)之间的变化关系。假定在合成过程中复合材料内部不存在界面上 Cu 空位的互扩散行为，即基体中过量的一个 Se 原子提供两个空穴，则复合材料中的空穴浓度变化关系如图 5-13(b)中虚线所示。显然，以 x=0.010 为界，当 $x \leqslant 0.010$ 时，Cu_2Se_{1+x} 基体中空穴浓度增大；当 $x > 0.010$ 时，Cu_2Se_{1+x} 基体中空穴浓度减小。这与前述复合材料相变温度变化规律一致。正是 Cu_2Se_{1+x}/yBiCuSeO 复合热电材料在制备过程中的 Cu 空位在界面上的互扩散行为，使得复合材料中空穴浓度在很宽的成分区间内均接近最优空穴浓度范围 $1.0 \times 10^{21} \sim 1.5 \times 10^{21} cm^{-3}$，如图 5-13(b)中浅蓝色区域所示。在该空穴浓度区间，Cu_2Se_{1+x}/yBiCuSeO 复合材料的功率因子[图 5-13(c)]及最大 ZT 值[图 5-13(d)]均达到峰值。$Cu_2Se_{1.005}$/0.1%BiCuSeO 块体复合材料获得所有样品中最高的热电优值 ZT，在 973K 时最大 ZT 值达 2.7。

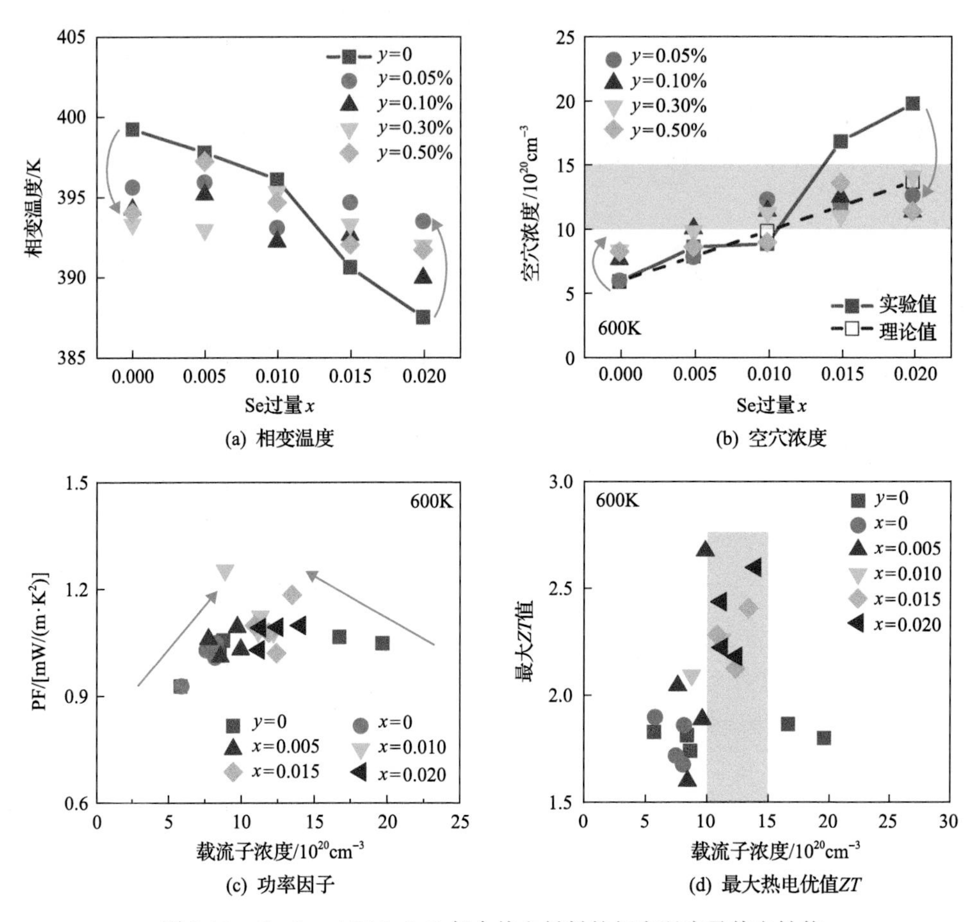

图 5-13　Cu_2Se_{1+x}/yBiCuSeO 复合热电材料的相变温度及热电性能

Cu_2Se/BiCuSeO 复合材料的界面，不仅能够有效阻止 Cu^+的迁移，而且在材料合成过程中，Cu 空位通过界面扩散能够很好地调节 Cu_2Se 基体材料中的 Cu 含量，实现载流子浓度的优化。因此，利用特殊的界面效应，Cu_2Se/BiCuSeO 复合材料获得了超高的热电性能，并实现了服役稳定性的显著提升。

2. $CoSb_3$-InSb 复合体系的界面结构与电热输运

纳米复合是提升热电材料性能的重要途径，低维第二相结构在热电材料晶界、晶内的分布能有效增加对声子的散射，从而大大降低材料晶格热导率，但同时也会对载流子产生一定的散射作用，其对电导率降低的程度，主要取决于这些纳米第二相是否导电以及分布情况等。

过去的研究以电绝缘的氧化物纳米第二相为主，因为该类材料会显著降低总热导率，并且在材料的制备过程中，纳米第二相一般是在主体材料合成之后额外添加，再通过手工研磨、机械合金化、热压/放电等离子体烧结等手段使第二相与主相复合[24-27]。这种制备方法得到的复合材料，其第二相在主相中的分布往往不均匀，且局部团聚现象较显著。能否在材料制备过程中不经外加引入，而是通过组成或制备工艺的改进和优化在基体中原位生成分布均匀的纳米第二相呢？此外，原位生成导电的半导体纳米相对材料微结构及热电性能又有何种影响？

本节以 In、Ce 作为掺杂原子[5]，采用熔融—淬火—退火—放电等离子烧结工艺制备得到了具有原位内生纳米 InSb 相结构的 n 型 $In_xCe_yCo_4Sb_{12}$ 化合物，研究了 In 在 $In_xCe_yCo_4Sb_{12}$ 化合物中的存在状态及其和 Ce 的掺杂对化合物热电性能的影响机制和规律，发现 InSb 纳米相和 Ce 填充的共同作用大幅度提高了化合物的电性能，显著降低了热导率。

图 5-14 所示为 SPS 烧结后 $In_xCe_yCo_4Sb_{12}$ 化合物的 XRD 图谱，其中插图为 x=0.15、y=0.15 组分样品的放大图。由图可见，该系列样品中除主相为方钴矿相外，均有微量的立方相 InSb，这说明在本节研究中，如果 In 能够填充入 Sb 的二十面体空洞中，则其填充极限至少应小于 0.15。

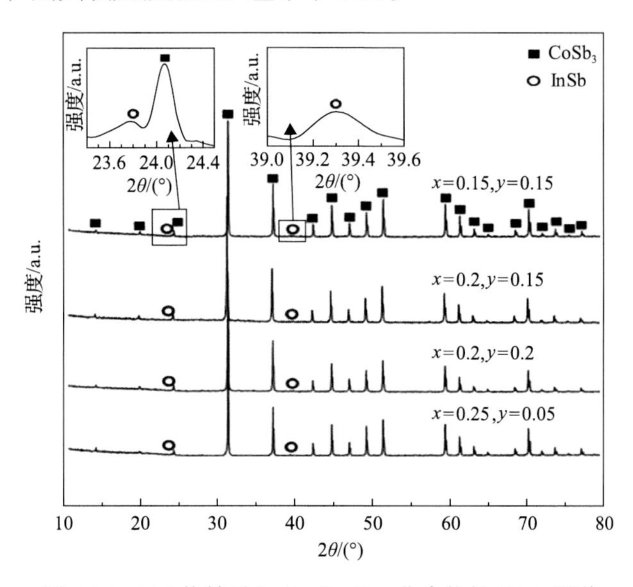

图 5-14　SPS 烧结后 $In_xCe_yCo_4Sb_{12}$ 化合物的 XRD 图谱

图 5-15 所示为 $In_{0.2}Ce_{0.15}Co_4Sb_{12}$ 块体的自由断裂面扫描电镜图片。由图可见，在晶界处均匀分布着尺寸在 10～80nm 的岛状第二相。为进一步确定这些纳米第二相的组成，本节对 $In_{0.2}Ce_{0.15}Co_4Sb_{12}$ 化合物进行了分析，结果如图 5-16 所示。

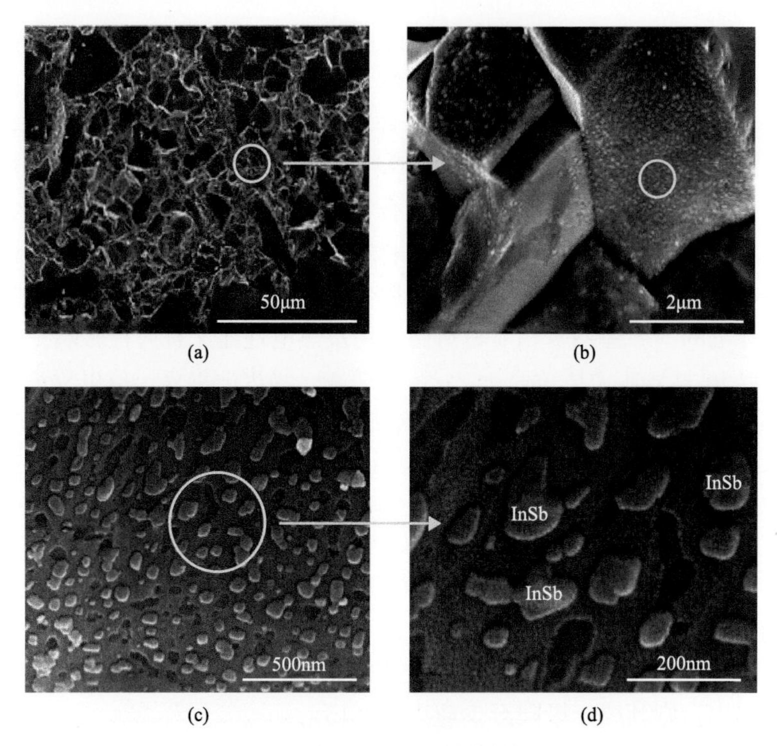

图 5-15 $In_{0.2}Ce_{0.15}Co_4Sb_{12}$ 块体的自由断裂面扫描电镜图片

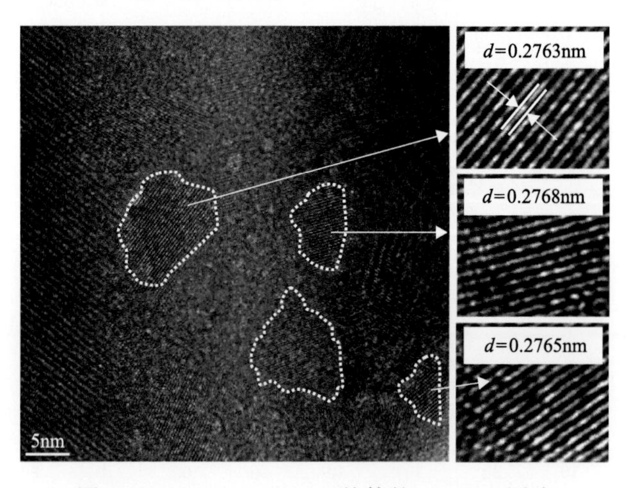

图 5-16 $In_{0.2}Ce_{0.15}Co_4Sb_{12}$ 块体的 HRTEM 图片

如图 5-16 所示，在视场中分布着若干尺寸在 5～10nm 的纳米晶粒，对其晶面间距的测量计算表明这些晶粒的某晶面的晶面间距在 0.2766nm 左右。这一结果与 InSb 化合物(101)面的晶面间距 0.2768nm 非常接近。另外，本书也将此结果与该化合物中其他可能出现物相的晶面间距进行了一一对比，但均不符合。因此，结合图 5-14 的 XRD 图谱与扫描电镜的能谱分析以及图 5-16 的透射电镜分析结果可知这些晶界处分布的纳米第二相应为 InSb。

表 5-2 所示为 $In_xCe_yCo_4Sb_{12}$ 体系样品的一些室温物理性能，D 为相对密度，μ 为载流子迁移率，n 为电子浓度。图 5-17 为 $In_xCe_yCo_4Sb_{12}$ 化合物电输运性能随温度的变化关系。从表 5-2 和图 5-17(a)可以看出，所有 $In_xCe_yCo_4Sb_{12}$ 化合物均表现出较高的电子浓度和电导率，其数值总体上随 In、Ce 掺杂总量的增加而增加。Ce 对化合物电传输性能的影响尤为显著，如当 In 的掺杂量大致相同时，随着 Ce 含量从 0.05 增加到 0.20，化合物室温下的电子浓度从 $2.36\times10^{20}cm^{-3}$ 增加到 $5.31\times10^{20}cm^{-3}$，室温电导率从 $1.45\times10^5S/m$ 增加到 $2.0\times10^5S/m$。而当 Ce 含量相同，如为 0.15 时，随着 In 掺杂量从 0.15 增加到 0.20，化合物的电导率并无显著增加。与 $In_{0.10}Yb_yCo_4Sb_{12}$ 体系化合物相比[28]，由于本书研究中掺杂量较高，所有试样均体现出较高的电子浓度(表 5-2)，故表现出较高的电导率，其数值与 $Ba_{0.08}Yb_{0.09}Co_4Sb_{12}$、$Ba_{0.11}Yb_{0.08}Co_4Sb_{12}$ 化合物相当[29]。值得关注的一点是，所有样品在具有高的载流子浓度和电导率的同时，均表现出了较大的 Seebeck 系数绝对值。

表 5-2　$In_xCe_yCo_4Sb_{12}$ 化合物的一些室温物理性能

组成	D/%	μ/[cm²/(V·s)]	$n/10^{20}cm^{-3}$
$In_{0.15}Ce_{0.15}Co_4Sb_{12}$	100	63.92	2.99
$In_{0.20}Ce_{0.15}Co_4Sb_{12}$	99.7	50.88	3.92
$In_{0.20}Ce_{0.2}Co_4Sb_{12}$	97.4	33.13	5.31
$In_{0.25}Ce_{0.05}Co_4Sb_{12}$	95.8	36.03	2.36

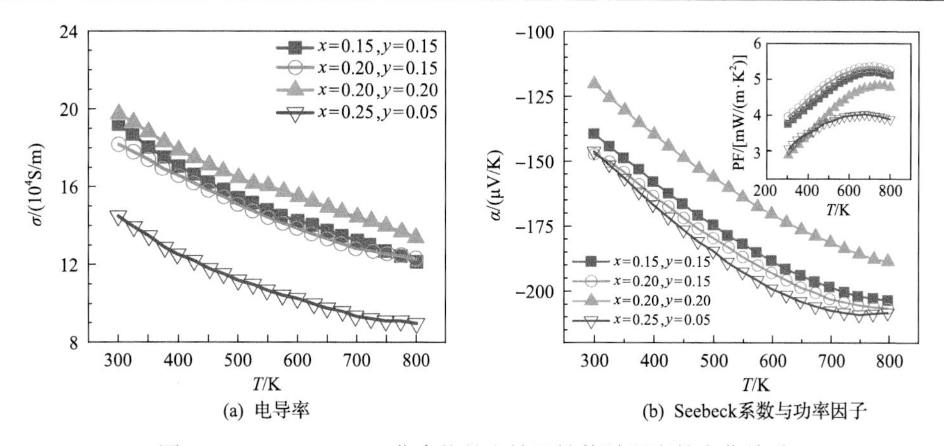

图 5-17　$In_xCe_yCo_4Sb_{12}$ 化合物的电输运性能随温度的变化关系

如图 5-17(b)所示，$In_xCe_yCo_4Sb_{12}$ 体系化合物的 Seebeck 系数绝对值总体上随 In、Ce 的掺杂总量的减少或 In 相对含量的增加而增加，大部分样品的 Seebeck 系数绝对值在高温下均大于 200 μV/K。例如，与 $Ba_{0.08}Yb_{0.09}Co_4Sb_{12}$ 化合物相比，本书研究中的 $In_{0.20}Ce_{0.15}Co_4Sb_{12}$ 化合物虽然具有较高的载流子浓度，但却体现出了更高的 Seebeck 系数绝对值(800K 时达到 208 μV/K)。上述 In 和 Ce 掺杂对材料电传输性能的影响规律表明，在 $In_xCe_yCo_4Sb_{12}$ 体系中，Ce 的填充为化合物提供了大量的电子，使其具备较高的电导率，而In的掺杂在晶界处生成均匀分布的InSb纳米第二相，使得该体系具有高的 Seebeck 系数绝对值[30]。因此，$In_xCe_yCo_4Sb_{12}$ 化合物具有很高的PF，$In_{0.20}Ce_{0.15}Co_4Sb_{12}$ 化合物的PF在700K时达到5.33 mW/(m·K^2)[图 5-17(b)插图部分]。

图 5-18 所示为 $In_xCe_yCo_4Sb_{12}$ 化合物的总热导率与晶格热导率、热电优值 ZT 随温度的变化关系。从图中可以看出，In 的含量对化合物总热导率影响显著，样品的总热导率随 In 含量的增加而显著降低。这主要得益于随着 In 含量的增加，在晶界处分布的 InSb 纳米第二相浓度增加。$In_xCe_yCo_4Sb_{12}$ 化合物的热导率与 $Ba_{0.08}Yb_{0.09}Co_4Sb_{12}$[29]以及 $In_{0.1}Yb_yCo_4Sb_{12}$ 体系化合物相当[28]，但体现出更加优异的电性能。本书根据式(3-8)和 Wiedemann-Franz 定律估算了载流子热导率，并计算了 $In_xCe_yCo_4Sb_{12}$ 化合物的晶格热导率 κ_L，如图 5-18(a)插图部分所示。

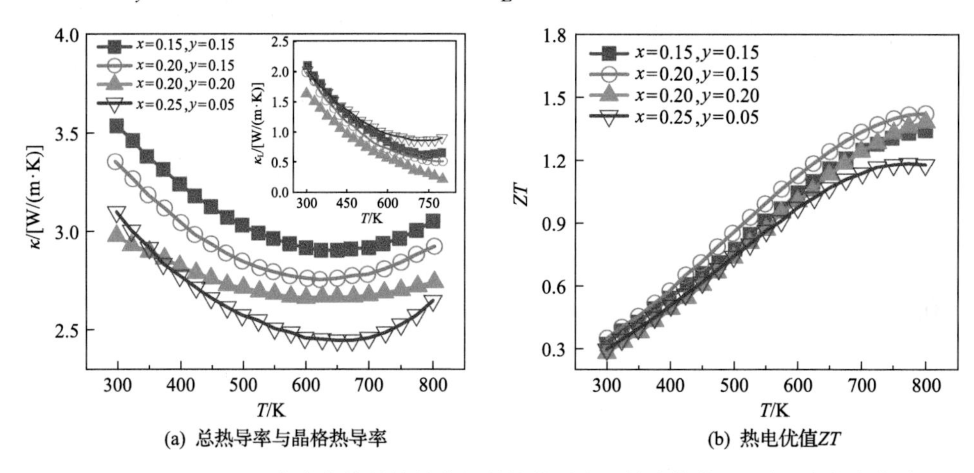

图 5-18 $In_xCe_yCo_4Sb_{12}$ 化合物的总热导率与晶格热导率、热电优值 ZT 随温度的变化关系

所有样品的晶格热导率随 In、Ce 掺杂量的增加而显著降低，且当它们的含量较为接近时，κ_L 降低得更为显著。例如，$x+y=0.3$ 时，化合物 $In_{0.15}Ce_{0.15}Co_4Sb_{12}$ 与 $In_{0.25}Ce_{0.05}Co_4Sb_{12}$ 相比，前者 Ce 的相对含量较高，其 κ_L 显著降低。相比于 $In_{0.10}Yb_yCo_4Sb_{12}$ 体系化合物[28]，虽然热导率水平相当，但 $In_xCe_yCo_4Sb_{12}$ 化合物具有显著较低的晶格热导率，说明高掺杂量下 In 产生的 InSb 纳米第二相有效地增强了对声子的散射作用，使材料的 κ_L 大幅度降低。如图 5-18(b)所示，$In_xCe_yCo_4Sb_{12}$ 化合物由于具有良好的电性能，同时由于 InSb 纳米第二相在晶界处的分布，其热

导率也保持在较低水平，故该体系化合物表现出优异的热电性能，尤其是高 In、Ce 掺杂的样品。其中 $In_{0.20}Ce_{0.20}Co_4Sb_{12}$ 化合物热电优值 *ZT* 在 800K 时达到 1.40，$In_{0.20}Ce_{0.15}Co_4Sb_{12}$ 化合物由于具有最高的功率因子及较低的热导率，其最高热电优值 ZT_{max} 在 800K 时达到 1.43。

3. $SnSe_2$-SnSe 复合体系的界面结构与电热输运

二维金属二硫属化合物因为具有优异的化学稳定性和独特的电学、光学性能等吸引了大量研究者的广泛关注。$SnSe_2$ 与 TiS_2、$MoSe_2$、Bi_2Te_3 等化合物类似，具有天然的二维层状结构，其晶体结构属于 CdI_2 型，Sn 位于六个 Se 原子构成的八面体空隙中，原子间以共价键方式结合。$SnSe_2$ 原子层内为 Se-Sn-Se 三明治结构，层间以范德瓦耳斯力结合[31]，这种层状结构使得 $SnSe_2$ 化合物具有极强的取向性及低的本征热导率。$SnSe_2$ 材料本征呈 n 型，Seebeck 系数绝对值较高，室温时约为 450μV/K[32]，但载流子浓度较低，室温下仅为 $10^{17}cm^{-3}$[33]，单晶迁移率沿晶体 *c* 轴方向也仅为 $30cm^2/(V·s)$，这使得其电导率远低于其他传统热电材料。理论计算结果表明，n 型 $SnSe_2$ 化合物具有优异的热电性能，当材料载流子浓度达到 $10^{19}cm^{-3}$ 时，n 型 $SnSe_2$ 单晶沿 *b* 轴方向在 773K 下可获得的最大 *ZT* 值达 2.95[34]。目前，关于 $SnSe_2$ 在热电性能方面的报道主要集中在理论计算方面[35-37]，实验方面的报道较少。2016 年，Saha 等[38]采用化学法合成 n 型 $SnSe_2$ 纳米片，通过 Cl 掺杂提高了材料的电导率，样品在 610K 时最大 *ZT* 值为 0.22。2017 年，Li 等[39]采用机械球磨法制备 $SnSe_2$，通过 Ag 掺杂以降低材料载流子浓度的方式提高了其载流子迁移率，使室温迁移率由 $1.58cm^2/(V·s)$ 提高到 $3.54cm^2/(V·s)$，最终材料在 773K 时取得的 *ZT* 值为 0.4。目前实验研究所得 $SnSe_2$ 材料 *ZT* 值均较低，主要原因在于材料的载流子浓度以及迁移率均较低，因此提高材料的载流子浓度和迁移率是优化该材料热电性能的关键。

大量研究表明，纳米复合是提高热电材料性能的重要手段。一方面，原位纳米复合会增加界面对声子的散射从而降低材料的热导率；另一方面，形成的两相界面可以选择性地散射电子或空穴，降低对少子的传输作用，抑制本征激发导致的双极热导率[40]。此外，纳米第二相还可以选择性地散射低能量的载流子，在不影响电导率的情况下，提高材料的 Seebeck 系数，最终提高材料的热电性能[41]。异质结界面按照两种材料的导电类型不同，可分为同型异质结（p-p 结或 n-n 结）和异型异质结（p-n 结），不同的异质结结构对材料的电热传输性能以及界面处的空间电荷分布都会产生不同的影响。

因此，在本节以高纯 Sn、Se、$SnCl_2$ 颗粒为初始原料，按照 $SnSe_{2-x}Cl_x$（$0\leqslant x\leqslant0.07$）化学计量比称量配料，采用熔融淬火方法制备了 *x*%Cl-$SnSe_2$/SnSe 复合材料，SnSe 第二相为纳米尺度且均匀分布在 $SnSe_2$ 基体中，研究了 Cl 掺杂对材料中异质结结构的影响及其对材料电热传输性能的影响规律[42]。

图 5-19(a)为 x%Cl-$SnSe_2$/SnSe 复合材料的 XRD 图谱。所有样品的 XRD 图谱与 $SnSe_2$ 标准 XRD 峰位匹配较好,但从 XRD 图谱中可看到微弱的 SnSe 第二相谱峰的存在。将 XRD 图谱中高角度衍射峰放大,如图 5-19(b)所示,可以看到随着 Cl 含量的增加,主相衍射峰向高角度偏移,表明随着 Cl 掺杂量的增加样品晶胞参数不断减小。这主要是 Cl 掺杂到 Se 位所致,Cl 原子半径(1.81Å)比 Se 原子半径(1.98Å)小,表明 Cl 成功掺杂进入晶格取代了 Se。

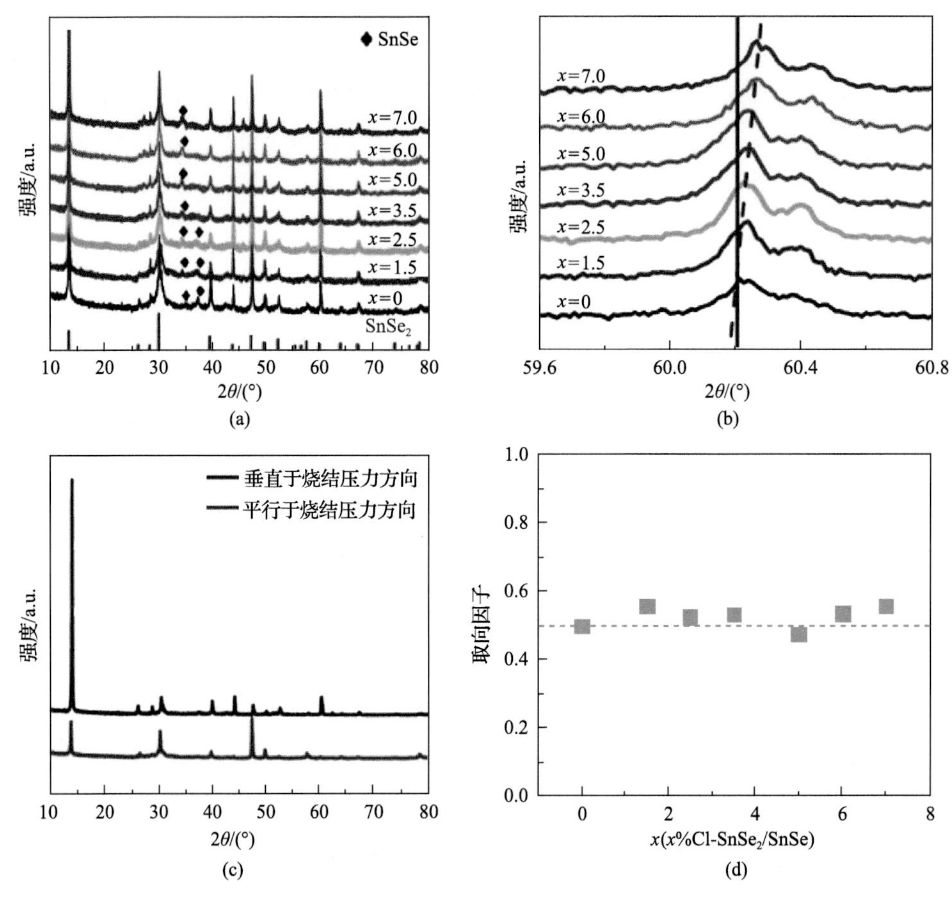

图 5-19　x%Cl-$SnSe_2$/SnSe 复合材料的 XRD 图谱及取向因子

图 5-19(c)为未掺杂 $SnSe_2$/SnSe 块体沿平行和垂直烧结压力两个不同方向的块体 XRD 图谱。结果显示其峰强明显不同,垂直于烧结压力方向样品具有沿(00l)晶面的择优取向,平行于烧结压力方向样品表现出沿(110)晶面方向的择优取向,表明等离子体活化烧结(PAS)过程会对样品的晶体取向造成重要影响。为了定量表征 x%Cl-$SnSe_2$/SnSe 块体的择优取向,本节计算了样品垂直于烧结压力方向沿

(00l)晶面的取向因子 F，F=0 为没有择优取向，F=1 为完全沿着(00l)方向取向。图 5-19(d)为 x%Cl-$SnSe_2$/SnSe 复合材料的取向因子随 Cl 掺杂量的变化关系图。随 Cl 掺杂量增加，取向因子 F 值基本不变，均在 0.5 左右。这表明烧结后的块体具有较强的取向性，因此测试分析样品热电性能时必须考虑到取向性所带来的影响。

从 XRD 图谱分析可知 Cl 元素掺杂进入 x%Cl-$SnSe_2$/SnSe 样品的 Se 位，采用 X 射线荧光光谱仪测试样品中 Cl 元素的含量，结果如表 5-3 所示。不同 Cl 含量的 $SnSe_2$/SnSe 样品中 Cl 元素的含量远低于名义组成，仅为名义组成的十分之一左右，表明 Cl 元素在样品的合成制备过程中容易缺失，严重偏离化学计量比。而样品中 Sn、Se 元素含量比并未随着 Cl 元素含量的改变而改变，维持在 38.6∶61 左右。理论上 Sn、Se 元素含量比与 $SnSe_2$ 和 SnSe 两相比关系紧密，但本书的实验结果发现 Sn、Se 元素含量比基本相同，表明不同 Cl 掺杂的 $SnSe_2$/SnSe 样品中 $SnSe_2$ 与 SnSe 两相比基本相同。

表 5-3　x%Cl-$SnSe_2$/SnSe 样品中 Sn、Se、Cl 元素含量　（单位：%）

元素	x=0	x=1.5	x=2.5	x=3.5	x=5.0	x=6.0	x=7.0
Sn	38.67	38.63	38.59	38.58	38.54	38.51	38.49
Se	61.33	61.26	61.23	61.17	61	60.97	60.90
Cl	0	0.11	0.18	0.25	0.46	0.52	0.61

图 5-20 所示为 6.0%Cl-$SnSe_2$/SnSe 块体沿平行于烧结压力方向的断面形貌及成分分布图。可以看到样品中晶粒较为粗大，且为层片状结构，由于烧结过程中温度和压力的作用，材料具有非常强的织构，与 XRD 测试结果一致。样品的背散射电子图及元素面分布结果未观察到任何明暗衬度差异，表明样品在微米尺度

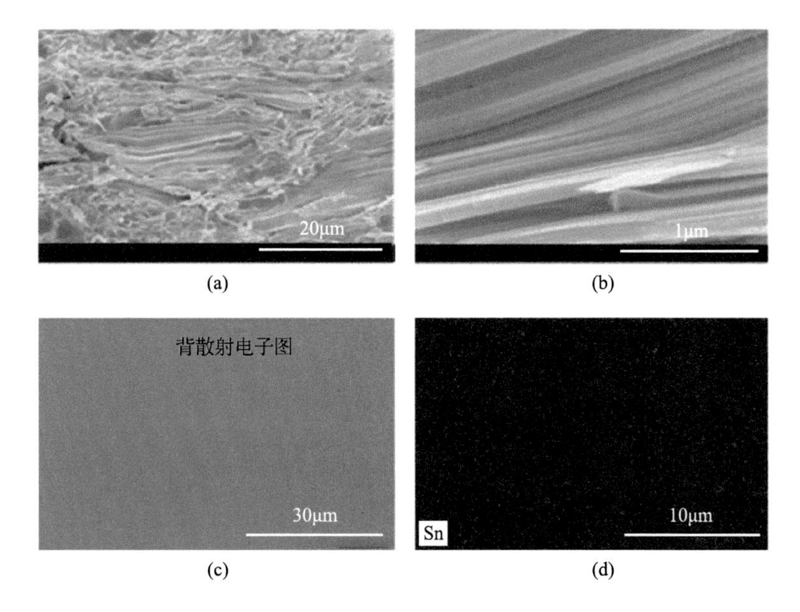

(a)　(b)　(c)　(d)

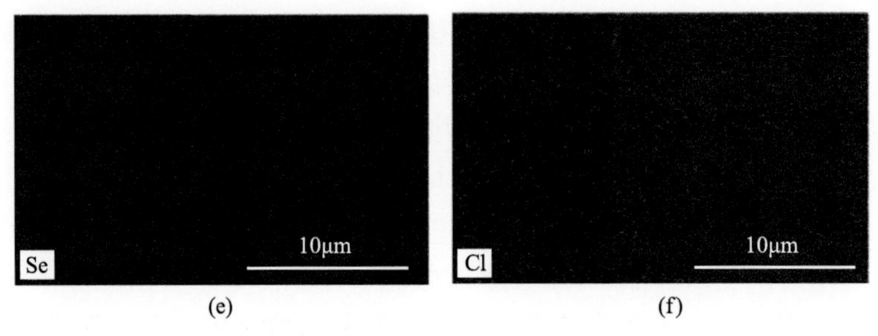

(e) (f)

图 5-20　6.0%Cl-$SnSe_2$/SnSe 复合材料的断裂面扫描电镜及成分分布图

上元素分布均匀，无明显第二相。Cl 元素在样品中分布均匀，表明 Cl 有效掺杂进入了样品之中。此外，并未在背散射电子图中观察到 SnSe 第二相的衬度。

为进一步了解 SnSe 在基体相中的存在形式，本节采用 TEM 来表征未掺杂 $SnSe_2$/SnSe 复合材料的微结构，如图 5-21 所示。图 5-21(a)为样品的低倍透射电镜图。对白色方框部分进行电子衍射分析，发现电子衍射斑点测量结果与 $SnSe_2$ 晶面间距匹配较好，证明基体相为 $SnSe_2$。同时，样品中存在较为深色的部分，

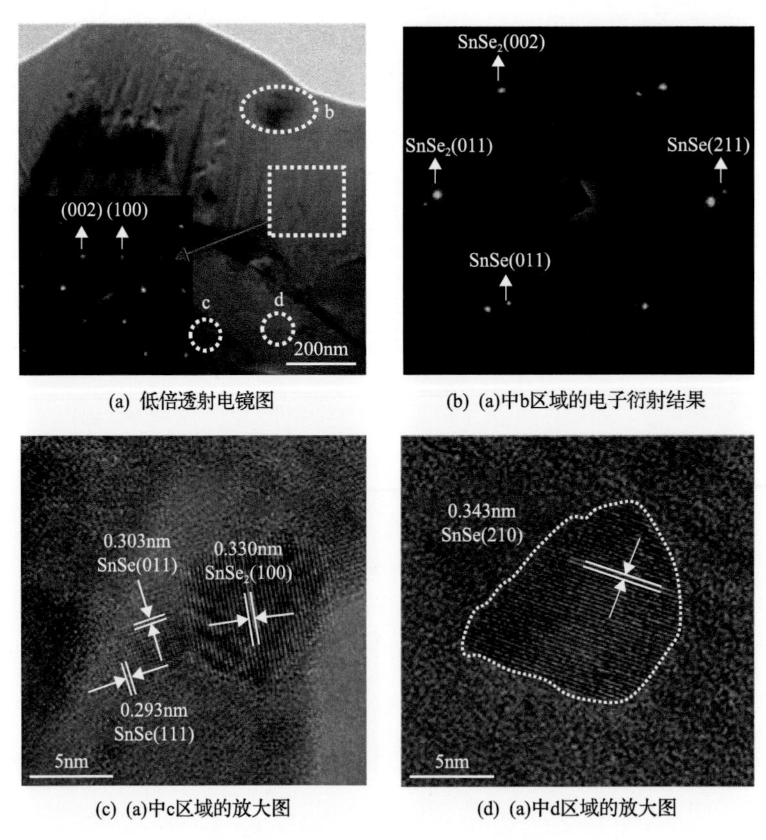

(a) 低倍透射电镜图　(b) (a)中b区域的电子衍射结果

(c) (a)中c区域的放大图　(d) (a)中d区域的放大图

图 5-21　$SnSe_2$/SnSe 复合材料的透射电镜图片及电子衍射结果

晶格条纹不太清晰，无法通过晶面间距测量其为何种相。由电子衍射发现，该相区具有两套明显的布拉格格子[图 5-21(b)]，通过测量格点间的距离，发现其与 $SnSe_2$ 以及 SnSe 的晶面间距匹配较好。并且，透射电镜能谱结果表明 Sn 与 Se 元素比例为 32.7%∶53.9%，介于 $SnSe_2$ 与 SnSe 之间。

未掺杂 $SnSe_2$/SnSe 复合材料电镜结果中还存在一些灰色纳米点区域，如图 5-21(a)中 c 区域和 d 区域所示，其高分辨率图见图 5-21(c)和(d)。图 5-21(c)中可以观察到一个大的六方晶粒，其晶面间距为 0.330nm，与 $SnSe_2$ 的(100)晶面间距符合。SnSe 纳米颗粒在未掺杂 $SnSe_2$/SnSe 复合材料中较为常见，如图 5-21(d)所示，纳米颗粒 SnSe 易被包覆在体相 $SnSe_2$ 中，其晶面间距为 0.343nm，与 SnSe 的(210)晶面间距符合。上述选区电子衍射和高分辨率图结果表明，$SnSe_2$ 基体中存在几纳米到几百纳米尺度的 SnSe 第二相。

这种 $SnSe_2$/SnSe 纳米复合结构将会对材料的热电性能产生重要影响。图 5-22 所示为 x%Cl-$SnSe_2$/SnSe 复合材料的低温载流了输运测量结果。所有样品均为 n 型传导，电子浓度在低温时表现出弱的温度依赖关系，但在大于 220K 时电子浓度随着温度的升高有微弱的提高。Cl 掺杂可以使 x%Cl-$SnSe_2$/SnSe 复合材料的电子浓度提高一个数量级，室温电子浓度由未掺杂样品的 $4.3\times10^{18}cm^{-3}$ 提高到掺杂样品的 $5\times10^{19}cm^{-3}$，达到了该体系的理论最佳电子浓度范围。未掺杂 $SnSe_2$/SnSe 样品的载流子迁移率基本不随温度而变，表现为电离杂质散射和声学声子散射的混合散射传导机制。掺杂样品的载流子迁移率随着温度的升高略有降低，在低温下变化缓慢，此时也表现为电离杂质散射和声学声子散射的混合散射传导机制，但在室温附近其载流子迁移率随温度的变化关系符合 $T^{-3/2}$ 关系，表明此时传导机制为声学声子散射占主导。

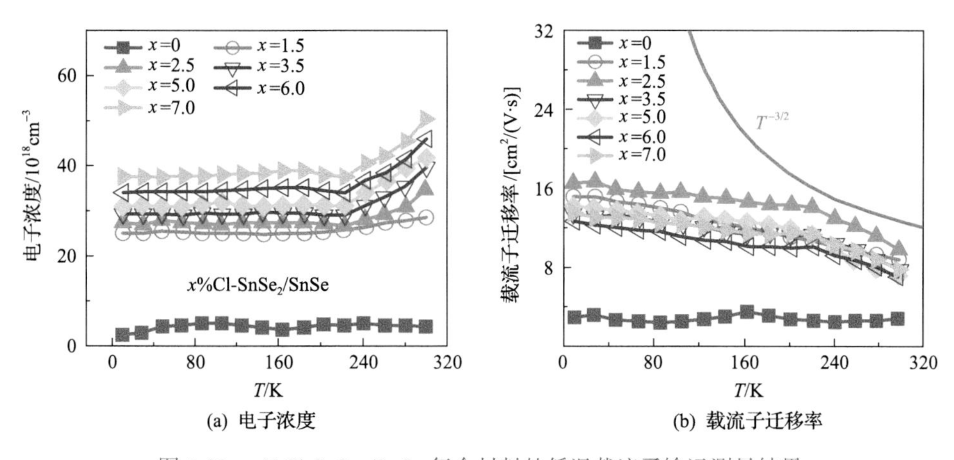

图 5-22 x%Cl-$SnSe_2$/SnSe 复合材料的低温载流子输运测量结果

Cl 掺杂不仅能大幅提高 x%Cl-$SnSe_2$/SnSe 复合材料的电子浓度，而且使载流子迁移率也显著提升。沿平行于烧结压力方向，未掺杂 $SnSe_2$/SnSe 样品的室温载流子迁移率为 2.6cm²/(V·s)，掺入 Cl 之后提高到 9.8cm²/(V·s)；沿垂直于烧结压力方向，未掺杂 $SnSe_2$/SnSe 样品的室温载流子迁移率为 7.4cm²/(V·s)，掺入 Cl 之后提高到 16.1cm²/(V·s)。Cl 掺杂之后样品沿着两个方向的载流子迁移率较未掺杂样品均大幅度提高，这是材料中比较少见的特殊物理现象，可能与复合材料中存在复杂的载流子散射机制有关，如与材料中的择优取向或界面电荷作用相关。由于 Cl 掺杂对 x%Cl-$SnSe_2$/SnSe 复合材料的取向因子影响很小[图 5-19(d)]，因而可以排除晶体取向对载流子迁移率的影响。

为了说明 x%Cl-$SnSe_2$/SnSe 复合材料中界面电荷作用对载流子迁移率的影响，本节进行了元素化学价态、紫外光电子能谱和能隙的实验测量和分析。图 5-23 所示为 x%Cl-$SnSe_2$/SnSe 复合材料和 x%Cl-SnSe 化合物的光电子能谱测试结果。结合能在约 493.50eV 和约 485.25eV 的 XPS 谱峰分别由 Sn 元素的 $3d_{3/2}$ 和 $3d_{5/2}$ 轨道贡献。未掺杂与 Cl 掺杂量为 4%的 SnSe 化合物中，Sn 元素的 3d 谱峰随能量对称分布，其能量位置与 Sn^{2+}吻合，说明其中 Sn 元素的化学价态为+2 价。而对于 x%Cl-$SnSe_2$/SnSe 复合材料，其 Sn 元素的 3d 谱峰呈现劈裂的能量分布特征，检索和分峰拟合发现其中 Sn 元素的化学价态为+2 价和+4 价的混合价态，验证了透射电镜表征发现的 $SnSe_2$-SnSe 纳米复合结构。此外，Cl 掺杂后，x%Cl-$SnSe_2$/SnSe 复合材料和 x%Cl-SnSe 化合物的 Sn^{4+}和 Sn^{2+}的 XPS 谱峰均朝高角度偏移，这是由于 Cl-Sn 键结合能大于 Se-Sn 键。这也说明，Cl 不仅有效掺杂进入 $SnSe_2$ 中，同时也进入了 SnSe 中，进而能显著调控载流子输运以及界面电荷状态。

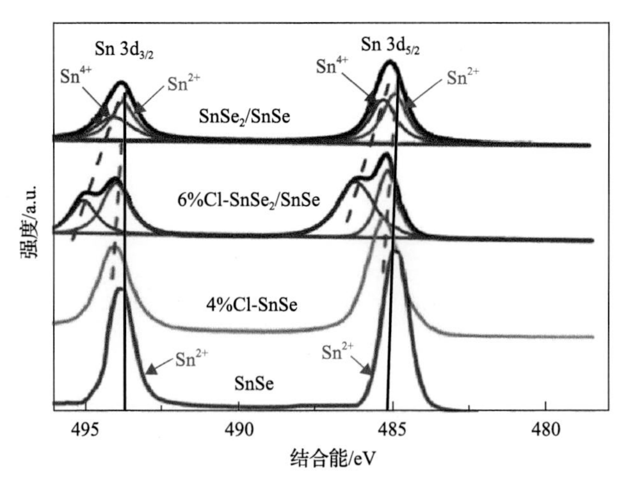

图 5-23　x%Cl-$SnSe_2$/SnSe 复合材料和 x%Cl-SnSe 化合物的光电子能谱测试结果

图 5-24 所示为 x%Cl-$SnSe_2$/SnSe 复合材料的紫外光电子能谱(UPS)及紫外-可见吸收光谱(UV-VIS)测量和分析结果。根据样品的紫外光电子能谱，未掺杂以及

x=6.0 复合材料中价带顶到费米能级的距离(HOS)分别为 0.88eV 和 1.04eV，且二次截止边能量(E_{cutoff})分别为 15.80eV 和 15.95eV。根据功函数计算公式 $W=h\nu-(E_{cutoff}-E_F)$[43]，其中 $h\nu$=21.2eV 是 He-I 光源的光子能量，可以得出未掺杂以及 x=6.0 复合材料的 W 分别为 5.40eV 和 5.25eV。同时，根据紫外-可见吸收光谱测量结果，发现未掺杂以及 x=6.0 复合材料的 E_g 分别为 1.05eV 和 1.00eV。因此，由 HOS、W 与 E_g 的测量结果构建了 x%Cl-$SnSe_2$/SnSe 复合材料的能带结构示意图，如图 5-24(c)所示。结果表明，未掺杂复合材料的费米能级(E_F)靠近导带底且在能隙中，而 x=6.0 复合材料的 E_F 深入导带内，表现出强的 n 型传导特性。

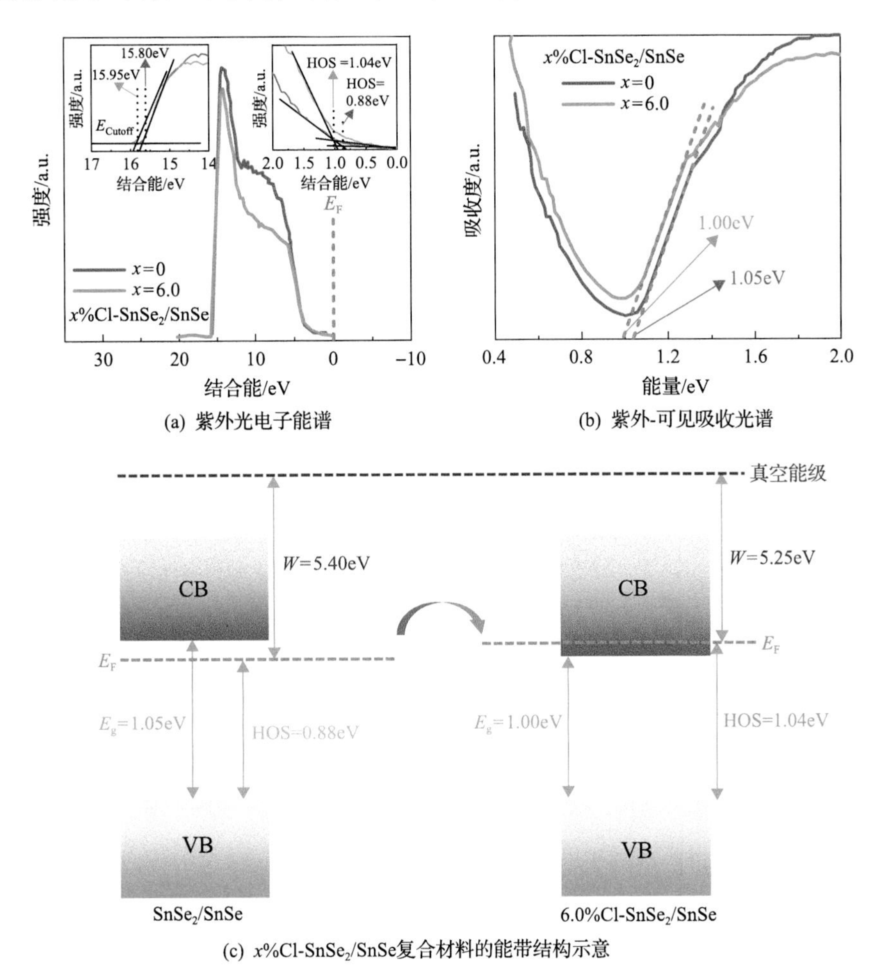

图 5-24　x%Cl-$SnSe_2$/SnSe 复合材料的紫外光电子能谱及紫外-可见吸收光谱测量和分析结果

本书的研究发现，Cl 掺杂的 $SnSe_2$ 主相以及 Cl 掺杂的 SnSe 纳米相都为 n 型传导，因而 $SnSe_2$/SnSe 复合材料中 $SnSe_2$/SnSe 界面为 n-n 接触特性。由于未掺杂的 SnSe 为本征弱 p 型传导，说明未掺杂 $SnSe_2$/SnSe 复合材料中 SnSe 纳米相也为弱 p 型传导。由 UPS 和载流子输运表征可知，未掺杂 $SnSe_2$/SnSe 复合材料的 E_F 处于价带顶附近且表现为弱 n 型传导，未掺杂 $SnSe_2$/SnSe 复合材料中 $SnSe_2$/SnSe 界面为 n-p 接触特性。根据上述分析结果，构建了未掺杂及 Cl 掺杂 $SnSe_2$/SnSe 复合材料的界面能带弯曲及载流子散射机制示意图，如图 5-25 所示。对于未掺杂 $SnSe_2$/SnSe 复合材料，其 n-p 界面接触特性引起电子从 E_F 高的 n 型 $SnSe_2$ 相向 E_F 低的 p 型 SnSe 相定向移动，产生界面能带弯曲和大的界面势垒(ΔE_1)。相反，对于 Cl 掺杂 $SnSe_2$/SnSe 复合材料，其 n-n 界面接触特性将引起受限的载流子定向移动以及产生小的界面势垒(ΔE_2)。因此，未掺杂 $SnSe_2$/SnSe 复合材料中，$SnSe_2$/SnSe 界面上大的ΔE_1 引起强的界面载流子散射且降低了μ；而 Cl 掺杂复合材料中，$SnSe_2$/SnSe 界面上小的ΔE_2 不显著散射载流子，使 Cl 掺杂复合材料获得了高的μ。

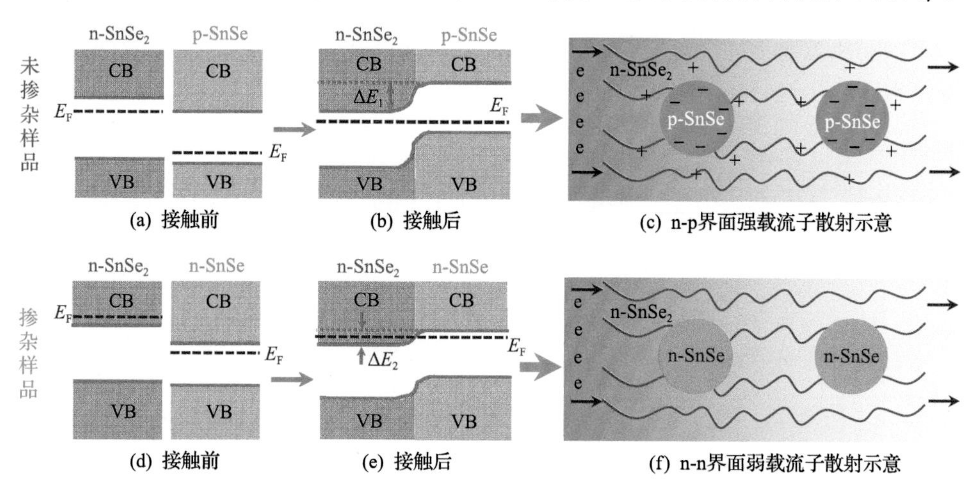

图 5-25　未掺杂及 Cl 掺杂 $SnSe_2$/SnSe 复合材料的界面能带弯曲及载流子散射机制示意图

图 5-26 为沿平行于烧结压力方向，x%Cl-$SnSe_2$/SnSe 复合材料的电性能结果。结果表明，未掺杂 x%Cl-$SnSe_2$/SnSe 样品的电导率随温度变化并不明显，但 Cl 掺杂样品的电导率均随着温度的升高而减小，表现出重掺杂半导体特性。整体上，随着 Cl 掺杂量的增加，x%Cl-$SnSe_2$/SnSe 样品的电导率逐渐增大；相对于未掺杂样品，掺杂样品的电导率得到了显著的提升，室温时从约 200S/m 增加到约 6400S/m。所有样品的 Seebeck 系数均为负值，表现为 n 型传导，与霍尔测量结果一致。x%Cl-$SnSe_2$/SnSe 样品 Seebeck 系数绝对值在低温区随着温度的升高而升高，但在高温区有降低趋势，这是高温区域发生本征激发所致。而且，由于掺杂后样品的载流子浓度显著提高，样品出现本征激发的温度向高温区域发生偏移。掺杂后 x%Cl-$SnSe_2$/SnSe 样品的 Seebeck 系数绝对值降低很多，室温时绝对值从 420μV/K 降低到 200μV/K，这主要与 Cl 掺杂后样品的载流子浓度提高有关。

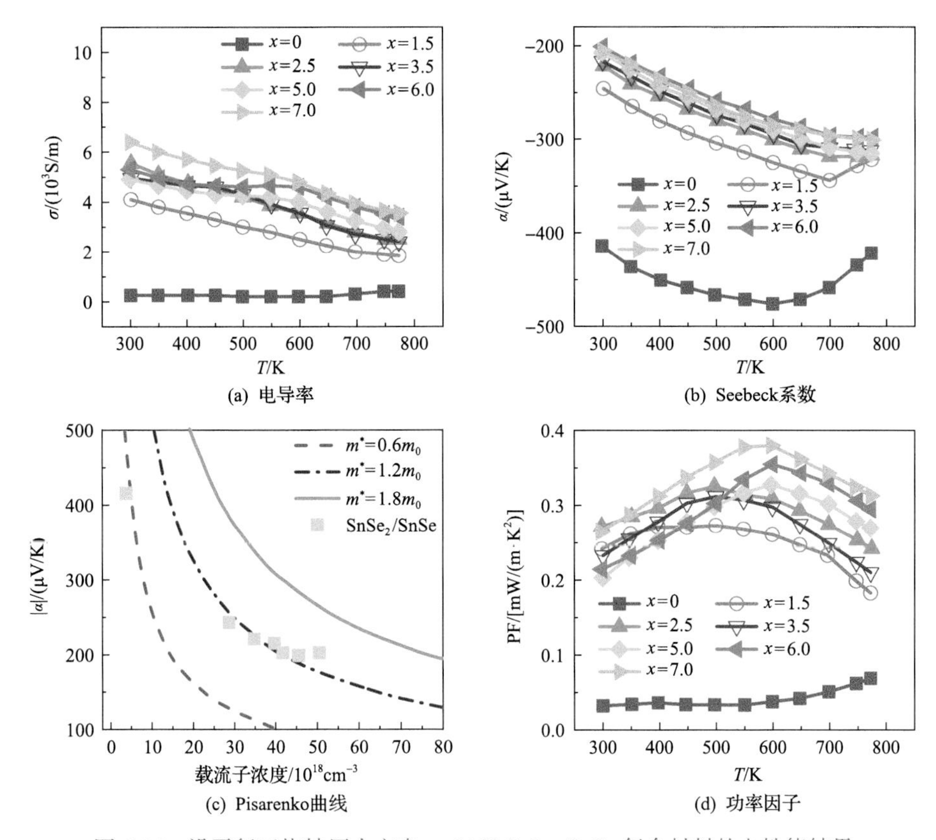

图 5-26　沿平行于烧结压力方向，x%Cl-$SnSe_2$/SnSe 复合材料的电性能结果

表 5-4 所示为 x%Cl-$SnSe_2$/SnSe 复合材料平行于烧结压力方向的一些室温物性。基于式(1-14)和式(3-8)以及单抛物带模型，本节计算了 x%Cl-$SnSe_2$/SnSe 样品的载流子有效质量(m^*)和洛伦兹常数(L)。如图 5-26(c)所示，未掺杂样品的 m^*明显小于 Cl 掺杂样品，且掺杂后样品的 $m^*\approx1.2m_0$，并随掺杂浓度及电子浓度的增加而提高。由于电导率的大幅增加，Cl 掺杂后 x%Cl-$SnSe_2$/SnSe 样品的 PF 大幅提高，最大值从 0.07mW/(m·K^2)提高到 0.39mW/(m·K^2)。

表 5-4　x%Cl-$SnSe_2$/SnSe 复合材料平行于烧结压力方向的室温物性

样品	n/10^{18}cm^{-3}	μ/[cm^2/(V·s)]	取向因子 F	α/(μV/K)	σ/(10^{3}S/m)	L/(10^{-8}W·Ω/K^2)
x=0	4.3	2.8	0.50	−415	0.2	1.49
x=1.5	28.8	8.8	0.56	−245	4.1	1.56
x=2.5	34.9	9.8	0.53	−216	5.5	1.59
x=3.5	39.8	7.7	0.54	−216	4.9	1.59
x=5.0	41.7	7.2	0.48	−204	4.9	1.61
x=6.0	45.9	7.2	0.54	−201	5.3	1.61
x=7.0	50.8	7.1	0.56	−204	6.4	1.61

图 5-27 为 $x\%$Cl-$SnSe_2$/SnSe 复合材料沿平行于烧结压力方向的热性能随温度的变化关系。随温度增加，$x\%$Cl-$SnSe_2$/SnSe 复合材料的κ单调降低。不同 Cl 掺杂量的 $x\%$Cl-$SnSe_2$/SnSe 样品的总热导率差别较小，但总体而言 Cl 掺杂引起κ的减小。本节基于 Wiedemann-Franz 定律计算了 $x\%$Cl-$SnSe_2$/SnSe 样品的电子热导率，并推导了κ_L。结果说明，$x\%$Cl-$SnSe_2$/SnSe 样品的κ_L与κ近乎相等，表明在该方向上κ_L占主导作用，电子热导率的贡献可忽略不计。因此，Cl 掺杂不仅能大幅提高电导率，同时引起的点缺陷散射更有助于κ_L的降低，这将有利于热电优值 ZT 的显著优化。

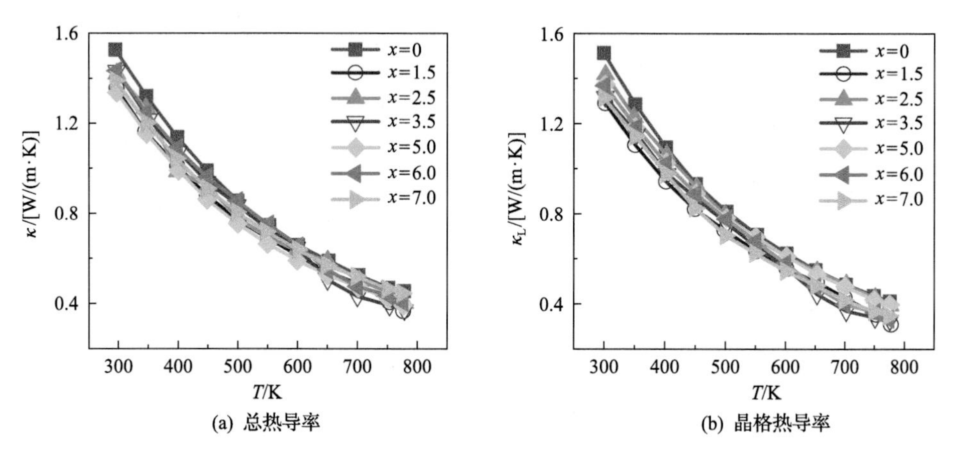

图 5-27　$x\%$Cl-$SnSe_2$/SnSe 复合材料沿平行于烧结压力方向的热性能随温度的变化关系

图 5-28 为 $x\%$Cl-$SnSe_2$/SnSe 复合材料沿平行于烧结压力方向热电优值 ZT 随温度的变化关系。由于 Cl 掺杂后样品的 PF 成倍增加以及κ_L进一步降低，$x\%$Cl-$SnSe_2$/SnSe 复合材料的热电优值 ZT 得到了大幅度提升。沿平行于烧结压力方向，未掺杂样品的 ZT 值在 773K 时仅为 0.08，而 6%Cl-$SnSe_2$/SnSe 样品的 ZT 值在 773K

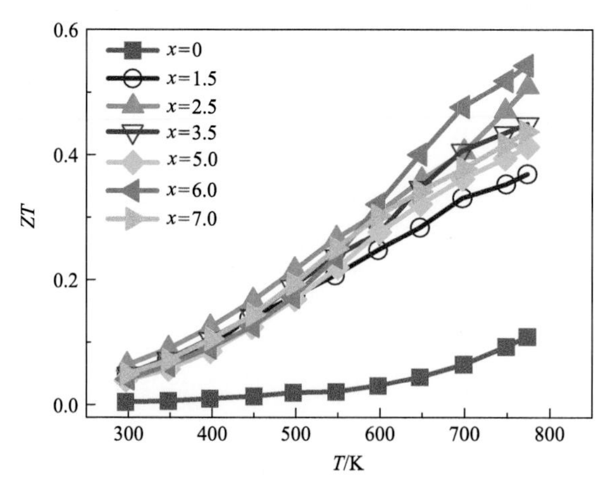

图 5-28　$x\%$Cl-$SnSe_2$/SnSe 复合材料沿平行于烧结压力方向的热电优值 ZT 随温度的变化关系

时为 0.56，提高了 600%。本节研究说明，掺杂是调控复合材料载流子输运及界面电荷作用的有效途径，使 x%Cl-$SnSe_2$/SnSe 复合材料的热电性能实现了大幅度的优化。

5.3　薄膜材料中的界面

5.3.1　1T′-$MoTe_2$ 基异质结的电子结构调控

理论预测表明，1T′-$MoTe_2$ 是一类潜在的量子自旋霍尔（QSH）绝缘体材料体系，有望在量子计算和低损耗电子器件等领域中获得重要应用[44-46]。然而，阻碍 1T′-$MoTe_2$ 作为量子自旋霍尔绝缘体的因素有两点：其一，1T′-$MoTe_2$ 的形成能较高，难以获得纯相；其二，目前生长的单层（ML）1T′-$MoTe_2$ 表现为半金属，其拓扑边缘态输运特征被淹没在体相输运里。

本节 1T′-$MoTe_2$ 生长在具有强本征自旋轨道耦合（SOC）的 3D 拓扑绝缘体 Bi_2Te_3 基底上时，有望通过形成范德瓦耳斯异质结（vdWH）以及利用界面效应实现物相和电子能带结构的调控[47]。已有研究表明，单层 1T′-$MoTe_2$ 的固有 SOC 强度不足以完全打开 QSH 的能隙，其仍然具有约−100meV 的负能隙[48-50]。为了阐明单层 1T′-$MoTe_2$/Bi_2Te_3 vdWH 中的层间相互作用和邻近效应，本节进行了第一性原理计算，结果如图 5-29 所示。

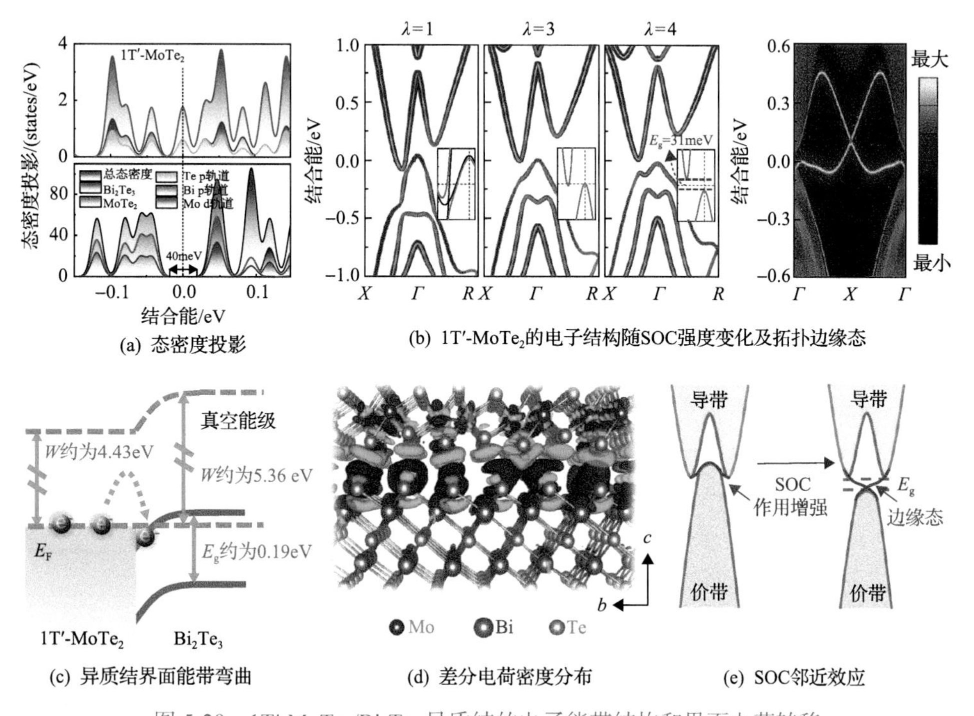

图 5-29　1T′-$MoTe_2$/Bi_2Te_3 异质结的电子能带结构和界面电荷转移

电子结构计算结果表明，单层 1T′-$MoTe_2$ 的确为半金属，其导带和价带重叠，且 E_F 附近的电子态由 Mo 4d 和 Te 5p 轨道支配。而形成单层 1T′-$MoTe_2$/Bi_2Te_3 vdWH 后，获得了约 40meV 的体能隙。对本征单层 1T′-$MoTe_2$ 的电子结构研究证实，只有提高 SOC 强度(λ)才能实现单层 1T′-$MoTe_2$ 体能隙的打开。并且，非平庸的拓扑边缘态明显存在于高 SOC 的样品中，证实利用异质结是调控拓扑电子能带结构的有效途径。

此外，功函数的巨大差异是单层 1T′-$MoTe_2$ 与 Bi_2Te_3 之间存在强的层间相互作用以及 SOC 邻近效应的重要原因。计算的单层 1T′-$MoTe_2$ 和 Bi_2Te_3 的功函数 W 分别约为 4.43eV 和 5.36eV。功函数的差异使 1T′-$MoTe_2$ 中的电子自发注入相邻的 Bi_2Te_3 层，并在两层之间形成界面电场；此外，为了保持界面处的电荷平衡，Bi、Mo 和 Te 原子的核外电子会发生电荷重配。Bi_2Te_3 层中的每个 Bi、Te 原子以及 1T′-$MoTe_2$ 层中的每个 Mo 原子分别平均捕获了 0.01 个电子、0.004 个电子和 0.004 个电子，同时 1T′-$MoTe_2$ 层每个 Te 原子损失了 0.011 个电子。Bi 6p 和 Mo 4d 轨道中态密度的增加显著提高了本征 SOC 强度，从而会改变 1T′-$MoTe_2$ 的电子能带结构。SOC 邻近效应的物理内涵包括 Mo 3d 轨道的电子增强本征 SOC 以及电荷转移所引起的界面电势也促进了 SOC 的增强，进而引起 vdWH 中单层 1T′-$MoTe_2$ 的 QSH 能隙的打开。

为验证 SOC 邻近效应能打开单层 1T′-$MoTe_2$ 的 QSH 能隙，采用 MBE 实验技术在 Bi_2Te_3 基底上成功实现了单层 1T′-$MoTe_2$ 的非匹配外延生长。图 5-30 是 1T′-$MoTe_2$/Bi_2Te_3 异质结的原位反射高能电子衍射(RHEED)、XPS 和 STM 表征结果。RHEED 条纹的定量分析结果表明，单层 1T′-$MoTe_2$/Bi_2Te_3 异质结的晶格排列遵循 1T′-$MoTe_2$[010]//Bi_2Te_3[$10\bar{1}0$]和 1T′-$MoTe_2$[100]//Bi_2Te_3[$1\bar{1}20$]外延关系。XPS 分析显示在 Bi_2Te_3 上生长的单层 $MoTe_2$ 的 1T′/2H 两相含量比约为 9∶1，表明除了含有少量 2H-$MoTe_2$ 相外，其余几乎是单层 1T′-$MoTe_2$ 的物相。而在相同生长条件下高定向热解石墨(HOPG)基底上生长 ML $MoTe_2$ 主要为 2H 相，1T′/2H 两相含量比约为 1∶9。随着 $MoTe_2$ 层数的增加，来自 Bi_2Te_3 基底的层间作用变弱甚至消失，导致 2H-$MoTe_2$ 含量显著增多。这说明缓冲层的界面限制作用对单层 1T′-$MoTe_2$ 的相形成具有重要影响。

与此同时，实验研究发现 1T′-$MoTe_2$/Bi_2Te_3 vdWH 中两组元之间存在强的层间作用。以线性色散表面态能带(SSB)的交叉点(狄拉克点 DP)的能量位置(E_D)作为基准，能准确判断 E_F 在形成异质结前后的能量位置变化。一方面，异质结中表面 Bi_2Te_3 的 E_F 位置相比于本征 Bi_2Te_3 向导带偏移了约 55meV，与基于功函数差异的电荷转移预测和 Bi-4f 结合能的变化趋势一致。这表明出现了从单层 1T′-$MoTe_2$ 到 Bi_2Te_3 中的显著电子转移现象，与前述的 DFT 计算结果一致。另一方面，1T′-$MoTe_2$ 在 Bi_2Te_3 基底上的外延生长实现了宏观上的单层覆盖。相比 $MoTe_2$/HOPG 异质结，单层 $MoTe_2$ 在 Bi_2Te_3 上具有更小的台阶高度，表明其层间范德瓦耳斯间隙更小，暗

示了 1T′-$MoTe_2$/Bi_2Te_3 vdWH 具有更强的层间作用力。

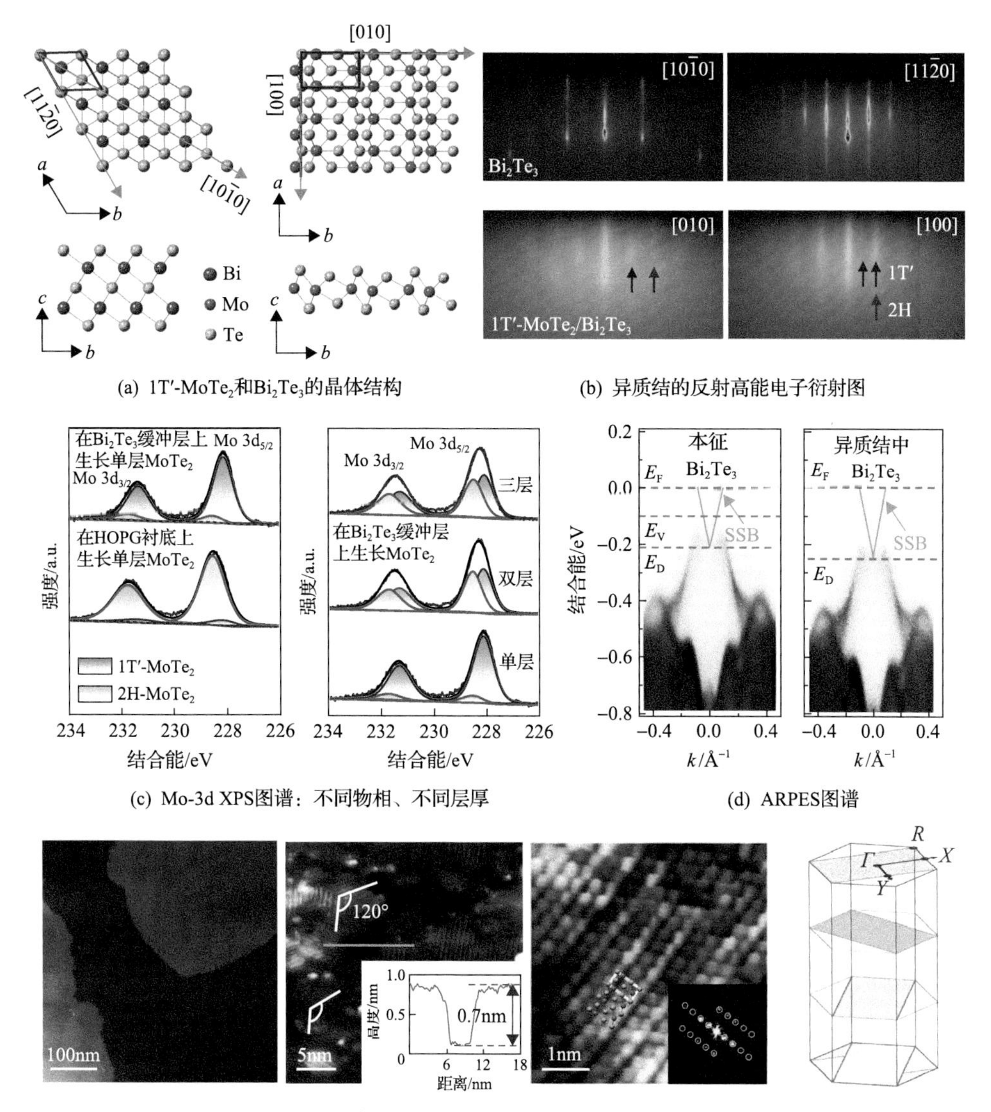

(a) 1T′-$MoTe_2$和Bi_2Te_3的晶体结构　　(b) 异质结的反射高能电子衍射图

(c) Mo-3d XPS图谱：不同物相、不同层厚　　(d) ARPES图谱

(e) Bi_2Te_3上生长单层$MoTe_2$的STM表面形貌及其三重对称叠加示意图

图 5-30　单层 1T′-$MoTe_2$/Bi_2Te_3 异质结的非匹配外延及界面电荷转移实验结果

STM 高分辨原子像可以测量出单层 1T′-$MoTe_2$ 的晶胞参数值，通过统计发现 Bi_2Te_3 基底上单层 1T′-$MoTe_2$ 的晶胞参数大小为 a=(3.30±0.05) Å 和 b=(6.10±0.15) Å，其相比于无应力单层 1T′-$MoTe_2$，在沿 a 轴和 b 轴方向分别具有−4.6%±1.4%和−3.7%±2.3%的压缩应变。结构形成能的理论计算结果排除了双轴压缩应变引起单层 1T′-$MoTe_2$ 形成的可能。因此，Bi_2Te_3 缓冲层能促进单层 1T′-$MoTe_2$ 物相

形成，这源于界面处的电荷转移以及由此产生的界面电势。

图 5-31 所示为 HOPG 和 Bi_2Te_3 基底上生长单层 1T′-$MoTe_2$ 的电子能带结构测量结果。HOPG 基底上生长单层 1T′-$MoTe_2$ 的 ARPES 图谱与 DFT 电子结构计算结果和文献[48]报道结果吻合。

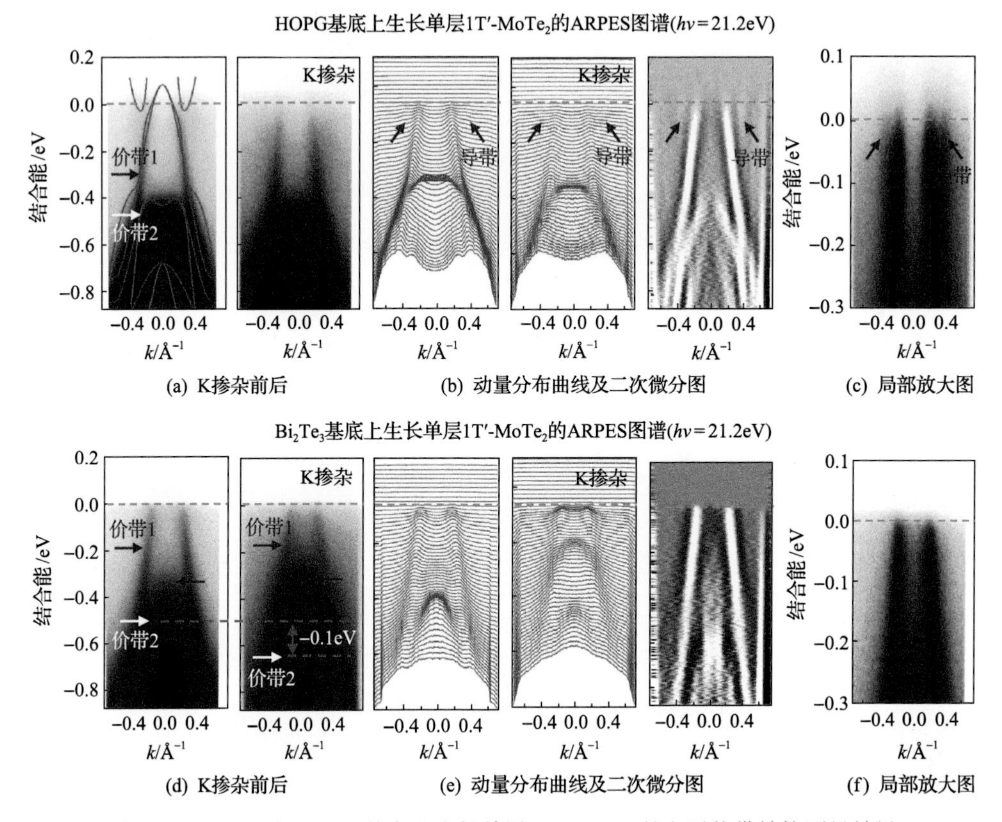

图 5-31　HOPG 和 Bi_2Te_3 基底上生长单层 1T′-$MoTe_2$ 的电子能带结构测量结果

图 5-31(a)中红色和蓝色线分别是计算的 SOC 强度为λ=1 的单层 1T′-$MoTe_2$ 沿Γ-X 和Γ-Y 方向的能带结构，清晰显示了价带 1 和价带 2 的能量-色散关系。在 Bi_2Te_3上生长的单层 1T′-$MoTe_2$的 ARPES 图谱与在 HOPG 上生长的单层 1T′-$MoTe_2$ 有明显差异。与后者相比，前者具有准线性色散特征的价带 1 保持不变，但价带 2 的形状明显改变，其能量位置向下移动约 100meV。此外，前者在价带 2 上方有额外的弱电子态，这可能源于 1T′-$MoTe_2$ 和 Bi_2Te_3 层之间的界面电势导致的能带分裂。这一变化的价带特征表明 SOC 邻近效应对 Bi_2Te_3 上生长的单层 1T′-$MoTe_2$ 的电子能带结构有显著影响。

对导带和价带重叠状态的分析发现，在 HOPG 基底上生长单层 1T′-$MoTe_2$ 材料的导带和价带发生明显重叠，这与最近报道的在双层石墨烯上生长单层 1T′-

$MoTe_2$ 的 ARPES 结果非常吻合[48, 49]。尽管 ARPES 图谱中单层 1T′-$MoTe_2$ 的导带底信号比较微弱，但通过动量分布曲线(momentum distribution curve，MDC)以及 MDC 二次微分图，能够将处在动量为 $k_{//}$≈0.28$Å^{-1}$ 处的导带底和价带 1 上端部分区分开来，如图 5-31(b)中红色箭头所示。相反，在 Bi_2Te_3 上生长单层 1T′-$MoTe_2$ 没有观测到导带底，这表明其导带底和价带顶重叠度减小。为了进一步确定 Bi_2Te_3 上单层 1T′-$MoTe_2$ 导带和价带的重叠程度，将 K 沉积到其表面提高 E_F 约为 0.1eV，使 E_F 更靠近导带，但仍然没有发现导带的信息。因此，实验研究结果表明，1T′-$MoTe_2$/Bi_2Te_3 vdWH 中的 SOC 邻近效应实现了单层 1T′-$MoTe_2$ 中导带和价带的明显分离。

为进一步证实单层 1T′-$MoTe_2$ 中导带和价带的分离趋势以及拓扑边缘态特征，本节对单层 1T′-$MoTe_2$ 进行了扫描隧道谱(STS)分析，其结果如图 5-32 所示。这主要基于 STS 能对费米面附近较宽能量范围电子态密度进行探测。在 1T′-$MoTe_2$/HOPG vdWH 中，单层 1T′-$MoTe_2$ 的 STS 中 E_F 附近出现了非零态密度(DOS)以及明显的凸起，表明其导带和价带存在重叠，如图 5-32(b)插图所示。相比之下，1T′-$MoTe_2$/Bi_2Te_3 vdWH 中单层 1T′-$MoTe_2$ 的 STS 在 E_F 附近表现出 V 形特征，且在 E_F 处具有最小 DOS。之前的研究报道认为，U 形 STS 表明具有全能隙的绝缘体行为[51-53]，而 V 形 STS 表明具有沟型或 V 状库仑能隙的半金属行为[54, 55]。因

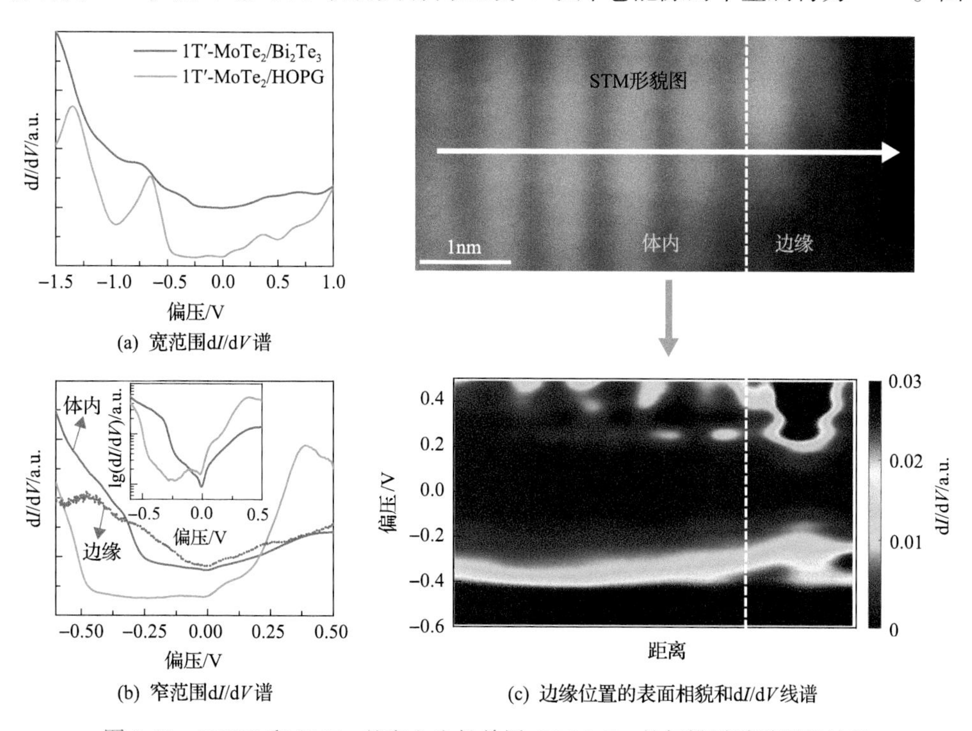

图 5-32　HOPG 和 Bi_2Te_3 基底上生长单层 1T′-$MoTe_2$ 的扫描隧道谱测量结果

此，E_F处的这种V形STS说明在Bi_2Te_3上生长的1T′-$MoTe_2$具有半金属特征。与1T′-$MoTe_2$/HOPG相比，1T′-$MoTe_2$/Bi_2Te_3 vdWH中单层1T′-$MoTe_2$的STS在费米能级附近没有凸起峰，表明其导带底和价带顶发生有效分离，与ARPES表征结果一致。另外，STS线扫结果表明，单层1T′-$MoTe_2$晶粒边缘的局部DOS具有明显的金属特性，其DOS明显高于体内DOS，表明在Bi_2Te_3上生长的1T′-$MoTe_2$中存在拓扑边缘态。

因此，从理论计算结合实验研究综合发现，通过构建单层1T′-$MoTe_2$与强SOC的Bi_2Te_3基体形成的1T′-$MoTe_2$/Bi_2Te_3 vdWH，利用层间强相互作用以及SOC邻近效应实现了近乎单相1T′-$MoTe_2$的制备及其体能隙的明显打开。

5.3.2 超晶格薄膜的热电输运优化

超晶格薄膜是热电研究领域近年来高度关注的研究方向。20世纪90年代，Hicks和Dresselhaus等从理论上预测材料结构低维化可显著提升材料的热电优值ZT，并指出量子阱超晶格结构可获得极高的ZT(ZT_{max}>5.0)，激发了热电工作者对超晶格薄膜的探索热情[56-58]。超晶格薄膜的热电性能显著提升主要依赖以下两个新效应。其一，超晶格基元尺寸低于电子波长，可引起量子限域效应，提高了费米面附近的电子态密度和m^*，进而提高Seebeck系数以及PF。其二，超晶格中高密度异质界面可引入强烈的界面声子散射效应，有望将κ_L降低至非晶极限水平。在热电超晶格薄膜研究中，Venkatasubramanian等[8]报道采用金属有机气相沉积(MOCVD)方法制备出Bi_2Te_3/Sb_2Te_3超晶格薄膜，其超高室温热电性能最具有代表性，对推动热电超晶格结构的发展起到了重要作用。当超晶格周期为1nmBi_2Te_3+5nmSb_2Te_3时，强烈的界面声子散射引起κ_L降低至非晶极限水平[约0.23W/(m·K)]，此时Bi_2Te_3/Sb_2Te_3超晶格薄膜获得的最大室温热电优值达2.4。此外，Harman等[7]采用MBE技术成功制备出PbSeTe/PbTe量子点超晶格薄膜，Ohta等[6]采用激光脉冲沉积(PLD)方法成功制备出$SrTiO_3$/$SrTi_{0.8}Nb_{0.2}O_3$超晶格薄膜。超晶格组成单元的厚度降低至晶格和纳米尺度引入了量子限域效应，引起Seebeck系数的大幅提高以及获得了优异的室温ZT。

尽管现有研究已经取得了显著进展和获得了热电性能的大幅提升，但关于如何制备严格超晶格周期、组成准确的超晶格薄膜，如何有效调控超晶格组成基元及其厚度以及有效利用量子限域效应和层间耦合作用实现电热输运解耦和热电性能优化仍缺乏深入研究。需要重点指出的是，界面电荷效应是影响超晶格薄膜电输运性能的重要因素，但人们对此缺乏深入的实验研究。因此，本节重点介绍作者团队采用MBE技术制备的1T′-$MoTe_2$/Bi_2Te_3和MnTe/Sb_2Te_3超晶格薄膜及其热电性能优化的最新结果，通过ARPES技术阐明界面电荷效应优化电输运性能的新规律，并揭示$(Bi,Sb)_2Te_3$薄膜中拓扑表面态优化电输运性能的新机制。

1. $1T'$-$MoTe_2$/Bi_2Te_3 超晶格薄膜

5.3.1 节介绍了 $1T'$-$MoTe_2$/Bi_2Te_3 异质结中存在 $1T'$-$MoTe_2$ 层向 Bi_2Te_3 层电子注入的理论和实验分析结果。该异质结是半金属/半导体异质结的典型代表，因而 $1T'$-$MoTe_2$/Bi_2Te_3 超晶格薄膜也是半金属/半导体超晶格薄膜的典型代表，下面针对 $1T'$-$MoTe_2$/Bi_2Te_3 超晶格薄膜展开电热输运调控研究[59]。

通过精确控制 $1T'$-$MoTe_2$ 和 Bi_2Te_3 的 MBE 生长速率，我们实现了不同尺度和周期 $(1T'\text{-}MoTe_2)_x/(Bi_2Te_3)_y$ 超晶格薄膜的可控制备，其中 x 和 y 分别以单层 $1T'$-$MoTe_2$ 和五原子层 Bi_2Te_3(QL) 为基本单元。图 5-33 所示为 $(1T'\text{-}MoTe_2)_x/(Bi_2Te_3)_y$ 超晶格薄膜的物相及微结构表征结果。二元 Bi_2Te_3 和不同周期性超晶格薄膜(以 Bi_2Te_3 层为截止面)的 RHEED 图谱表现为单套条纹且条纹较清晰和明亮，说明获得了宏观上高结晶质量、平整的 $(1T'\text{-}MoTe_2)_x/(Bi_2Te_3)_y$ 超晶格薄膜。5°～15°范围的高精度 XRD 图谱结果表明，在该(003)衍射主峰附近出现了多级卫星峰(标记为 1 和

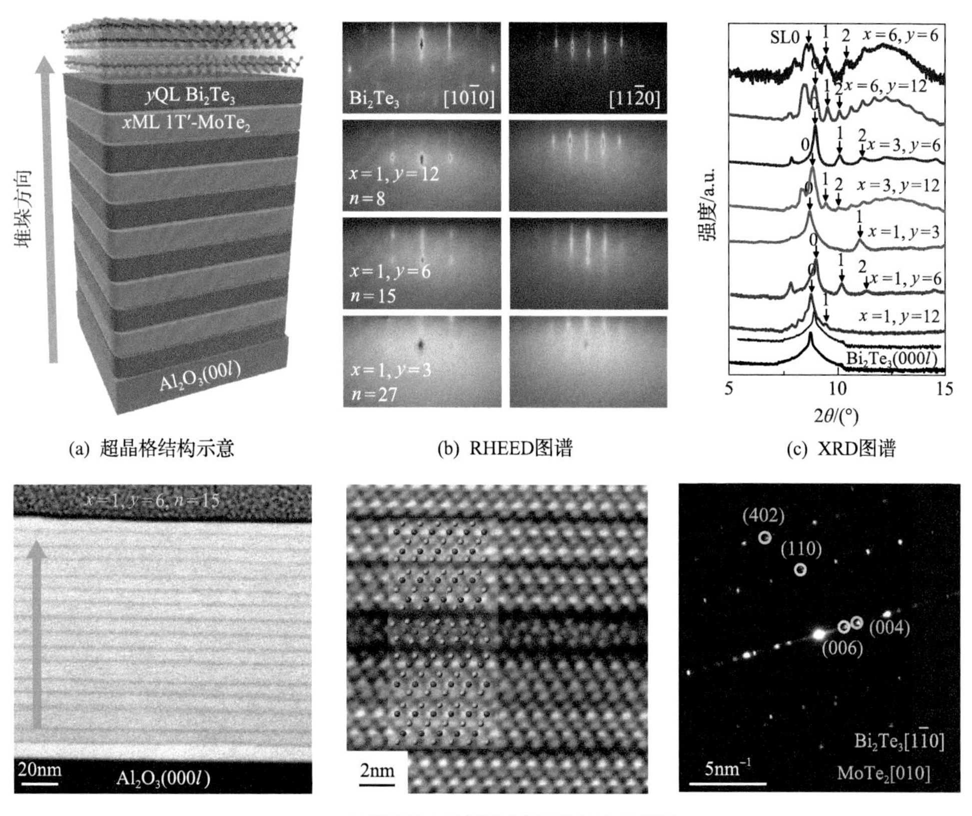

(a) 超晶格结构示意　(b) RHEED图谱　(c) XRD图谱

(d) 扫描透射电子显微分析及选区电子衍射

图 5-33　$(1T'\text{-}MoTe_2)_x/(Bi_2Te_3)_y$ 超晶格薄膜的物相及微结构表征结果

2），这是高质量超晶格中异质界面对 X 射线周期性调制的显著特征。利用卫星峰之间的角度差还可以计算获得超晶格的周期厚度[60]。基于布拉格方程可以推导出多周期超晶格的衍射公式：

$$\frac{2\sin\theta_n - 2\sin\theta_{\mathrm{SL},0}}{\lambda} = \pm\frac{n}{\Lambda} \tag{5-2}$$

式中，λ为 X 射线波长（$\lambda_{\mathrm{Cu-K\alpha}}$=0.15405nm）；$\theta_n$ 为第 n 个卫星峰的入射角；$\theta_{\mathrm{SL},0}$ 为超晶格 0 级峰入射角；Λ为超晶格的单个周期厚度。

根据卫星峰位置计算得到（1T′-$MoTe_2$）$_x$/（Bi_2Te_3）$_y$ 超晶格薄膜的周期性，其计算结果与实验设计基本一致，也与扫描透射显微镜表征结果吻合。x=1、y=6 超晶格薄膜的大范围透射电镜表征发现了不同层间的衬度调制，说明实现了 1T′-$MoTe_2$/Bi_2Te_3 超晶格的周期性有序堆叠。从 HRTEM 原子像和选区电子衍射可以清晰明显地看到，具有三原子层的单层 1T′-$MoTe_2$ 夹于 Bi_2Te_3 薄层之间，对应的晶面匹配关系为 1T′-$MoTe_2$（010）//Bi_2Te_3（110）。同时，1T′-$MoTe_2$ 中 Te 层原子沿面内方向呈锯齿状分布，Mo 原子沿面内方向非等间距排列，说明其符合 1T′相的结构特征，显著区别于 2H 相结构特征。1T′-$MoTe_2$ 和 Bi_2Te_3 之间显著的结构差异性使得两者形成的超晶格具有清晰的异质界面和高的稳定性，是研究异质界面电荷作用的理想材料体系。

1T′-$MoTe_2$ 和 Bi_2Te_3 的功函数 W 分别为 4.43eV 和 5.36eV，因而 1T′-$MoTe_2$ 层会向 Bi_2Te_3 层注入电子，从而显著影响（1T′-$MoTe_2$）$_x$/（Bi_2Te_3）$_y$ 超晶格薄膜的电输运性能。为了研究超晶格薄膜的异质界面电荷效应，我们制备了 Te/Bi 束流比为 8 和 16 的两组薄膜样品，并采用 ARPES 技术研究了 Bi_2Te_3 层厚对其 E_F 位置及界面势垒的影响，结果如图 5-34 所示。

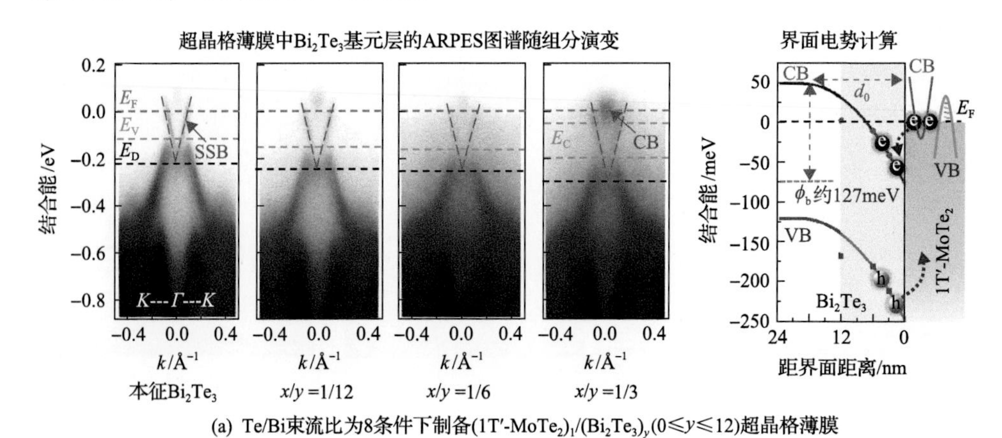

(a) Te/Bi束流比为8条件下制备(1T′-$MoTe_2$)$_1$/(Bi_2Te_3)$_y$(0≤y≤12)超晶格薄膜

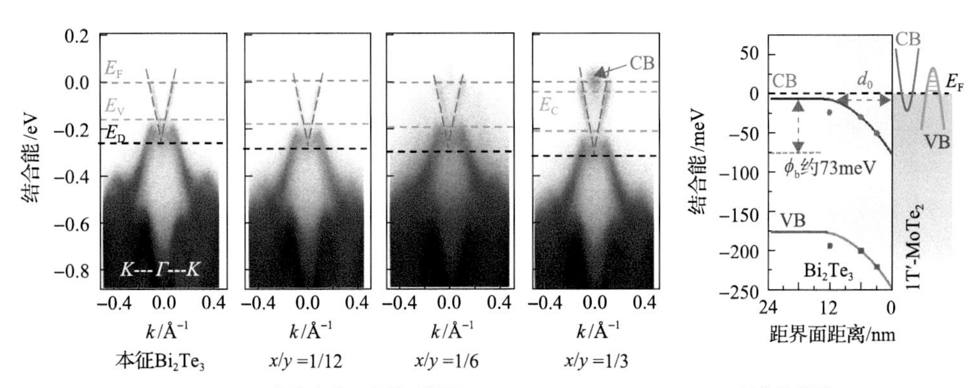

(b) Te/Bi束流比为16条件下制备$(1T'\text{-}MoTe_2)_1/(Bi_2Te_3)_y$($0 \leqslant y \leqslant 12$)超晶格薄膜

图 5-34 $(1T'\text{-}MoTe_2)_1/(Bi_2Te_3)_y$超晶格薄膜的能带结构及界面能带弯曲的实验表征

从图 5-34 中可以看出，以 Bi_2Te_3 的价带顶和狄拉克点为参考位置，当 Te/Bi 束流比从 8 增加到 16 时，本征 Bi_2Te_3 的 E_F 位置向导带移动了约 56meV，与预期一致，即 Te/Bi 束流比增加能引入 n 型 Te_{Bi} 反位缺陷和提高电子浓度。相比于本征 Bi_2Te_3，所有超晶格样品截止面 Bi_2Te_3 的 E_F 位置均向导带移动，且随着 Bi_2Te_3 层厚度的降低，E_F 位置向导带移动幅度更加明显。这有效证明了超晶格中从 1T′-$MoTe_2$ 层向 Bi_2Te_3 层的电荷转移。同时，根据 ARPES 中 Bi_2Te_3 线性色散拓扑表面态(TSS)的斜率可计算出 TSS 的费米群速。结果表明，本征 Bi_2Te_3 及$(1T'\text{-}MoTe_2)_1/(Bi_2Te_3)_y$超晶格薄膜沿Γ-K 方向的费米群速度均约为 5.3eV·Å，说明形成超晶格仅调控 Bi_2Te_3 层的 E_F 位置，并没改变其电子结构特征。

Bi_2Te_3 的 E_F 位置随 Bi_2Te_3 层厚的变化说明界面处出现了能带弯曲，可以依据经典模型计算出界面电势和势垒层厚度。根据金属-半导体接触的扩散理论[61-63]，可以通过式(5-3)来描述欧姆接触类型的界面势能 $q\phi_b(z)$ 与距离 z 的关系：

$$-q\phi_b(z)=\begin{cases}\dfrac{q^2N_D}{2\varepsilon_r\varepsilon_0}(z-d_0)^2, & 0\leqslant z\leqslant d_0\\ 0, & z>d_0\end{cases} \tag{5-3}$$

式中，q 为电子电量；d_0 为势垒宽度；N_D 为施主浓度；ε_r 为相对介电常数；ε_0 为真空介电常数；ϕ_b 为界面电势。将本征 Bi_2Te_3 及超晶格的 E_F 位置代入式(5-3)，可以估算出ϕ_b、d_0 以及常数 $A=\dfrac{q^2N_D}{2\varepsilon_r\varepsilon_0}$。当 Te/Bi=8 时，超晶格薄膜在 Bi_2Te_3 一侧的ϕ_b达 127meV，d_0为 19nm；而当 Te/Bi=16 时，ϕ_b和 d_0分别减小为 73meV 和 14nm。上述研究为通过实验定量表征界面电势及调控界面电势提供了一种新思路。

图 5-35 所示为$(1T'\text{-}MoTe_2)_x/(Bi_2Te_3)_y$超晶格薄膜的电子输运性能随超晶格周期变化关系图。室温载流子浓度随着超晶格中 1T′-$MoTe_2$ 的厚度 y 的增加呈现数

量级的增加，说明增加的载流子浓度来自于半金属 1T′-$MoTe_2$ 的电子注入。同时，$(1T'\text{-}MoTe_2)_x/(Bi_2Te_3)_y$ 超晶格薄膜的μ达 24～46$cm^2/(V\cdot s)$，更接近于本征 Bi_2Te_3 薄膜[$\mu\approx85cm^2/(V\cdot s)$]，而与 1T′-$MoTe_2$ 差异很大。1T′-$MoTe_2$ 尽管在低温下具有极大的μ[大于 4000$cm^2/(V\cdot s)$]，但是在室温下的μ较低[小于 10$cm^2/(V\cdot s)$][50]。这说明$(1T'\text{-}MoTe_2)_x/(Bi_2Te_3)_y$ 超晶格薄膜中存在调制掺杂作用，即功函数差异驱动 1T′-$MoTe_2$ 层向 Bi_2Te_3 层注入电子，在大幅提高电子浓度的同时维持较高的μ。相比于本征 Bi_2Te_3 薄膜，虽然超晶格薄膜的电子浓度从本征的 $1.9\times10^{19}cm^{-3}$ 提升超过一个量级，但是其 Seebeck 系数绝对值仍保持在相对较高的水平，所以 PF 大幅度提升。

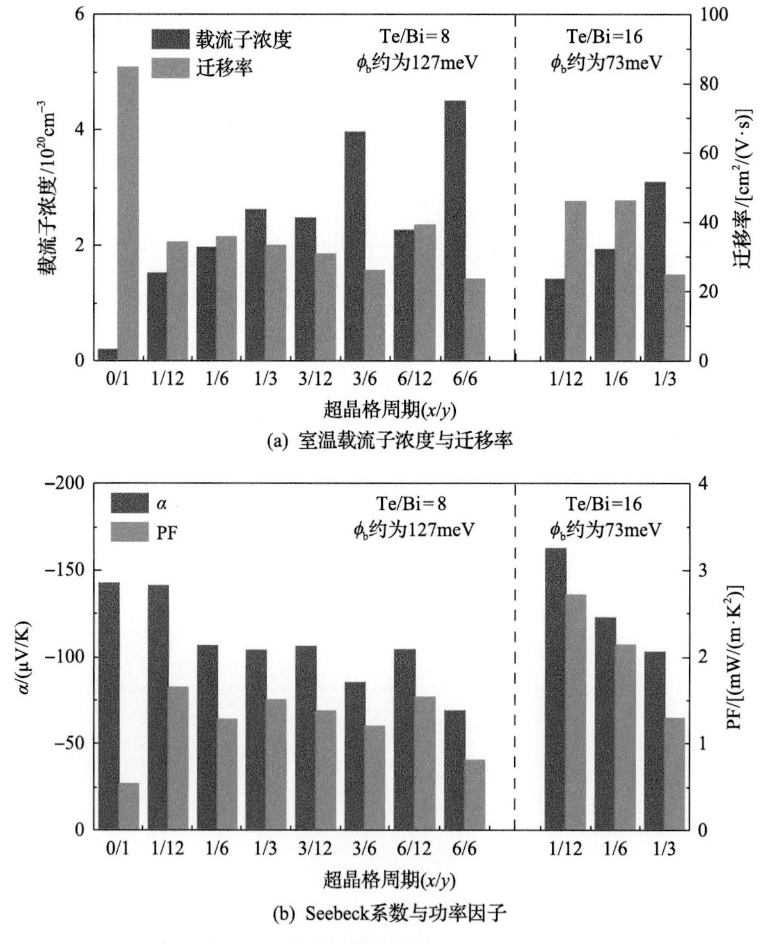

图 5-35 $(1T'\text{-}MoTe_2)_x/(Bi_2Te_3)_y$ 超晶格薄膜的电子输运性能随超晶格周期变化关系图

此外，相比在低 Te/Bi 束流比条件下制备的超晶格薄膜，高 Te/Bi 束流比条件制备的超晶格薄膜的 Seebeck 系数绝对值整体更高。上述结果表明，Te/Bi 束流比能有效调节界面势垒，且界面势垒引入的能量过滤效应及 Seebeck 系数绝对值的提升实现了电子浓度与 Seebeck 系数的解耦。

图 5-36 为 $(1T'\text{-}MoTe_2)_x/(Bi_2Te_3)_y$ 超晶格的电输运性能以及 Pisarenko 曲线。随温度升高，本征 Bi_2Te_3 的电导率显著增加，但 Seebeck 系数大幅度劣化，这主要与电子浓度较低以及随温度升高载流子本征激发有关。同时，所有 $(1T'\text{-}MoTe_2)_x/(Bi_2Te_3)_y$ 超晶格薄膜的电导率随温度的增加而单调降低，而其 Seebeck 系数却并无显著劣化甚至部分超晶格样品 Seebeck 系数绝对值略有增加，进一步证明了超晶格薄膜中载流子本征激发被显著抑制。因此，由于电子浓度和 Seebeck 系数的解耦和协同优化以及载流子本征激发的抑制，$(1T'\text{-}MoTe_2)_x/(Bi_2Te_3)_y$ 超晶格薄膜的 PF 在宽温域内获得大幅度提升。在高 Te/Bi 束流比条件下，x/y=1/12 的超晶格薄膜样品获得了最大 PF，在室温下达 2.72mW/(m·K^2)，相比于本征 Bi_2Te_3 提高约 400%。

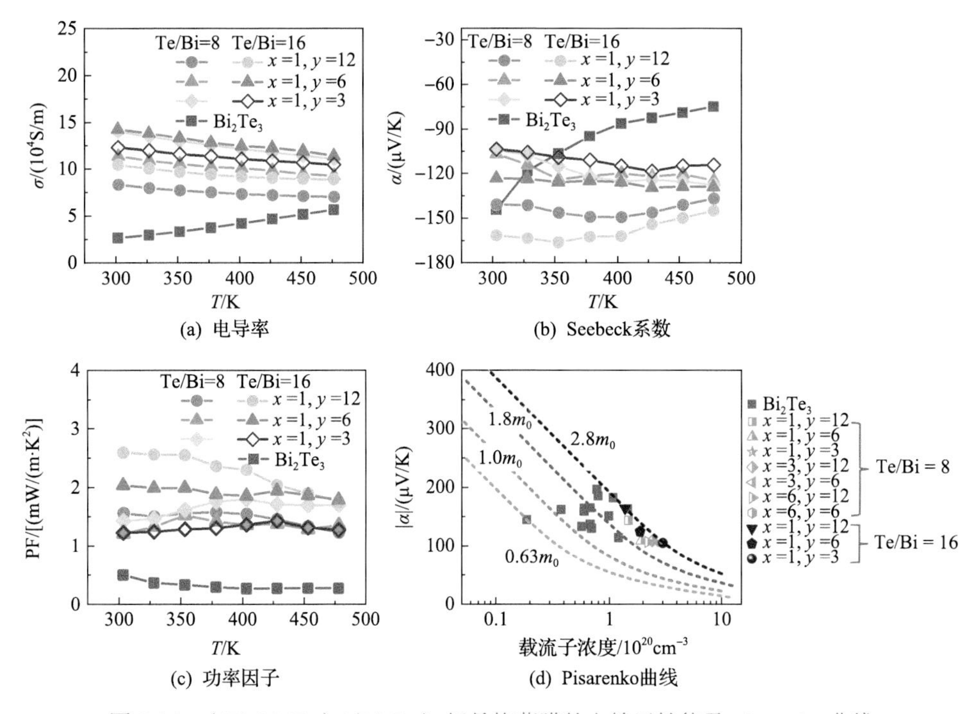

图 5-36　$(1T'\text{–}MoTe_2)_1/(Bi_2Te_3)_y$ 超晶格薄膜的电输运性能及 Pisarenko 曲线

利用传输矩阵模型以及 $1T'\text{-}MoTe_2$ 和 Bi_2Te_3 的室温电输运性能参数[64]，本书计算了超晶格薄膜的 Seebeck 系数。超晶格薄膜的 Seebeck 系数实验结果普遍高于计算结果，同时通过 Pisarenko 曲线，发现其 m^* 达 $1.8m_0$～$2.3m_0$，明显大于本征 Bi_2Te_3 的 m^*。这综合说明了利用异质结的界面势垒是引入能量过滤效应和提高 Seebeck 系数的有效途径。

图 5-37 所示为 $(1T'\text{-}MoTe_2)_x/(Bi_2Te_3)_y$ 超晶格薄膜的总热导率、晶格热导率及电性能调控机制。利用基于光学泵浦-探测（pump-probe）原理的时域热反射（time-domain thermoreflectance，TDTR）技术获得超晶格薄膜沿面外方向的热导率 $\kappa_\perp$[65, 66]。由于薄膜面外方向的电导率很难测量，而文献报道的单晶 Bi_2Te_3 块体电导率各向异性 $\sigma_\parallel/\sigma_\perp$ 在 1.5～5.0[67, 68]，根据 Bi_2Te_3 薄膜中通常选用 $\sigma_\parallel/\sigma_\perp=2$ 来估算本征 Bi_2Te_3 和 $(1T'\text{-}MoTe_2)_x/(Bi_2Te_3)_y$ 超晶格的面外 $\sigma_\perp$，由此可根据洛伦兹定律计算出薄膜沿面外方向的 κ_L。计算结果表明，本征 Bi_2Te_3 薄膜的 κ_L 约为 0.77W/(m·K)，接近于文献[67]报道值，说明该估算方法是可行的。相比于本征 Bi_2Te_3 薄膜，超晶格薄膜的 κ_L 显著降低，并在 x/y=3/6、6/12 和 6/6 组分处获得最低值，约为 0.31W/(m·K)，接近非晶极限水平。这说明高密度的异质界面显著增强了声子散射和显著降低了 κ_L，能使超晶格薄膜获得超低 κ_L[8, 68]。

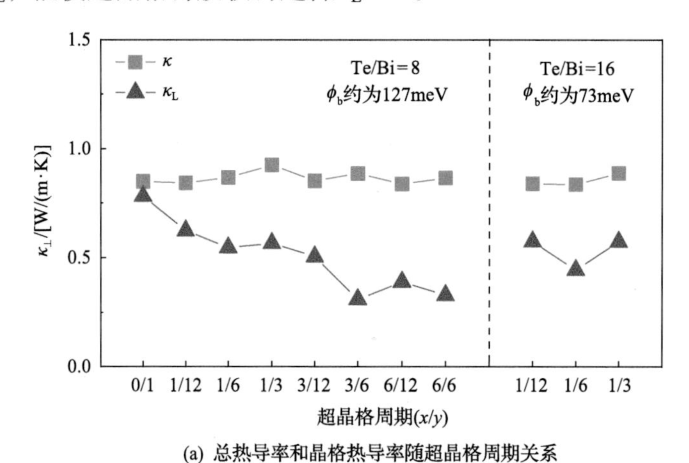

(a) 总热导率和晶格热导率随超晶格周期关系

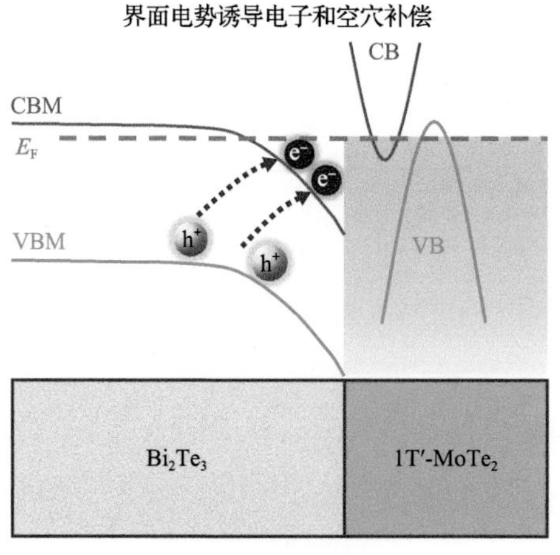

(b) 电性能调控机制

图 5-37 $(1T'\text{-}MoTe_2)_x/(Bi_2Te_3)_y$ 超晶格薄膜的总热导率、晶格热导率及电性能调控机制

对于半导体-金属界面特性，大的界面能带弯曲会引起界面附近电子和空穴的补偿，不利于利用能量过滤效应提升 Seebeck 系数。因此，高 Te/Bi 束流比条件制备超晶格薄膜具有较小的界面电势，其 Seebeck 系数提升幅度明显更突出，说明低的界面电势能增强能量过滤效应。Te/Bi=16 条件下制备$(1T'\text{-}MoTe_2)_1/(Bi_2Te_3)_{12}$超晶格薄膜获得了所有样品中最优的 PF，其最高 PF 和平均 PF 分别为 2.72mW/$(m\cdot K^2)$和 2.40mW/$(m\cdot K^2)$，处于目前报道的最高水平[59, 67, 68]。本书研究证实，通过薄膜工艺参数调控界面能带弯曲与界面电势(ϕ_b)是优化超晶格薄膜热电性能的新机制和有效途径。

2. $MnTe/Sb_2Te_3$超晶格薄膜

为了进一步说明界面电荷效应优化超晶格薄膜的电输运性能，本节将介绍半导体 MnTe 和 Sb_2Te_3 形成的超晶格及其电输运优化规律和机制。我们采用 MBE 技术精确控制 MnTe 层和 Sb_2Te_3 层的生长速率，成功制备出不同超晶格周期$(MnTe)_x/(Sb_2Te_3)_y$超晶格薄膜及量子点超晶格薄膜，其中 x 和 y 分别以单层 MnTe 和五原子层 Sb_2Te_3(QL)为基本单元[69]。

图 5-38 为$(MnTe)_1(Sb_2Te_3)_6$超晶格薄膜的 HRTEM 显微结构。选区电子衍射分析说明，衍射斑点都来源于 Sb_2Te_3(缩写为 ST)的(110)和(006)晶面以及 MnTe(缩写为 MT)的$(\bar{1}\bar{1}0)$和(002)晶面。同时，由图 5-38(b)中红色箭头和 QL 可知，MnTe 和 Sb_2Te_3 实现了有序堆叠，且两者在界面处的匹配关系满足 MnTe$[\bar{1}100]$//$Bi_2Te_3[\bar{1}100]$，并未发现明显的层间扩散。局部区域的原子高度分布图进一步证实，MnTe 和 Sb_2Te_3 界面清晰，两者严格有序堆垛排列。此外，MnTe 层在 Sb_2Te_3 基体中存在不均匀分布现象，但总体上保持了$(MnTe)_x/(Sb_2Te_3)_y$超晶格周期结构。

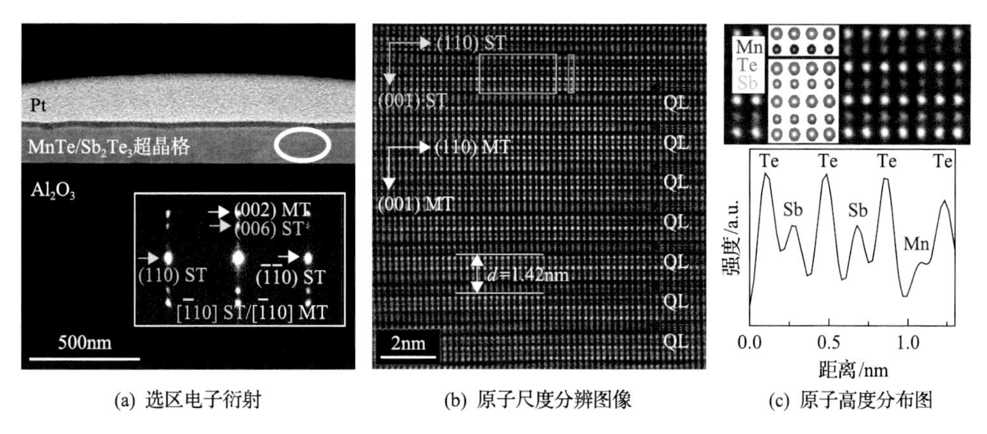

(a) 选区电子衍射　(b) 原子尺度分辨图像　(c) 原子高度分布图

图 5-38　$(MnTe)_1(Sb_2Te_3)_6$超晶格薄膜的 HRTEM 显微结构

图 5-39 所示为$(MnTe)_1/(Sb_2Te_3)_y$超晶格薄膜的 ARPES 图谱以及界面能带弯

曲实验结果。制备的Sb_2Te_3薄膜和$(MnTe)_1/(Sb_2Te_3)_y$超晶格薄膜都表现出p型传导特性，价带顶能量位置高于E_F。随着Sb_2Te_3厚度y的增加，超晶格薄膜的E_F朝价带明显偏移。对于y=3、6和12的超晶格薄膜，其E_F位置相比二元Sb_2Te_3薄膜分别移动了约193meV、186meV和151meV。

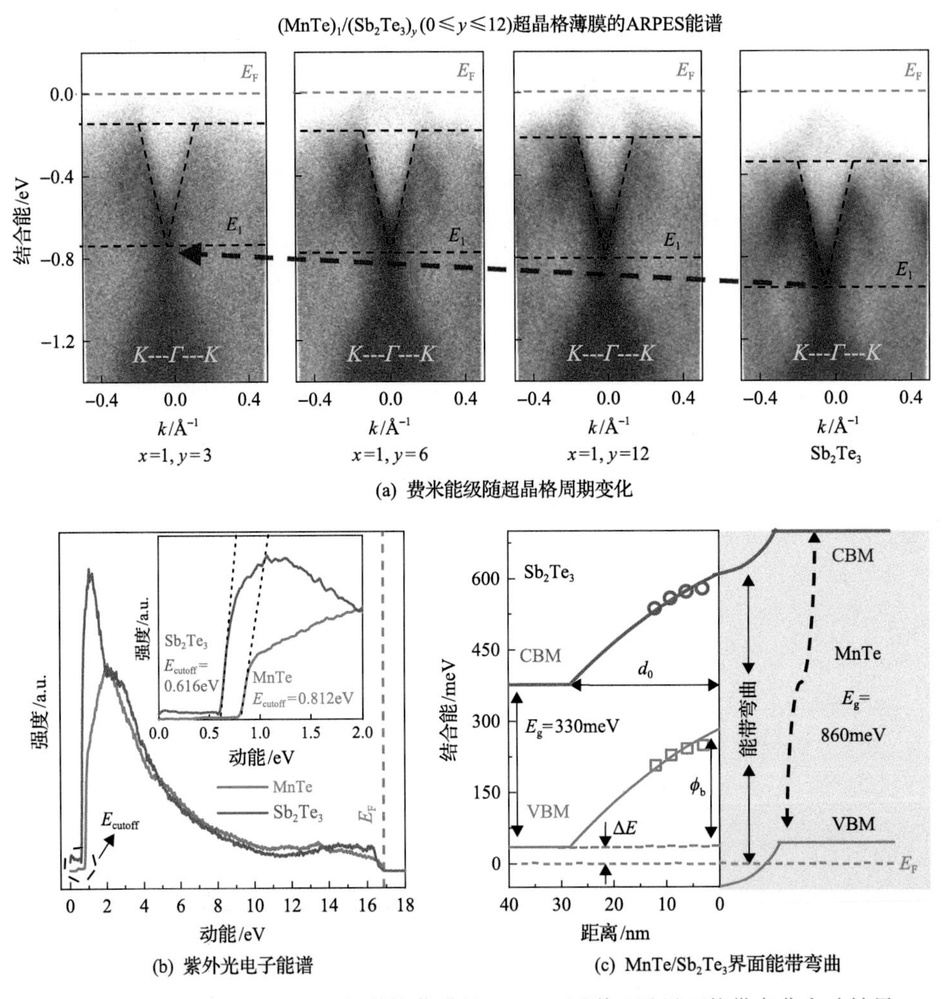

图5-39 $(MnTe)_1/(Sb_2Te_3)_y$超晶格薄膜的ARPES图谱以及界面能带弯曲实验结果

根据UPS图谱和功函数的计算公式$W=h\nu+E_{cutoff}-E_F$，MnTe和Sb_2Te_3的功函数W分别为5.14eV和4.94eV。因此，E_F位置的变化显然源于MnTe功函数大于Sb_2Te_3，以及由此产生MnTe层向Sb_2Te_3层的空穴注入。根据式(5-3)，计算出Sb_2Te_3层一侧的ϕ_b约为246meV和d_0=28nm，并发现在Sb_2Te_3层一侧产生了显著的能带向上弯曲，相应地在MnTe一侧形成了尖锐的能带向下弯曲。

精细的ARPES表征发现，MnTe的引入使价带顶出现了一定的平坦化转变，预示着能带有效质量的小幅增加。此外，尽管 MnTe 具有反铁磁结构，但这里的电输运未发现任何和磁有关的转变现象，如磁致曳引或反常霍尔输运。上述分析排除了 MnTe 加入引起超晶格薄膜中 Sb_2Te_3 层电子能带结构的明显转变及磁性的产生，进而显著影响电输运的可能性。

图 5-40(a)给出了 $MnTe/Sb_2Te_3$ 超晶格中界面电荷效应调控载流子输运的示意图。界面处产生的显著能带弯曲结合 Sb_2Te_3 基体层一侧较宽的势垒层，以及 $MnTe/Sb_2Te_3$ 超晶格堆叠结构赋予的周期性势垒非常不利于维持 Sb_2Te_3 基元层高的μ。实验结果发现 MnTe 层厚度 x 大于一个单层时，超晶格薄膜的μ显著劣化，不利于 PF 的优化。实验结果表明，形成量子点超晶格薄膜和结合调制掺杂策略是实现各热电输运参数同步优化的有效手段。

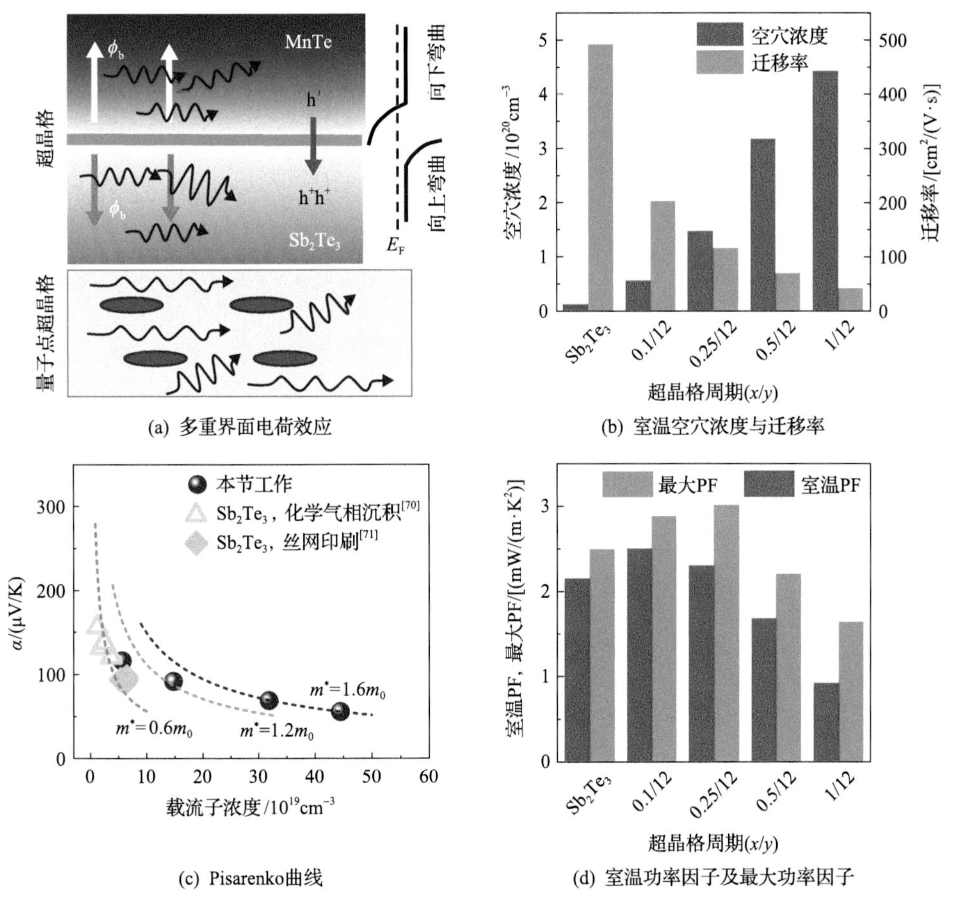

图 5-40　$(MnTe)_x/(Sb_2Te_3)_{12}$ 量子点超晶格薄膜的界面电荷效应及室温热电性能

图 5-40(b)～(d)为$(MnTe)_x/(Sb_2Te_3)_{12}$ 超晶格薄膜室温载流子输运和热电输运测量结果。一方面，单层 MnTe(即 x=1)能贡献 5.30×10^{14}～7.45×10^{14}cm^{-2} 的空

穴，且量子点薄膜（即 $x<1$）在实现空穴浓度显著增加的同时也保持较高的μ。例如，x=0.1 和 y=12 的量子点超晶格薄膜的室温空穴浓度为 $0.57\times10^{20}cm^{-3}$，为本征 Sb_2Te_3 薄膜的 4 倍左右，而对应迁移率仍保留较优的数值 $204.9cm^2/(V\cdot s)$。另一方面，量子点超晶格薄膜的 m^*要明显高于二元 Sb_2Te_3 薄膜，说明界面势垒引入了能量过滤效应和提高了 Seebeck 系数。最终，x=0.1 和 y=12 的量子点超晶格薄膜在室温下的α为 115.65μV/K，比本征样品的α降低 21%，但是σ提升了约 1 倍，获得了最大室温 PF，达 $2.50mW/(m\cdot K^2)$，较本征 Sb_2Te_3 薄膜（$2.15mW/(m\cdot K^2)$）提高了 16%。

本书的研究指出，设计和利用组成基元功函数差异和形成量子点超晶格，基于量子点超晶格产生的载流子注入、调制掺杂和能量过滤效应能大幅优化热电薄膜的电输运性能。

5.3.3 超薄层 $(Bi,Sb)_2Te_3$ 薄膜中拓扑表面态优化热电输运

拓扑绝缘体材料是凝聚态物理领域高度关注的量子材料体系，其拓扑表面态具有线性色散特征和超高载流子迁移率以及受到时间反演对称的拓扑保护[72]。研究人员通常认为具有高载流子迁移率的拓扑表面态是提升热电性能的有效途径[73]，但对制备具有拓扑特性的热电薄膜以及拓扑表面态对电声输运的影响规律和机制缺乏系统深入的研究。

作者团队采用 MBE 成功制备出体相绝缘的 $Bi_{0.64}Sb_{1.36}Te_3$ 薄膜，发现拓扑表面态对热电输运具有显著的优化作用[74]。图 5-41 所示为 6nm 厚 $Bi_{0.64}Sb_{1.36}Te_3$ 薄膜的扫描隧道显微镜表面形貌以及扫描隧道谱。制备的 $Bi_{0.64}Sb_{1.36}Te_3$ 薄膜的表面原子尺度平整，存在 1～2QL 高度的岛状表面起伏，说明薄膜的生长符合稳定的层状生长模式。微区 STS 表征发现 $Bi_{0.64}Sb_{1.36}Te_3$ 薄膜的能隙为（0.15±0.10）eV，与

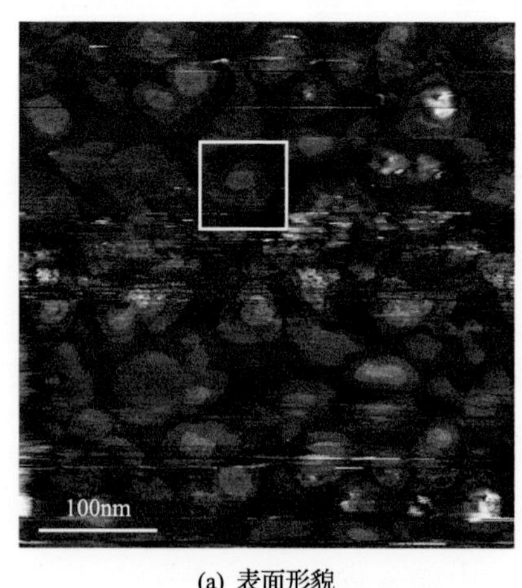
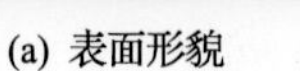

(a) 表面形貌

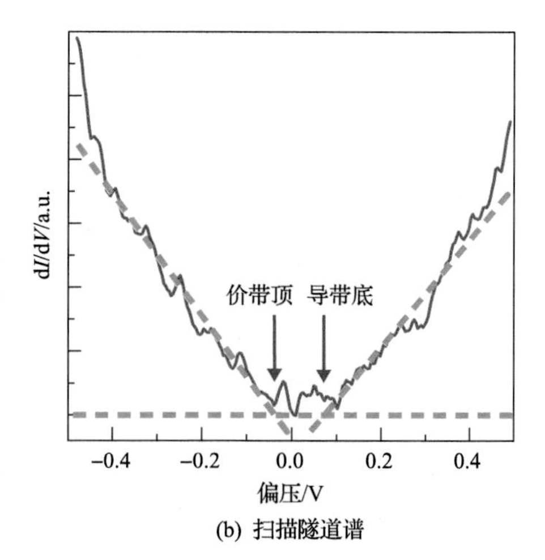

(b) 扫描隧道谱

图 5-41 体相绝缘 $Bi_{0.64}Sb_{1.36}Te_3$ 薄膜的扫描隧道显微镜表征结果

该组分块体的数值接近。同时，STS 揭示该薄膜的 E_F 处于禁带中间，其位置靠近价带顶，预示该材料的电输运极有可能包含拓扑表面态的贡献。

图 5-42 所示为不同厚度 $Bi_{0.64}Sb_{1.36}Te_3$ 薄膜的磁电阻和弱反局域化效应。在面外垂直磁场的作用下，厚度为 6nm 的 $Bi_{0.64}Sb_{1.36}Te_3$ 薄膜在低磁场（<2T）出现了尖锥状正磁电阻，这来源于拓扑绝缘体表面态的弱反局域化（WAL）效应。同时，在高磁场（>5T）出现准线性、不饱和的正磁电阻，这与线性色散的拓扑表面态有关，可用线性磁阻量子模型来描述[75-77]。随温度增加，$Bi_{0.64}Sb_{1.36}Te_3$ 薄膜的 WAL 效应明显减弱并在 30K 以上基本消失。这是由于拓扑表面态中的电子受到电子-电子散射和电子-声子散射等热散射过程的作用，并且这种作用随温度的升高而增强，其退相干长度相应变短并最终与电子的平均自由程可比拟，引起 WAL 效应消失。薄膜的磁电阻（MR）采用下式计算：$MR=[(\rho_B-\rho_0)/\rho_0]\times 100\%$，其中 ρ_B 和 ρ_0 分别为磁场和零场下材料的电阻率。一方面，$Bi_{0.64}Sb_{1.36}Te_3$ 薄膜具有较高的 MR，在 2K 和 5T 可达 35%，在 100K 和 5T 可达 12%。另一方面，$Bi_{0.64}Sb_{1.36}Te_3$ 薄膜具有显著的各向异性磁电阻，在 2K 和 5T 下磁电阻各向异性（$MR_\perp/MR_{//}$）达 250%。

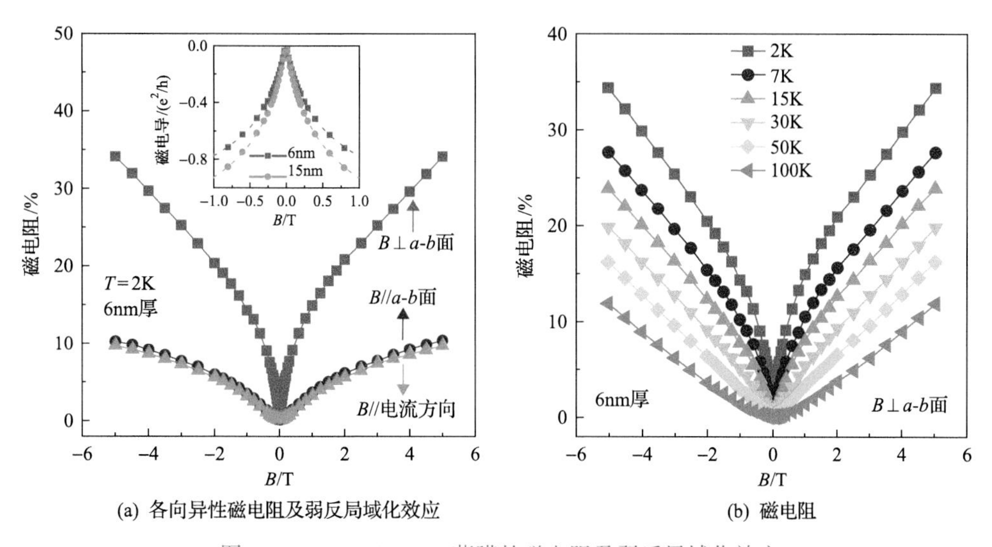

(a) 各向异性磁电阻及弱反局域化效应　　(b) 磁电阻

图 5-42　$Bi_{0.64}Sb_{1.36}Te_3$ 薄膜的磁电阻及弱反局域化效应

上述 WAL 效应、准线性 MR 及各向异性 MR 均说明 $Bi_{0.64}Sb_{1.36}Te_3$ 薄膜中的拓扑表面态显著参与了电输运。为进一步确认拓扑表面态对电输运的贡献，对低场数据[图 5-42(a) 中插图]采用 HLN（Hikami-Larkin-Nagaoka）量子相干模型进行分析[78, 79]：

$$\Delta G=\frac{Ae^2}{2\pi^2\hbar}\left[\ln\left(\frac{\hbar}{4eBl_\varphi{}^2}\right)-\psi\left(\frac{1}{2}+\frac{\hbar}{4eBl_\varphi{}^2}\right)\right] \tag{5-4}$$

式中，ΔG 为磁电导；l_{φ} 为退相干长度；ψ 为双伽马函数；A 为与导电通道数目、特性及不同通道之间耦合强度有关的因子。对于单一导电通道，弱反局域化的 A 为 0.5[78, 80]。6nm 和 15nm 厚 $Bi_{0.64}Sb_{1.36}Te_3$ 薄膜在低场下的ΔG 能很好地匹配 HLN 模型，其 $A\approx1.0$ 和 $l_{\varphi}\approx110$nm，与其他文献报道相似。上述分析结果说明拓扑表面态显著参与了电输运，较大的 l_{φ} 说明薄膜具有高的表面质量。

图 5-43 所示为不同膜厚 $Bi_{0.64}Sb_{1.36}Te_3$ 薄膜的低温热电输运性能。对于厚度为 200nm 的 $Bi_{0.64}Sb_{1.36}Te_3$ 薄膜，其霍尔系数和 Seebeck 系数均为正，且表现为半导体传导行为，其σ随温度的增加而增加。厚度为 6nm 和 15nm 薄膜的霍尔系数为负，而 Seebeck 系数为正，说明其电输运包含拓扑表面态和体态两个通道的贡献。由于霍尔系数的符号显著受到高迁移率输运通道的影响[81, 82]，6nm 和 15nm 薄膜

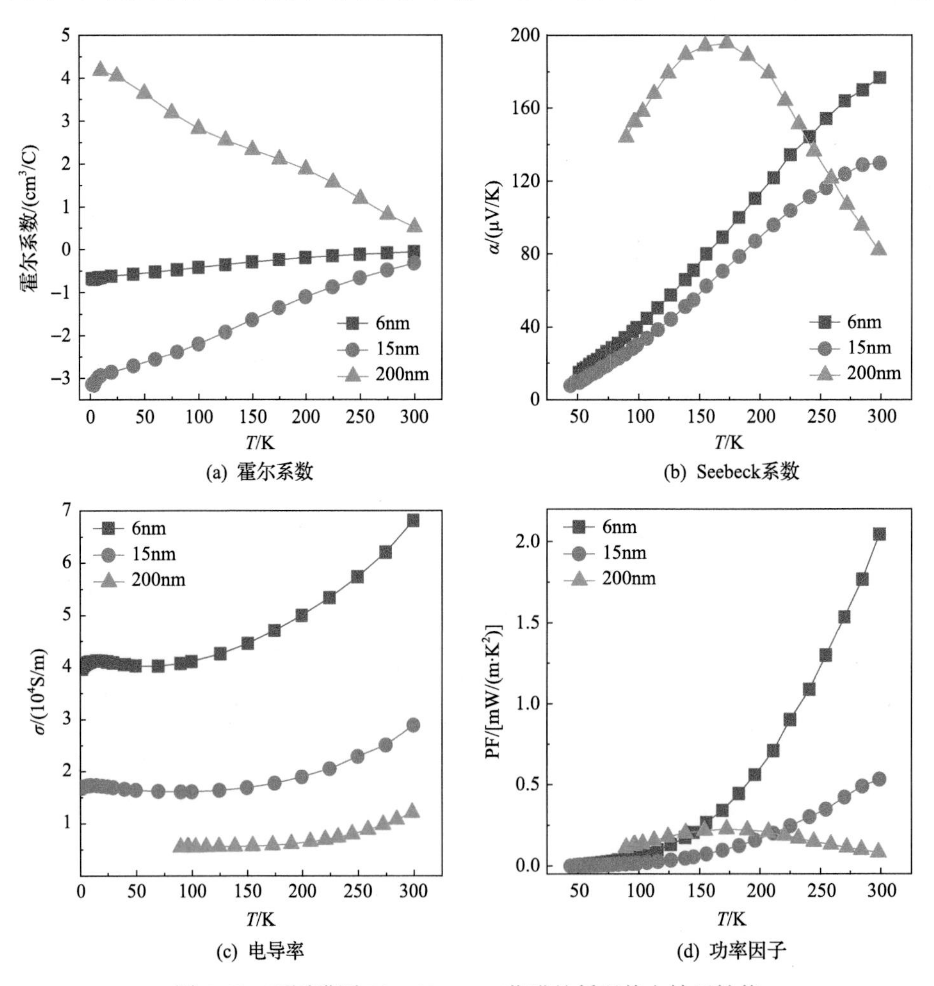

图 5-43　不同膜厚 $Bi_{0.64}Sb_{1.36}Te_3$ 薄膜的低温热电输运性能

的霍尔系数和 Seebeck 系数反号说明高迁移率的拓扑表面态由电子主导，而低迁移率的体态对 Seebeck 系数有主要贡献。

厚度为 6nm 和 15nm 薄膜的σ明显高于厚度为 200nm 的薄膜样品，分别较后者提高了约 7 倍和 2 倍。这显然与高迁移率拓扑表面态对电导的显著贡献有关。同时，厚度为 6nm 和 15nm 薄膜在整个测量温区没有出现 Seebeck 系数随温度的翻转和载流子本征激发。而厚度为 200nm 厚薄膜在 150K 以上出现了明显的本征激发，其 Seebeck 系数急剧劣化。相比厚膜，超薄 $Bi_{0.64}Sb_{1.36}Te_3$ 薄膜中载流子本征激发被显著抑制与本征点缺陷的数量显著减小密切相关。因此，由于拓扑表面态显著提高电导率以及本征激发的抑制，超薄 $Bi_{0.64}Sb_{1.36}Te_3$ 薄膜的 PF 得到了明显优化。厚度为 6nm 的 $Bi_{0.64}Sb_{1.36}Te_3$ 薄膜在室温下获得的最大 PF 达 2.0mW/(m·K^2)，相比厚膜的数值提高了近一个数量级。本书揭示了超薄$(Bi,Sb)_2Te_3$ 薄膜中拓扑表面态显著优化热电性能的新机制，发现拓扑表面态主导电输运的必要条件是要获得超薄薄膜和低的 E_F。

参 考 文 献

[1] Biswas K, He J Q, Blum I D, et al. High-performance bulk thermoelectrics with all-scale hierarchical architectures[J]. Nature, 2012, 489(7416): 414-418.

[2] Zhao L D, Hao S Q, Lo S H, et al. High thermoelectric performance via hierarchical compositionally alloyed nanostructures[J]. Journal of the American Chemical Society, 2013, 135(19): 7364-7370.

[3] Tan G J, Hao S Q, Cai S T, et al. All-scale hierarchically structured p-type PbSe alloys with high thermoelectric performance enabled by improved band degeneracy[J]. Journal of the American Chemical Society, 2019, 141(10): 4480-4486.

[4] Poudel B, Hao Q, Ma Y, et al. High-thermoelectric performance of nanostructured bismuth antimony telluride bulk alloys[J]. Science, 2008, 320(5876): 634-638.

[5] Li H, Tang X F, Zhang Q J, et al. High performance $In_xCe_yCo_4Sb_{12}$ thermoelectric materials with in situ forming nanostructured InSb phase[J]. Applied Physics Letters, 2009, 94(10): 102114.

[6] Ohta H, Kim S, Mune Y, et al. Giant thermoelectric Seebeck coefficient of a two-dimensional electron gas in $SrTiO_3$[J]. Nature Materials, 2007, 6(2): 129-134.

[7] Harman T C, Taylor P J, Walsh M P, et al. Quantum dot superlattice thermoelectric materials and devices[J]. Science, 2002, 297(5590): 2229-2232.

[8] Venkatasubramanian R, Siivola E, Colpitts T, et al. Thin-film thermoelectric devices with high room-temperature figures of merit[J]. Nature, 2001, 413(6856): 597-602.

[9] Zheng Y, Zhang Q A, Su X L, et al. Mechanically robust BiSbTe alloys with superior thermoelectric performance: A case study of stable hierarchical nanostructured thermoelectric materials[J]. Advanced Energy Materials, 2015, 5(5): 1401391.

[10] Xie W J, He J A, Kang H J, et al. Identifying the specific nanostructures responsible for the high thermoelectric performance of $(Bi,Sb)_2Te_3$ nanocomposites[J]. Nano Letters, 2010, 10(9): 3283-3289.

[11] Chen Z W, Zhang X Y, Pei Y Z. Manipulation of phonon transport in thermoelectrics[J]. Advanced Materials, 2018,

30(17): 1705617.

[12] Cahill D G, Watson S K, Pohl R O. Lower limit to the thermal conductivity of disordered crystals[J]. Physical Review B, 1992, 46(10): 6131-6140.

[13] Liu W, Yin K, Zhang Q J, et al. Eco-friendly high-performance silicide thermoelectric materials[J]. National Science Review, 2017, 4(4): 611-626.

[14] Yin K, Su X J, Yan Y G, et al. In situ nanostructure design leading to a high figure of merit in an eco-friendly stable $Mg_2Si_{0.30}Sn_{0.70}$ solid solution[J]. RSC Advances, 2016, 6(20): 16824-16831.

[15] Liu W, Tang X F, Li H, et al. Enhanced thermoelectric properties of n-type $Mg_{2.16}(Si_{0.4}Sn_{0.6})_{1-y}Sb_y$ due to nano-sized Sn-rich precipitates and an optimized electron concentration[J]. Journal of Materials Chemistry, 2012, 22(27): 13653-13661.

[16] Zhao L D, He J Q, Berardan D, et al. BiCuSeO oxyselenides: New promising thermoelectric materials[J]. Energy & Environmental Science, 2014, 7(9): 2900-2924.

[17] Tonejc A. Phase diagram and some properties of $Cu_{2-x}Se$ $(2.01 \geqslant 2-x \geqslant 1.75)$ [J]. Journal of Materials Science, 1980, 15(12): 3090-3094.

[18] Liu H L, Shi X, Xu F F, et al. Copper ion liquid-like thermoelectrics[J]. Nature Materials, 2012, 11(5): 422-425.

[19] Hampl J. Thermoelectric materials evaluation program[R]. Quarterly Technical Task Report, 1976.

[20] Stapfer G, Truscello V C. Development of the data base for a degradation model of a selenide RTG[C]. Intersociety Energy Conversion Engineering Conference, Washington, DC, 1977.

[21] Qiu P F, Agne M T, Liu Y Y, et al. Suppression of atom motion and metal deposition in mixed ionic electronic conductors[J]. Nature Communications, 2018, 9(1): 2910.

[22] Qiu P F, Mao T, Huang Z F, et al. High-efficiency and stable thermoelectric module based on liquid-like materials[J]. Joule, 2019, 3(6): 1538-1548.

[23] Yang D W, Su X L, Li J, et al. Blocking ion migration stabilizes the high thermoelectric performance in Cu_2Se composites[J]. Advanced Materials, 2020, 32(40): 2003730.

[24] Li J F, Liu W S, Zhao L D, et al. High-performance nanostructured thermoelectric materials[J]. NPG Asia Materials, 2010, 2(4): 152-158.

[25] Katsuyama S, Watanabe M, Kuroki M, et al. Effect of NiSb on the thermoelectric properties of skutterudite $CoSb_3$[J]. Journal of Applied Physics, 2003, 93(5): 2758-2764.

[26] Huang X Y, Xu Z, Chen L D. The thermoelectric performance of $ZrNiSn/ZrO_2$ composites[J]. Solid State Communications, 2004, 130(3/4): 181-185.

[27] Ito M, Nagai H, Tada T, et al. Effects of oxide dispersion on thermoelectric properties of β-$FeSi_2$[C]. Proceedings of 20th International Conference on Thermoelectrics. Beijing, 2001.

[28] Peng J Y, Alboni P N, He J, et al. Thermoelectric properties of (In,Yb) double-filled $CoSb_3$ skutterudite[J]. Journal of Applied Physics, 2008, 104(5): 053710.

[29] Shi X, Kong H, Li C P, et al. Low thermal conductivity and high thermoelectric figure of merit in n-type $Ba_xYb_yCo_4Sb_{12}$ double-filled skutterudites[J]. Applied Physics Letters, 2008, 92(18): 182101.

[30] Mahanti S D, Bilc D. Electronic structure of defects and defect clusters in narrow band-gap semiconductor PbTe[J]. Journal of Physics: Condensed Matter, 2004, 16(44): S5277-S5288.

[31] Schlaf R, Armstrong N R, Parkinson B A, et al. Van der Waals epitaxy of the layered semiconductors $SnSe_2$ and SnS_2: Morphology and growth modes[J]. Surface Science, 1997, 385(1): 1-14.

[32] Aguiar M R, Caram R. Directional solidification of a Sn-Se eutectic alloy using the Bridgman-Stockbarger

method[J]. Journal of Crystal Growth, 1996, 166(1-4): 398-401.

[33] Julien C, Eddrief M, Samaras I, et al. Optical and electrical characterizations of SnSe, SnS_2 and $SnSe_2$ single crystals[J]. Materials Science and Engineering: B, 1992, 15(1): 70-72.

[34] Ding Y C, Xiao B, Tang G, et al. Transport properties and high thermopower of $SnSe_2$: A full Ab-initio investigation[J]. The Journal of Physical Chemistry C, 2017, 121(1): 225-236.

[35] Huang Y C, Zhou D M, Chen X, et al. First-principles study on doping of $SnSe_2$ monolayers[J]. ChemPhysChem, 2016, 17(3): 375-379.

[36] Wang H F, Gao Y, Liu G. Anisotropic phonon transport and lattice thermal conductivities in tin dichalcogenides SnS_2 and $SnSe_2$[J]. RSC Advances, 2017, 7(14): 8098-8105.

[37] Khan A A, Khan I, Ahmad I, et al. Thermoelectric studies of Ⅳ-Ⅵ semiconductors for renewable energy resources[J]. Materials Science in Semiconductor Processing, 2016, 48: 85-94.

[38] Saha S, Banik A, Biswas K. Few-layer nanosheets of n-type $SnSe_2$[J]. Chemistry-A European Journal, 2016, 22(44): 15634-15638.

[39] Li F, Zheng Z H, Li Y W, et al. Ag-doped $SnSe_2$ as a promising mid-temperature thermoelectric material[J]. Journal of Materials Science, 2017, 52(17): 10506-10516.

[40] Wang S Y, Yang J, Toll T, et al. Conductivity-limiting bipolar thermal conductivity in semiconductors[J]. Scientific Reports, 2015, 5(1): 10136.

[41] Tan G J, Zhao L D, Shi F Y, et al. High thermoelectric performance of p-type SnTe via a synergistic band engineering and nanostructuring approach[J]. Journal of the American Chemical Society, 2014, 136(19): 7006- 7017.

[42] Shu Y J, Su X L, Xie H Y, et al. Modification of bulk heterojunction and Cl doping for high-performance thermoelectric $SnSe_2$/SnSe nanocomposites[J]. ACS Applied Materials & Interfaces, 2018, 10(18): 15793-15802.

[43] Liu G, Xue Z J, Xu G Y, et al. Lower work function of thermoelectric material by ordered arrays[J]. Science China Chemistry, 2016, 59(10): 1264-1269.

[44] Bernevig B A, Hughes T L, Zhang S C. Quantum spin Hall effect and topological phase transition in HgTe quantum wells[J]. Science, 2006, 314(5806): 1757-1761.

[45] König M, Wiedmann S, Brüne C, et al. Quantum spin Hall insulator state in HgTe quantum wells[J]. Science, 2007, 318(5851): 766-770.

[46] Liu C X, Hughes T L, Qi X L, et al. Quantum spin Hall effect in inverted type-Ⅱ semiconductors[J]. Physical Review Letters, 2008, 100(23): 236601.

[47] Zhang C, Liu W, Zhan F Y, et al. Tendency of gap opening in semimetal 1T′-$MoTe_2$ with proximity to a 3D topological insulator[J]. Advanced Functional Materials, 2021, 31(35): 2103384.

[48] Tang S J, Zhang C F, Jia C J, et al. Electronic structure of monolayer 1T′-$MoTe_2$ grown by molecular beam epitaxy[J]. APL Materials, 2018, 6: 026601.

[49] Zhou X E, Jiang Z Y, Zhang K N, et al. Electronic structure of molecular beam epitaxy grown 1T′-$MoTe_2$ film and strain effect[J]. Chinese Physics B, 2019, 28(10): 107307.

[50] Keum D H, Cho S, Kim J H, et al. Bandgap opening in few-layered monoclinic $MoTe_2$[J]. Nature Physics, 2015, 11(6): 482-486.

[51] Reis F, Li G, Dudy L, et al. Bismuthene on a SiC substrate: A candidate for a high-temperature quantum spin Hall material[J]. Science, 2017, 357(6348): 287-290.

[52] Xu H, Han D, Bao Y, et al. Observation of gap opening in 1T′ phase MoS_2 nanocrystals[J]. Nano Letters, 2018, 18(8): 5085-5090.

[53] Ugeda M M, Pulkin A, Tang S J, et al. Observation of topologically protected states at crystalline phase boundaries in single-layer WSe_2[J]. Nature Communications, 2018, 9(1): 3401.
[54] Zhao C X, Hu M L, Qin J, et al. Strain tunable semimetal-topological-insulator transition in monolayer 1T′-WTe_2[J]. Physical Review Letters, 2020, 125(4): 046801.
[55] Song Y H, Jia Z Y, Zhang D Q, et al. Observation of Coulomb gap in the quantum spin Hall candidate single-layer 1T′-WTe_2[J]. Nature Communications, 2018, 9(1): 4071.
[56] Hicks L D, Dresselhaus M S. Effect of quantum-well structures on the thermoelectric figure of merit[J]. Physical Review B, 1993, 47(19): 12727-12731.
[57] Hicks L D, Dresselhaus M S. Thermoelectric figure of merit of a one-dimensional conductor[J]. Physical Review B, 1993, 47(24): 16631-16634.
[58] Lin Y M, Dresselhaus M S. Thermoelectric properties of superlattice nanowires[J]. Physical Review B, 2003, 68(7): 075304.
[59] Zhang C, Chen Z, Bai H, et al. Manipulating the interfacial band bending for enhancing the thermoelectric properties of 1T′-$MoTe_2$/Bi_2Te_3 superlattice films[J]. Small, 2023, 19(35): 2300745.
[60] Le Marrec F, Farhi R, El Marssi M, et al. Ferroelectric $PbTiO_3$/$BaTiO_3$ superlattices: Growth anomalies and confined modes[J]. Physical Review B, 2000, 61(10): R6447-R6450.
[61] Bansal N, Kim Y S, Brahlek M, et al. Thickness-independent transport channels in topological insulator Bi_2Se_3 thin films[J]. Physical Review Letters, 2012, 109(11): 116804.
[62] Analytis J G, Chu J H, Chen Y L, et al. Bulk Fermi surface coexistence with Dirac surface state in Bi_2Se_3: A comparison of photoemission and Shubnikov-de Haas measurements[J]. Physical Review B, 2010, 81(20): 205407.
[63] Mönch W. Semiconductor Surfaces and Interfaces[M]. Heidelberg: Springer, 2013.
[64] Xie H Y, Su X L, Yan Y G, et al. Thermoelectric performance of $CuFeS_{2+2x}$ composites prepared by rapid thermal explosion[J]. NPG Asia Materials, 2017, 9(6): e390.
[65] Wang X W, Chen Z, Sun F Y, et al. Analysis of simplified heat transfer models for thermal property determination of nano-film by TDTR method[J]. Measurement Science and Technology, 2018, 29(3): 035902.
[66] Xu S C, Wang S S, Chen Z, et al. Electric-field-assisted growth of vertical graphene arrays and the application in thermal interface materials[J]. Advanced Functional Materials, 2020, 30(34): 2003302.
[67] Chi H, Liu W, Uher C. Growth and Transport Properties of Tetradymite Thin Films, Materials Aspect of Thermoelectricity[M]. Boca Raton: CRC Press, 2016.
[68] Tang X F, Li Z W, Liu W, et al. A comprehensive review on Bi_2Te_3-based thin films: Thermoelectrics and beyond[J]. Interdisciplinary Materials, 2022, 1(1): 88-115.
[69] Sang H, Wang W, Wang Z, et al. Tailoring interfacial charge transfer for optimizing thermoelectric performances of MnTe-Sb_2Te_3 superlattice-like films[J]. Advanced Functional Materials, 2023, 33(3): 2210213.
[70] Hasan M Z, Kane C L. Colloquium: Topological insulators[J]. Reviews of Modern Physics, 2010, 82(4): 3045-3067.
[71] Wang G A, Zhu X-G, Sun Y-Y, et al. Topological insulator thin films of Bi_2Te_3 with controlled electronic structure[J]. Advanced Materials, 2011, 23(26): 2929-2932.
[72] Chen Y L, Analytis J G, Chu J-H, et al. Experimental realization of a three-dimensional topological insulator, Bi_2Te_3[J]. Science, 2009, 325(5937): 178-181.
[73] Xu N, Xu Y, Zhu J, et al. Topological insulators for thermoelectrics[J]. NPJ Quantum Materials, 2017, 2(1): 51.
[74] Liu W, Chi H, Walrath J C, et al. Origins of enhanced thermoelectric power factor in topologically insulating

$Bi_{0.64}Sb_{1.36}Te_3$ thin films[J]. Applied Physics Letters, 2016, 108: 043902.

[75] Abrikosov A A. Quantum magnetoresistance[J]. Physical Review B, 1998, 58(5): 2788-2794.

[76] Tang H, Liang D, Qiu R L J, et al. Two-dimensional transport-induced linear magneto-resistance in topological insulator Bi_2Se_3 nanoribbons[J]. ACS Nano, 2011, 5(9): 7510-7516.

[77] Wang X L, Du Y, Dou S X, et al. Room temperature giant and linear magnetoresistance in topological insulator Bi_2Te_3 nanosheets[J]. Physical Review Letters, 2012, 108(26): 266806.

[78] Zhang S X, McDonald R D, Shekhter A, et al. Magneto-resistance up to 60 Tesla in topological insulator Bi_2Te_3 thin films[J]. Applied Physics Letters, 2012, 101: 202403.

[79] Hikami S, Larkin A I, Nagaoka Y. Spin-orbit interaction and magnetoresistance in the two dimensional random system[J]. Progress of Theoretical Physics, 1980, 63(2): 707-710.

[80] He L A, Kou X F, Lang M R, et al. Evidence of the two surface states of $(Bi_{0.53}Sb_{0.47})_2Te_3$ films grown by van der Waals epitaxy[J]. Scientific Reports, 2013, 3(1): 3406.

[81] Putley E H. The Hall Effect and Related Phenomena[M]. London: Butterworths, 1960.

[82] Ravich Y I, Efimova B A, Smirnov I A, et al. Semiconducting Lead Chalcogenides[M]. New York: Plenum Press, 1970.

第6章 热电材料载流子和声子动力学过程

科学技术的快速进步引发了深刻的社会变革并不断改变我们的日常生活与行为方式，而这一切科技成果的实现在很大程度上要归功于人们对基本(准)粒子(如光子、电子、声子、磁子、离子等)的认识能力和日益成熟的操控能力。半导体热电材料热电转换功能的实现本质上取决于材料中的电子、声子结构以及电子与声子的输运特性。材料的电传输性能主要与材料中电子的能量色散关系密切相关，由材料费米能级附近的电子态密度和载流子的散射机制来决定。材料的热导率除了与材料的声速有关外，还与声子的散射过程和弛豫时间密切相关。载流子动力学过程对材料的电输运性能有着显著的影响，而声子动力学过程则极大影响了材料的热输运性能，因而探究材料的载流子/声子动力学过程对优化热电材料的电热输运性能具有十分重要的意义。研究者以往大多是通过对电热输运性能随温度变化的曲线进行拟合来研究载流子/声子的散射机制，但这样的结果不具有时间分辨能力，无法直接获得材料中载流子/声子散射过程中的动力学信息。

超快光谱技术利用具有时间分辨和宽能量调谐范围的超快脉冲与材料中的(准)粒子(载流子、声子、离子和磁子等)之间的相互作用规律，实现对(准)粒子(载流子、声子、离子和磁子等)在不同温度和磁场等条件下的超快动力学过程的探测，包括载流子、声子和磁子的激发以及弛豫过程等，揭示材料在电学、热学、磁学等领域中奇特物理现象的微观本质及其相互作用规律[1-4]。因此开展热电材料的超快光谱研究，认识和揭示热电材料中载流子、声子和离子等(准)粒子的输运规律本质(散射机制等)，对于进一步优化热电材料的性能和发展新型热电材料具有重要理论指导作用。

6.1 载流子和声子动力学特点

6.1.1 载流子动力学过程

在平衡态下，半导体中的自由电子和空穴按照费米-狄拉克分布，声子则按照玻色-爱因斯坦分布。而当样品处于非平衡状态时，载流子和声子的动量和能量在载流子与载流子、载流子与声子、声子与声子之间的相互作用下不断交换，即载流子和声子主要通过多种散射过程和动力学过程如载流子-载流子散射、谷间散射、谷内散射、载流子-光学声子散射、光学声子-声学声子相互作用、载流子扩散、俄歇复合、辐射复合以及晶格热扩散等微观过程传递与交换能量，最终达到热平衡状态[5-8]。如图 6-1 所示，这些微观过程又被称为弛豫过程，根据激发和弛豫过程中特征时间的差异，大致可以把整个过程分为四个典型的动力学过程。

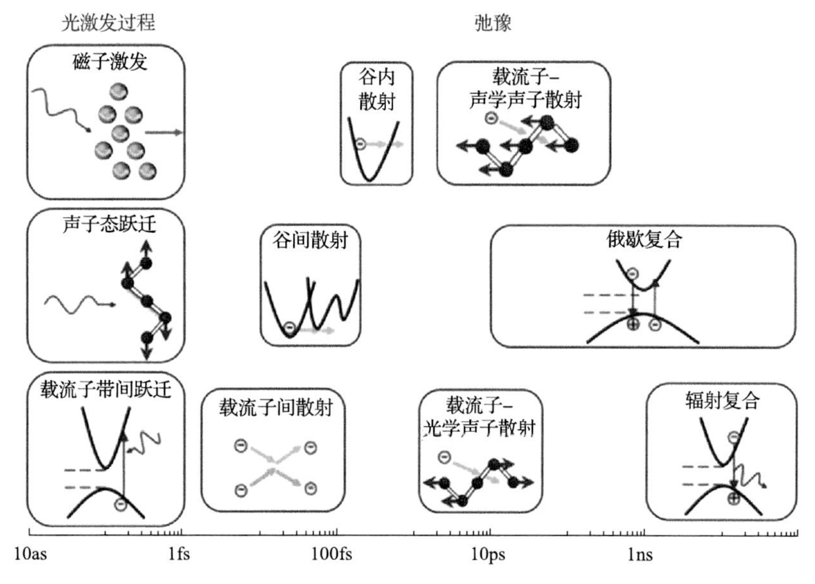

图 6-1　载流子/声子动力学过程时间尺度分布

载流子和声子的激发、散射和弛豫过程描述如下。

(1) 载流子激发过程：样品中载流子受到入射脉冲激发后，会发生带间跃迁或带内跃迁等，跃迁过程中会产生大量的非平衡载流子，导致样品差分反射率的显著增大，这种跃迁过程所对应的特征时间在 $10^{-17}\sim10^{-15}$s。

(2) 初始散射过程：在脉冲激发过程中产生的非平衡载流子会发生载流子-载流子散射、谷间散射或谷内散射等，实现载流子动量和能量的重新分配，这种散射过程所对应的特征时间在 $10^{-15}\sim10^{-12}$s。

(3) 载流子-声子散射过程：非平衡载流子还可以通过与晶格(即声子)之间的相互作用，将过剩的动能转移给晶格，使载流子和晶格均达到准热平衡状态，这种弛豫过程所对应的特征时间在 $10^{-12}\sim10^{-10}$s。

(4) 复合过程(弛豫过程)：除了上述一些散射过程外，电子-空穴对会发生俄歇复合或辐射复合，最终达到热平衡状态，这种复合过程对应的特征时间大于 10^{-10}s。

6.1.2　声子动力学过程

材料的热传导过程主要由声子的能量色散关系和声子的动力学过程决定，其中声子的能量色散关系主要由材料的晶体结构和化学键决定，声子的动力学过程主要包括载流子-声子散射、声子间相互作用以及晶格的热扩散等。其中载流子-声子散射在 6.1.1 节载流子的散射部分已经讨论过，下面主要讨论声子间相互作用。

声子间相互“碰撞”需要满足能量守恒关系和准动量守恒关系，以两个声子碰撞产生另一个声子的三声子过程为例，如式(6-1)所示。声子间相互作用主要分为正常过程和倒逆过程[9, 10]，如图 6-2 所示。

$$\hbar\omega_1 + \hbar\omega_2 = \hbar\omega_3 \tag{6-1}$$

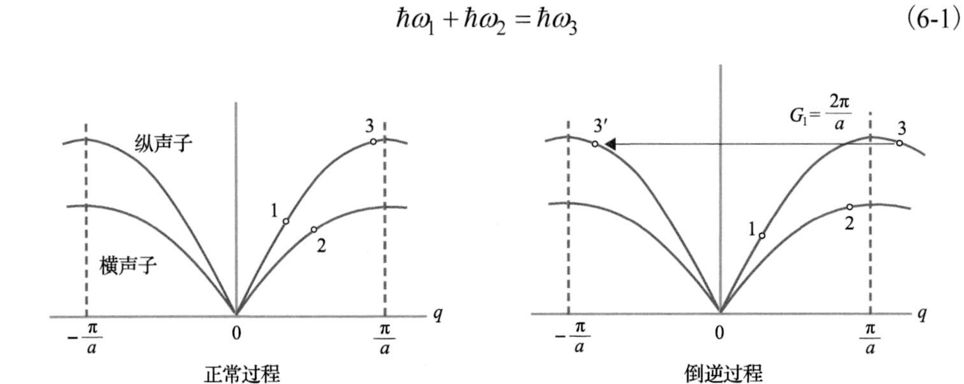

图 6-2 声子间相互作用的正常过程和倒逆过程

正常过程即本来相互独立的谐振子之间发生耦合，即两个声子之间可以发生碰撞而产生第三个声子，或者说一个波矢为 q_1 的声子，吸收一个波矢为 q_2 的声子，变成一个波矢为 q_3 的声子，q_3 仍处于第一布里渊区，如式(6-2)所示。式(6-3)所示为声子作用的倒逆过程，波矢为 q_3 的新声子必须附加一个大的倒格矢量 G_1（如 $G_1=\frac{2\pi}{a}$，$\frac{2\pi}{a}$ 表示布里渊区尺度）才能重回原波矢空间中。声子作用的正常过程满足动量守恒定律，对重新分配声子的能量很重要。而声子作用的倒逆过程动量是不守恒的，可以引起热阻。

$$\hbar\vec{q}_1 + \hbar\vec{q}_2 = \hbar\vec{q}_3 \tag{6-2}$$

$$\hbar\vec{q}_1 + \hbar\vec{q}_2 = \hbar\vec{q}_3 + \hbar\vec{G}_1 \tag{6-3}$$

6.2 辐射脉冲作用下的响应规律及机制

6.2.1 热电材料中的相干声子

固体通常含有大量的原子，原子之间的运动通常是无差别的，或者是处于随机相位。然而，当原子受到超短脉冲激光激发时，它们就可以开始与周围的原子保持同步，或者同相，这些原子运动称为相干声子[11, 12]。声子是固体最重要的元激发之一，通常人们通过处于基态下的拉曼光谱对声子性质进行研究，而人们对于激发态声子动力学仍知之甚少。因此，深入了解不同的声子模式以及它们如何与其他准粒子激发相互作用是至关重要的。一般采用泵浦-探测方法测量超短激光脉冲诱导产生的相干声子的超快动力学变化。激光辐射到样品激发相干声子以及其在样品内传播的过程中，样品的局部介电常数会被改变，进而改变样品的反射率、透射率或吸收率。通过解析材料的透过率或吸收率的变化，从而获得材料的声子性质、电声耦合等信息[13-17]。下面介绍两种瞬态测量相干声子的方法。

1. 瞬态反射率测量

用一束飞秒激光激发样品表面，能够激发样品使其出现载流子的跃迁，同时产生相干声子。用另一束飞秒激光作为探测光，探测光反射率随时间的相对变化被用来检测相干声子的振荡信号。同时，通过分析相干声子的振荡信号，可以得到其寿命和振荡频率等。

如图 6-3 所示，当时间延迟的探测光聚焦在样品表面时，一部分探测光在材料表面发生直接反射，如 A 光束，另一部分探测光进入材料内部(绿色线位置)最终在表面反射，如图中的 B 光束，A 光束和 B 光束产生干涉即为相干声子的振荡信号。振荡信号来源于应力波在表面传播时，两反射光束之间相位差的周期性变化。

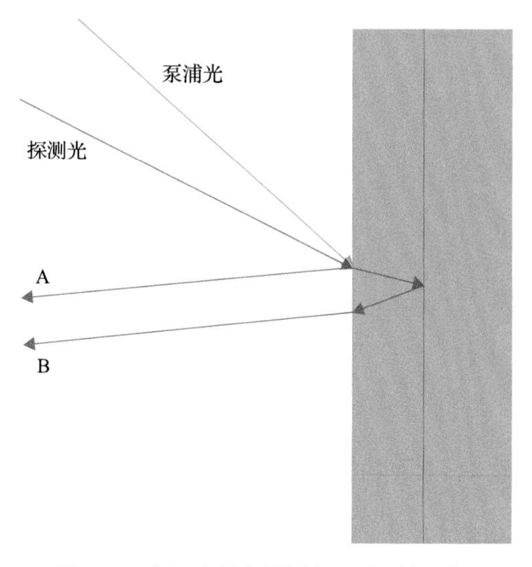

图 6-3　瞬态反射率测量相干声子的原理

2. 瞬态反射角探测

如图 6-4 所示，当探测光直接辐照到样品表面(无泵浦光激发)时，探测光在材料表面直接反射，产生光束 M；当泵浦光和探测光同时入射到样品表面时，探测光在材料表面反射，产生光束 N。这是因为泵浦光激发样品使其表面产生非常小的形变，这时可以通过检测反射光 M 和 N 之间的差异来间接得出相干声子的

振荡情况。

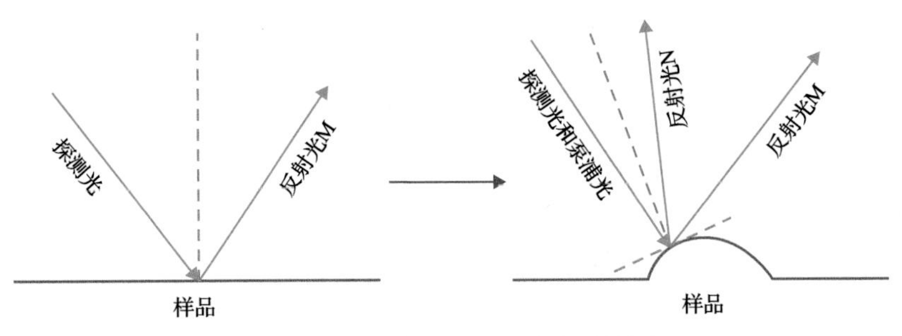

图 6-4　瞬态反射角探测相关声子的原理

6.2.2　热电材料的太赫兹光谱

1. 太赫兹波段

太赫兹辐射是电磁波谱中最后探索的波段，其在电磁波谱中的位置处于电子学与光子学的过渡区域，其频率通常定义为 0.1～10THz，对应波长范围为 30～3000μm，介于微波和红外波段之间，如图 6-5 所示。太赫兹辐射是不可见的，太赫兹波段的高频部分与远红外频谱重合，太赫兹辐射能产生微弱的热量。太赫兹辐射呈现出诸多独特的性质，主要表现在以下四个方面。①强穿透性。太赫兹波对非极性物质，像塑料、橡胶和陶瓷等具有很好的穿透能力，该项功能在安全检查和质量监控方面具有良好的应用前景。②高安全性。当频率为 1THz 时，对应的光子能量大约为 4meV，比医用 X 射线的光子能量低 5 个数量级。因此，太赫兹光谱检测不会对被检测的生物组织或大分子等样品产生电离损伤，在医学无损检测和成像技术等方面具有广阔的应用前景。③物质检测。凝聚态物质中的声子频率以及生物大分子[脱氧核糖核酸(DNA)、蛋白质等生物分子]的振动光谱均落在太赫兹频谱范围内，因此，太赫兹波是此类物质特征频谱检测的最佳频段。④宽频谱。太赫兹频谱覆盖 100GHz～10THz 的高通信频段，随着通信技术的发展，通信频段从吉赫兹频段向太赫兹频段发展是必然趋势。克服和避免大气中水蒸气对太赫兹波的吸收，是实现太赫兹高频无线通信非常重要的问题。世界各国对太赫兹技术发展的重视、充足的资金投入，以及大量科研工作者的参与，使太赫兹技术在太赫兹成像、医疗诊断、太赫兹雷达、材料表界面研究等应用方向取得了诸多成果[18, 19]。

2. 太赫兹光谱系统

目前太赫兹光谱可以分为太赫兹时域谱、太赫兹时间分辨超快光谱以及太赫兹发射光谱，其技术特点和用途介绍如下。

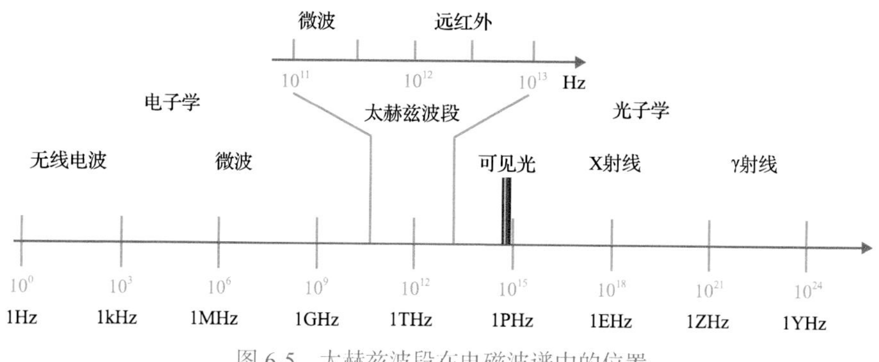

图 6-5　太赫兹波段在电磁波谱中的位置

1) 太赫兹时域谱

以常用的透射型太赫兹时域谱(THz-TDS)为例，实验测试获得的参考信号和样品信号的太赫兹时域波形经过快速傅里叶变换得到材料的折射率和消光系数[20, 21]，如图 6-6 所示。来自飞秒激光器的脉冲序列被分束镜分为两束，其中能量较大的一束(泵浦脉冲)经时间延迟系统后入射到太赫兹发射器产生太赫兹脉冲。另一束作为探测光(探测脉冲)与太赫兹脉冲汇合后共线通过太赫兹探测器，并以此来驱动太赫兹探测器进行测量，利用太赫兹脉冲透过样品，测量由此产生的太赫兹电场强度随时间的变化。

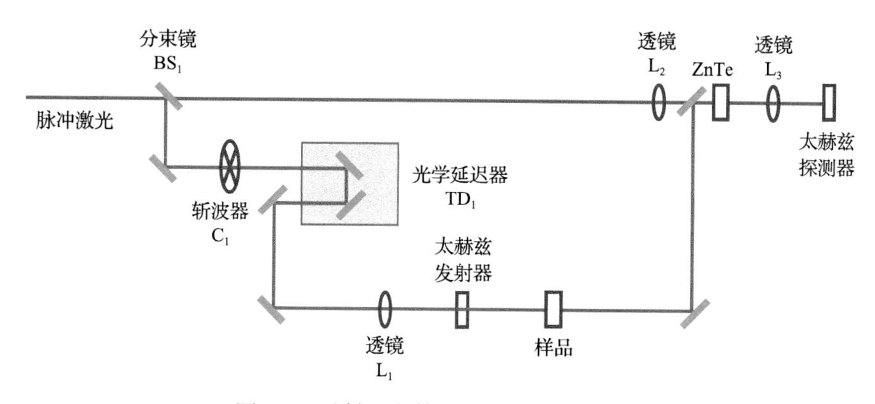

图 6-6　透射型太赫兹时域谱系统示意图

通过控制时间延迟系统调节泵浦脉冲和探测脉冲之间的时间延迟，扫描这个时间延迟获得太赫兹脉冲的时域波形。该波形经傅里叶变换之后，得到被测样品的频谱，对比放置样品前后频谱的改变，就可获得样品的透射率、折射率、吸收系数、介电常数等光学参数。太赫兹时域光谱技术具有以下特点。

(1) THz-TDS 系统对黑体辐射不敏感，在小于 3THz 时信噪比可高达 10^4，这要远远高于傅里叶变换红外光谱技术，而且其稳定性也比较好。

(2) 因为 THz-TDS 技术可以有效地探测材料在太赫兹波段的物理和化学信息，

所以它可以用于进行定性的鉴别工作，同时它还是一种无损探测方法。

(3)采用相干测量方式，一般测量两条线，因此能够获得所测电场的幅度和相位，从而方便提取样品的吸收系数、折射率、介电常数等光学参数；利用 THz-TDS 技术可以方便、快捷地得到多种材料如电介质材料、半导体材料、气体分子、生物大分子(蛋白质、DNA 等)以及超导材料等的振幅和相位信息。

(4)在导电材料中，太赫兹辐射能够直接反映载流子的信息，THz-TDS 的非接触性测量比基于霍尔效应进行的测量更方便、有效。而且，THz-TDS 技术已经在半导体和超导体材料的载流子测量和分析中发挥了重要的作用。

(5)由于太赫兹辐射的瞬态性，可以利用 THz-TDS 技术进行时间分辨的测量。另外，THz-TDS 技术还具有带宽大、探测灵敏度高，以及能在室温下稳定工作等优点，所以它可以广泛地应用于样品的探测。

2)太赫兹时间分辨超快光谱

图 6-7 所示为光泵浦太赫兹探测系统示意图。以太赫兹光泵浦为例，激光通过分束镜 BS_1 和 BS_2 反射两路泵浦光，一束反射光为产生路泵浦光，用于产生太赫兹探测光；另一束反射光为激发路泵浦光，该路光经延迟器 TD_2、斩波器 C_2，以及透镜 L_2 聚焦和太赫兹探测光共线照射在测试样品表面，其中泵浦光斑要小于太赫兹探测光斑。

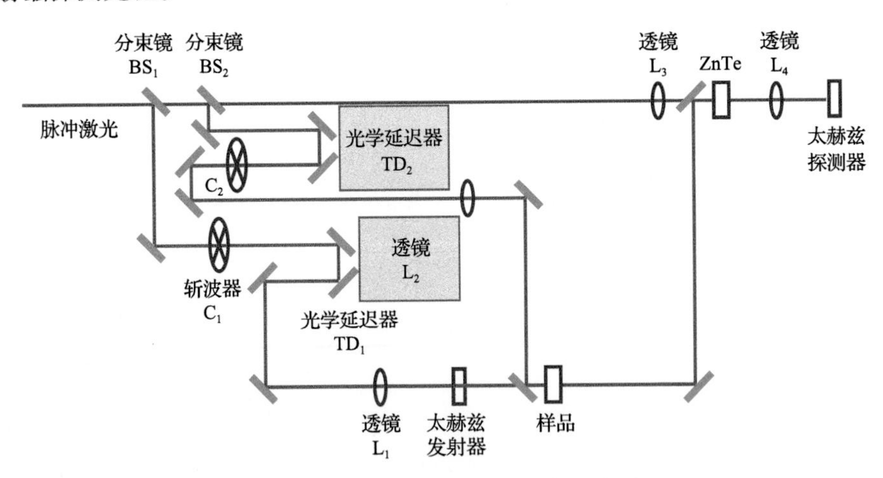

图 6-7　光泵浦太赫兹探测系统示意图

热电材料大多为窄能隙半导体，它们的一些激发过程(如自旋过程、自由载流子吸收、带内跃迁等)所需要的能量在太赫兹频段，为了探测该过程，仅能通过太赫兹波进行激发。因此，实现太赫兹泵浦对研究热电材料的激发和弛豫过程至关重要。泵浦探测技术是超快光谱学研究中使用最为广泛的一种分析表征技术，主要是利用具有高时间分辨率的泵浦脉冲激发样品中固有的超快物理现象，再通过与泵浦脉冲有相位关系的探测脉冲作用在样品的泵浦区域，探测记录样品中超快物理现象的信息。一般通过测试样品差分反射率（即样品反射率的变化量与样品激发前反射率的比值）或差分透过率随延迟时间的变化来重构出样品在脉冲辐照后（准）粒子的动力学过程（如载流子激发、弛豫过程等）。具体重构过程是使用多指数拟合（$\Delta R/R=\sum A_i e^{t/\tau_i}+C$，其中$\Delta R/R$为差分反射率，$A_i$和$\tau_i$分别为第 i 个弛豫过程的强度以及时间常数，C 为常数），对测试得到的差分反射率曲线进行分段处理得到各个弛豫过程的强度及时间常数，从而定量描述和重构出不同的弛豫过程。另外，材料中这些（准）粒子的动力学过程是具有一定能量分布特征的超快现象，并且不同材料中（准）粒子动力学过程的能量分布范围不尽相同。因此，使用能量调谐范围宽（从太赫兹辐射亚皮秒脉冲到紫外飞秒激光脉冲）的泵浦光源和探测光源是实现这些动力学过程完全解析和重构的关键。

将光学泵浦探测技术与太赫兹时域透射光谱技术相结合，可以研究超快载流子动力学问题。其优势在于，既能直观地观测到样品信号的光致变换所反映出来的信息，又能提供一个亚皮秒量级的时间分辨率。当泵浦光对半导体进行光激发时，导带中的电子和价带中的空穴占据了一些能态，从而会减少样品对太赫兹光的透射，产生饱和吸收，但随着受激载流子的复合，这种饱和效应也退化，对太赫兹探测光的透射也升高。因此，通过对太赫兹探测光瞬态透射谱的研究，就可以获得半导体材料中非平衡载流子分布的动力学过程及光学信息。光泵浦太赫兹探测（OPTP）技术作为一种新的研究半导体超快载流子动力学的技术，已经取得了不少研究成果[4]。

3）太赫兹发射光谱

太赫兹发射光谱（TES）是新兴技术，可以检测材料和器件中受电子迁移率、表面电位、缺陷和能带弯曲影响的超快光载流子动力学和响应，通过太赫兹发射实验得到材料表面产生太赫兹辐射的振幅、相位、偏振、极性等信息，从而推导出材料表界面上的掺杂浓度、载流子迁移率和内建电场等信息[22]。

如图 6-8 所示，太赫兹发射光谱系统中光源分为两部分：太赫兹产生束和太赫兹探测束，大部分光用于在样品中产生太赫兹辐射。采用自由空间电光取样（FSEOS）技术，利用光束中较小的部分检测 ZnTe（110）晶体中发射的太赫兹辐射。飞秒激光照射材料产生太赫兹波是由于光子产生自由载流子或材料具有非线性光学系数时产生的电荷位移。在前一种情况下，材料内部内置场的加速激发或浓度梯度的载流子扩散导致被激发电子快速转换并产生瞬态光电流，这是太赫兹辐射的来源。时域监测的太赫兹波形包含了小于 1ps 的时间尺度上的早期载流子动力学信息。

在太赫兹发射光谱中，样品本身就是太赫兹发射源。太赫兹发射光谱技术是直接探测由样品激发产生的太赫兹脉冲辐射的方法。由前面可知，样品在被超短飞秒脉冲激发之后所辐射出的太赫兹脉冲包含了关于瞬态电流强度或极化强度的

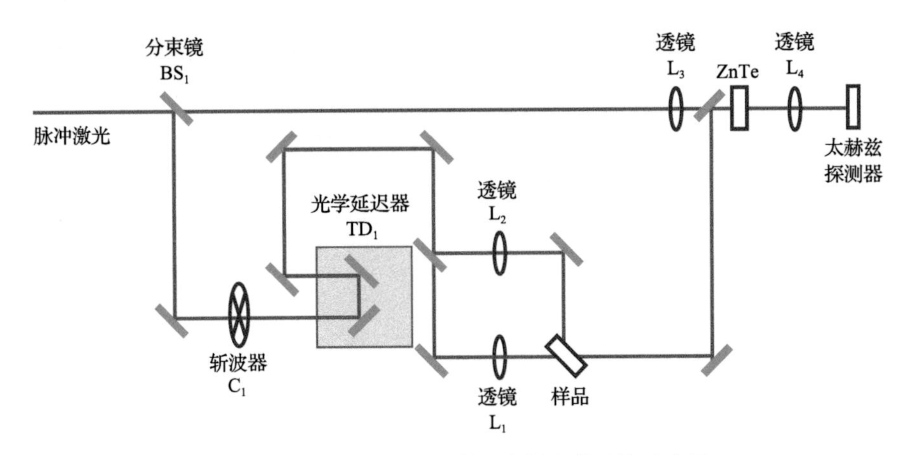

图 6-8 透射和反射式太赫兹发射光谱系统示意图

信息。通过直接测量太赫兹脉冲辐射可以研究样品中的超快过程，从而得到样品的各种性质。这种技术可以用于研究量子结构、半导体表面、等离子体、磁场对载流子动力学的影响等。

6.3 相互作用的微观动力学过程及电热输运机制

为了说明瞬态反射光谱中谱峰的来源，需要首先了解稳态光谱中谱峰存在的必要条件。以直接跃迁为例，材料中电子发生带间跃迁时，其吸收系数可以由式(6-4)表示：

$$\alpha(\hbar\omega)=\frac{\omega\varepsilon_{\mathrm{r}}''(\omega)}{\eta c}=\frac{4\pi\hbar e^2}{3m_0\varepsilon_0\eta c}f_{\mathrm{vc}}(\hbar\omega)J_{\mathrm{vc}}(\hbar\omega) \tag{6-4}$$

式(6-4)说明，在某一频率 ω 下材料的复介电函数虚部 $\omega\varepsilon_{\mathrm{r}}''(\omega)$ 和吸收系数 $\alpha(\hbar\omega)$ 是由所有能量差值为 $\hbar\omega$，同时振子强度为 $f_{\mathrm{vc}}(\hbar\omega)$ 的初、终态之间的竖直跃迁共同贡献的，而联合态密度 $J_{\mathrm{vc}}(\hbar\omega)$ 即代表了在 k 空间中所有满足跃迁能量守恒定律状态的累加。在实际情况中若 k 的变化范围较小，则可将 $f_{\mathrm{vc}}(\hbar\omega)$ 视作 k 的缓变函数，因此材料吸收系数的大小及其吸收曲线中对应的特征就主要与联合态密度 $J_{\mathrm{vc}}(\hbar\omega)$ 有关，而 $J_{\mathrm{vc}}(\hbar\omega)$ 满足：

$$J_{\mathrm{vc}}(\hbar\omega)=\frac{1}{4\pi^3}\int_s\frac{\mathrm{d}s}{\nabla_k(E_{\mathrm{c}}-E_{\mathrm{v}})_{E_{\mathrm{c}}-E_{\mathrm{v}}=\hbar\omega}} \tag{6-5}$$

式中，E_{c} 和 E_{v} 分别为导带底和价带顶的能量位置，E_{c}–E_{v} 为能隙；ds 为 k 空间中 $E_{\mathrm{c}}(k)-E_{\mathrm{v}}(k)=\hbar\omega$ 等能面上面元的微分厚度。由式(6-5)可知，若 $\nabla_k(E_{\mathrm{c}}-E_{\mathrm{v}})=0$，则式(6-5)中积分项的分母为零，此时对应的 k 空间中的点便对 $J_{\mathrm{vc}}(\hbar\omega)$ 的贡献较

大。这些点就被称为临界点，它们往往对电子态间以及声子态间的跃迁有着重要的意义。

当研究体系为晶体时，由于晶体的对称性，其 k 空间中可能存在多个点满足以上条件，此时就需要区分两类临界点，即

$$\nabla_k E_c(k) = \nabla_k E_v(k) = 0 \tag{6-6}$$

以及

$$\nabla_k E_c(k) = \nabla_k E_v(k) \neq 0 \tag{6-7}$$

满足式(6-6)的临界点被称为第一类临界点，如图 6-9 中 M_0 及 M_3 所示。一般而言，第一类临界点仅出现在布里渊区中的高对称位置，往往是一些极值点。而满足式(6-7)的临界点则被称作第二类临界点，如图 6-9 中 M_1 及 M_2 所示，它们可以出现在布里渊区中对称性较低的位置处。图 6-9 展示不同能带结构(左图)情况下，吸收光谱的图谱形态(右图)，其中 E_0 代表对应能隙的特征能量。这四类临界点的区别主要源于其能量差按泰勒级数展开时系数的正负组合情况，在这里就不对其进行进一步说明了。另外，这里需要强调的是单个临界点并不对应联合态密

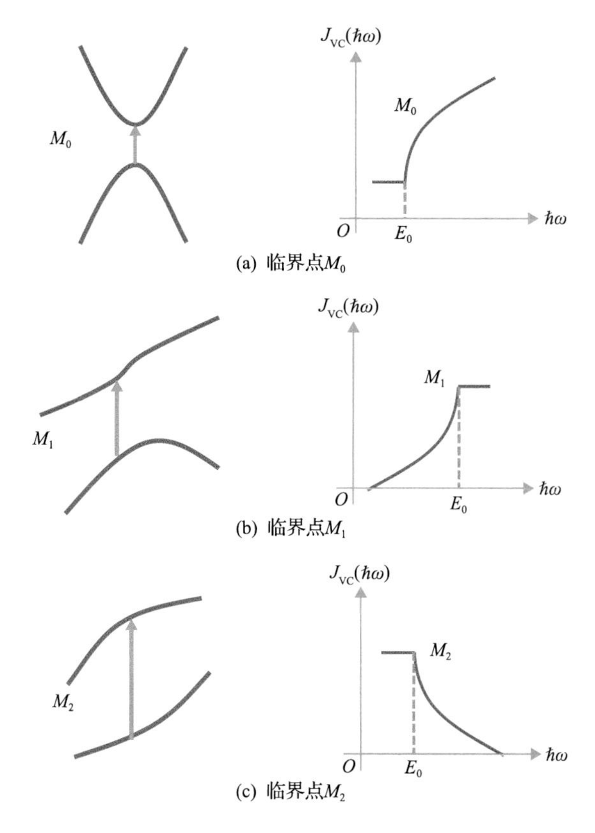

(a) 临界点M_0

(b) 临界点M_1

(c) 临界点M_2

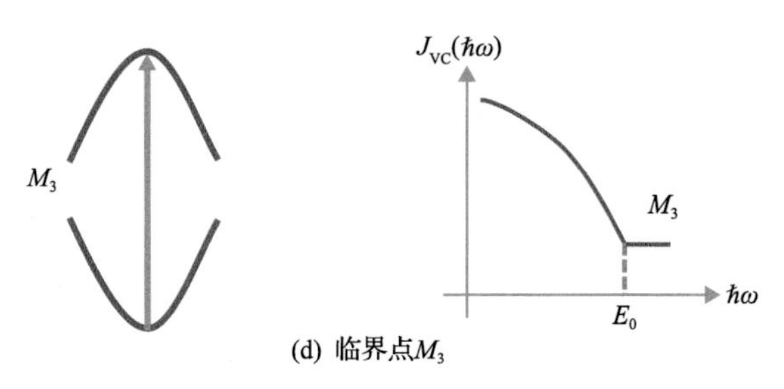

(d) 临界点M_3

图 6-9　k空间中临界点示意图

度函数中的峰值，只有临界点能量发生简并时，才会有起源于临界点处带间跃迁的谱峰出现，当然这种情况也会出现在热电半导体材料中。

而在瞬态反射(吸收)光谱中主要存在三种信号，其示意图如图 6-10 所示。分别为：①激发态吸收(ESA)信号：样品吸收泵浦光后跃迁到激发态，此时处于激发态的粒子能够吸收一些原本基态不能吸收的光而跃迁至更高的激发态，因此探测器会探测到一个正的吸光度差值(ΔOD)信号，$\Delta OD=\lg(I_{\text{pump-off}}/I_{\text{pump-on}})$，其中$I_{\text{pump-off}}$与$I_{\text{pump-on}}$分别代表未被泵浦光激发以及被泵浦光激发后，探测光透过样品的光强。②基态漂白(GSB)信号：样品吸收泵浦光后跃迁至激发态，使得处于基态的粒子数目减少，而材料对光的吸收率正比于初态到终态的跃迁概率，以及电子占据的初态密度和可供跃迁的终态密度。此时，由于基态也就是初态密度的减少，处于激发态样品的基态吸收比未被激发样品的基态吸收少，探测到一个负的ΔOD信号。基态漂白光谱形状与稳态吸收光谱类似，但由于能隙发生变化，因此有可能随时间发生光谱的蓝移或红移。③受激辐射信号：激发态的样品处于非稳

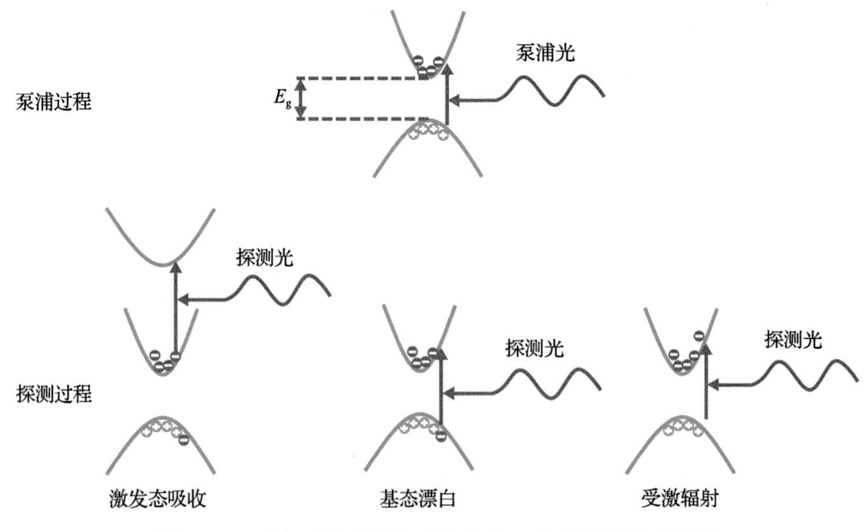

图 6-10　瞬态反射(吸收)光谱中的三种主要信号示意图

定状态，由于受激辐射或自发辐射作用会回到基态，在这一过程中，样品会产生荧光，导致进入探测器的光强增加，产生一个负的ΔOD信号。

6.3.1　Bi_2Te_3 基热电材料

Bi_2Te_3 基热电材料是目前研究和应用最为广泛的热电材料，而弄清楚 Bi_2Te_3 基热电材料中的许多动力学机制依然是重要挑战。本节将着重介绍采用瞬态反射光谱这一手段来研究 Bi_2Te_3 基热电材料中的各种动力学过程。

图 6-11 为区熔法制备的 $Bi_{0.5}Sb_{1.5}Te_{2.96}$ 化合物的瞬态反射光谱测试结果。$Bi_{0.5}Sb_{1.5}Te_{2.96}$ 样品的差分反射率随延迟时间的增大表现出显著的振荡现象。为了更好地展示这一振荡特征，本节研究了不同探测光波长下差分反射率($\Delta R/R$)随延迟时间的变化关系以及在不同延迟时间下$\Delta R/R$随探测光波长的变化关系。从图 6-11 中可以看出，$Bi_{0.5}Sb_{1.5}Te_{2.96}$ 样品在 20ps 前，在不同探测光波长下，$\Delta R/R$ 均表现出明显的振荡特征，这一特征主要源于材料在被泵浦光激发后的弛豫过程中所激发出的相干声子。

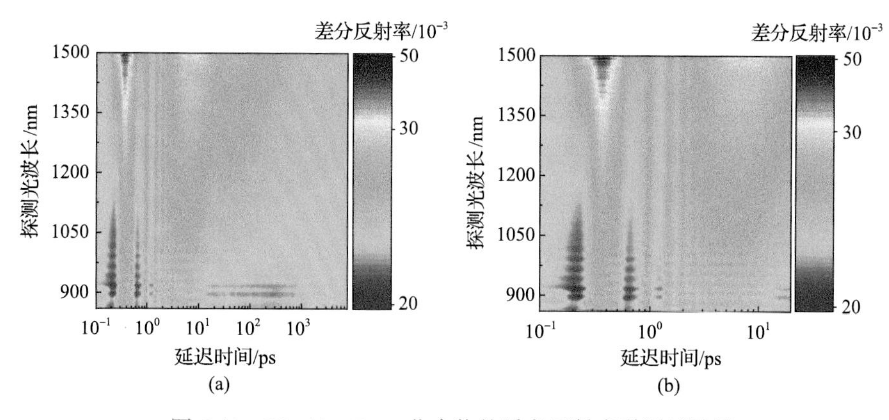

图 6-11　$Bi_{0.5}Sb_{1.5}Te_{2.96}$ 化合物的瞬态反射光谱测试结果

在晶体中，原子的振动一般较为混乱，即此时声子是非相干的。而在谐振光激发下(即光子能量足以引起电子态跃迁的情况)，相干声子的产生形式主要有以下三种。①受激拉曼散射：在泵浦光激发时，由于飞秒激光的宽频谱特性，会引入一对具有一定能量差(该能量差等于某些声子能量)的光子，此时原子会开始远离各自的平衡位置，从而产生一个关于时间为正弦函数的振荡，该振荡遵循拉曼选择规则。②位移激发：当泵浦光激发电子，扰乱了电子的分布时，电子分布在极短时间内达到准平衡，此时原子所对应的平衡位置发生改变，当激光脉宽小于原子运动对应的时间尺度时，原子(或离子)便会从原始平衡位置移动到热载流子对应的新势能面，且会在新平衡位置附近振动，这种产生形式则主要对应于 A_{1g} 振动模式(即伸缩振动模式)。③瞬态耗尽场屏蔽：对于 GaAs 等极性半导体，在其表面耗尽层处，光激发载流子会屏蔽能带的弯曲，从而引起电场的突然变化，此时正负离子会向相反方向移动，从而产生相干声子。在 $Bi_{0.5}Sb_{1.5}Te_{2.96}$ 样品中，其相干声子主要源于受激拉曼散射以及位移激发。

图 6-12 所示为不同探测光波长及延迟时间条件下 $Bi_{0.5}Sb_{1.5}Te_{2.96}$ 化合物的瞬态反射光谱结果。为了对样品中的相干声子有更加深入的了解，在去除图 6-12(a) 的背景信号后，对其 $\Delta R/R$ 数据进行了短时傅里叶变换，其中探测光波长为 857nm 以及 1501nm 时的结果如图 6-13 所示。

由图 6-13 可知，在探测光波长为 857nm 时，$Bi_{0.5}Sb_{1.5}Te_{2.96}$ 样品在 2THz 以及 4.5THz 附近均存在显著的延迟时间(右图)峰值，它们分别对应于材料的 A_{1g}^1 以及 A_{1g}^2 振动模式，且其退相干时间分别为 8.5ps 以及 3.5ps。这也是瞬态反射光谱区别于稳态光谱如拉曼光谱等的特点之一，即瞬态反射光谱可以同时获得材料中的声子振动频率及其动力学信息(包括退相干时间等)。另外对比两种探测光的情况可以发现，在探测光波长为 1501nm 时，在 0.5THz 附近出现了额外的延迟时间峰值。

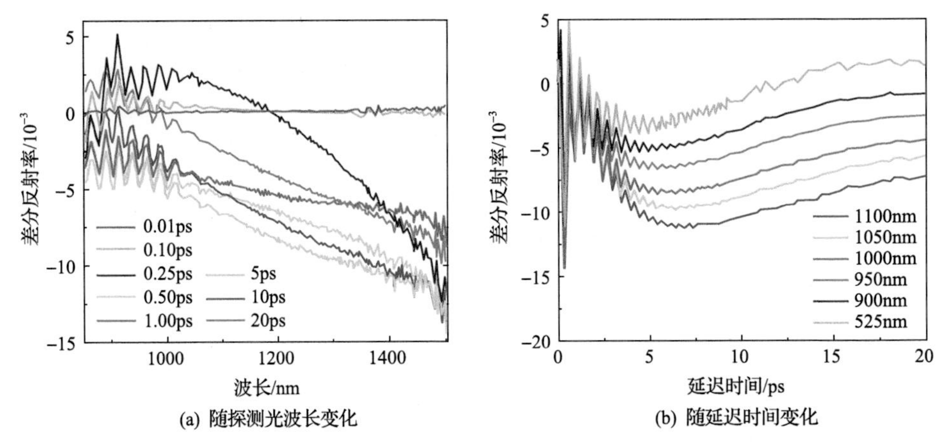

图 6-12 不同探测光波长及延迟时间条件下 $Bi_{0.5}Sb_{1.5}Te_{2.96}$ 化合物的瞬态反射光谱

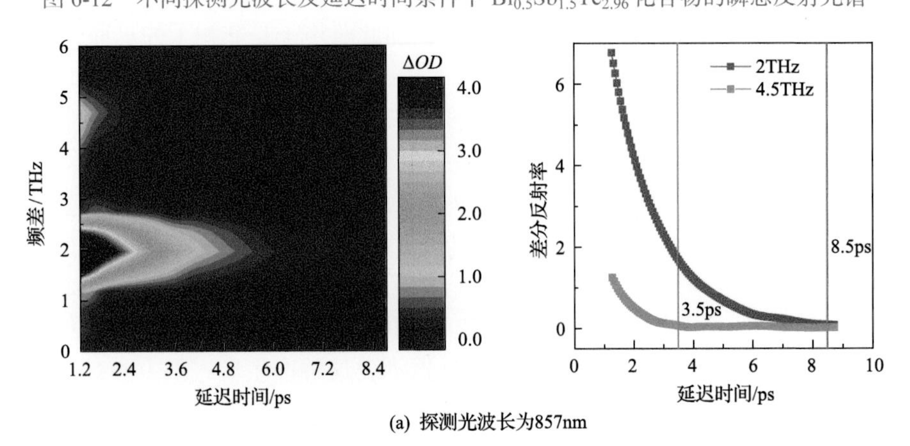

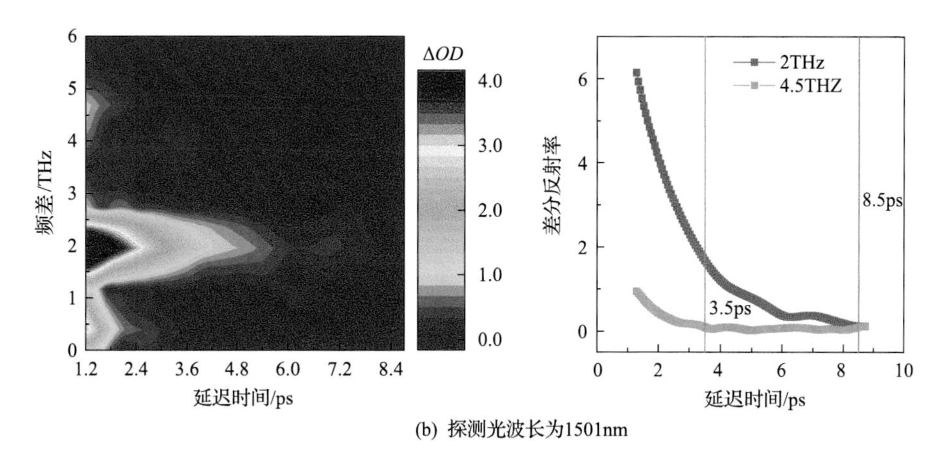

(b) 探测光波长为1501nm

图 6-13 不同探测光波长下 $Bi_{0.5}Sb_{1.5}Te_{2.96}$ 化合物瞬态反射光谱的短时傅里叶变换结果

对图 6-12(b)中不同探测光波长下(857～1501nm)的数据进行了短时傅里叶变换，其结果如图 6-14 所示。由图 6-14 可知，0.5THz 附近出现的峰在探测光波长为 1200nm 左右时开始出现，且该峰的强度会随着探测光波长接近 1501nm 而逐渐增大。这一峰值主要源于 Bi_2Te_3 化合物中原子层间的呼吸振动模式，这一振动模式能够显著干扰 Bi_2Te_3 化合物中五原子层(-Te-Bi-Te-Bi-Te)之间的声子传输，从而大幅度降低材料的晶格热导率。因此，基于瞬态反射光谱研究材料中的声子

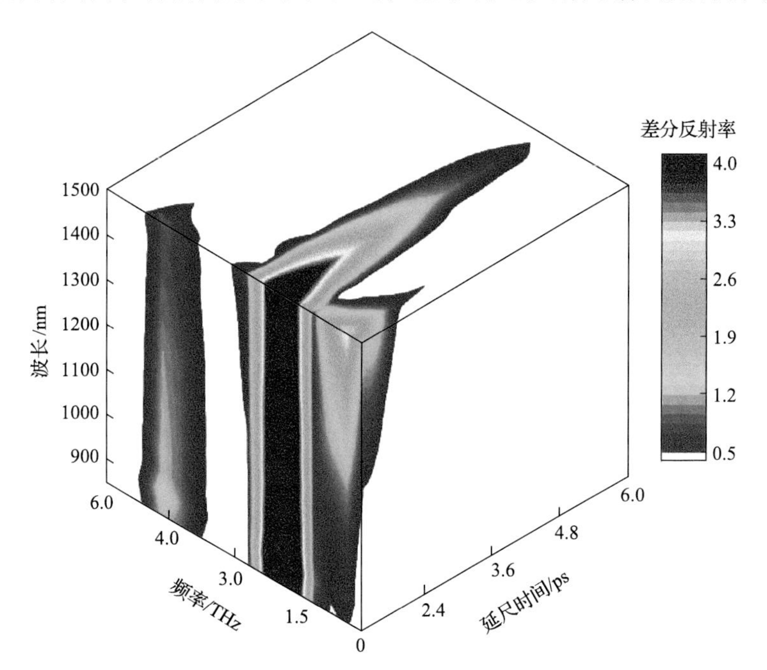

图 6-14 探测光波长为 857～1501nm 时 $Bi_{0.5}Sb_{1.5}Te_{2.96}$ 化合物瞬态反射光谱的短时傅里叶变换结果

动力学过程，能够为理解热电材料热输运性能提供许多新的思路。

6.3.2 PbTe 基材料

近年来伴随着能带结构工程、结构纳米化等热电性能优化策略的快速发展，PbTe 化合物的研究也取得了许多重要的进展，热电性能得到大幅提升，但 PbTe 基热电材料中电子和声子等的超快动力学过程与其电热输运性能之间的联系依然不够明确。本节主要介绍目前利用瞬态反射光谱和太赫兹时域谱研究 PbTe 基热电材料的相关实验结果。

图 6-15 为 PbTe 化合物(包括 PbTe、$PbZn_{0.015}Te$ 及 $Pb_{0.98}Zn_{0.035}Te$)的瞬态反射光谱。测试时泵浦光的波长为 515nm，探测光波长范围为 700～1100nm。由图 6-15 可知，这三个样品的特征基本一致，均在 850～1100nm 的探测光波长范围内表现出正的激发态吸收信号，且 $PbZn_{0.015}Te$ 以及 $Pb_{0.98}Zn_{0.035}Te$ 样品的信号要显著强于未掺杂 PbTe 样品。由于材料对于探测光的吸收与其中可以跃迁的电子正相关，因此这在一定程度上反映了这两个样品具有比未掺杂 PbTe 样品更高的载流子浓度。

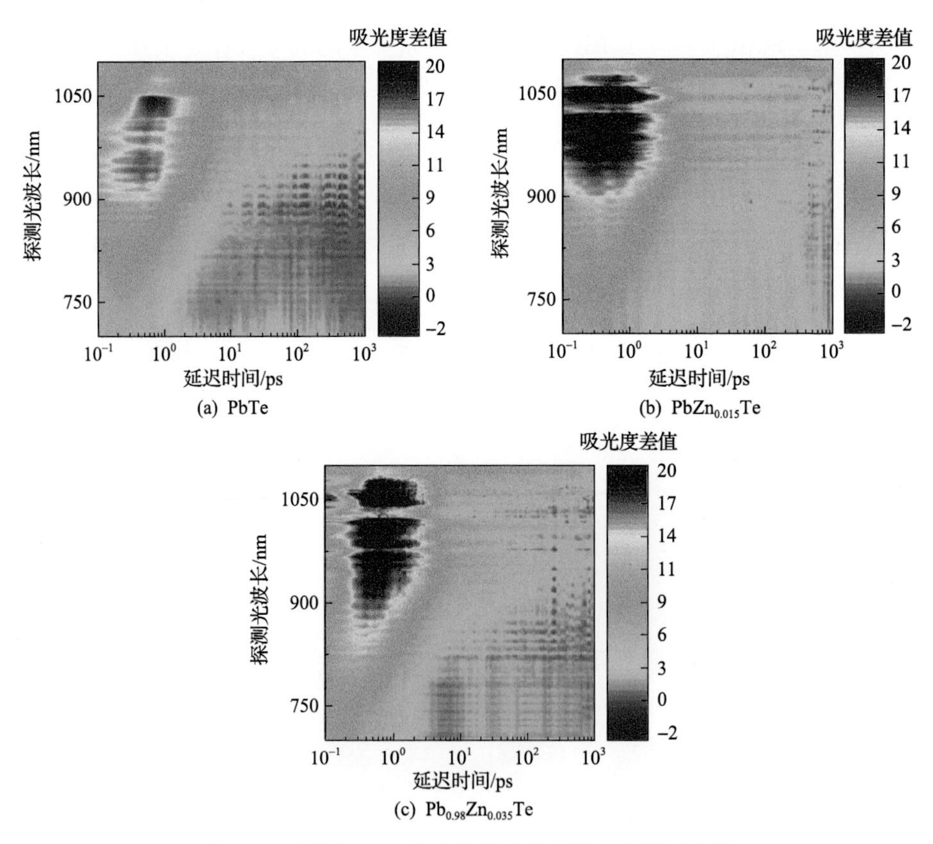

图 6-15　不同 PbTe 化合物的瞬态反射光谱测试结果

为了进一步说明这几个样品之间的差异，在探测光波长为 1050nm 时，对三个样品的吸光度差值(Δ*OD*)信号随延迟时间的变化关系进行比较，结果如图 6-16 所示。

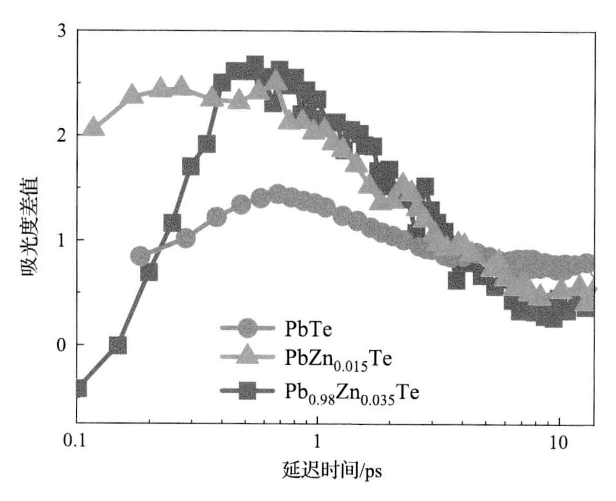

图 6-16　探测光波长为 1050nm 时 PbTe 化合物的瞬态反射光谱中吸光度差值随延迟时间的变化关系

本节采用单指数衰减模型对图 6-16 中样品的吸光度差值(Δ*OD*)信号随延迟时间的变化关系进行了拟合，其结果如表 6-1 所示。基于单指数衰减模型，吸光度差值(Δ*OD*)与时间常数(*τ* 表征载流子弛豫寿命)和延迟时间(*t*)的关系满足

$$\Delta OD = -A^{t/\tau} + B \tag{6-8}$$

式中，*A* 为振幅，在一定程度上代表了载流子在弛豫初始状态时的状态数；*B* 为常数。

表 6-1　探测光波长为 1050nm 时 PbTe 化合物瞬态反射光谱拟合结果

参数	PbTe	$PbZn_{0.015}Te$	$Pb_{0.098}Zn_{0.035}Te$
A	1.03	24.3	29.8
τ	1.75	2.34	2.36
B	7.63	4.77	3.38

不难发现 $PbZn_{0.015}Te$ 和 $Pb_{0.98}Zn_{0.035}Te$ 样品的时间常数(分别为 2.34ps 和 2.36ps)比未掺杂 PbTe 样品(1.75ps)更大，即更长的寿命。这一现象表明电子在未掺杂 PbTe 中受到的散射更强。这与通过霍尔测试观察到的现象吻合较好，即在未掺杂 PbTe 样品中由于 Pb 空位散射，其迁移率较小，仅为 $359.6cm^2/(V{\cdot}s)$，而在 Zn 掺杂后由于 Zn 填充了 Pb 空位，样品的迁移率显著提升。

对 PbTe 化合物的太赫兹时域光谱测试的处理计算结果如图 6-17 所示。可以看出，Zn 掺杂后样品的折射率变化不大，均在 4 左右。另外，由于 $PbZn_{0.015}Te$ 和 $PbZn_{0.02}Te$ 样品具有相对较高的电导率，其消光系数会在 0.5THz 附近出现一个峰值，代表自由载流子吸收。PbTe 化合物中声子的散射较弱，因此不太适合用德鲁德-洛伦兹模型进行拟合。德鲁德模型在描述载流子散射碰撞时假定其为随机的，但实际上，许多材料中的载流子运动过程受缺陷、材料晶体结构等特性影响，散射过程将与时间相关。此时，德鲁德模型就不再适用于描述这类材料的电导率性质了。

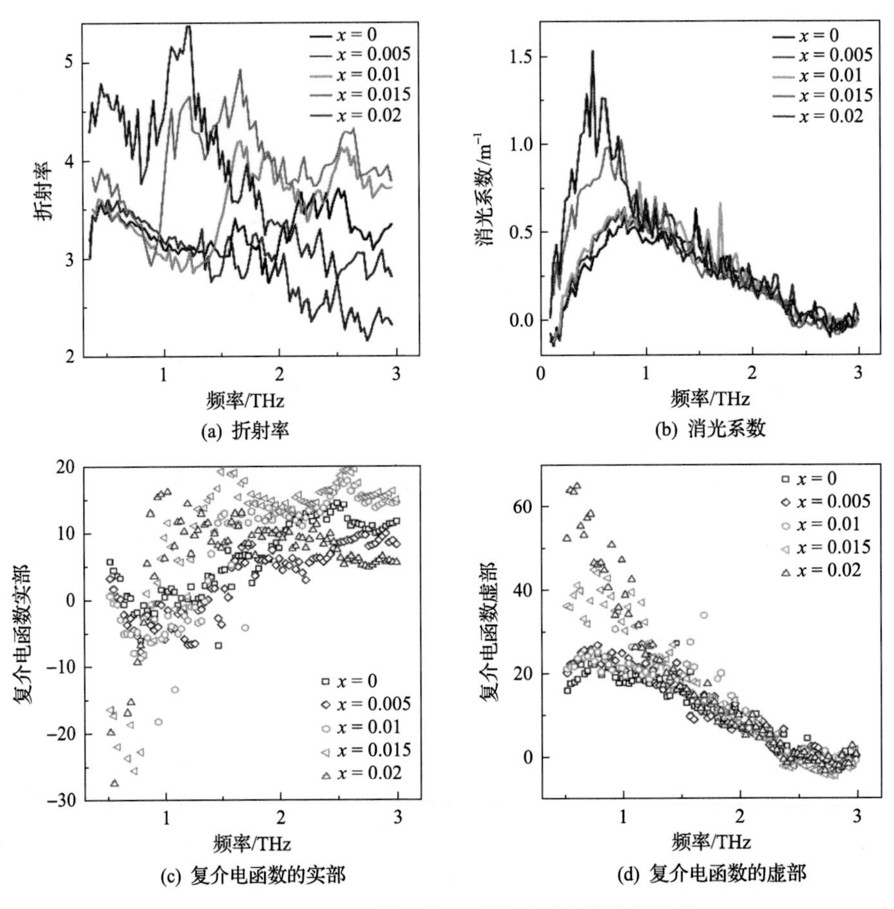

图 6-17 $PbZn_xTe$ 样品中太赫兹时域光谱分析结果

基于此，Smith 在 2001 年提出与背散射相关的德鲁德-史密斯模型(Drude-Smith model)[23]，其表达式如下：

$$\tilde{\varepsilon} = \varepsilon_{\infty} - \frac{\omega_{\mathrm{P}}^2}{\omega^2 + \mathrm{i}\omega\gamma}\left(1 + \frac{c\gamma}{\gamma - \mathrm{i}\omega}\right) \tag{6-9}$$

式中，$\tilde{\varepsilon}$ 为复介电函数；ω_{P} 为等离角频率；γ为载流子散射速率；c 为载流子发生碰撞后的速率与初始速率的比值，其取值在−1 和 0 之间，取值越小说明产生的背散射越强。当 c=0 时，表示随机散射事件，即回到经典的德鲁德模型。而当 c=−1 时，表示完全背散射，与洛伦兹模型近似。通过式(6-10)：

$$\mu = (1+c)\frac{\varepsilon_0 \omega_{\mathrm{P}}^2}{\gamma} \tag{6-10}$$

可以计算得到载流子浓度(n)以及直流电导率(σ_{DC})，具体结果如表 6-2 所示。式(6-10)中，ε_0 为绝对介电常数。对比霍尔测试结果，发现其规律及数值均吻合较好，验证了太赫兹时域光谱测试结果的准确性。

表 6-2　$PbZn_xTe$ 化合物太赫兹时域光谱数据拟合结果

参数	PbTe	$PbZn_{0.005}Te$	$PbZn_{0.01}Te$	$PbZn_{0.015}Te$	$PbZn_{0.02}Te$
等离频率($\omega_{\mathrm{P}}/2\pi$)/THz	12.28	3.86	7.42	8.96	8.34
散射率($\gamma/2\pi$)/THz	1.75	1.75	0.58	0.53	0.51
常数 c	−0.40	−0.45	−0.30	−0.29	−0.30
高频介电常数ε_∞	8.60	8.04	8.90	8.98	9.00
直流电导率(σ_{DC})/(10^4S/m)	2.88	0.34	3.27	5.30	4.79
载流子浓度(n)/10^{18}cm^{-3}	4.03	0.37	1.52	2.24	1.94

此外，相较于 x≥0.01 的 $PbZn_xTe$ 样品，PbTe 和 $PbZn_{0.005}Te$ 样品具有更小的常数 c，这在一定程度上也反映了这两个样品中 Pb 空位会强烈散射电子从而降低其迁移率。

6.3.3　$ABTe_2$ 化合物

作为一类新型热电材料体系，$ABTe_2$(A=Cu，Ag；B=Ga，In)化合物具有许多优点，如电热输运性能易于调控、大有效质量所带来的高 Seebeck 系数等，例如，$CuGaTe_2$ 室温下的 Seebeck 系数约为 400μ V/K。因此，近年来这些材料受到了热电研究者的广泛关注。下面介绍作者团队对 $ABTe_2$ 化合物在超快光谱研究方面的主要结果。

图 6-18 所示为 $AgGaTe_2$、$AgInTe_2$、$CuGaTe_2$ 和 $CuInTe_2$ 四种化合物的瞬态反射光谱测试结果。测试时泵浦光的波长为515nm，探测光波长范围为470～1100nm，且它们的脉宽均为 100fs，测试过程的延迟时间为 0.1～1000ps。测试结果中的不同颜色代表对应延迟时间和探测光波长情况下吸光度差值(ΔOD)信号的大小。总

体而言，在这四种化合物的瞬态反射光谱测试结果中，最显著的特点为在 0.1～1.0ps 时间范围和相应的探测光波长范围内其ΔOD 为正值，而在 1～20ps ΔOD 会出现负值，随着延迟时间的进一步增加，在约 50ps 以后样品的ΔOD 值逐渐趋于平稳。

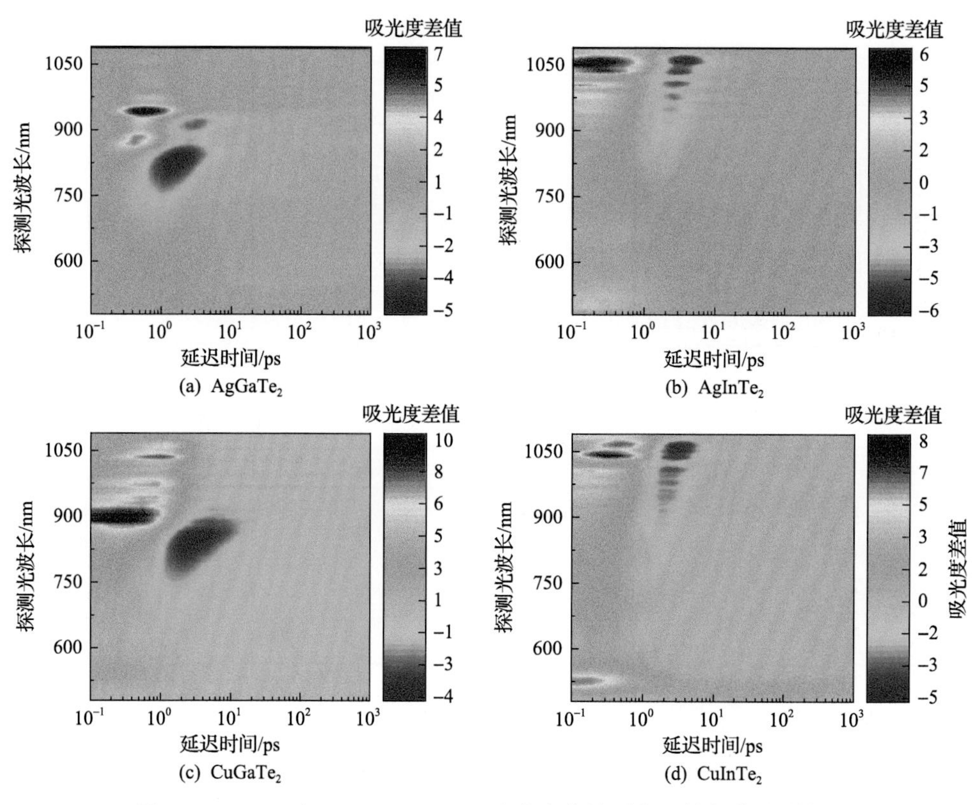

图 6-18　$ABTe_2$(A=Cu, Ag; B=Ga, In)化合物的瞬态反射光谱测试结果

图 6-19(a)和(b)分别为 $AgGaTe_2$ 化合物的瞬态反射光谱和紫外-可见吸收光谱。对比两图可以发现，样品瞬态反射光谱ΔOD 中的正峰值以及负峰值对应的泵浦光能量与材料的能隙能量十分接近，因此，可以初步判断其与带间跃迁以及相关激子态有关。图 6-19(c)和(d)分别为 $AgGaTe_2$ 化合物瞬态反射光谱的ΔOD 随探测光波长以及延迟时间的变化关系。瞬态发射光谱中信号分析结果表明，正的ΔOD 峰值源于激发态吸收，即样品中的电子被泵浦光从价带激发至导带上以后，在探测光入射后继续跃迁至更高的导带上，因此表现出对探测光的吸收增强，即正的ΔOD 峰值。随着延迟时间增加，被泵浦光激发至较高导带上的电子会逐渐弛豫至导带底(或能谷)位置，从而阻碍材料中电子在探测光照射下从价带激发至导带，此时样品对与材料能隙能量接近的探测光的吸收减弱，表现出负的ΔOD 峰值即基

态漂白信号。由于材料中的电子需要经过一定时间(约 1ps)才能弛豫至导带底(或能谷)位置，因此结果中基态漂白信号会出现在激发态吸收信号之后。另外，基态漂白信号会表现出一定程度的蓝移，即向更高探测光能量移动，这主要是由于导带底上的某些态已被占据，因此价带上的电子需要吸收更大能量的光子才能发生跃迁。

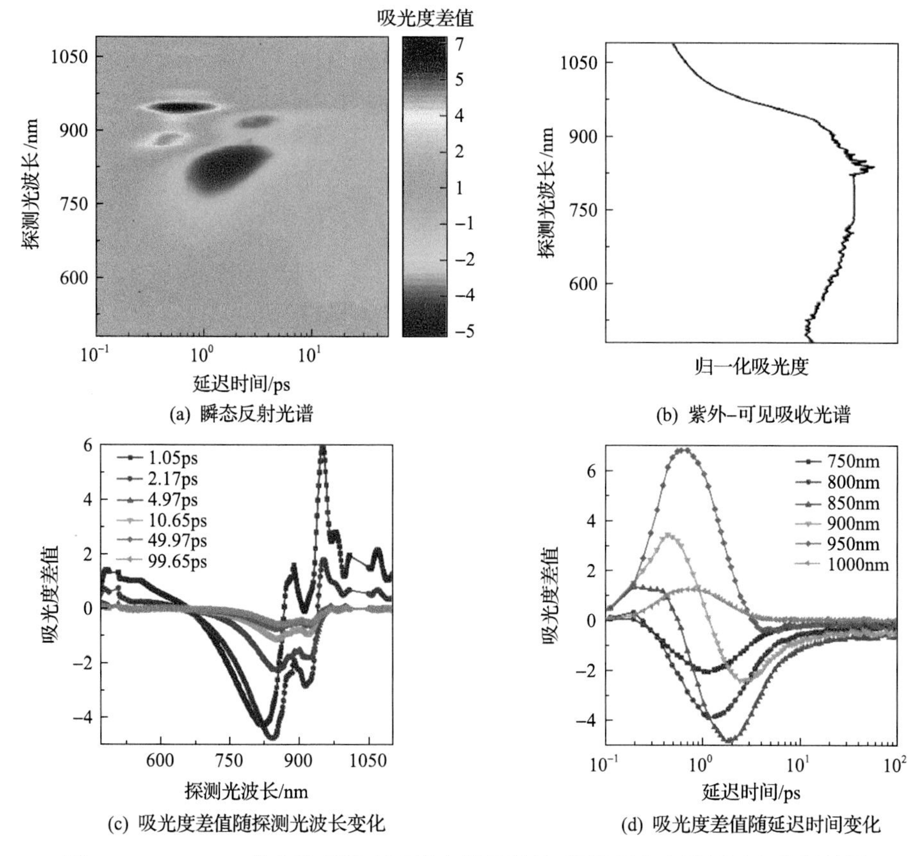

图 6-19　$AgGaTe_2$ 化合物的瞬态反射光谱及紫外-可见吸收光谱测试和分析结果

图 6-20(a)和(b)分别为 $AgInTe_2$ 化合物的瞬态反射光谱和紫外-可见吸收光谱。整体上看，$AgInTe_2$ 化合物表现出与 $AgGaTe_2$ 基本一致的特征，即在延迟时间 1ps 前，同时探测光波长范围为 900～1100nm 时，表现为正的激发态吸收信号，而随着延迟时间的增加，则会变为基态漂白信号，但 $AgGaTe_2$ 与 $AgInTe_2$ 这两个化合物的瞬态反射光谱之间也存在着一定的差异。

图 6-20(c)和(d)分别为 $AgInTe_2$ 化合物瞬态反射光谱的 ΔOD 随探测光波长以及延迟时间的变化。$AgInTe_2$ 样品的 ΔOD 在探测光波长范围为 850～1100nm 时表现出多个峰值，而 $AgGaTe_2$ 样品中仅存在 1～2 个主要的峰值，这表明在 $AgInTe_2$

化合物的导带底或价带顶附近会存在多个能量较为接近的能谷，这一点会在后续单指数拟合结果中进一步说明。另外两种化合物($CuGaTe_2$与$CuInTe_2$)也表现出类似的情况，即$CuInTe_2$的ΔOD在探测光波长范围为850～1100nm时也出现了多个峰值。

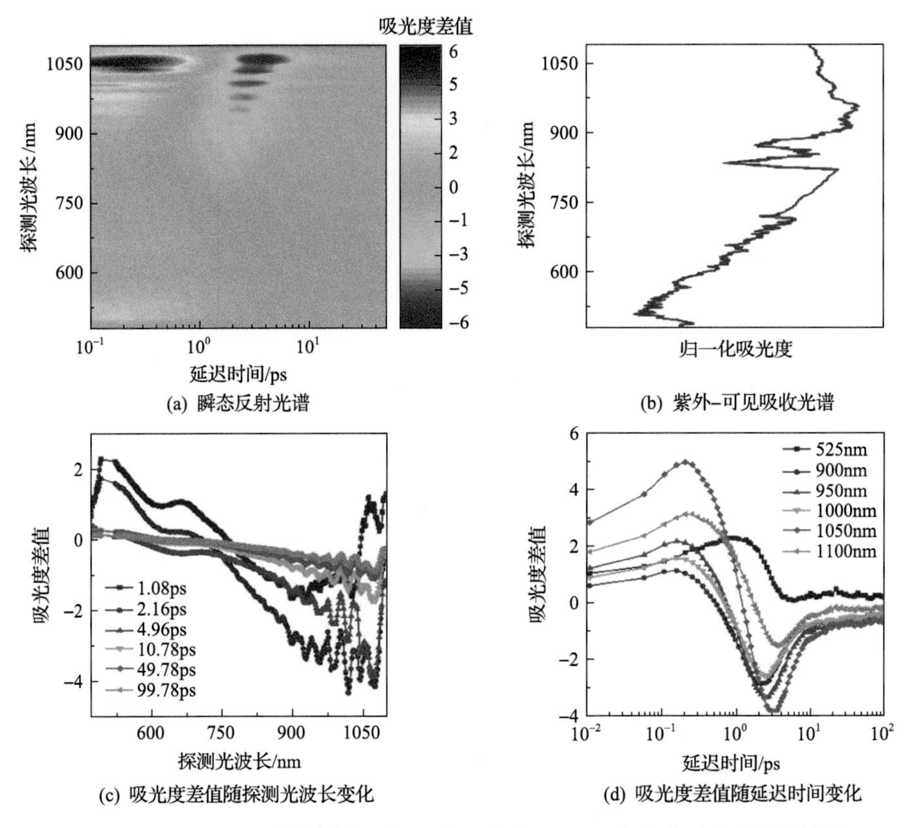

图 6-20　$AgInTe_2$化合物瞬态反射光谱及紫外–可见吸收光谱测试和分析结果

在理解了瞬态反射光谱谱峰的来源以后，由于激发态吸收信号主要与导带中较高的能级相关，与热电材料中主要研究的电输运性能之间关联较小，而基态漂白信号主要与材料价带顶和导带底附近的电子有关，因此为了进一步了解电子在弛豫至导带底附近的动力学过程，利用单指数衰减模型式(6-8)对这四种化合物进行了拟合。这四种化合物的拟合结果如图 6-21 所示。

由样品振幅随探测光波长的变化关系可知，在初始激发时，样品中的电子存在较宽的能量分布。而由时间常数随探测光波长的变化可知，整体上电子弛豫过程的时间常数均在探测光对应材料能隙时达到最大；由于时间常数越大，电子的寿命越长，而电子在能谷处具有其寿命的极大值，因此该结果表明大多数电子会在导带底附近聚集。但对比 $AgGaTe_2$($CuGaTe_2$)与 $AgInTe_2$($CuInTe_2$)可以发现，

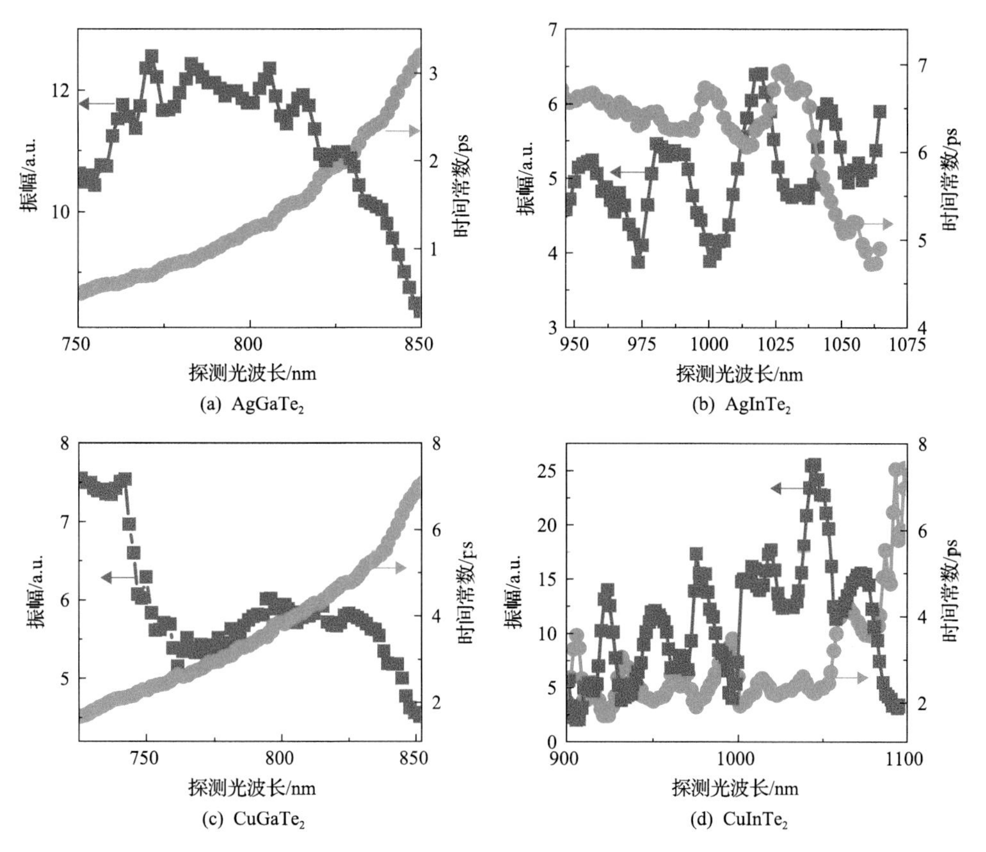

图 6-21　$ABTe_2$(A=Cu, Ag; B=Ga, In)化合物的瞬态反射光谱基于单指数模型的拟合结果

$AgInTe_2$ 和 $CuInTe_2$ 中电子弛豫时间常数随探测波长变化的曲线中存在多个峰值，进一步证明了 $AgInTe_2$ 和 $CuInTe_2$ 的价带顶或导带底中可能存在数个能谷，这些多能谷则会显著散射载流子，从而导致它们具有比 $AgGaTe_2$ 和 $CuGaTe_2$ 更低的载流子迁移率。

图 6-22(a)为 $AgInTe_2$ 化合物在时域上的太赫兹时域光谱测试结果。与未经过样品的太赫兹辐射脉冲(参考信号)相比，经过样品后的太赫兹辐射脉冲强度会有所下降，这主要是源于样品对于太赫兹辐射脉冲的吸收。同时，由于太赫兹辐射脉冲在样品中的传播速度会有所下降，因此测试结果中峰值所对应的延迟时间会后移。另外，在时域结果中会观察到在第一个峰值之后每隔一定时间就会再次出现一个峰值，这主要是由于太赫兹辐射脉冲在经过反射后再次被探测，也被称作回波，因此这部分数据需要在后续的处理过程中去掉。时域上的参考信号以及样品信号进行傅里叶变换后，得到频域上的信号，其振幅随频率的变化关系如图 6-22(b)所示。

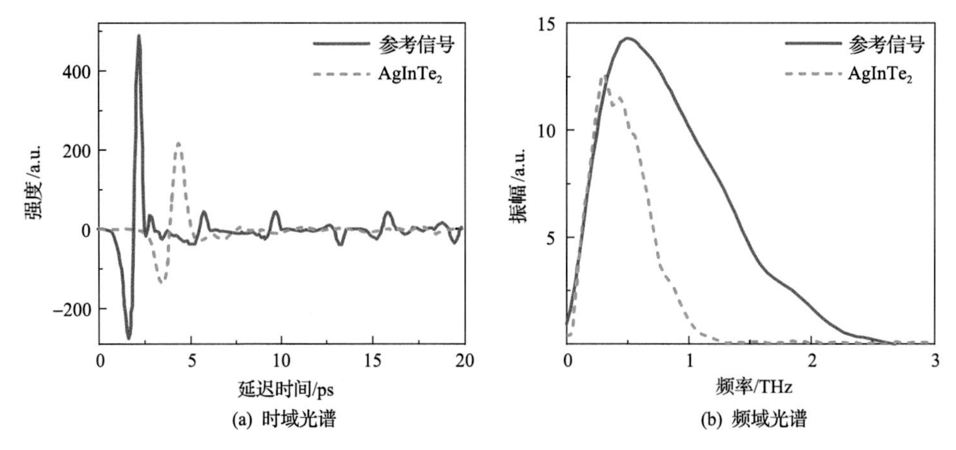

图 6-22　$AgInTe_2$ 化合物在时域与频域上的太赫兹时域光谱测试结果

通过参考样品以及我们的样品的信号的振幅（$E_{reference}$ 和 E_{sample}）以及相位（$\phi_{reference}$ 和 ϕ_{sample}）随频率变化的结果，以及式(6-11)和式(6-12)获得样品的相关光学参数：

$$|t| = \frac{E_{sample}}{E_{reference}} = \frac{n_s(n_g+1)^2}{(n_g+n_s)^2} e^{-k_s k_0 d_s} \tag{6-11}$$

$$\Delta\phi = \phi_{sample} - \phi_{reference} = (n_s - 1)k_0 d_s \tag{6-12}$$

式中，t 和 $\Delta\phi$ 分别为振幅比与相位差；n_s 和 n_g 分别为样品和测试时使用的石英玻璃片的折射率；k_s 为样品的消光系数；k_0 为波矢；d_s 为样品厚度。图 6-23 所示为 $Cu_{1-x}Ag_xInTe_2$ ($0 \leqslant x \leqslant 1$) 样品的折射率和消光系数计算结果。

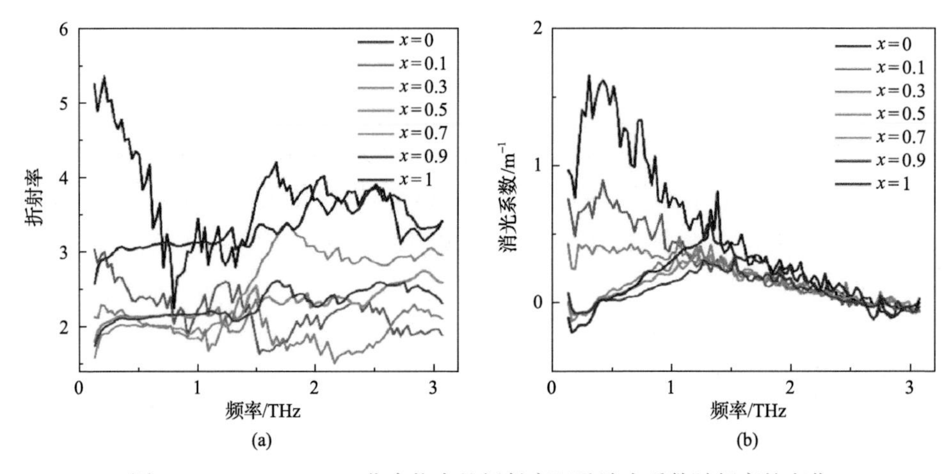

图 6-23　$Cu_{1-x}Ag_xInTe_2$ 化合物中的折射率以及消光系数随频率的变化

由于高 Cu 含量样品具有更高的电导率，即更强的自由载流子吸收，因此其在低频(0～1THz)范围内展现出较大的消光系数。在获得了材料不同频率下的折射率和消光系数以后，基于式(6-13)和式(6-14)即可获得材料的复介电函数：

$$\varepsilon_{\mathrm{r}} = n_{\mathrm{s}}^2 - k_{\mathrm{s}}^2 \tag{6-13}$$

$$\varepsilon_{\mathrm{i}} = 2 n_{\mathrm{s}} k_{\mathrm{s}} \tag{6-14}$$

式中，ε_{r} 和 ε_{i} 分别为材料复介电函数的实部和虚部，其计算结果如图 6-24 所示。

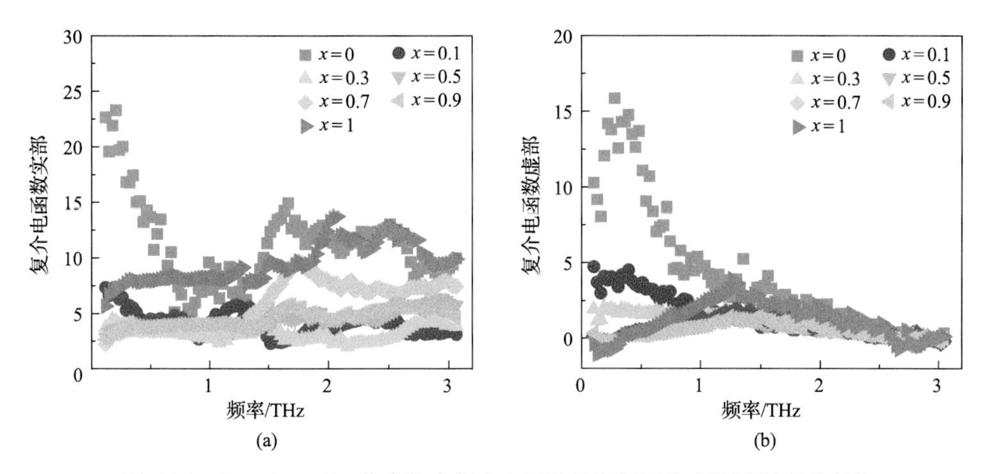

图 6-24　$Cu_{1-x}Ag_xInTe_2$ 化合物中复介电函数的实部以及虚部随频率的变化

尽管这些光学参数与样品的电热输运性能息息相关，但为了更好地解释测试得到的结果，还需要对这些光学参数随频率的变化进行拟合。本节中采用了德鲁德-洛伦兹模型[24-26]进行拟合，其表达式如下：

$$\tilde{\varepsilon} = \varepsilon_{\infty} + \frac{\varepsilon_0 \omega_{\mathrm{P}}^2}{\omega^2 + \mathrm{i}\omega\gamma} + \frac{f \varepsilon_0 \omega_{\mathrm{TO}}^2}{\omega_{\mathrm{TO}}^2 - \omega^2 + \mathrm{i}\omega\gamma_{\mathrm{TO}}} \tag{6-15}$$

式中，ε_{∞} 为高频介电常数；ε_0 为真空介电常数；f 为声子振荡强度；ω_{TO} 为声子振荡频率；γ_{TO} 为声子散射速率。其中等离角频率 ω_{P} 以及载流子散射速率 γ 与载流子浓度 n、迁移率 μ 和载流子有效质量 m^* 等参数之间满足

$$\omega_{\mathrm{P}} = \sqrt{\frac{ne^2}{\varepsilon_0 m^*}} \tag{6-16}$$

$$\gamma = \frac{e}{m^* \mu} \tag{6-17}$$

此外，通过式(6-18)和式(6-19)可以计算得到材料的复电导率($\sigma=\sigma_r+i\sigma_i$)：

$$\sigma_r=\varepsilon_i\varepsilon_0\omega \tag{6-18}$$

$$\sigma_i=(1-\varepsilon_r)\varepsilon_0\omega \tag{6-19}$$

图 6-25 为 $AgInTe_2$ 化合物中复介电函数和复电导率的拟合结果。可以看出，拟合结果与实验测试得到的结果基本一致(在 2～3THz 范围内存在额外的声子散射，因此选用 0.1～1.9THz 范围内的数据进行拟合)，表明了使用德鲁德-洛伦兹模型进行拟合的准确性。

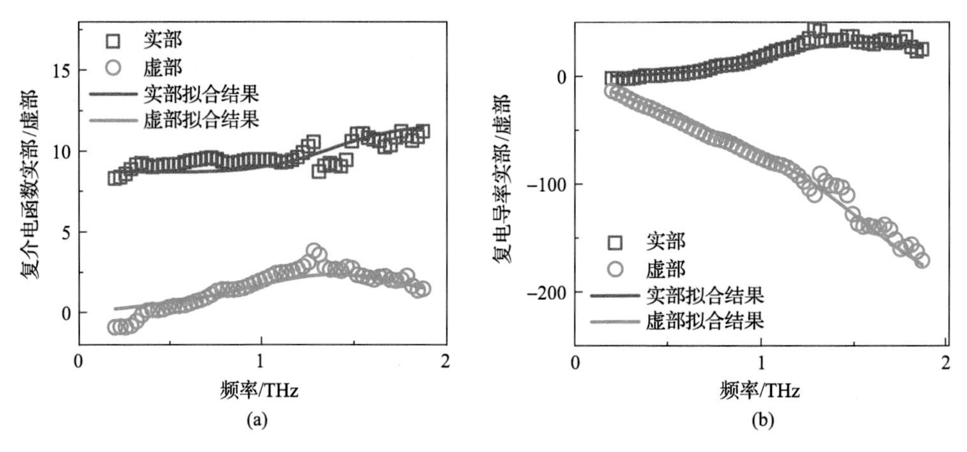

图 6-25　$Cu_{1-x}Ag_xInTe_2$ 化合物中复介电函数以及复电导率随频率的变化

其中实线为德鲁德-洛伦兹模型拟合结果

表 6-3 所示为 $Cu_{1-x}Ag_xInTe_2$ ($0\leqslant x\leqslant1$) 样品的太赫兹时域光谱数据拟合结果。结果表明，随着 Ag 固溶量 x 的增加，$Cu_{1-x}Ag_xInTe_2$ 样品的等离频率($\omega_p/2\pi$)逐渐降低，而载流子散射率($\gamma/2\pi$)则逐渐升高，与载流子浓度和迁移率的降低相对应，

表 6-3　$Cu_{1-x}Ag_xInTe_2$ 化合物太赫兹时域光谱数据拟合结果

参数	x=0	x=0.1	x=0.3	x=0.4	x=0.7	x=0.9	x=1
等离频率($\omega_p/2\pi$)/THz	4.47	3.96	3.59	0.67	0.15	0.05	0.007
散射率($\gamma/2\pi$)/THz	6.68	7.30	7.91	12.52	17.59	20.38	24.96
振荡强度 f	0.36	1.08	1.73	2.06	2.54	2.87	3.30
声子振荡频率($\omega_{TO}/2\pi$)/THz	1.29	1.22	1.14	1.10	1.06	1.01	0.99
振荡散射率($\gamma_{TO}/2\pi$)/THz	0.66	1.05	1.78	2.17	2.96	3.35	3.91
高频介电常数 ε_∞	13.05	12.27	9.89	8.96	7.36	5.84	5.00
直流电导率(σ_{DC})/(S/m)	2173.8	1469.6	895.4	17.84	0.57	0.042	6.9×10^{-4}
载流子浓度/cm^{-3}	9.7×10^{17}	7.2×10^{18}	4.7×10^{17}	1.5×10^{16}	6.7×10^{14}	5.7×10^{13}	1.2×10^{12}

最终样品直流电导率降低。并且，通过太赫兹时域光谱数据分析和拟合获得的直流电导率(σ_{DC})与实验测试得到的室温电导率吻合较好。

在热输运性能方面，基于德鲁德-洛伦兹模型拟合可以获得样品的声子振荡频率($\omega_{TO}/2\pi$)，其随 Ag 固溶量 x 的增加而逐渐减小，表明了样品中低频光学支与声学支之间的耦合逐渐增强。而样品的声子散射速率(γ_{TO}，声子寿命的倒数)随着 Ag 含量的升高而逐渐增大，表明高 Ag 含量样品中声子的寿命较短，即其受到的散射更强，因此也就导致了其更低的晶格热导率。

下面对 $Cu_{1-x}Ag_xGaTe_2$ $(0 \leqslant x \leqslant 1)$ 样品的太赫兹时域光谱测试结果也进行了相同的数据处理和拟合过程(同样使用了德鲁德-洛伦兹模型)，计算结果如图 6-26 所示。表 6-4 为 $Cu_{1-x}Ag_xGaTe_2$ 样品的太赫兹时域光谱数据拟合结果。与 $Cu_{1-x}Ag_xInTe_2$ 样

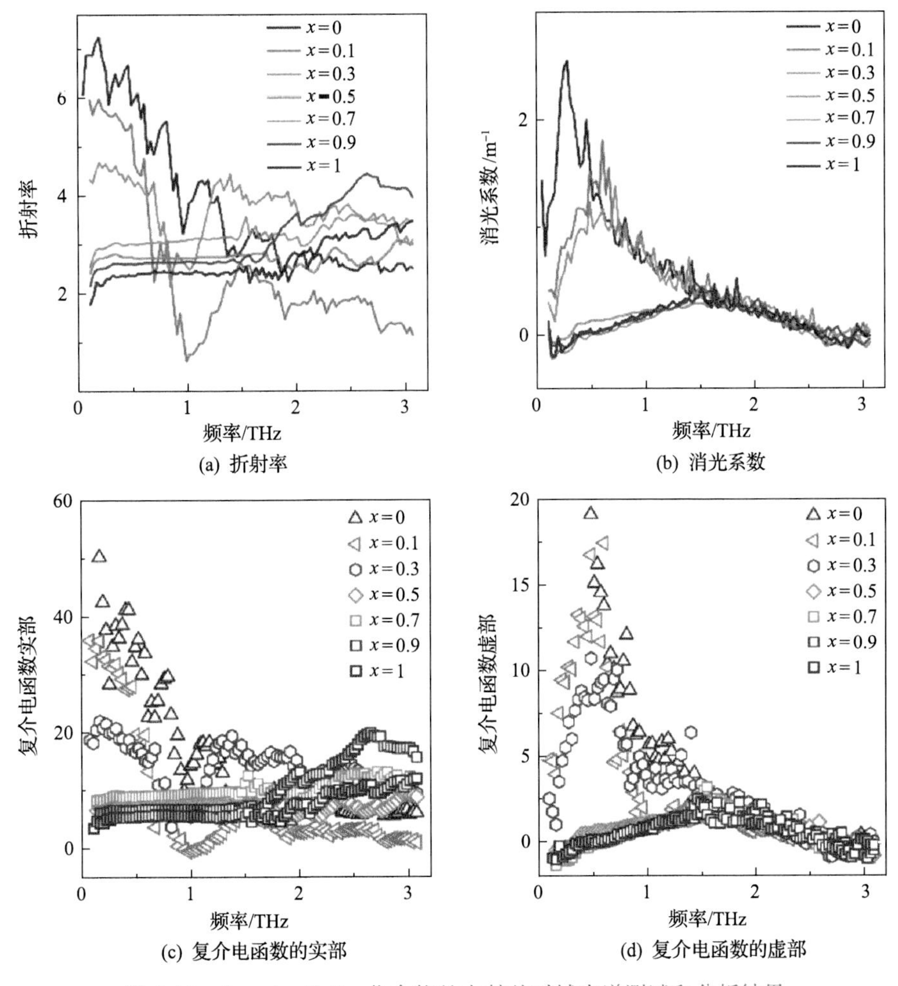

图 6-26 $Cu_{1-x}Ag_xGaTe_2$ 化合物的太赫兹时域光谱测试和分析结果

表 6-4 $Cu_{1-x}Ag_xGaTe_2$ 化合物太赫兹时域光谱数据拟合结果

参数	x=0	x=0.1	x=0.3	x=0.5	x=0.7	x=0.9	x=1
等离频率($\omega_P/2\pi$)/THz	3.50	4.99	3.11	1.02	0.063	0.036	0.011
散射率($\gamma/2\pi$)/THz	5.00	5.00	5.57	10.96	12.00	12.94	10.20
振荡强度 f	1.15	2.35	2.93	6.65	5.45	4.79	4.56
声子振荡频率($\omega_{TO}/2\pi$)/THz	1.48	1.43	1.34	1.25	1.17	1.11	1.10
振荡散射率($\gamma_{TO}/2\pi$)/THz	0.99	0.63	1.43	3.74	2.84	3.34	4.05
高频介电常数 ε_∞	18.83	15.00	14.84	9.00	5.99	4.98	3.79
直流电导率(σ_{DC})/(10^4S/m)	2566.3	4157.1	1437.6	47.41	0.11	0.029	0.0023
载流子浓度/cm^{-3}	8.6×10^{17}	1.4×10^{18}	5.4×10^{17}	3.5×10^{16}	8.9×10^{13}	2.5×10^{13}	1.6×10^{12}

品的结果类似，$Cu_{1-x}Ag_xGaTe_2$ 样品的 $\omega_P/2\pi$ 随 Ag 固溶量 x 的增加而减小，而 $\gamma/2\pi$ 逐渐升高，这反映了样品载流子浓度和迁移率的降低，与实验结果吻合较好。

此外，$Cu_{1-x}Ag_xGaTe_2$ 样品中 ω_{TO} 随 Ag 固溶量 x 的增加而逐渐减小，而 γ_{TO} 呈现增大的趋势，与 $Cu_{1-x}Ag_xInTe_2$ 样品中结果类似。这些结果说明低频光学支与声学支之间的耦合增强以及声子的散射增强，预示 Ag 掺杂后获得了更低的晶格热导率，与实验预期相符。

由此可以看出，尽管研究者普遍会使用霍尔测试获得材料的载流子浓度和迁移率，但霍尔测试对样品存在一定的损伤，同时其在载流子浓度较低的样品中所获得的测试结果相对较差。例如，在本书的研究中，就很难通过霍尔测试获得 $AgGaTe_2$ 和 $AgInTe_2$ 材料的载流子浓度和迁移率。而太赫兹时域光谱作为一种无损检测的方式，则能在很大程度上克服以上在霍尔测试中存在的困难。另外，在获得样品电性能相关参数(等离频率 $\omega_P/2\pi$、声子散射速率 γ_{TO} 等)的同时，利用太赫兹时域光谱也能获得材料热性能相关参数，为理解影响材料电热输运性能的机制提供了新思路。

参考文献

[1] Breusing M, Ropers C, Elsaesser T. Ultrafast carrier dynamics in graphite[J]. Physical Review Letters, 2009, 102(8): 086809.

[2] Klimov V, Bolivar P H, Kurz H. Ultrafast carrier dynamics in semiconductor quantum dots[J]. Physical Review B, 1996, 53(3): 1463-1467.

[3] Klimov V I. Optical nonlinearities and ultrafast carrier dynamics in semiconductor nanocrystals[J]. The Journal of Physical Chemistry B, 2000, 104(26): 6112-6123.

[4] Ulbricht R, Hendry E, Shan J E, et al. Carrier dynamics in semiconductors studied with time-resolved terahertz spectroscopy[J]. Reviews of Modern Physics, 2011, 83(2): 543-586.

[5] Bell L D, Hecht M H, Kaiser W J, et al. Direct spectroscopy of electron and hole scattering[J]. Physical Review

Letters, 1990, 64(22): 2679-2682.
[6] Kane M G, Sun K W, Lyon S A. Ultrafast carrier-carrier scattering among photoexcited nonequilibrium carriers in GaAs[J]. Physical Review B, 1994, 50(11): 7428-7438.
[7] Li C M, Sjodin T, Dai H L. Photoexcited carrier diffusion near a Si(111) surface: Non-negligible consequence of carrier-carrier scattering[J]. Physical Review B, 1997, 56(23): 15252-15255.
[8] Walukiewicz W. Carrier scattering by native defects in heavily doped semiconductors[J]. Physical Review B, 1990, 41(14): 10218-10220.
[9] Cao J X, Yan X H, Xiao Y, et al. Thermal conductivity of zigzag single-walled carbon nanotubes: Role of the umklapp process[J]. Physical Review B, 2004, 69(7): 073407.
[10] Giamarchi T. Umklapp process and resistivity in one-dimensional fermion systems[J]. Physical Review B, 1991, 44(7): 2905-2913.
[11] Cho G C, Kütt W, Kurz H. Subpicosecond time-resolved coherent-phonon oscillations in GaAs[J]. Physical Review Letters, 1990, 65(6): 764-766.
[12] Kuznetsov A V, Stanton C J. Theory of coherent phonon oscillations in semiconductors[J]. Physical Review Letters, 1994, 73(24): 3243 3246.
[13] Thomsen C, Strait J, Vardeny Z, et al. Coherent phonon generation and detection by picosecond light pulses[J]. Physical Review Letters, 1984, 53(10): 989-992.
[14] Wright O B, Kawashima K. Coherent phonon detection from ultrafast surface vibrations[J]. Physical Review Letters, 1992, 69(11): 1668-1671.
[15] 潘贤群. 半导体相干声学声子的超快产生与探测[D]. 上海: 华东师范大学, 2013.
[16] 王梦亚. GaAs 晶体中相干声学声子的超快动力学研究[D]. 武汉: 华中科技大学, 2019.
[17] 颜佳琪, 李巍, 楼柿涛, 等. 飞秒激光激发磁性薄膜产生相干声学声子的研究[J]. 华东师范大学学报(自然科学版), 2018, 2: 109-114.
[18] Beard M C, Turner G M, Schmuttenmaer C A. Terahertz spectroscopy[J]. The Journal of Physical Chemistry B, 2002, 106(29): 7146-7159.
[19] Mcintosh A I, Yang B, Goldup S M, et al. Terahertz spectroscopy: A powerful new tool for the chemical sciences?[J]. Chemical Society Reviews, 2012, 41(6): 2072-2082.
[20] Naftaly M, Miles R E. Terahertz time-domain spectroscopy for material characterization[J]. Proceedings of the IEEE, 2007, 95(8): 1658-1665.
[21] van Exter M, Fattinger C, Grischkowsky D. Terahertz time-domain spectroscopy of water vapor[J]. Optics Letters, 1989, 14(20): 1128-1130.
[22] Němec H, Pashkin A, Kužel P, et al. Carrier dynamics in low-temperature grown GaAs studied by terahertz emission spectroscopy[J]. Journal of Applied Physics, 2001, 90(3): 1303-1306.
[23] Smith N V. Classical generalization of the Drude formula for the optical conductivity[J]. Physical Review B, 2001, 64(15): 155106.
[24] Piao Z S, Tani M, Sakai K. Carrier dynamics and terahertz radiation in photoconductive antennas[J]. Japanese Journal of Applied Physics, 2000, 39(1R): 96.
[25] Shan J, Heinz T F. Terahertz Radiation from Semiconductors, Ultrafast Dynamical Processes in Semiconductors[M]. Heidelberg: Springer, 2004.
[26] Cinquanta E, Meggiolaro D, Motti S G, et al. Ultrafast THz probe of photoinduced polarons in lead-halide perovskites[J]. Physical Review Letters, 2019, 122(16): 166601.

第 7 章　总结和展望

本书全面总结了作者团队过去 20 年在热电材料的晶体结构和化学键、点缺陷和掺杂、电子能带结构、异质结和超晶格等对电子和声子输运有影响的新效应、新规律和新机制，以及协同调控电热输运与优化热电性能等方面的工作，同时也介绍了在热电材料中载流子和声子的动力学过程与电热输运方面的最新研究进展。主要工作总结如下。

在晶体结构和化学键调控电热输运研究方面，对 $Cu_{17.6}Fe_{17.6}S_{32}$、$Ge_{1-x}Mn_xTe$、$GeSe_{1-x}Te_x$、$CoSb_{3-3x}Ge_{1.5x}Te_{1.5x}$、$BaAg_2SnSe_4$、SnS、$BaSnS_2$ 等重要热电材料体系中化学组成、化学键和晶体结构影响电热输运的新规律及性能优化的新机制进行了系统研究。发现在 $CuFeS_2$ 体系中，加入过量 Cu、Fe 原子会诱导产生广域无序排布的格点原子、空位和间隙原子，改变晶体结构对称性，扩大单胞尺寸和原子数，增强了光声耦合，大幅度降低了声速和晶格热导率，室温下 $Cu_{17.6}Fe_{17.6}S_{32}$ 的晶格热导率仅为 $CuFeS_2$ 的 1/6。在 $CuFeS_2$ 和 GeTe 体系中进一步发现，采用与结构中配位环境不匹配的元素掺杂，改变了局域结构，形成了弱化学键，减小键合常数，大幅度降低了声速和晶格热导率，其中 GeTe 化合物在 700K 时 ZT 值达到 1.8，提升了 63%。在此基础上，开发了具有本征低热导率的 $BaAg_2SnSe_4$ 化合物，并揭示了其物理机制。这些研究开辟了通过广域晶体结构和局域化学键调控，降低声速和晶格热导率的新途径。

在点缺陷和掺杂调控电热输运研究方面，阐明了 Bi_2Te_3、$Mg_2Si_{1-x}Sn_x$、SnTe 基和 PbTe 基等重要热电材料体系中点缺陷和掺杂元素对载流子浓度、电子能带结构和电热输运的影响规律和调控机制。发现了 n 型 Bi_2Te_3 中存在的三种点缺陷，其中 Te_{Bi} 反位缺陷是优化电子浓度和电输运性能的最重要缺陷，获得了电性能优异的 n 型 Bi_2Te_3 基热电薄膜。发现 n 型 $Mg_2Si_{1-x}Sn_x$ 中 Mg 过量引入 Mg 间隙缺陷是优化电子浓度和电输运性能的重要途径；在 n 型 PbTe 中掺杂元素 Ga 同时引入 Ga^+、Ga^{3+}的深、浅杂质能级，二者形成级联能级并在不同温度下电离，在室温至 750K 左右的宽温域内有效地调控和优化了材料的载流子浓度，平均 ZT 值达到 1.0，提高了 34%。这些研究为商业用 Bi_2Te_3 基热电材料载流子浓度的优化和中高温热电材料在宽温域载流子浓度动态调控和优化提供新的认识和方法。

在电子能带结构调控电热输运研究方面，对 n 型 Mg_2(Si, Ge, Sn)、p 型(Ge, Mn) Te、PbSe、SnTe 等材料体系的导带结构和价带结构进行了理论和实验方面的系统研究。结果表明，n 型和 p 型热电材料中轻、重导带和价带之间的能量差由电子轨道杂化和耦合强度等内禀特性决定，合理调控材料的内禀特性，实现了电子能带结构收敛和多能带输运，有效增加了材料费米能级附近的电子态密度，大幅度提升了材料的电性能。对于双导带收敛的 n 型 Mg_2(Si, Ge, Sn)固溶体，在 700K 获得的 *ZT* 值达 1.45，较双导带未收敛样品提升了 77%。对于双价带收敛的 p 型 PbSe 材料，在 900K 获得最大 *ZT* 值，高达 1.7，较双价带未收敛样品提高了 70%。材料内禀特性产生的电子能带结构收敛是提高热电性能的有效手段。

在界面结构调控电热输运研究方面，发现在多尺度和多相复合的$(Bi, Sb)_2Te_3$、$Mg_2Si_{1-x}Sn_x$、Cu_2Se/BiCuSeO、$CoSb_3$/InSb 和 $SnSe_2$/SnSe 体系中，以及在 Bi_2Te_3/1T′-$MoTe_2$ 和 Sb_2Te_3/MnTe 超晶格和异质结薄膜中，同质多尺度晶界和异质界面结构及特性能有效调控电子能带结构和电热输运。发现界面电荷效应能有效调控载流子浓度、优化电子能带结构，以及拓扑表面态优化电输运的新物理机制。发现高密度界面特别是纳米尺度界面是散射宽频声子并大幅降低晶格热导率的有效途径。实现了多种热电材料性能的大幅度优化，特别是在 Cu_2Se/BiCuSeO 复合材料中，发现两相中 Cu 空位形成能对费米能级依赖关系的差异性，导致载流子和 Cu 空位的动态转移和迁移，实现了基体相载流子浓度的动态调控和优化，Cu_2Se/BiCuSeO 复合材料获得了超高的热电性能，在 973K 时 *ZT* 值高达 2.7，并实现了服役稳定性的显著提升。

在热电材料载流子和声子动力学过程研究方面，利用瞬态反射光谱以及太赫兹时域谱研究了 Bi_2Te_3 基、PbTe 和 $ABTe_2$ 材料中载流子和声子的超快动力学过程及其与电热输运性能的关系和规律。Bi_2Te_3 基化合物的瞬态反射光谱研究结果表明，其差分反射率会随着延迟时间表现出明显的振荡特征，这一特征主要源于样品被泵浦光激发后弛豫过程中产生的相干声子。采用单指数衰减模型对 PbTe 化合物的瞬态反射光谱拟合得到的结果表明，$PbZn_{0.015}Te$ 以及 $Pb_{0.98}Zn_{0.035}Te$ 样品具有比未掺杂 PbTe 样品更长的电子寿命，这主要源于 Zn 掺杂后样品中 Pb 空位对电子散射的减弱。在 $AgInTe_2$ 以及 $CuInTe_2$ 样品的瞬态反射光谱结果中，发现载流子寿命会在探测光波长为 850～1100nm 的范围内出现多个峰值，表明这些化合物的导带底或价带顶附近会存在多个能量较为接近的能谷，增强对载流子的散射从而降低了材料的载流子迁移率。这些载流子和声子动力学过程的初步探索为理解热电材料电热输运的物理本质和热电性能优化提供了重要的理论指导。

迄今为止，我们和国内外同行在热电材料的物理化学研究方面取得了重要进展，但热电材料的性能取得颠覆性重大突破，还需要在热电材料物理化学基础前沿研究方面进行如下系统深入的探索和研究。

(1) 现有研究发现，零维点缺陷和掺杂以及界面特性和界面效应是协同调控电热输运以及大幅提升 *ZT* 值的有效手段和途径。但如何有序构筑零维、一维和二维(界面、异质结)缺陷结构，如何精确表征这些结构，以及这些结构产生的新物理效应和对热电性能影响的新规律和新机制等，都是热电材料领域需要进一步探索的重要科学问题。

(2)最新的研究发现了一些热电材料体系中存在新颖的拓扑物性和铁电性质，以及其对热电性能优化的潜在影响。然而，如何利用热电材料科学、拓扑学和铁电科学的交叉和融合，探索和发现多功能耦合调控和优化电热输运的新机制，实现热电性能的重大突破以及发现新的热电材料体系，是热电材料领域未来研究和发展的重要方向。

(3)目前传统热电材料中载流子和声子的超快动力学过程及其与电热输运之间关系和规律的研究尚处于初步探索阶段，还有很多科学问题需要研究。特别是在缺陷结构有序构筑的热电材料、具有拓扑/铁电特性的热电材料以及功能基元序构的热电材料中，载流子和声子动力学过程的新规律及其影响电热输运的新效应和新机制的研究和探索，是热电材料领域未来需高度关注的基础性、前沿性课题。